道路专业气象服务方法研究暨平台设计

周晓珊　袁成松　王　恕　汤筠筠　主编

辽宁科学技术出版社

沈　阳

图书在版编目（CIP）数据

道路专业气象服务方法研究暨平台设计/周晓珊等主编.
—沈阳：辽宁科学技术出版社，2019.2
ISBN 978-7-5591-1025-1

Ⅰ. ①道…　Ⅱ. ①周…　Ⅲ. 公路运输-气象服务-研究
Ⅳ. ①U49　②P49

中国版本图书馆 CIP 数据核字（2018）第 268699 号

出版发行：辽宁科学技术出版社
　　　　　（地址：沈阳市和平区十一纬路 25 号　邮编：110003）
印　刷　者：辽宁鼎籍数码科技有限公司
幅面尺寸：185 mm×260 mm
印　　张：21.25
插　　页：4
字　　数：450 千字
出版时间：2019 年 2 月第 1 版
印刷时间：2019 年 2 月第 1 次印刷
责任编辑：陈广鹏　郑　红
特约编辑：王奉安
封面设计：李　嵘
责任校对：王玉宝

书　　号：ISBN 978-7-5591-1025-1
定　　价：220.00 元

联系电话：024-23280036
邮购热线：024-23284502
http://www.lnkj.cm.cn

前　言

　　道路交通对气象条件高度敏感，现代道路运输体系所追求的快速、高效和安全，在很大程度上受气象因素的影响和制约。随着我国经济和社会的持续快速发展，人们生活水平不断提高，轿车已经普遍进入家庭，人们的出行方式发生了巨大变化，驾车出行已经成为一种新的时尚。人们通过道路出行的愿望越来越强烈，频率越来越高，对道路气象信息的需求也越来越高。准确、及时的道路气象信息服务已经成为保证现代道路运输体系正常运行，满足社会公众出行安全与行车舒适的重要条件。

　　天气状况对道路通行有着直接影响，这一点已被大量交通事故统计数据所证实。很多研究表明，恶劣天气条件是造成道路湿滑、冰冻、积雪、高温、横风、低能见度等不利于道路安全畅通的因素。

　　随着对道路交通安全的重视，公路部门与气象部门建立了合作机制，将气象实时监测信息逐步整合到交通管理系统中，用于危险警告和交通控制。同时，为了保障道路交通安全和公众出行对综合信息的需求，专业化和精细化的交通气象预报预警工作得到广泛开展。但是，由于我国道路气象专业服务起步较晚，相对于发达国家提供的多要素的精细化预报，以往的道路交通气象服务内容针对性不强，可接受性较差，许多道路交通气象预报还处在监测信息发布和常规气象预报发布阶段，缺乏精细化的专用服务产品。

　　2011年国家科技部资助了公益性行业（气象）专项"道路天气预警服务、对策与气象服务效益评估"，该项目针对道路交通气象服务缺乏精细化的道路专业气象服务产品的问题，围绕道路交通专业气象服务与交通管理的需求，设计出以精细化数值预报产品为基础，通过研制常规天气预报向道路气象专业服务转化模型，建立了从数值模式预报产品→常规预报向道路专业气象服务产品的转换模型→道路气象专业预报产品的制作与数据转换通道，建设了集全国范围内主要公路监测、分析、预报、预警信息于一体的全国道路交通气象信息服务示范平台。实现了道路交通气象预报产品的专业化、精细化与定量化，实现了定点、定时、定量查询全国任意一点国道的专业气象服务产品信息，包括道路重要影响天气（雨、雪、雾、大风、极端温度）、路面状况（干燥、潮湿、积水、冰、雪、冰雪混合、高温）、雨雪分布、道路能见度、大风等级、道路行车安全等级以及有关的道路气象安全行车标准及其行车注意事项。同时，针对道路交通管理部门的需求，研究解决了典型天气事件下在途者信息联动发布技术策略与方法，提出了基于 VISSIM 仿真技术分析和评价典型天气事件下制定速度管理方案的方法，形成了典型天气事件条件下交通管理综合策略，建设了全国高速公路交通气象决策响应平台，实现了根据不同典型天气影响的预报，自动更新显示不同路段的可参考的车道关闭、主线关闭、专用车道等高速公路管理策略。

本书根据"道路天气预警服务、对策与气象服务效益评估"项目的部分研究成果，重点介绍了道路交通数值预报系统建设、常规天气预报向道路气象专业服务转化模型研制、典型天气事件条件下交通管理综合策略研究、全国道路交通气象信息服务示范平台与全国高速公路交通气象决策响应平台设计与建设。

相关研究成果既能为气象部门与道路交通管理部门的道路交通气象服务与管理提供技术支撑，也能为公众出行提供具体参考。

目　录

第三篇　道路专业气象服务方法研究与产品制作

第四篇　典型天气下道路管理策略研究

第五篇　全国道路交通气象信息服务平台设计与研制

第一篇　道路交通气象服务需求分析与指标体系建立

1　道路气象服务的不同用户需求分析与确认

1.1　国内外道路气象服务现状

1.1.1　国内道路气象服务现状

公路交通行业与气象关系密切。公路交通行业的运输、调度、基础设施建设、应急救援等主要生产环节的气象敏感度很高。在我国交通中断、延误的各种事故的自然原因中，恶劣天气居于首位。国外研究资料也表明，恶劣天气每年引发的直接或间接事故占全部公路交通事故的近 1/5。

2005 年 7 月，交通运输部和中国气象局联合签署《关于共同开展公路交通气象监测预报预警工作》的备忘录，这标志着交通、气象两部门在公路交通气象监测、预报和预警领域的合作正式启动。2005 年 12 月，交通运输部和中国气象局首次联合发布全国干线公路气象预报。2006 年 2 月，交通运输部成立公路气象服务和应急处置工作组。2010 年 8 月，交通运输部和中国气象局联合发布《关于进一步加强公路交通气象服务工作的通知》。2013 年 8 月，中国气象局印发了《公路交通气象业务建设指导意见》，加快推进全国交通气象业务集约化、规模化发展。2016 年 8 月，国家发展和改革委员会、交通运输部联合印发《推进"互联网+"便捷交通　促进智能交通发展的实施方案》，明确要充分利用互联网技术，进一步加强交通、公安、安监、气象、国土等部门间的信息共享和协调联动。2018 年，中国气象局印发《交通气象服务示范建设行动方案（2018—2020 年）》，从保障交通安全的角度出发，强化对"一带一路"建设、京津冀协同发展、长江经济带发展战略和新型城镇化发展等重点领域的支撑保障，加快智慧交通气象服务建设，提升交通气象保障服务智能化水平。

近年来，针对道路交通安全需要，国内气象部门开展了一系列道路交通气象领域的研究和服务。自 1998 年以来，江苏、河北、辽宁、安徽、湖北等省气象部门在公路交通气象观测站网建设、预报预警技术方法研究、创新服务方式和保障模式等方面积极探索，取得了较好成效。

江苏省是较早从事交通气象科研、业务与服务的地区。2005 年中国气象局在江苏省成立了我国目前唯一的从事交通气象预报与服务的专业性研究机构——南京交通气象研究所，在我国气象部门道路气象服务方面的发展起到了带头作用。早在2002 年，宁沪高速公路上就安装了 13 套 AMW 环境气象监测站，通过多种通信组网技术，建成了沪宁高速公路环境气象监测网络系统。目前沪宁高速公路江苏段（南京—花桥）已布设了 26 个自动气象站，自动站间距平均约 10 km，根据地形、气候、道口等不同要求进行设立。气象观测参数包括气压、湿度、风向、风速、雨量、能见度、路面温度等 7 个要素，在江苏省气象局和沪宁高速公路江苏段管理中心各设一个气象服务信息平台，进行数据的共享。完成了宁沪公路（江苏段）秋冬大雾灾害研究、江苏省公路大雾监测业务系统、低云大雾时监测预报服务系统。在预报内容上做到了定时（浓雾<200 m 时段）、定点（沪宁线的分段）、定量（<500 m、<200 m、<100 m），研发了低能见度象鼻形先期震荡的预报概念模型，并提出了相关的预报步骤、流程。通过在沪宁高速公路部分路面一侧设置地表温度实时监测，获取实时的公路路面温度数据，作为冬半年公路最低气温和夏半年公路最高气温的主要参照，同时与自动气象站检测仪实测环境最高、最低气温做对比分析，得出了环境气温与公路地表温度间的差值供预报应用。此外还建立了沪宁高速公路强降水预报流程、确立了南京地区冬季路面打滑临界值，设计了发布降雪（冰冻）的预警流程。

辽宁省气象部门与省内各道路交通管理部门的合作开始于 20 世纪 80 年代中期，辽宁省气象部门在道路气象信息共享、道路气象预报预警技术研究、道路交通安全策略管理技术研究、道路气象服务效益评估方面开展了大量的工作。2008—2010年，辽宁省气象部门在京沈高速公路（沈山段）沿线建设了具有气温、降水、相对湿度、能见度、风向风速、道面观测等要素的自动气象站 10 套，在桃仙高速公路建设了高速交通气象试验站 1 套，在沈大高速公路建设单能见度观测站 15 套，并完成全部高速公路交通气象监测站建设和数据的实时传输。多方共享气象部门交通气象站信息、高速公路沿线约 1 147 路视频监控信息、交通安全管理局交通管制信息等。2010 年，在辽宁省高速公路交通气象信息监测系统投入使用，建设了基于 GIS 的辽宁省高速公路交通气象信息服务系统。通过此平台提供全省路况等级预报、能见度预报、公路路滑等级预报、交通沿线定量降水预报及重大交通气象服务专报等交通气象服务产品，同时通过此平台共享辽宁省交通道路通行及交通安全管制信息。2018 年，辽宁省开展了基于智能网格预报的精细化高速公路气象服务系统，每日滚动制作发布精细到全省高速公路各路段、收费站、服务区、立交枢纽的高速交通气象服务产品。

广东省气象部门在京珠高速公路粤境北段（南岭大瑶山）云岩段（约 25 km）建设雾区监测预报系统，主要包括若干摄像监控设施、5 个自动气象站（其中 2 个为能见度站，另外 3 个自动站不仅含能见度观测，还有部分路面气象要素观测），平均 10 km 布设 1 个自动气象站、2 套预报监控终端。在中心总控制室主显示板上专设的实时气象信息显示窗口，除显示风向风速、气温、湿度、雨量、冰、雪等常规气象要素外，还有路面温度和干湿度。在云岩雾区按照 50～200 m 的间隔设置了实用性很强的智能雾灯，使用效果良好。

上海市气象部门在已建成的高速公路能见度监测网及气象部门自动站观测网的

基础上，完成申嘉湖高速、虹桥枢纽和沪宁高速气象服务系统建设，并以中尺度数值预报模式产品及常规天气预报为基础，结合上海及长三角自动站网的监测实况，利用卫星、雷达、GPS/MET、闪电定位仪等实时气象资料，采用外推技术、物理模型预报方法，建立了长三角地区高速公路路面极端温度预报、路面摩擦系数预报模型、能见度预报方法，实现长三角地区高速公路分路段的天气预报预警。

1.1.2　国外道路气象服务现状

相对我国来说，国外交通气象，包括道路气象服务工作的研究起步较早，并且在道路气象监测、道路气象信息管理等方面体现了自动化、智能化的特点。

美国是世界上拥有高速公路最多的国家，高速公路密度达到 1 km/100 km 以上。美国高速公路运输已成为陆地道路运输的主要方式，拥有较为成熟的技术和完善的管理措施。在美国加州 San Joaquin 建有谷地气象自动预警系统，它可检测低能见度的发生，并自动控制可变信息板的显示，以提醒驾驶车辆人员注意。该系统减少了因低能见度造成的交通事故，对交通拥挤提供了预警提示，同时为主管中心提供实时的交通信息。另外由美国联邦公路管理局负责的《美国道路气象管理计划》，在道路气象监测能力、培训与宣传、促进经验的交流与传播、推动道路运输与气象部门间的协调等方面都做出大量的工作。并且正在将建立的道路养护决策支持系统（MDSS）、智能车辆计划（IVI）和 511 出行信息服务系统、ITS 体系与标准以及其他交通系统综合为一体，增加对出行者提供更有用的信息，推动了美国各州在各种恶劣天气条件下高速公路通行管理技术的发展和应用，提高了管理水平，并形成了各州高速公路恶劣天气通行管理技术特色。美国新泽西州道路天气信息系统利用传感器测量道路沿线天气状况和路况、交通流量、交通阻塞状况，根据闭路电视采集的视频信息，实时实施车速限制管理，如车速控制策略是根据能见度把车速限制为 105 km/h、100 km/h、95 km/h、90 km/h、85 km/h、80 km/h、75 km/h、70 km/h、65 km/h、55 km/h、50 km/h。

瑞典国家公路管理局早在 20 世纪 70 年代就开始了道路天气信息系统（RWIS）的工作，目前瑞典全国拥有 650 个 RWIS 野外气象观测站，遍布瑞典南北各地，每隔半小时直接传输到主控中心。RWIS 系统能够在天气恶劣条件恶化时发出早期预警和实时信息，使养护人员能够在路面结冰时采取有效的防冰措施，在减少交通事故发生的同时，也减少了道路养护人员的工作量和工作成本。另外，瑞典还采用道路热谱地图技术，综合了来自道路气象信息系统与局部气候模型的信息，实现提供实时的智能温度信息。

芬兰国家公路管理局也开发实施了道路气象信息系统，目前全国范围内沿主要道路安装了约 270 座道路气象站，这些气象站每隔 1 min 便将气温、风力、温度、降水量及路况分析数据记录在计算机内，存储在中央数据库中。在该系统的基础上，芬兰还开发了基于互联网的道路气象服务系统，向道路养护人员、公众发布天气与道路状况的实况、预报信息。借助这些系统，使得路面撒盐和铲雪、除冰等操作能够在恰当的时机进行，道路用盐量也被优化到最低水平，而且由于路面状况的及时改善，道路通行能力也得到了提高。

德国沿高速公路建立了由 450 座气象站组成的道路气象监测网，具体气象站点布设的位置，综合考虑了路面易打滑状况、道路特征（如一般路段、桥梁段、阳光遮蔽路段等）、东西南北方向的均匀分布等各项因素。1991 年，德国开始实施道路气象信息系统（SWIS），通过天气预报部门、地方道路管理部门的良好分工和合作，实现了所有预报产品能够为道路管理部门的需求量身定做。

随着近年计算机与网络平台技术的迅猛发展，相关道路气象服务的平台也越来越多，目前国外知名的道路气象服务平台主要有以下 5 个。

（1）AccuWeather。过去，美国几乎只有国家在发布气象预报，AccuWeather 出现之后，气象预报才有了品牌的概念。该公司成为业界先驱，为知名媒体、能源公司、滑雪场等顾客量身定做他们需要的气象预报数据。公司雇用了 100 多位气象学家，并且砸下大笔资金在高科技设备上，研究开发气象预报产品。长期以来，AccuWeather 是全美最大、知名度最高的气象预报公司。AccuWeather 网站总部设在宾夕法尼亚州立大学，拥有最大数量的预测气象数据，数据来源是独立的，他们号称能预测世界任何地方气象，为美国政府以及付费机构提供气象信息。

AccuWeather 关于交通和旅行的气象服务网站：

https：//www. accuweather. com/en/us/national/travel-maps

在 Travel Weather 中主要包含近 2 d 的高影响天气〔Ice（冰），Dense Fog（浓雾），High Winds（大风），Flooding Rains（暴雨），1～8 cm、8～15 cm、15 cm Snow（积雪）〕，以色斑图方式在地图中表示，另外还包含恶劣天气风险、过去 2 h 的雷电、暴雨概率、降水概率、风速和阵风风速等色斑图（图 1.1）。

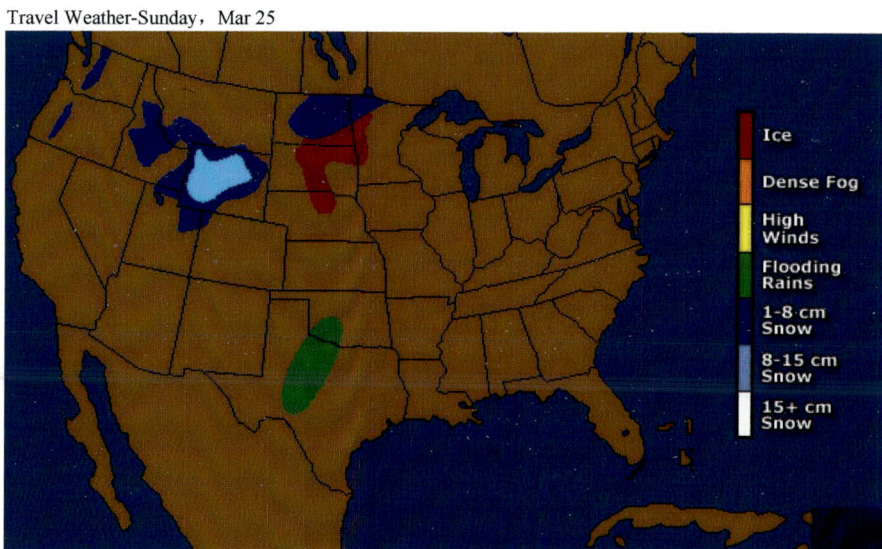

图 1.1　美国 AccuWeather 中的交通气象显示界面

　　Travel Weather 的不足之处是未将显示内容与道路信息相联系，不是直观具体地反映交通线路上的天气情况；另缺少专业的路面状况、雨雪分布、路滑等级和道路安全等级等对道路交通更有针对性的预报内容。

　　（2）The Weather Network。加拿大的 Pelmorex 公司成立于1989年，1991年收购了 The Weather Network（天气网络），它通过电视、数字平台（响应网站、手机和平板电脑应用）以及电视提供天气信息。目前，加拿大、美国和英国都有天气网络。此外，天气网络也有成功的天气对应品牌，其中包括法国加拿大的 MétéoMédia、西班牙的 Eltiempo、德国的 Wetter Plus 和拉丁美洲的 Clima。

　　Pelmorex 公司总部位于加拿大安大略省奥克维尔的媒体中心。该公司继续在全球范围内增长，同时保持其在加拿大市场的地位。他们的专业电视网络是加拿大分布最广泛和经常咨询的电视网络之一，其中 weathernetwork.com 是加拿大领先的网络服务公司之一，其移动网络资产在气候类别中排名第一，在加拿大排名第二。

The Weather Network（天气网络）在交通方面的气象服务有：

公路沿线路面状况服务：

https：//www.theweathernetwork.com/roads-and-travel/highway-condition/list

公路沿线天气预报服务：

https：//www.theweathernetwork.com/us/maps/us-highway-forecast/

　　天气网络的公路沿线路面状况服务提供了主要公路沿线的路况信息，包括冰雪覆盖、封道等信息，以彩色线段方式绘制在地图的公路沿线上，并在主要的路段起止点制作了可浮动显示路段内路面状况和能见度文字信息的标记点，见图1.2。

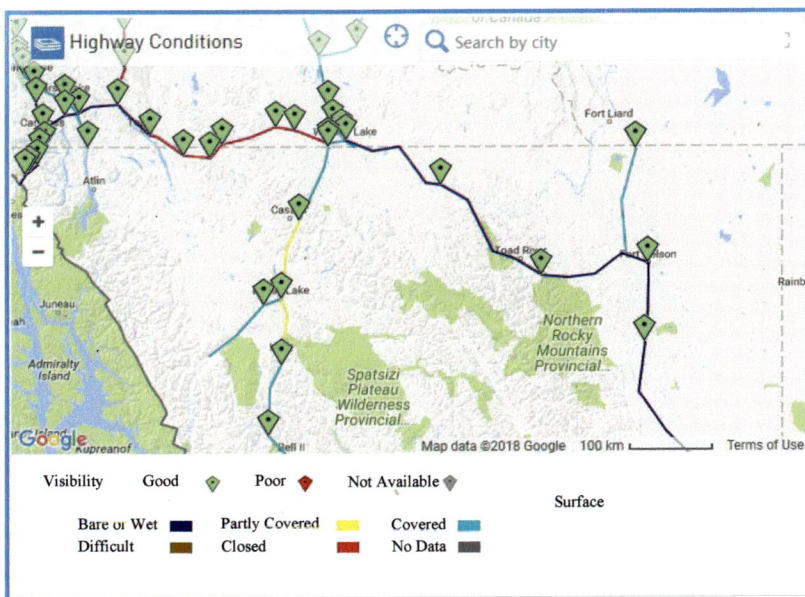

图 1.2　加拿大 weathernetwork.com 中的公路沿线天气预报服务界面

　　天气网络的公路天气预报服务是以公路编号为索引，提供公路沿线主要城市的短时段（3 d）和长时段（4~7 d）常规天气预报，主要包括日间、夜间温度，降水概率，降水量，风向、风速和阵风风速等要素，见图1.3。

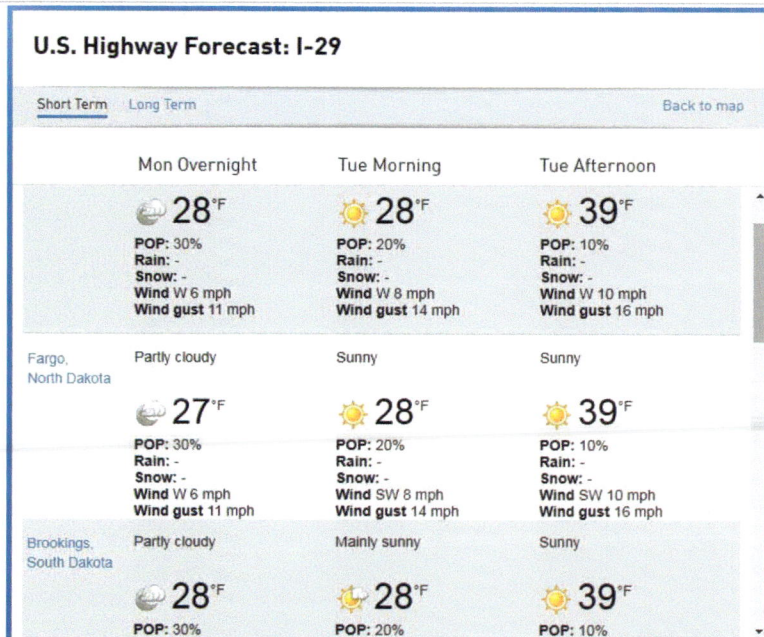

图 1.3　加拿大 weathernetwork. com 中的公路沿线天气预报

（3）Weatheronline。Weatheronline 是位于英国的天气服务网站，按区域进行全球 7 d 天气预报。道路预报包括了道路上的雾、冰、潮湿等路面状况（以图例方式显示），不过是按天显示，未能提供逐时预报结果；任意地点的天气预报内容以表格方式显示。网站提供气候预报最长可达 90 d，也提供实时的雷达、卫星观测结果，见图 1.4。

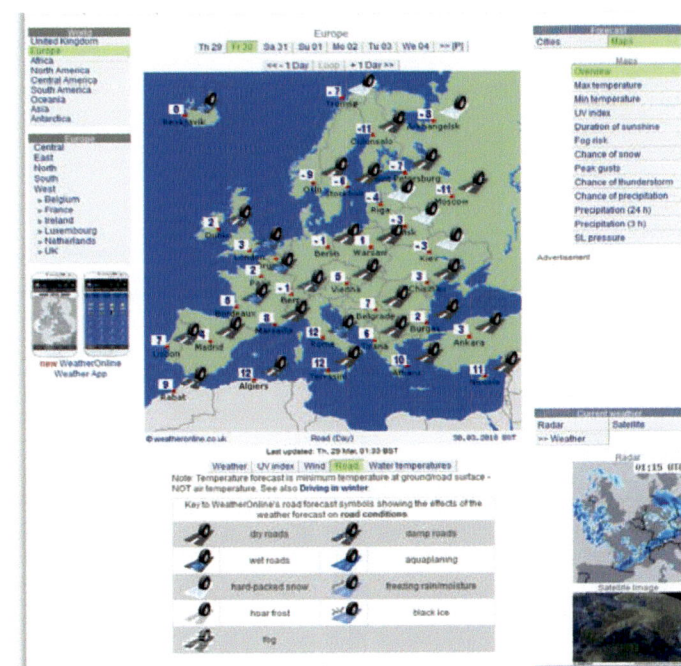

图 1.4　英国 Weatheronline 天气服务网站的道路情况预报

（4）以道路实况为主的服务网站。这些提供道路服务信息的网站，以提供实时的道路气象观测信息为主，如雷达观测、卫星观测等，实行实时的滚动更新。部分网站网址如下（网站的实况信息显示截图仅放一张，其他相似）：

https：//weather.com/weather/today/l/USCO0544：1：US

http：//www.cotrip.org/map.htm#/roadConditions

https：//www.tripcheck.com/Pages/Road-Conditions

https：//www.adac.de/

https：//www.msn.com/en-us/weather/maps/

（5）手机平台 App 应用类软件：Road Trip Weather。此 App 输入当前位置或出发点、旅途中的某一点或是目的地后，地图上就会用不同的颜色标示沿途路线天气情况。点击地图上某点，会显示更多常规天气预报相关产品。总体上应用预报时间达到 3 d，显示重点以提供道路上天气预报情况为主，缺少专业道路服务产品，也缺少道路出行所需的常规与专业气象预报信息，见图 1.5。

图 1.5   手机 **App** 道路天气界面举例

1.1.3   问题与解决思路

目前国外、国内已有的道路出行服务的商业类网站平台有很多，服务平台显示技术主要为 GIS 加彩色线、区块显示；对单点以表格数据形式显示；具有缩放显示、点线查询等功能；提供的产品范围是全球或是区域。发展趋势有从电脑显示向移动设备显示的新趋势。从产品的具体内容上看，大多产品为监测预警产品，以雷达、卫星实况产品为主，也有气候、气象上的预报产品，道路交通气象预报也是停留在常规天气预报上居多，专业道路的服务产品较少或未提供。

因此，研制更有针对性的道路服务、精细化产品，如全国所有道路的定点、定时、定量的路面状况、雨雪分布、路滑等级、能见度预报、道路行车安全等级、道路气象安全行车标准，提供对上述产品的实时预报服务，能够有效地提高道路专业气象服务的能力与水平。

1.2   道路交通典型影响天气分析

1.2.1   我国主要地理特征和气候概况

1.2.1.1   我国主要地理特征

我国地势西高东低，呈 3 级阶梯分布，地形复杂，山区面积广大，高原、山地和丘陵占有很大比重，青藏高原雄踞我国西部。平原面积小，主要分布在东部，东部有广阔的平原，其间也散布着许多中山、低山和丘陵。不同水平地带内的山地各具不同的垂直带结构，加深了我国自然条件的复杂性和多样性，使我国自然地域分布具有世界罕见的独特性。

1.2.1.2　我国气候概况

我国幅员辽阔，东西经度跨越 62°，南北纬度相差 50°，气候带从南热带、亚热带到北温带，还有高原气候区，距海远近及海拔高度的差异也很大。加之我国地形复杂，具有"十里不同天"的特点，全国各地都有自己各具特色的天气气候。

我国气候有三大特点：一是季风气候明显；二是大陆性气候强；三是气候类型多种多样。东部是季风气候，大陆性季风气候显著，夏季高温多雨，冬季北方寒冷干燥，南方温暖湿润。西部是温带大陆性气候，气温年较差、日较差人，降水集中在夏季。夏季南北普遍高温，冬季南北温差很大。降水从东南沿海向西北内陆递减。

我国南方和沿海地区如华南大部、江南大部及湖北东部、四川盆地西部、云南西部以及华东沿海到辽宁东部等地区，在夏季和台风侵袭季节是暴雨、短时强降水的高发区。常造成江河洪水泛滥，不但淹没农田、城乡，而且损毁交通设施，冲毁交通干线，造成不可抗拒的交通事故。北方如西北地区的新疆北部、内蒙古中北部和东北地区的吉林中南部、辽宁北部、黑龙江中北部，在冬半年是我国寒潮侵袭频次最多的地区，由于寒潮频发，所带来的强风、积雪、低温冻害等灾害性天气对交通安全运输造成严重影响，甚至造成车毁人亡的交通事故。

秋、春季在我国黄淮、江淮、江南及河北、四川、云南、贵州、福建、广东等地区多雾，其中福建西部、浙江西北部、贵州西北部、云南南部等地更是浓雾多发区。

1.2.2　典型区域天气与道路交通事故之间的关系分析

随着经济增长及机动车辆私有量逐年增加，由于人为、路况、天气等原因所造成的公路交通事故总数也随之增长，且不同区域有不同的特征，以辽宁省与上海市为例。

1.2.2.1　辽宁省高速公路交通事故调查分析

2005—2008 年 4 a 中辽宁省高速公路共发生各类交通事故11 398次，其中由于天气原因及其造成的不良路况所引起的交通事故累计2 323次，占交通事故总数的20.4%，见表1.1，而绝大部分交通事故发生都是由于疲劳驾驶、酒后驾车及其他不良路况等原因造成的。

2005—2008 年 4 a 中因天气原因及其造成的不良路面所引起的各类交通事故年总数占各类交通事故年总数比例见图 1.6。

表 1.1　2005—2008 年辽宁省高速公路逐年交通事故统计表

年份	2005	2006	2007	2008	总计
各类交通事故数/起	2 447	2 874	2 875	3 202	11 398
由天气原因及其造成的不良路况所引起的交通事故数/起	488	665	637	533	2 323
比例/（%）	19.9	23.1	22.2	16.6	20.4
轻伤人数/人	151	200	152	186	689
重伤人数/人	31	59	32	36	158
死亡人数/人	38	53	29	32	152

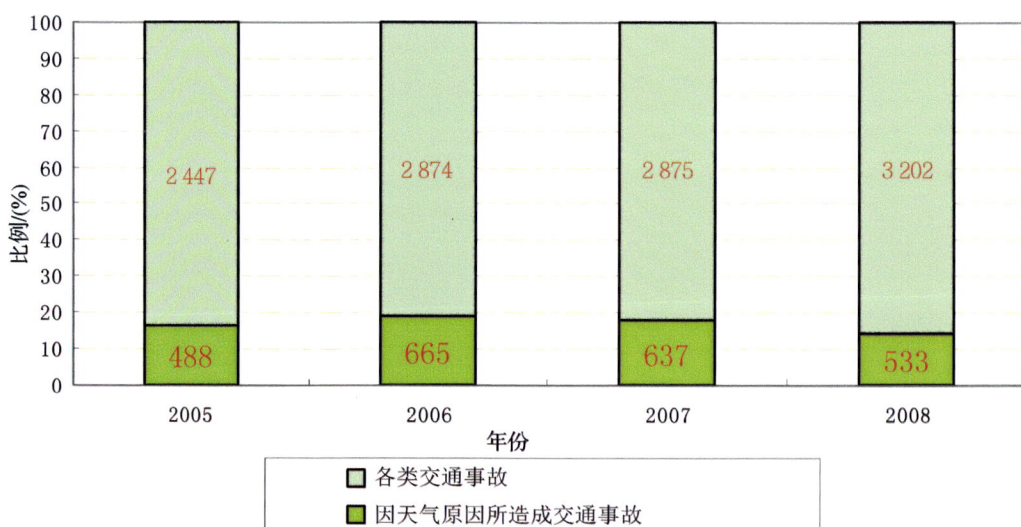

图 1.6　天气原因造成的各类交通事故年总数占各类交通事故年总数比例

（1）天气原因造成交通事故性质分析。通过对 2005—2008 年 4 a 中辽宁省高速公路各种性质交通事故资料普查（表 1.2）中了解到：在 4 种不同性质的交通事故中，由于天气原因及其造成的不良路况所引起的特大交通事故占特大交通事故总数比例最大，为 25.0%；重大、轻微交通事故基本持平，分别为 20.5% 和 20.8%；一般交通事故所占比例最小，为 17.7%。天气原因造成交通事故占各类交通事故比例见图 1.7。

表 1.2　2005—2008 年辽宁省高速公路各种性质交通事故统计

交通事故性质		特大	重大	一般	轻微	总计
各类交通事故数/起		8	244	1 461	9 685	11 398
由天气原因及其造成的不良路况所引起的交通事故	交通事故数/起	2	50	258	2 013	2 323
	比例/（%）	25.0	20.5	17.7	20.8	20.4
	轻伤人数/人	0	81	200	408	689
	重伤人数/人	2	36	71	49	158
	死亡人数/人	3	47	92	10	152

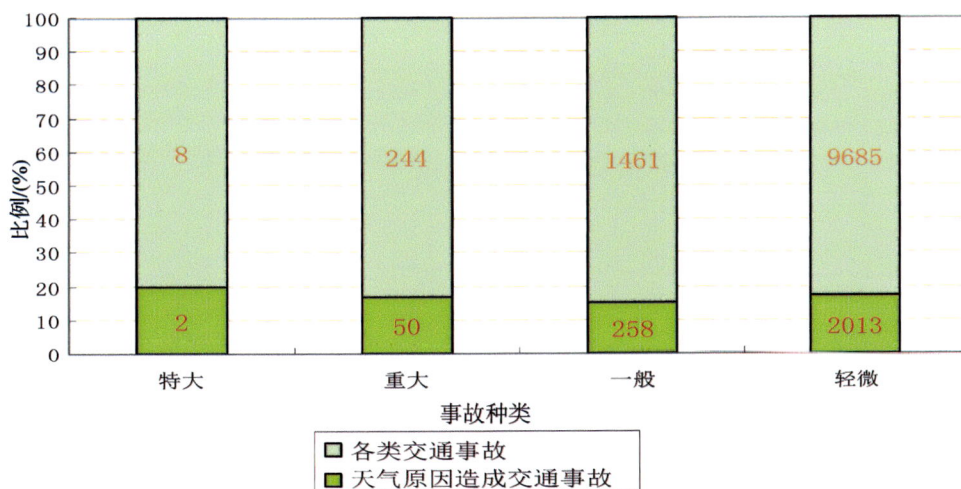

图 1.7　天气原因造成交通事故占各类交通事故比例

（2）天气原因造成交通事故原因分析。通过对近 4 a 辽宁省高速公路发生的特大、重大、一般交通事故发生原因的调查中发现，意外情况（疲劳驾驶、超速行驶、车身隐患、突发事件等）、危险路况（一部分是由于天气原因造成的道路结冰、积雪、积水、霜等不良路况；另一部分是路段施工、路面有障碍物等）和天气原因（雾、降雨、降雪、大风等）是引起高速公路交通事故的 3 类主要原因。表 1.3 对特大、重大、一般交通事故中由天气造成的不良路况所引起的交通事故进行了天气状况统计，结果表明：在各类天气现象中，因雾引起的交通事故占因天气原因引起特大、重大、一般交通事故总数（310 起）比例最高，为 41.0%，雨次之，为31.3%。见表 1.3。

表 1.3　特大、重大、一般交通事故中因天气造成不良路况所引起的交通事故原因统计

事故原因	次数	比例/（%）
由天气原因产生的不良路面 （冰雪路面、积水路面、湿滑路面）	57	18.4
雾	127	41.0
雨	97	31.3
雪	26	8.39
大风	3	0.97

（3）辽宁高速公路交通事故与天气的关系。随着气象预报准确率、交通气象跟踪服务水平、信息传递及时性逐年提高，虽然辽宁省高速公路交通事故发生总数近年呈增长趋势，而因天气原因所致交通事故数占交通事故总数比例却呈现下降趋势。在各类天气原因造成的高速公路交通事故中，雾导致的高速公路交通事故所占

比例最高，雨次之。

1.2.2.2 上海市道路交通事故调查分析

根据 1996—2002 年上海交通事故相关数据，应用事故次数、死亡人数、受伤人数、直接物损 4 个因子加权分级制定的交通事故指数来分析上海典型天气与道路事故之间的关系。

（1）雨与交通事故的关系。

①晴阴天、雨天、初雨日交通事故比较。全年雨日的日均交通事故指数为 4.83，比晴阴天高 0.69，表明雨天的事故发生比晴阴天严重。另外值得关注的是，全年初雨日（定义连续 3 d 以上无雨转雨的第一天为初雨日）的日均交通事故指数为 5.25，比雨天高 0.42，比晴阴天高 1.11。这是由于久晴转雨后，道路湿滑，而驾驶员、骑车人、行人思想麻痹大意，使交通事故上升。

②不同日雨量的交通事故比较。把日雨量≥0.1 mm、5 mm、10 mm、15 mm、20 mm、25 mm、30 mm、35 mm、40 mm、45 mm、50 mm 的各级别日雨量与相应的日均交通事故指数绘图，发现曲线呈抛物线形状，两者的数值关系近似为二次函数，用非线性回归分析法计算出它们之间的统计方程为

$$Y = -0.002X^2 - 0.000\ 2X + 4.949\ 4。$$

（2）雾与交通事故的关系。上海地区雾天多见于冬季，在冬季雾天的日平均交通事故指数比无雾天高得多。但值得关注的现象是，全年轻雾天的日平均交通事故指数不仅比无雾天高，而且比雾天也高。造成这一现象的原因是轻雾天虽然比雾天好，但比无雾天要差，同时轻雾往往被司机忽略，出车率比雾天多，车速比雾天快，在能见度略差的情况下，易形成车祸。

（3）雪与交通事故的关系。虽然上海地区近年来冬季气温大多偏高，但冰雪天气还时有出现。由于气温偏高，雪下来就融化，路面扫雪措施采取较好，积雪现象并不常见，为此下雪日的日均交通事故指数并不高。但下雪第二日的日均交通事故指数反而较高，比冬季日均交通事故指数高 0.36。这是因为经过下雪第一夜的冰冻，冰封大地，路面打滑，扫雪措施还没有及时到位，引起侧滑、横滑和翻车事故，使下雪第二日的日均交通事故指数上升。

（4）湿度温度与交通事故的关系。

①冬季最低气温变值与交通事故。冬季强冷空气侵袭使气温骤降，温度突变不仅影响驾驶员、行人对环境反应的灵敏度，还会带来雨雪与冰冻，引起道路滑溜，车辆难行。我们用最低气温的变温（当日最低气温与昨日最低气温之差）来反映冷空气的强弱，变值越小（绝对值越大），冷空气越强。当最低气温的变温≤-4 ℃时日均交通事故指数最高。

②春季温湿与交通事故。春季气温回升快且雨多，常出现较暖且湿度大的天气，此时驾驶员容易处于似睡似醒状态，同时路面也湿滑，极易引起车祸。研究表明：在日平均相对湿度≥85% 的情况下，日平均气温≥17 ℃时，日均交通事故指数

最大为 4.69，比春季日均交通事故指数高 0.35。春季并非都是暖湿天气，也有受强冷空气侵袭出现比冬季还冷的严寒天气，这对交通影响很大。例如 1998 年 3 月 20 日，上海市出现雨雪、冰粒交汇的恶劣天气，车祸频频发生，日交通事故指数高达 5.2，比春季日均交通事故指数高 0.86。

③夏季温湿与交通事故。上海地区最高气温 ≥35 ℃的日均交通事故指数为 4.51，略高于夏季日均交通事故指数，虽然 35 ℃以上高温酷暑会出现汽车轮胎爆胎、驾驶员中暑等易引起交通事故的因素，但高温期间外出车辆、人员减少，交通流量降低，事故发生率并不是很高。可是夏季常出现日最高气温 ≥28 ℃且小于 35 ℃、日平均相对湿度 ≥85% 的闷热天气（高温高湿天气），此时驾驶员在行车中会觉得体力不支、头脑不清，形成高速驾驶、盲目超车等错误行为，引发交通事故，同时交通流量也比高温酷暑天气多，因此日均交通事故指数反而比高温酷暑高。分析得到，夏季日最高气温 ≥28 ℃且小于 30 ℃，日均相对湿度 ≥85% 时，日均交通事故指数最高为 4.78，比最高气温 ≥35 ℃的日均交通事故指数高 0.27。

（5）上海道路交通事故与天气的关系。上海市雨日的日均交通事故指数比晴阴天日高，初雨日比雨日还高。冬季雾对交通影响的程度较大。轻雾天气日均交通事故指数比雾天高。下雪第二日的日均交通事故指数较高，比冬季日均交通事故指数高 0.36。冬季最低气温之变温值 ≤-4 ℃时，日均交通事故指数最高；春季较暖，湿度大，影响交通安全，冷空气侵袭也会严重影响交通；夏季高温高湿对交通影响比高温酷暑大。

1.2.3　道路交通典型天气的影响

气象条件对道路交通的影响是多方面的，主要表现为：气象条件对车辆本身、路面状况、驾驶员在行车过程中的判断和反应，以及驾驶员身体状况的影响，不同的气象条件对道路交通的影响程度和方面是不一样的。

1.2.3.1　降水

降水对道路交通的影响与降水的性质、强度以及降水量的大小有密切关系。从降水性质上看，降雪和雨夹雪天气比降雨天气对道路交通的影响更加明显。降雪和雨夹雪天气中，由于气温低，路面易形成积雪、冰水和结冰，降低路面摩擦系数，造成车辆打滑和刹车失效。降雨时，路面的潮湿和积水也可降低路面摩擦系数，造成车辆的刹车效果下降。从降水强度和量级上看，降水强度和量级越大，对道路交通的影响越明显。尤其是强的降水天气，会造成能见度明显下降，对道路交通产生重大影响。

1.2.3.2　气温

气温对道路交通的影响与气温的高低、变化大小有密切关系。一般来说，气温在 0~32 ℃，对道路交通的影响较小；气温低于 0 ℃或高于 32 ℃时，会对道路交通影响较大。气温低于 0 ℃，道面可能出现黑冰，降雨、降雪时容易形成冰雪路面；

气温高于 32 ℃ 时，则道面温度可能达到 50 ℃ 以上，柏油路面温度可达 40 ℃ 以上，道面变形，影响车速；气温高于 35 ℃ 时，发动机易过热，且高温路面易造成爆胎。

1.2.3.3 风

风对道路交通的影响与风力的大小、风向有密切关系。7 级以上大风对道路交通带来明显影响，风吹起的尘土或树叶，可能影响驾驶员的视线，需减速行驶；10 级以上狂风对道路交通带来严重影响。

1.2.3.4 能见度

能见度对道路交通的影响与能见度的大小有密切关系。能见度是影响道路交通的重要因子，产生不良能见度的天气现象有很多。

轻雾、小雪、中雨、吹雪、扬沙、浮尘、烟幕都可能造成能见度在 1 000 ~ 2 000 m，不利于车辆的高速行驶；雾、中雪、大雨、暴雨、暴雪、沙尘暴易造成能见度在 500 ~ 1 000 m，对道路交通有明显影响，需减速行驶；大雾、大雪、暴雨、暴雪、沙尘暴、烟幕能够造成 200 ~ 500 m 的低能见度，对道路交通有明显影响，必须限速行驶，关闭高速公路；浓雾、大暴雨、暴雪、沙尘暴能够引起低于 200 m 甚至低于 50 m 的能见度，此时，对道路交通有严重影响，可能难以分辨路况。

1.2.3.5 雷电

雷电对道路交通的影响主要有：对驾驶员造成判断和反应影响；雷击折断行道树；造成设备受损，导致高速公路设备运行瘫痪；易造成野外施工人员伤亡。

1.3 道路交通气象服务用户需求确定

1.3.1 道路交通气象服务用户类型分析

与道路交通密切相关的是道路交通的管理者、运营者和出行者。因此，道路交通气象服务用户的主要分类是道路交通管理者（公安部门、各级公路管理部门）、运营者（公路管理部门、运营公司）、出行者（长途客货运输公司、公交公司、出租车公司、旅游公司、个体运输者、车辆驾驶员及社会公众等），表 1.4 给出了道路交通气象服务用户类型分析。

表 1.4 道路交通气象服务用户类型分析

用户分类	用户职责
管理者	负责制定道路交通运行的相关政策，负责提供道路路况信息，负责处置交通事故、特殊事件
运营者	负责日常运营维护，提供出行者各类服务，满足需求
出行者	道路交通的主要客户，使用或搭乘机动和非机动交通工具的运输者、社会公众

1.3.2 用户对道路交通高影响天气敏感度研究

1.3.2.1 辽宁

如图 1.8 所示，参与辽宁调查测评的 20 位专家都选择公路结冰、公路深厚积雪、降雪 3 类影响高速公路安全运营的天气要素。因此，此 3 类天气为辽宁道路安全典型天气，其中普遍认为当降雪量达到小雪级别、积雪达到 2 cm 以上时即会对高速交通安全产生严重的影响。此类天气状况主要会导致高速公路路面湿滑、车辆刹车失灵等，因此需要安排人力物力对高速公路进行交通管制、对路面进行除雪除冰等措施。

其次为冻雨、雾霾、冬春季节的低温天气以及沙尘天气也为影响辽宁道路交通安全运营的次典型天气要素，选择此类灾害性天气的人数占测评专家总人数的 95%、90%、85%、80%，此类天气状况主要会导致路面湿滑、能见度降低，其中普遍认为当因雾霾、沙尘天气使能见度降低至 200 m 时即对高速公路交通产生严重影响。

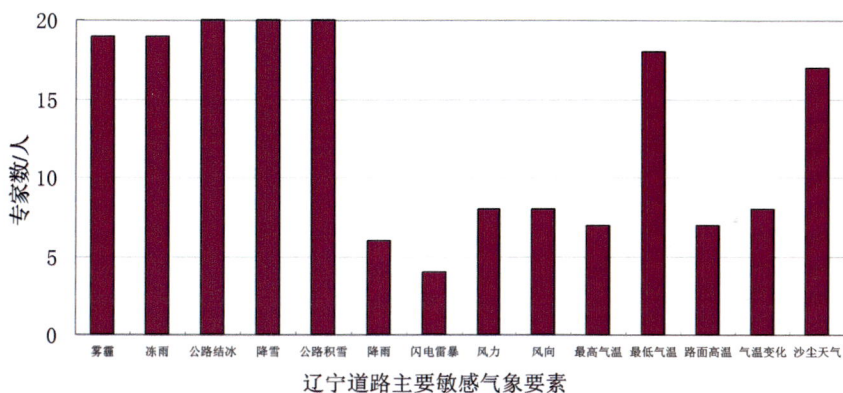

图 1.8 辽宁专家对道路主要敏感气象要素的选择人数

其余影响天气选择人数均未过半数，认为对高速公路交通安全影响最低的灾害性天气为雷暴，仅 20%测评专家选择了此项。

1.3.2.2 上海

如图 1.9 所示，参与上海调查测评的 20 位专家对雾霾的关注度最高，选择此类典型天气的专家占总人数的 90%，这主要是因为位于东海之滨的上海冬春季时雾的发生率较高，且易造成交通事故。

另外，公路结冰、积雪也是专家集中认为的敏感天气现象，此类天气发生时路面打滑，会引起车辆的侧滑、横滑和翻车事故。近年来的暖冬气候背景，使上海出现大面积结冰、积雪的概率比以前明显减少，但是小概率事件经常会让人在思想上出现麻痹、侥幸心理，从而导致较大事故的发生，并且可能造成灾害链的多米诺效应，给特大型城市的正常运行带来一定的压力。

台风是排列第四的敏感天气。虽然台风直接登陆上海的机会不多，但是夏秋季节，当有台风靠近上海时，经常会带来强风暴雨，短时间的强降水有时还会引起城市内涝，对道路交通产生不利影响。

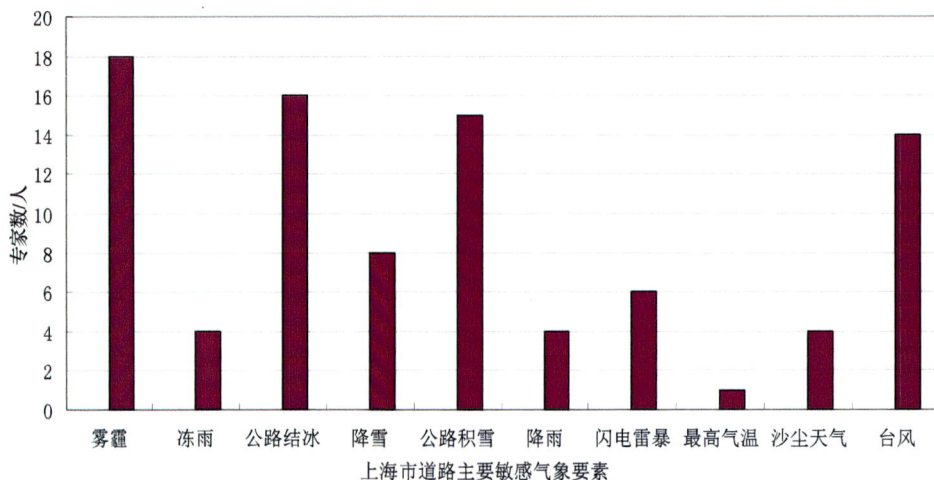

图 1.9　上海专家对道路主要敏感气象要素的选择人数

1.3.2.3　广东

如图 1.10 所示，参与广东调查测评的 10 位专家一致认为，公路结冰是影响广东道路安全影响运营的敏感天气要素，这可能也和上海专家的选择类似，出于"小概率—大事故"的原因考虑。

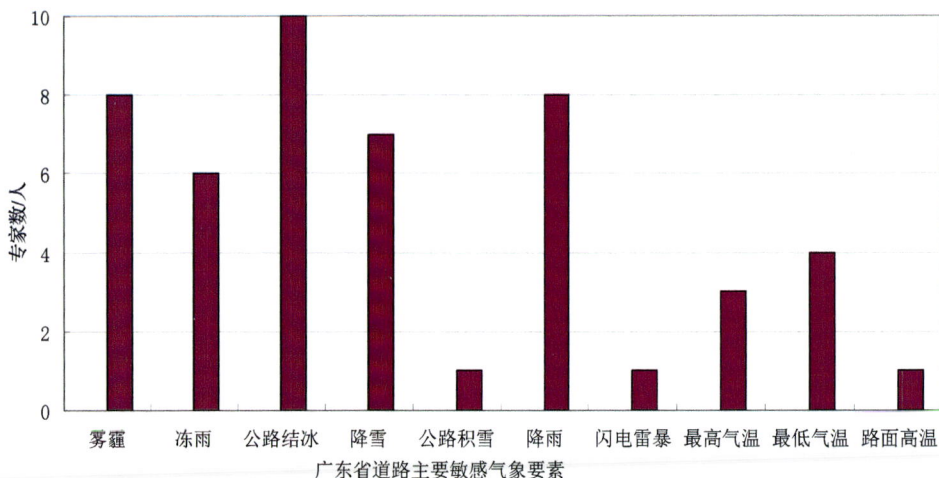

图 1.10　广东专家对道路主要敏感气象要素的选择人数

其次，降雨、雾霾、降雪、冻雨也受到了较高的关注。选择这些天气作为广东道路安全敏感要素的专家数占总人数的 60%～80%。

1.3.3 典型影响天气对用户的影响分析及应采取的相应措施

通过对公路交通行业气象服务效益调查评估得到的主要敏感气象要素或天气现象的临界值。

1.3.3.1 公路结冰

（1）影响。

①公路运输。路面结冰，车辆打滑，易引发交通事故；公路结冰使得车辆制动性能和行车安全性能下降；如果结冰严重，车辆无法通行，造成旅客及货物滞留现象；造成高速公路路面湿滑，车辆追尾、侧翻事故较多；交通管制后车辆无法上路；冰冻天气容易造成道路边坡、桥涵垮塌事故，对车辆安全行驶造成很大的安全隐患。

②运营管理。极端天气易造成交通事故，易造成行车事故；减少车流量，降低高速公路效益。

（2）应对措施。

①公路运输。提醒驾驶员行车时要及时安装防滑链条，减速慢行；降低车速、加大行车间距、及时安装轮胎防滑链或换用雪地轮胎。

②运营管理。及时进行交通管制，发布预警天气信息，预报危险区域；疏导和管制路面车辆；提前采取车辆分流，收费站路口封闭等措施；通过新闻媒体向社会公众发布预警信息，调整交通计划，预报危险区域，选择处理方案；强制减速或全线封道；电视、广播、网络发布预告，相应出入口及沿线电子显示屏提示路面结冰警告，结冰路段采取必要交通管制措施（限速或绕行），并通过广播、网络实时发布。

③公路维护。及时通报路面清理情况，对结冰路段设置警示标志及警示闪光灯；组织路政人员和各单位路面巡查监控工作；采用撒盐、铺沙等措施全力抢通道路，并在冰冻危险路段设置了警示标志，确保过往车辆的安全通行；根据天气预报信息，备足防滑材料，组织人员、材料、设备开展清扫工作，移除杂物，修复受损路面，保证行车安全。

1.3.3.2 公路积雪

（1）临界值。如图 1.11 所示，公路交通行业专家选择频次最高的公路积雪（深度）临界值为 2~5 cm。

（2）影响。

①公路运输。路面积雪，车轮与路面的摩擦系数降低，车辆易发生追尾、侧翻事故；对于远距离物资供应影响较大，造成道路无法通行；路滑，影响车辆行驶速度，易发生事故；融化后易出现道路结冰，对车辆行驶产生安全隐患；行车视线差、刹车失灵；引发车辆追尾，交通事故增多，公路标线夜间易反光，影响清晰度；积雪被车辆碾压后易结冰。

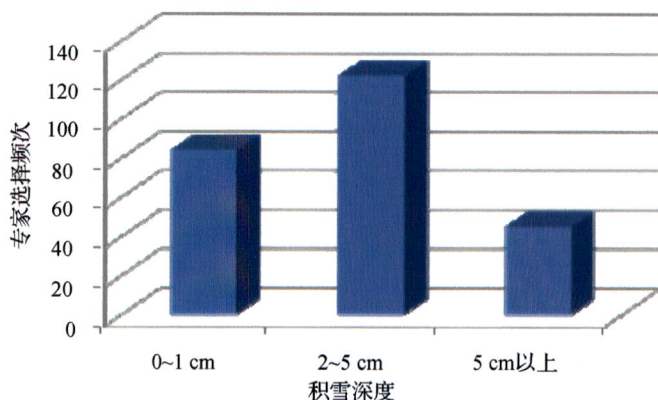

图 1.11 公路积雪（深度）临界值

②运营管理。车流量下降，影响收入；影响交通运营安全，影响交通运行速度或造成局部公路交通中断，影响公路标线的清晰度并造成安全隐患。

③公路维护。使用融雪剂影响道路寿命；增加养护工作的难度，对公路排水系统、路基土方施工、路面摊铺及水泥石子会产生影响；增加养护工作的难度，造成车辆滞留；路面受损，减少使用年限。

（3）应对措施。

①公路运输。发布信息，提醒驾驶员行车时要及时安装防滑链条，减速慢行；合理安排发车时间和路线、取消部分车次、加防滑链。

②运营管理。提前安排除雪，加强信息发布，同时上报路警联合指挥中心机械清雪；组织运力，做好旅客及物资疏导工作；降低车速或关闭高速公路，并组织人力清扫路面，车辆从就近的收费站下高速；提供道路减速警示标志；尽量保持实时观测，掌握积雪厚度。

③公路维护。敏感路段（纵坡大）预先准备草包、黄沙、铲车（扫雪车），作业面加盖油布；做好除冰机械设备、药剂的储备和调配工作；组织力量清除积雪覆冰，保证道路通畅；组织路政人员和各单位路面巡查监控工作；组织力量清除积雪覆冰，保证道路通畅；加强融雪剂除雪，达到不结冰程度；尽量避免将带有盐或融雪剂的积雪在道路中分带堆积。

1.3.3.3 降雪

（1）临界值。如图 1.12 所示，公路交通行业专家选择频次最高的降雪临界值为中雪（2.6~4.9 mm/d）。

（2）影响。

①公路运输。降雪引起公路能见度降低，道路摩擦系数降低，造成车辆打滑，影响行车安全；公路湿滑，且反光刺眼，影响安全；高速公路通行能力降低，严重时可引发拥堵甚至交通中断，同时造成交通事故率上升，易造成车辆滞留；车流量下降，会影响收入；气温较低会使得公路路面结冰，导致交通不畅，引发交通事故。

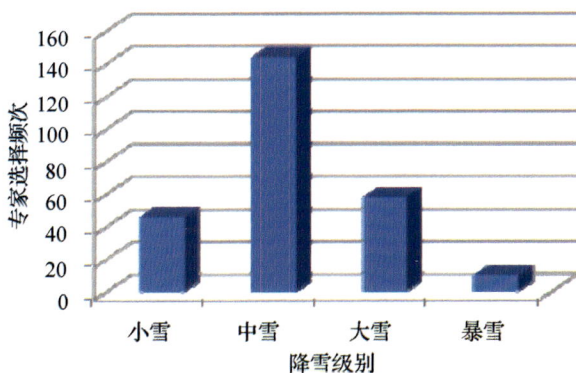

图 1.12　降雪临界值

运营管理：降雪造成路段、收费站封闭；影响收费站出路口、道路摄像机清晰度；路面受损，减少使用年限；车辆治理、畅通任务重。

②公路维护。降雪使得绿化设施冻损；而使用融雪剂影响道路寿命；对道路养护、畅通影响比较大，易发生交通事故。

（3）应对措施。

①公路运输。开雨刷，加防滑链；做好高速公路沿线的各项补给措施，合理安排发车时间；减速慢行，加大车距，并尽可能避免超车；行车时注意多换挡、少制动。

②运营管理。加强信息发布、提醒和交通管制，同时上报路警联合指挥中心机械清雪；降雪天气发生时，尽量保持实时观测，掌握积雪厚度；组织运力，做好旅客及物资疏导工作；在冰冻危险路段设置了警示标志，限制车辆行驶速度，确保过往车辆的安全通行。

③公路维护。采用人工铲雪、撒盐、铺沙等措施全力抢通道路；在隧道出入口及暗弯路段处铺草垫子，在草垫子上面抛撒融雪剂，预防结冰；组织力量清除积雪覆冰，保证道路通畅；做好除冰机械设备、药剂的储备和调配工作；及时清理路面，对绿化设施进行保护。

1.3.3.4　雾霾

（1）临界值。如图 1.13 所示，公路交通行业专家选择频次最高的雾霾临界值为能见度 200 m。

（2）影响。

①公路运输。雾霾使得道路能见度低，车辆通行缓慢，行车不安全，易发生追尾等交通事故；影响驾驶员开车视线，安全视距缩短，容易发生车祸事故；交通管制后车辆无法上路，影响公司收入；会造成高速公路封闭，导致经济损失。

②运营管理。雾霾天气易造成交通事故，道路堵塞，公众出行的危险性加大，从而造成人员伤亡；导致高速公路封闭，效益损失；通行速度下降，安全性下降，

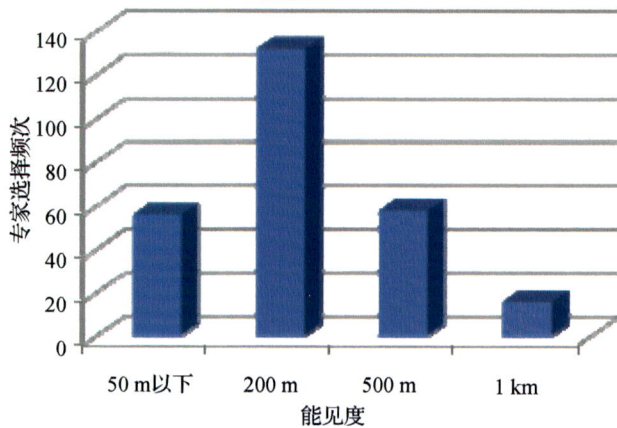

图 1.13　雾霾临界值

对通行能力有较大影响。

③公路维护。雾霾造成养护巡查作业不便，道路通行受阻，影响养护作业生产的开展；维护过程中易发生交通事故。

（3）应对措施。

①公路运输。能见度小于 200 m 时，开启雾灯、近光灯，降低车速；能见度小于 100 m 时，开启危险报警闪光灯，降低车速；能见度小于 50 m 时，从最近出口离开高速公路；高速公路能见度 50 m 以下时，车辆停运。

②运营管理。通过手机短信及时向辖区客运企业、危险化学品运输企业负责人、驾驶人发布极端天气预警信息；对交通进行管制、分流，提前提醒司机减速慢行；提前采取车辆分流，收费站路口封闭；必要时通报交警部门，封闭道路；通过电视、广播、网络发布预告，相应出入口及沿线电子显示屏提示雾霾天气警告，雾霾路段采取限速等必要交通管制措施，并通过广播、网络实时发布；提前在停车区、服务区做好气象预警宣传工作；加强巡逻管控，加强勤务协作。

③公路维护。加强巡逻管控，快速清理事故现场；要求相关部门利用电子情报板向司乘人员发布特殊天气缓速慢行提示，同时减少或停止养护作业并摆放提示标志。

④应急救援。极端天气发生时，应加大巡逻力度；能见度 200 m 以下时密切关注，50 m 以下时采取必要的交通管制措施，同时通知运行维护人员按照天气情况及时更改电子情报板上的路况信息，快速清理事故现场。

1.3.3.5　短时强降雨

（1）临界值。如图 1.14 所示，公路交通行业专家选择频次最高的短时强降雨临界值为暴雨（25 mm/h）。

（2）影响。

①公路运输。短时强降雨也能引起能见度低、车辆打滑的危险发生；影响司机

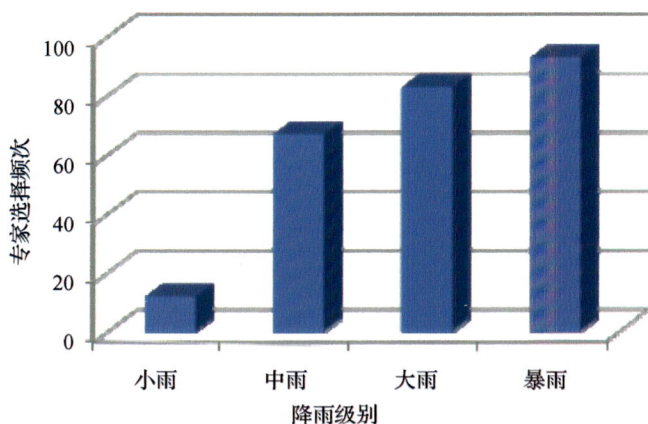

图 1.14　短时强降雨临界值

视线，降低高速公路通行能力；发生地质灾害，堵塞道路并导致能见度降低，易发生交通事故。

②运营管理。对城市交通影响较大，地面雨大排水不畅容易造成积水，影响通行，严重时造成交通瘫痪。

③公路维护。大雨带来排水不畅，边坡、护坡塌陷，水毁，对路况及通行造成影响；易造成山洪，冲毁桥涵防护，发生塌方、泥石流，造成公路交通受阻；容易在城市的地势低洼、排水不畅等区域引发城市内涝灾害。

④应急救援。交通事故随雨增大而增多，事故处理效率降低。

（3）应对措施。

①公路运输。避免紧急刹车、加速或突然变换车道等大幅操控动作；及时通知旅客，退票或调整班车；慢行，检查灯光和刹车，开警示灯；停止车辆运营或提醒司机减速慢行。

②运营管理。提前发布提示信息，进行交通管制，分段封路；限速；危险路段设置警示标志；加大路政巡逻等，做好收费站区车辆的疏导，加强线路巡检，临时交通管制，加强巡查观测；加强监控，绕道分流，关闭道路，加快排水，准备救灾资金；雨前、雨中、雨后巡逻，做好水毁抢险应急工作；相应出入口及沿线电子可变情报板提示暴雨天气行车安全和限速；提前发布提示信息，进行交通管制，分段封路；限速；危险路段设置警示标志；预测交通指数，建议市民选择其他交通工具，减少机动车出行；通过应急处置系统平台向公众发布提示信息，调动应急物资，组织防汛排水，确保公路交通正常运行；重要地点值守排水，车站、车辆段采取防洪措施，必要时封闭车站；雨前、雨中、雨后查路，准备防洪抢险材料、设备，做好抢险预案，发生前进行交通通告，发生后采取中断交通等措施。

③公路维护。分析可能发生水害的桥涵淤塞、锥体下沉损害、基础严重冲刷及排水设施破损情况；河道变迁等汛期可能危及行车安全；及时清理道路，雨前疏通

道路排水设施，对隐患及时处理和整改；采取稳压、排水、覆盖等措施，降低雨水侵入产生的影响；及时修复冲坏的设施；停止养护施工作业；准备足够的防汛物资，并及时修复冲坏的沿线设施，停止养护施工作业；做好易发生水毁段重点防护和排查修复，做好防洪处理；加大巡逻力度，及时上报，通知养护部门做好防汛工作，同时通知运行维护人员按照天气情况及时更改电子情报板上的路况信息；加强桥梁等重大设施的保护；及时疏散人员、设备，增加安全人员，观察防范地质灾害；雨前疏通道路排水设施，对隐患及时处理和整改。

1.3.3.6 冻雨

（1）影响。

①公路运输。冻雨造成高速公路路面湿滑、能见度低，路面摩擦降低，车辆刹车失灵；尤其在坡道角度大的路面行驶的机动车易造成溜滑，使车辆失灵，引发交通事故；冻雨对山区公路影响特别大，对桥梁、高大纵坡路段行车安全有较大影响；持续 12 h 以上的冻雨可能造成桥面结冰，影响行车安全，事故明显增多；冻雨使挡风玻璃模糊、视线变差。

②运营管理。极端天气易造成交通事故，道路堵塞，使公众出行的危险性加大，严重的话，会造成人员伤亡；导致高速公路封闭，损失高速公路效益；长时间出现冻雨天气过程时，会关闭高速公路或限速通行。

③公路维护。极端天气造成养护巡查作业不便，道路通行受阻，影响运输安全及养护作业生产开展；维护过程中易发生交通事故；会造成路面受损、减少路面使用年限；造成设备、道路及附属设施损毁。

（2）应对措施。

①公路运输。为车辆安装防滑链；缓慢行驶、避开冻雨时段发车；提醒驾驶员行车时要及时安装防滑链条，减速慢行。

②运营管理：及时进行交通管制，发布预警天气信息；竖立警示牌，禁止车辆通行；提前采取车辆分流，收费站路口封闭，要求通行车辆缓慢行驶；通知运行维护人员和养护部门做好防护工作，按照天气情况及时更改电子情报板上的路况信息；对结冰路段设置警示标志及警示闪光灯，组织路政人员和各单位路面巡查监控。

③公路维护。通知养护及时撒盐，同时通知运维按照天气情况及时更改电子情报板上的路况信息；清扫，撒盐和融雪剂；限速、撒木屑，进行路面养护；准备应急设备，保持交通畅通，移除杂物。

④应急救援。加强路政服务与管理，协助有关部门和单位开展应急救援；组织力量清除积雪覆冰，做好除冰机械设备、药剂的储备和调配工作；采用撒盐、铺沙等措施全力抢通道路，并在冰冻危险路段设置警示标志，确保过往车辆的安全通行。

1.3.3.7　日雨量

（1）临界值。如图 1.15 所示，公路交通行业专家选择频次最高的日雨量临界值为大雨（25~49.9 mm/d）。

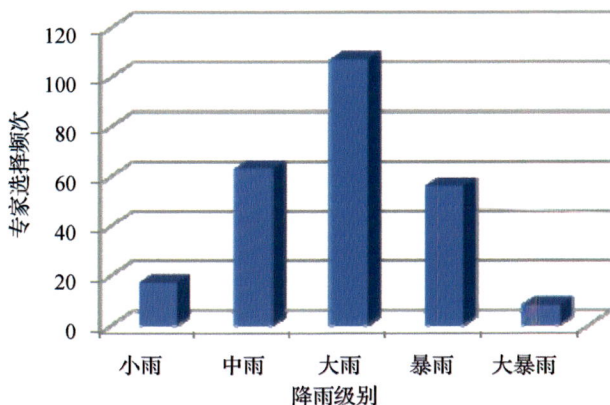

图 1.15　日雨量临界值

（2）影响。

①公路运输与管理。能见度降低、视线模糊易导致交通事故；司机刹车时，车辆易侧滑跑偏；严重影响行车视线，形成路面积水；交通事故随雨量增大而增多；连续大雨易引起土体滑坡、道路损坏等情况，造成车辆停运；降雨量加大，如不能得到及时解决，会造成城市积水、道路拥堵、塌陷、塌方等问题，严重影响公路交通安全；易导致城市内涝、下穿隧道积水；加大车辆拥堵程度。

②公路维护。会造成路面积水，公路设施损坏；路面易出现裂缝、滑移、坑塘及道路边坡损坏；对公路排水系统、路基土方施工、路面摊铺及水泥石子会产生影响；增加养护支出；易造成公路水毁或泥石流。

（3）应对措施。

①公路运输。避免紧急刹车、加速或突然变换车道等大幅操控动作；及时通知旅客，退票或调整班车；慢行，检查灯光和刹车，开警示灯。

②运营管理。提醒司机朋友雨天路滑小心驾驶，要求司机注意行车安全，对交通中断路段立即要求停运；加大路政巡逻、交通诱导、交通管制（禁行、分段放行）；关闭高速、危险路段设置警示标志，确保过往车辆的安全通行；变更电子情报板，加强宣传，提示驾驶员减速慢行；所有车辆车速低于 30 km 或封闭高速公路；提前发布提示信息，进行交通管制，分段封路；及时发布信息告知，对于出现的事故及时处理；对容易发生事故的路段进行重点监控；提前发布提示信息，进行交通管制，分段封路。

③公路维护。雨前疏通道路排水设施，对隐患及时处理和整改；采取稳压、排水、覆盖等措施，降低雨水侵入产生的影响；及时修复冲坏的设施；停止养护施工

作业；加大巡逻力度，及时上报，通知养护部门做好防汛工作，同时按照天气情况及时更改电子情报板上的路况信息；清沟疏涵，沟通水系，完善排水设施，防止水毁；道路临时封闭或只允许大货车行驶或封闭部分路段，并开展清扫工作。

④应急救援。加强巡视、预备牵引车辆；加强路政服务与管理，协助有关部门和单位开展应急救援；启动应急预案，加强极端天气下对市政道路的巡查工作。

1.3.3.8 沙尘天气

（1）临界值。如图 1.16 所示，公路交通行业专家选择频次最高的沙尘天气临界值为能见度 200 m。

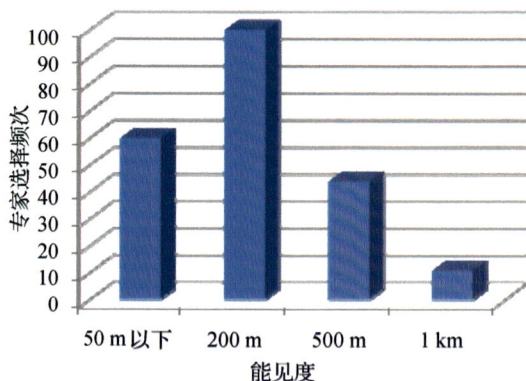

图 1.16　沙尘天气临界值

（2）影响。

①公路运输。沙尘暴天气引起公路能见度低，易造成追尾等交通事故；严重的沙尘暴天气还能造成沙丘堆积，阻塞路面，影响车辆行驶速度；驾驶人容易判断失误造成追尾；严重影响视线，事故明显增多。

②运营管理。高速公路通行能力降低，同时容易造成交通堵塞甚至中断。

（3）应对措施。

①公路运输。能见度小于 200 m 时，提示驾驶人开启雾灯近光灯，降低车速；能见度小于 100 m 时，提示驾驶人开启危险报警闪光灯，继续降低车速；能见度小于 50 m 时，要求从最近出口离开高速公路，高速公路停运；根据能见度控制车辆行驶速度，保持车距。

②运营管理。交通管制，在收费站分流，封闭道路；提前发布预警预报，利用电子屏提示；限制车速，出动导航车，必要时关闭高速公路；充分发挥应急处置系统平台效益，通过情报板、热线服务、公众出行服务站等方式发布提示信息；减速行驶，多渠道提醒，必要时进入服务区；通过手机短信及时向辖区客运企业、危险化学品运输企业负责人、驾驶人发布天气预警信息；加强重点路段巡查管控。

③公路维护。合理安排养护作业，及时清扫路面；十分严重时，暂停养护作业。

④应急救援。加大巡逻力度，能见度 200 m 以下时密切关注，50 m 以下时采取

必要的交通管制措施；加强巡查、道路疏导和救援。

1.3.3.9 风力

（1）临界值。如图1.17所示，公路交通行业专家选择频次最高的风力临界值为7~9级。

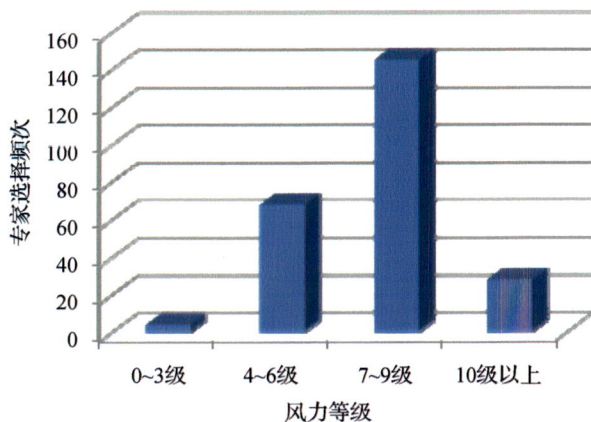

图1.17 风力临界值

①公路运输。驾车驶经高速公路或天桥，应加强劲阵风吹袭；大风易吹翻空集装箱箱体，超高车辆或车速过快容易侧翻；增加车辆阻力，引起驾驶人对车辆的控制能力减弱，行车的稳定性差，小客车有被吹翻的可能；风刮起的物品使得能见度降低，会引起沙尘暴、扬沙、吹雪、浮尘等天气；在大桥桥面上横侧风容易导致车辆侧漂倾翻。

②运营管理。大风导致路侧植物、设施倒伏、受损，影响行车安全。

③公路维护。影响匝道照明灯、站名标示安全，经常使广告、网架、标志牌坠落以及沿线绿化苗木损坏；路外设施倒塌易造成车辆受损；大风造成路边树木、高大交通设施损坏。

（2）应对措施。

①公路运输。减速或停车避风；在公路交通主线、收费站情报板向司机发布提示信息，提醒驾驶员注意行车安全，车辆减速行驶；提前发布大风的预警，设置电子警示显示屏。

②运营管理。提醒司机朋友风大小心驾驶；及时通过电子显示屏发布路况信息，加强巡查，及时修复损坏的道路安全设施；风后对交通安全设施进行全线排查，消除安全隐患；充分发挥应急处置系统平台效益，通过情报板、热线服务、公众出行服务站等方式发布提示信息。

③公路维护。清除路面杂物，苗木加固，提前修剪树枝；对一些设施进行固定，刮风期间注意巡视；合理安排养护作业；缆绳加固立杆，放下吊杆；对一些不牢固的标志标牌进行固定，刮风期间注意巡视；检查公路行道树等影响通行安全情

况，合理处置。

1.3.3.10 最低气温

（1）临界值。如图 1.18 所示，公路交通行业专家选择频次最高的最低气温临界值为 0~−4 ℃。

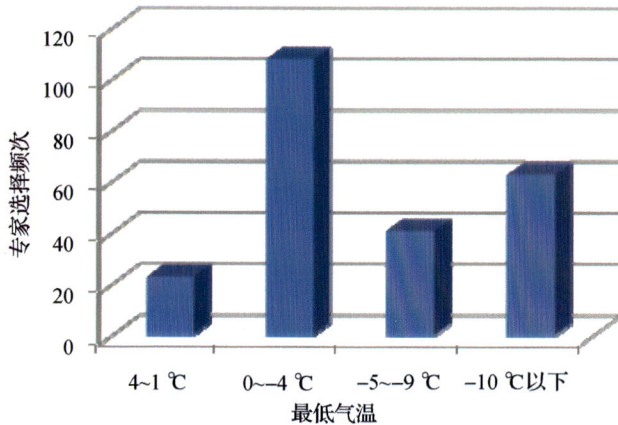

图 1.18 最低气温临界值

（2）影响。

①公路运输。低温对启动车辆有影响，汽车机械性能变差，气温低制动不灵；机动车辆在低温条件下行驶时，会由于驾驶室内外温差过大，室内的空气容易凝固于汽车挡风玻璃上形成一层薄雾气体，使挡风玻璃透明度降低，驾驶员视线不清，影响对前方道路状况的判断；出现霜，道路滑；低温天气行车时，驾驶员因寒冷容易分散注意力，手脚僵硬麻木，反应迟钝，动作灵活性降低；低温条件会影响到机动车辆自身的技术性能，如车辆停放时间过长时，发动机冷却系统内的冷却水容易结冰膨胀、撑坏系统管路。

②运营管理。需要注意桥梁、涵洞路面容易结冰，引起过往车辆侧滑；行驶车辆润滑系统阻力增大、启动困难，行驶途中熄火后难以启动。

③公路维护。低温则使得沿线绿化苗木易受冻害；低温使道路结冰，路边花木干枯，苗木死亡；影响养护作业质量；沥青路面易开裂，路面易结冰，影响高速路使用性能；日温差大，引起热胀冷缩导致路面开裂、受损；影响公路使用寿命。

（3）应对措施。

①公路运输。提前发布低温预报预警，便于行驶在高速公路上的司机提前做好降温或御寒准备，检查车辆保温养护；车辆及时更换防冻液、低温防冻机油；做好开车前的车辆检查，做好保温措施。

②运营管理。及时发布低温预警，设立警示牌，交通管制（禁行、分段放行），严重时封闭道路；服务区做好相应的物资准备；关注天气变化，对于会发生结冰的路面及时撒布融雪剂；加强媒体预告、路面疏导；如结冰则封闭高速；要求各运输

企业要认真落实安全行车制度，加强督促检查，教育驾驶员在出车前，要加强对车辆各部件的保养和检修，保持制动系统工作状况良好；路面防滑处理，必要时封闭高速公路。

③公路维护。组织人员、机械设备开展清扫工作，移除杂物，修复受损路面，保证行车安全；在隧道出入口及暗弯路段处铺草垫子，在草垫子上面抛撒上融雪剂，预防结冰；做好除冰准备；加强巡查，对存在的隐患提前处治，防止桥面有积水结冰；配合养护部门除冰，加强重点路段巡查管控；根据天气预报信息，在沿线大中桥的两端备足防滑材料。

④应急救援。加大巡逻力度，防止油冻、水冻，清障车辆做好清障准备，巡逻车辆配备喷灯。

1.3.3.11 最高气温

（1）临界值。如图 1.19 所示，公路交通行业专家选择频次最高的最高气温临界值为 38~40 ℃。

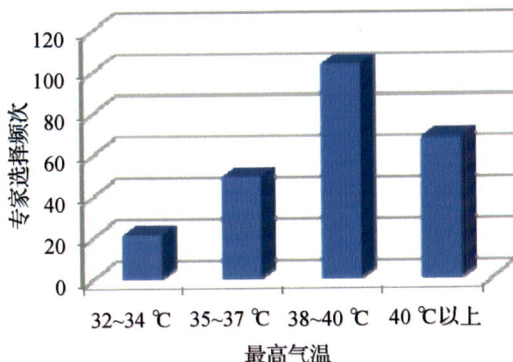

图 1.19 最高气温临界值

（2）影响。

①公路运输与管理。高温使得司机在路途中容易犯困、疲劳、中暑、注意力下降引发交通事故；热的环境下驾驶车辆，由于空气流通不畅，驾驶人很容易疲劳，视线往往会逐渐变得模糊、思维变得迟钝；车辆容易自燃、爆胎；高温还会引起路面不平，车速受阻；发动机散热不好，汽车在工作过程中冷却系统造成安全隐患；高温天气易造成路面温度升高，影响汽车轮胎的正常使用，易造成爆胎从而引发交通事故。

②公路维护。高温使路面容易出现车辙、泛油、开裂等，影响高速公路使用性能，沥青软化降低公路承载力；路面高温影响高速路使用性能。

（3）应对措施。

①公路运输。提醒司机降温、减速，发放降温物品；车胎局部洒水降温；降低车速，高温时间车辆休养，加开空调；水箱常换冷水；提示驾驶人注意轮胎养护，

减少高温时段出行；减速，防爆胎，防自燃；加强日常保养和检修。

②运营管理。提前发布高温预警提示信息，评估道路安全指标；电视、广播、网络发布高温预告，相应出入口及沿线电子可变情报板提示高温警告，提示车辆减速行驶并提示进入服务区休息降温；设置警示牌、及时提醒司机要集中精神、适当休息；利用路上信息板发布信息，加大巡逻力度，通知养护部门路面洒水降温；发布温馨提示，提醒驾驶人员在炎热天气时应尽量保持驾驶室空气畅通，感觉疲劳时应及时停车休息。

③公路维护。路面洒水降温，对局部路段路面降温处理；对鼓包路面进行铣刨处治；提前对路面病害进行调查，对病害较严重的路段做好预防性养护；对沿线绿化苗木进行浇水灌溉。

④应急救援。服务区做好应急准备。

1.3.3.12 路面高温

（1）临界值。如图1.20所示，公路交通行业专家选择频次最高的路面高温临界值为50~54 ℃。

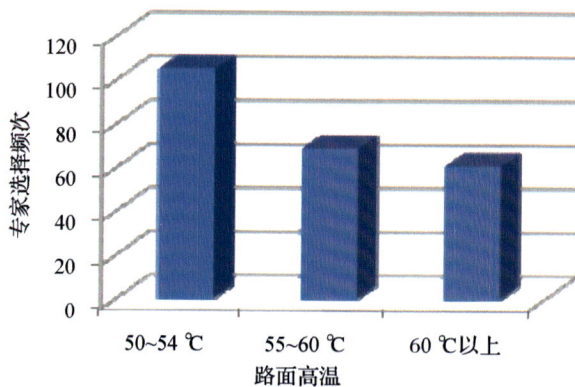

图1.20 路面高温临界值

（2）影响。

①公路运输。车辆易自燃、爆胎；影响司机的精力和判断，容易疲劳；引发机械故障，影响行车安全；沥青混凝土路面出现软化泛油，对行车安全有影响；沥青路面易熔化，增加轮胎摩擦；路面温度较高时，渣油路面会出现泛油、熔化现象，车辆行车阻力增加；车辆轮胎性能下降。

②公路维护。不利于水稳基层保护；易造成车辙、路面老化及路面沥青损坏；影响高速路使用性能；户外运营维护人员易发生中暑现象；沥青路面软化，影响公路使用年限。

（3）应对措施。

①公路运输。车胎局部洒水降温，减速慢行；行车前检修，调整运营班次；利用服务区对轮胎降温。

②运营管理。发布提示信息和预警信息；提醒司机注意休息；利用咨询台、服务区、收费站发布高温预警信息；加强宣传，提醒驾驶员减速慢行；提醒驾驶人注意轮胎养护，减少高温时段出行；提醒检查车况，避免长距离行车；提醒驾驶员注意防止发动机过热，如果温度过高要及时停车降温；电视、广播、网络发布高温预告，相应出入口及沿线电子可变情报板提示路面高温警告，提示车辆减速行驶并提示进入服务区休息降温。

③公路维护。路面洒水降温、加强路面洒水降温的频率；对隐患提前处治，修补路面病害；对病害较严重的路段做好预防性养护；对沿线绿化苗木进行浇水灌溉；加强日常巡查及路面修复；设备安全检修、新建水泥混凝土路面防干缩裂缝或冷收缩。

1.3.3.13 路面低温

（1）临界值。如图 1.21 所示，公路交通行业专家选择频次最高的路面低温临界值为 0~-4 ℃。

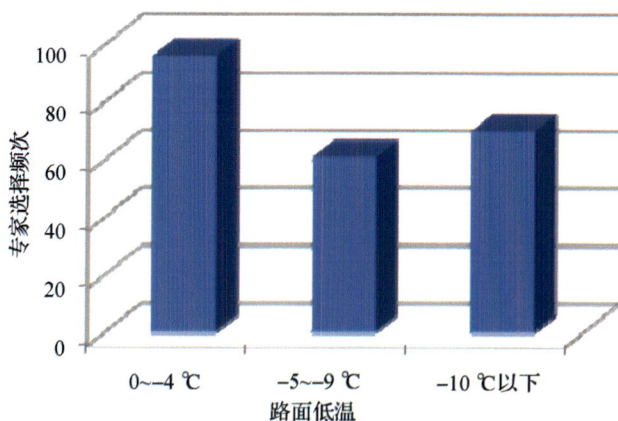

图 1.21 路面低温临界值

（2）影响。

①公路运输与管理。出现霜，道路滑；车辆不易启动，汽车机械性能变差。零度以下容易造成路面结冰，结冰的路面打滑，易造成交通事故；路面温度较低，渣油路面会出现泛路面容易结霜或者薄冰，则路面附着系数非常低，车轮容易打滑，行车的危险性大；路面路基发生形变，产生裂缝，容易引发高速行驶的车辆出现事故。

②公路维护。沥青路面易开裂，路面易结冰，影响高速路使用性能；影响作业人员安全以及公路结构本身安全；易引起路面收缩开裂、结构物变形。

（3）应对措施

①公路运输与管理。加强督查，加强对车辆的各部件的保养和检修，保持制动系统的工作状况良好，做好车辆的防寒防冻工作；提醒司机朋友慢速小心驾驶；加

大巡逻力度，防止油冻、水冻，清障车辆做好准备，巡逻车辆配备喷灯；及时更换防冰液、防冻机油；提醒驾驶员采取防滑措施，注意行车安全。

②公路维护。加强巡查，发现路面情况及时采取措施；采用撒盐、铺沙等措施全力抢通道路，并在冰冻危险路段设置警示标志，确保过往车辆的安全通行，强制车辆降速慢行；合理安排养护作业；及时撒盐或融雪剂，根据天气预报信息，在沿线大中桥的两端备足防滑材料；组织人员、机械设备开展清扫工作，移除杂物，修复受损路面，保证行车安全；加强巡查，对存在的隐患提前处治，防止桥面有积水结冰。

1.3.3.14 日温差

（1）临界值。如图 1.22 所示，公路交通行业专家选择频次最高的日温差临界值为 10 ℃以上。

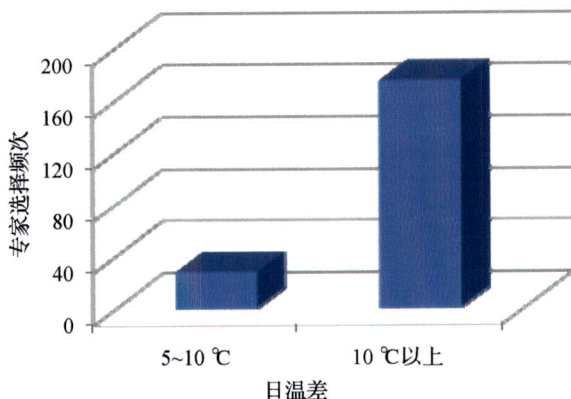

图 1.22　日温差临界值

（2）影响。

①公路运输。车胎温度差别较大，易爆胎，车内外温差大，车窗易起霜；挡风玻璃已出现水汽凝结，不利行车安全；司乘人员舒适度下降；影响路面摩擦系数，车辆挡风玻璃容易结冰，影响行车视线。

②公路维护。热胀冷缩导致路面开裂、受损。

（3）应对措施。

①公路运输与管理。发布温差信息，注意防寒保暖；提前发布预报预警，便于行驶在高速公路上的司机提前做好降温或御寒准备。

②公路维护。加强养护，选择抗冻性强的沥青材料；及时修补并设置警示牌。

③应急救援。储备应急救援物资，加强路政巡逻。

1.3.4　用户对气象预报需求分析

目前，气象预报主要考虑的是某一行政区域内的整体情况，多为大中尺度预报，空间分辨率较低，而道路交通更多的是关注局地性天气的影响。道路交通气象服务的用户，由于其观点和关注点的不同，其对气象预报的需求也存在一定差异。

管理者由于管理职能的不同，对气象预报需求也有一定的差别。管理者关注的是职责范围内道路以及整个路网的天气实况和未来变化情况，以便提前做好应对准备工作，防患于未然，并及时向出行者告知。运营者关注的是管辖道路以及周边路网的天气实况和未来变化情况，以便提前做好应对准备工作，防患于未然，并及时向出行者提供服务。出行者关注的是从出发地到目的地行程的安全、可靠和可预见性，希望获得实时和准确的出行信息，以引导行程。

1.3.4.1 用户对气象预报时效的需求分析

辽宁通过对天气预报时效需求的分析，可以得出图 1.23。

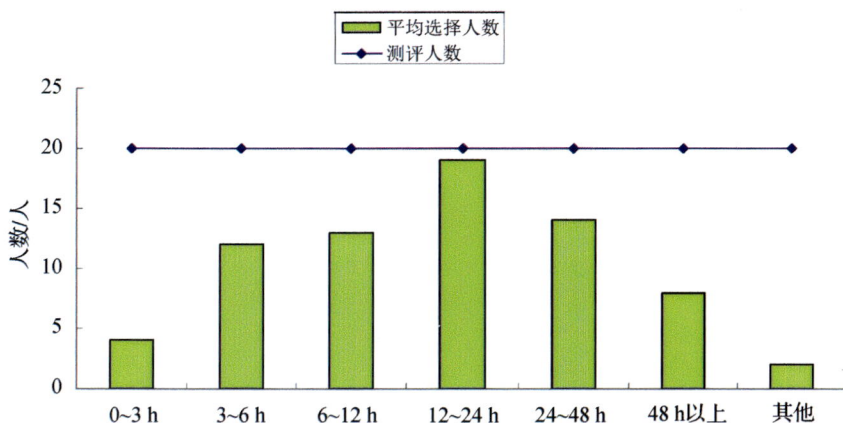

图 1.23 辽宁专家平均选择各档预报时效人数

由图分析可得出，超过 95% 的辽宁测评专家认为天气预报提前 12~24 h 即可为防灾减灾提供充足的决策准备时间，其次约 70% 的测评专家认为预报提前 24~48 h 才有充足的决策准备时间，而这部分测评专家人数主要来自虎跃快客。经调查分析，虎跃快客一般提前 2 d 左右根据天气情况安排车辆调度及旅客运输，因此在天气预报的时间需求上都普遍认为 48 h 的预报时间能为其防灾减灾合理调度提供充足的时间。

而从前 5 位高敏感气象要素需求时效上分析看（图 1.24），路面结冰、路面深厚积雪、降雪、冻雨等气象要素预报时效要求在 12~24 h，沙尘、雾霾天气预报时效要求在 6~12 h。

如图 1.25 所示，总体来说，上海用户选择的预报时效的覆盖范围比较宽，除了时效 48 h 以上的比例在 10% 以下，其他都在 20% 上下，稍微集中的时效段是 6~12 h。

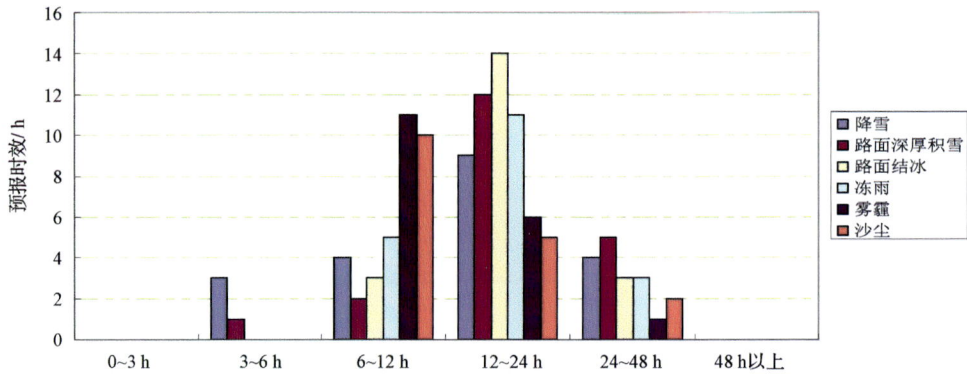

图 1.24　辽宁高敏感气象要素需求预报时效分布

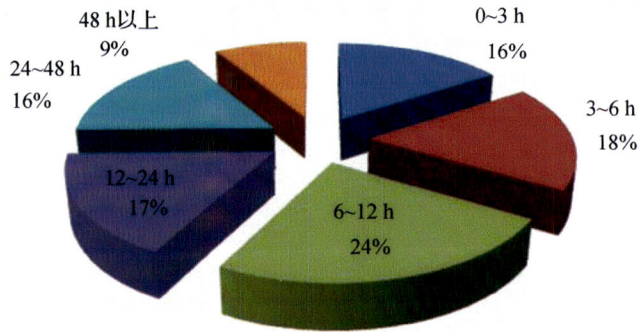

图 1.25　上海专家高敏感气象要素预报时效选择比例

另外，从不同天气（气象要素）的时效选择分析来看（图 1.26），用户的需求也是多样化的，都是需要中期、短期、短临相结合的预报预警产品为自己的行动做决策参考。当然我们也能看出，上海用户对最高气温的时效主要集中在 12～24 h，雾霾集中在 6～12 h。

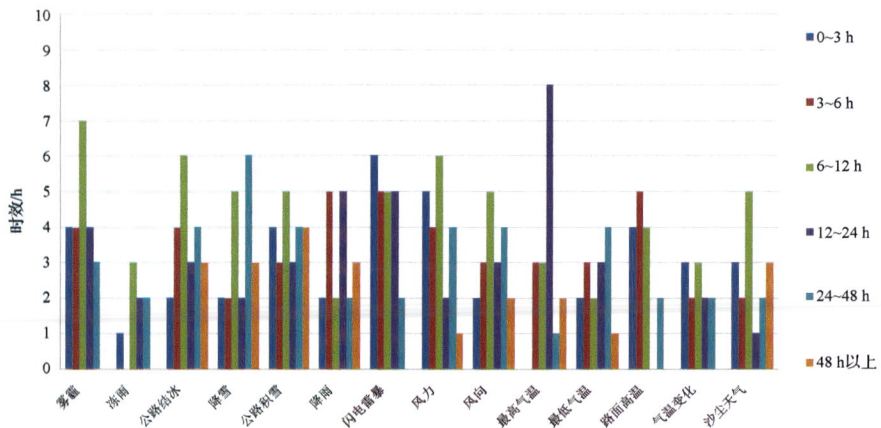

图 1.26　上海专家高敏感气象要素预报时效选择分析

　　从广东用户对典型天气（气象要素）预报时效需求的比例来看，对各种时效的需求总体相对平均，其中对 0~3 h 的需求稍高些，为 23%，这可能与广东地区强对流天气比北方频发，而强对流天气目前较有效的预报时效正在这个区间里有关。

　　通过对辽宁、上海、广东的道路交通气象服务用户的测评，用户对典型天气的预报时效需求主要集中在 12~24 h、6~12 h 和 0~3 h，见表 1.5。

表 1.5　用户对典型天气的预报时效需求分析

典型天气	预报时效/h
高温、低温、降雨、降雪、积雪、结冰、冰冻、冻雨、大风	12~24
大雾、沙尘、吹雪	6~12
冰雹、雷电天	0~3

1.3.4.2　公路交通气象服务需求产品的主要类型

　　如图 1.27 所示，公路交通行业专家希望提供的气象服务产品比重最大的是气象灾害预警，占总数的 41.3%。这一结果反映出公路交通部门非常关注气象等自然灾害对于公路交通安全的影响。专业气象预报与基本天气预报需求比重基本相似，都在 22% 左右。对天气实况的需求不是很大，仅占总数的 12.7%。

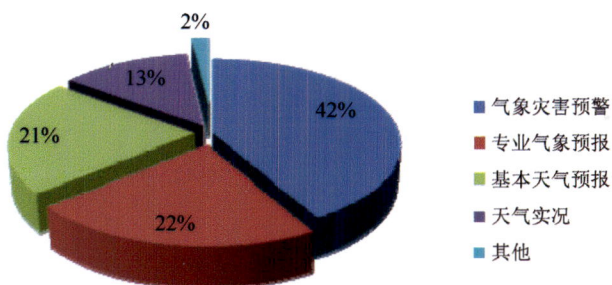

图 1.27　公路交通气象服务需求产品的类型

1.3.4.3　用户对气象预报产品形式和获取手段的需求分析

　　用户对气象预报产品形式的主要需求是文字信息，其次为图形。获取手段主要需求是网络、道路交通可变情报板、广播电台、手机短信、传真、电子邮件。

　　总之，管理者、运营者和出行者对预报时效和产品形式的需求基本一致。而获取手段有所差异，管理者和运营者主要需求是通过网络、传真、电子邮件；出行者主要需求是通过道路交通可变情报板、广播电台、手机短信。

1.4 确立道路气象服务策略

1.4.1 分析道路气象服务特性

道路气象服务具有一般服务的无形性、不可储存性、易变性等特性。道路气象服务的无形性体现在作为缺乏专业气象知识的用户来说，有时不容易识别或理解道路气象服务信息；由于目前道路气象预报、预警技术还处于发展阶段，道路气象服务也是在起步阶段，所以道路气象服务的技术质量还较难考核和控制。道路气象服务的不可储存表现得尤为突出，一方面是指气象信息不像实体产品那样可以储存，更重要的是天气的瞬息万变决定了气象信息有着极强的时效性，气象服务产品需要不断地更新，当天气变化快时，过时信息的储存和使用有时会产生负面效应；并且气象产品也具有显著的区域差别，某一地或某条道路的气象信息不适宜被储存至另一地使用。道路气象服务易变性从服务方来说是指天气形势的复杂程度以及预报产品制作人员的预报水平的不一致所导致的道路气象服务产品质量的不稳定，从用户方则是，由于不同类型道路气象服务用户的需求不同，所以他们对服务产品的要求也各有不同。

1.4.2 道路气象服务策略制定

针对道路气象服务的这几个基本特性，道路气象服务策略建议从引导化、精细化、效率化、差异化和规范化入手。

引导化策略针对无形性特点，对道路气象用户开展道路气象知识的科普，包括对专业的道路气象预报、预警产品的解读，如何有效利用服务产品，产品的优缺点及现阶段预报技术的难点和限制性等。具体到平台建设时，可考虑设立服务产品说明、预警预报级别指标、相应防御指引等帮助引导栏目。

精细化策略针对时间、空间上的道路气象产品的不可储存性，应开发时间、空间尺度上的精细化道路气象服务产品，当然考虑到目前预报技术的实际情况，针对不同空间尺度可采取不同时间精细化程度的服务产品相对应。例如，全国范围可配合 7 d 左右的中期天气预报；各行政区域范围内的道路以短期 3 d 逐日预报为主；各省或直辖市道路的可以配合当天白天、夜间的分段预报等；针对某条高速公路，我们甚至可以有 3 h 以内的短临预报。

差异化策略针对用户易变的特性，可以根据不同道路气象服务用户需求，提供有针对性的服务产品，或者将选择权直接交予用户，使服务平台实现用户自助服务，用户可根据实际需要，挑选产品组合，甚至设置报警阈值，形成具有 DIY 性质的"我的产品"系列。如果这些服务产品还不能满足用户需求，则可以提问专家，平台应安排能回答用户关于道路气象预报问题的专家团队。

规范化策略针对道路气象预报质量的无形性和易变性，制定统一的道路气象服务标准、实行服务质量反馈和监督是十分必要的，但由于我国道路气象服务还处在起步阶段，服务标准的制定目前还有一定的难度，在这种情况下，建立有效的用户反馈机制，收集服务过程中的建议和意见，改进服务方式更显得尤为重要。因此道路气象服务平台可以考虑设置用户评价功能，并定期汇总数据，以完善服务平台建设。

表1.6给出了道路气象服务特性、服务策略及服务平台内容设置。

表1.6 道路气象服务特性、服务策略及服务平台内容设置匹配表

道路气象服务特性	道路气象服务策略		服务平台内容设置
无形性	引导化	知识科普、产品解读	服务产品说明栏；预警预报级别指标、相应防御指引等帮助引导栏
	规范化	质量反馈	用户评价功能
不可储存性	精细化	时间、空间精细化产品	与不同范围大小区域相适应的不同时效的产品
易变性	差异化	自助服务	"我的产品"、提问专家
	规范化	用户监督	

1.5 结论

1.5.1 道路交通的典型天气

道路交通的典型天气有高温、低温、降雨、降雪、积雪、结冰、冰冻、冻雨、大风、大雾、沙尘、吹雪、冰雹和雷电。

前5位的敏感气象要素或天气现象是公路结冰、公路积雪、降雪、雾霾和短时强降雨。

前5位的敏感气象要素或天气现象的临界值分别为：公路结冰；公路积雪（深度），临界值为2 cm；降雪，临界值为中雪（2.6~4.9 mm/d）；雾霾，临界值为能见度200 m；短时强降雨，临界值为暴雨（25 mm/h）。

公路交通行业前5位的敏感气象要素或天气现象的有效预报时段分别为：公路结冰，有效预报时段为12~24 h；公路积雪，有效预报时段为12~24 h；降雪，有效预报时段为12~24 h；雾霾，有效预报时段为0~3 h；短时强降雨，有效预报时段为0~3 h；冻雨，有效预报时段为12~24 h。

1.5.2 道路交通气象服务用户的需求

道路交通气象服务用户类型有管理者、运营者和出行者。

对道路交通影响最大的天气是雾、结冰、降雪、积雪、冻雨、降雨。

用户对典型天气的预报时效要求主要集中在 12~24 h、6~12 h 和 0~3 h。

提供全国所有道路沿线定点、定时、定量的路面状况、雨雪分布、路滑等级、能见度预报、道路行车安全等级等专业气象服务产品更是管理者、运营者和出行者的迫切需求。

用户对气象预报产品形式的主要需求是文字信息，其次为图形。获取手段主要需求是网络、道路交通可变情报板、广播电台、手机短信、传真、电子邮件。

2　道路交通气象服务指标体系的建立

2.1　不同天气对道路交通影响关系的分析与试验

气象条件对道路交通的影响是多方面的，主要表现为：气象条件对车辆本身、路面状况、驾驶员在行车过程中的判断和反应以及驾驶员身体状况的影响，不同的气象条件对道路交通的影响程度和方面是不一样的。本书从道路专业服务基础理论入手，结合道路交通气象特点，整合了道路交通气象服务的有关资料和数据，完成了不同影响天气对道路交通影响关系的分析，得到有关结论。

2.1.1　不同强度和相态的降水对道路交通的影响

降水对道路交通的影响与降水的性质、强度以及降水量的大小有密切关系。从降水性质上看，降雪和雨夹雪天气比降雨天气对道路交通的影响更加明显。降雪和雨夹雪天气中，由于气温低，路面易形成积雪、冰水和结冰，导致路面湿滑，降低路面摩擦系数，造成车辆打滑和刹车失效。降雨时，路面的潮湿和积水也可降低路面摩擦系数，造成车辆的刹车效果下降。从降水强度和量级上看，降水强度和量级越大，对道路交通的影响越明显。尤其是强降水天气，会造成能见度明显下降，对道路交通产生重大影响。

降水对道路交通的持续影响也与降水的性质、强度以及降水量的大小有密切关系。降水强度较小时，路面不易形成大量积水，降水结束后，很快蒸发或流走，因此对道路交通的影响较小。

强降水发生后，如果排水条件较好，路面积水较快排除，对道路交通的持续影响较短；如果排水条件较差，易形成较深的积水，严重影响车辆行驶，甚至造成道路交通瘫痪。较强的降雪和雨夹雪天气后，易形成积雪结冰，如果不及时清除，对道路交通的持续影响较大。

2.1.1.1　晴阴天、雨天、初雨日交通事故比较

全年雨日的日均交通事故指数为 4.83，比晴阴天高 0.69，表明雨天的事故发生比晴阴天严重。另外值得关注的是，全年初雨日（定义连续 3 d 以上无雨转雨的第一天为初雨日）的日均交通事故指数为 5.25，比雨天高 0.42，比晴阴天高 1.11。这是由于久晴转雨后，道路湿滑，而驾驶员、骑车人、行人思想麻痹大意，使交通事故上升。

2.1.1.2 小时雨强对交通的影响

依据小时和分钟雨强以及对能见度的影响来划分公路交通强降雨等级。

1级：1 h降水量10.0~14.9 mm，或者降水强度0.8~1.2 mm/min，且能见度降到500 m左右，对公路交通运行稍有影响。

2级：1 h降水量15.0~29.9 mm，或者降水强度1.3~2.0 mm/min，且能见度降到200 m左右，对公路交通运行有一定影响。

3级：1 h降水量30.0~49.9 mm，或者降水强度2.1~3.0 mm/min，且能见度降到150~100 m，对公路交通运行有较大影响。

4级：1 h降水量≥45.0 mm，或者降水强度>3.0 mm/min且能见度<100 m，对公路交通运行有严重影响。

2.1.1.3 降雪对交通的影响

雪对公路路况的破坏是气象条件中最明显的。冬季降雪天气下，50%以上的交通事故直接或间接与降雪天气有关。据统计，下雪天公路事故率增加25%，伤亡率增加近1倍。在冰雪打滑的路面上行驶，车轮各部分作用力稍不平衡（如转向、制动和骤然加、减速度）即可造成整车失去平衡，导致侧滑、甩尾失控，从而导致事故发生。此外，由于雪天的路面比雨天路面更滑，一些驾驶员对路面积雪湿滑程度估计不足也易导致事故发生。当雪后晴天时，由于积雪对阳光的强烈反射作用，产生眩光，即雪盲现象，也会使驾驶员视力下降，成为安全行车的潜在危险。

雨夹雪天气路面较普通雨雪天气更滑，地面温度低于0 ℃后，在路面会形成冰面，对车辆行驶安全影响最大。微量降雪天气虽对路面的影响低于其他降雪天气，但交通事故发生率却无明显差别，相反重大交通事故还略有增多，这可能与司机的重视程度不够有关。

中雪以上天气，积雪覆盖路面，严重影响车辆的制动性。隆冬季节一次中雪以上降雪过程，对交通的影响可持续3~5 d。路面积雪时，白天气温高于0 ℃，在阳光照射下雪面融化，夜间路面温度降到零度以下路面结冰，积雪夜冻昼化最易发生交通事故。

暴雪不仅能在路面造成较厚积雪，形成雪阻，迫使汽车在公路上停驶，造成严重交通堵塞，甚至关闭高速公路。

积雪比降雪对公路路况的破坏更大，路面积雪被压实后，路面摩擦系数类似于冰面，更影响交通。积雪10 cm以上车辆行驶很不安全，一般积雪厚度达到20 cm，行车就很困难，超过30 cm将要停驶。

此外，冬季雪面路滑，特别是白天在阳光下稍稍融化又重新结冰后而形成的黑冰，由于外界环境的影响，这种黑冰不易被发现，如果以常速或超速行驶遇到这种情况特别危险，是行车的大敌。

降雪也在一定程度上造成能见度下降，影响行车安全。

2.1.1.4　不同强度和相态的降水对道路交通的影响

在大量统计、分析与试验的基础上，通过表 1.7 给出不同强度降水、不同相态降水对道路交通的影响分析汇总。

表 1.7　降水对道路交通的影响

降水	路面状况	影响程度
小雨	潮湿或有少量积水	路面摩擦系数稍有下降，影响不大；但久晴后的小雨，由于在雨水（水膜）和路面之间存在一层气泡，水膜和气膜会使路面的附着系数迅速降低，车轮易打滑，易多发事故
中雨	小部分积水	路面摩擦系数下降，车辆打滑，刹车效果下降，需限速
大雨	部分积水	路面摩擦系数下降，车辆打滑，刹车效果明显下降，需限速慢行
暴雨	大范围积水	路面摩擦系数明显下降，车辆打滑，刹车可能失灵，车辆难以行驶
	洪涝	交通中断
短时强降水	部分积水	能见度大幅下降，需限速慢行
小雪	基本无积雪	路面摩擦系数稍有下降，影响不大
中雪	有积雪	路面摩擦系数下降，车辆打滑，刹车效果明显下降，需限速慢行
大雪	路面积雪	需限速慢行
暴雪	深厚积雪	行车困难
雨夹雪	冰水混合物易结冰	行车困难易失控
冰雹	路面冰粒	降低摩擦系数，损坏车辆
冻雨	路面结冰	摩擦系数大幅下降

2.1.2　气温对道路交通与车辆的影响

气温直接影响到路面温度，一般来说，气温在 0~32 ℃时对道路交通的影响较小，气温低于 0 ℃或高于 32 ℃时，对道路交通的影响较大。高温、低温及气温变化剧烈都会使路面出现变形，影响驾驶员驾驶。路面温度与路基温度关系到路面和路基的状态和质量，进而关系到行车的安全。高温会导致柏油路面软化、起包，汽车爆胎、自燃及易燃物品的起火、爆炸等危害。低温时段遇降水，则会形成结冰或积雪。

2.1.2.1　高温

夏季正午的太阳高度较高，晴天路面升温快。当气温≥35 ℃时路面温度一般都≥60 ℃，12 时前后达最高值，常可超过 60 ℃，16 时后才能有明显的下降。

根据南京气象台 1905 年以来的气温和 1957 年以来的地温记录进行了对比分析，

该站极端最高气温为 43.0 ℃，极端最高地温为 71.3 ℃，两者相差 28.3 ℃；极端最低气温为 -14.0 ℃，极端最低地温为 -19.6 ℃，两者相差 5.6 ℃。由此可以建立这样一个概念值：在南京（32 °N）夏季晴天的中午前后，沥青路面的温度比空气温度高 30 ℃ 左右。

2.1.2.2 低温

在冬季晴朗的夜间，沥青路面温度比空气温度低 5 ℃ 左右。

在连徐高速公路、沪宁高速公路设立的路面（沥青）温度监测点获取间隔一分钟的实时监测温度资料，所得结果与上述结果相近。

将气温对道路交通与车辆的具体影响列在表 1.8 中。

表 1.8　气温对道路交通的影响

气温	影响程度
晴天气温高于 32 ℃	柏油路面温度可达 40 ℃ 以上，摩擦系数增大影响车速
	汽车水箱易开锅，发动机过热可能难以发动
气温高于 35 ℃	路面温度高，易爆胎
	通风条件差的车辆内，舒适度较差
	要使用抗低温凝固的燃料
气温低于 0 ℃	路面易结霜，摩擦系数减小
	下雨雪时，易形成冰水混合物或结冰
气温低于 5 ℃	水箱易冻
	路面易滑
气温低于 -20 ℃	车辆发动机启动困难
气温低于 -35 ℃	车辆机械性能变差

2.1.3 能见度对道路交通的影响

能见度对道路交通有着重要的影响，能见度的大小是直接影响道路交通的重要因子。造成低能见度的天气现象有很多类，包括雾、霾、沙尘暴、强降水与降雪等，具体情况见表 1.9。

表 1.9　能见度对道路交通的影响

能见度/m	天气现象	影响程度
1 000～2 000	轻雾、小雪、中雨、吹雪、扬沙、浮尘、烟幕	对道路交通有一定影响，不利于高速行驶
500～1 000	雾、中雪、大雨、暴雨、雪暴、沙尘暴、烟幕	对道路交通有明显影响，减速行驶

续表

能见度/m	天气现象	影响程度
200~500	大雾、大雪、暴雨、雪暴、沙尘暴、烟幕	对道路交通有明显影响，限速行驶
50~200	浓雾、大雪、暴雨、雪暴、沙尘暴	对道路交通有严重影响，低速行驶
小于50	浓雾、大暴雨、雪暴、沙尘暴	难以分辨路况，行驶困难，交通严重阻塞

雾天对高速公路安全行车最不利。雾天能见度降低，视线障碍大，驾驶员可视距离大大缩短，由于景物、交通标线及前后车辆都难以辨别清楚，使驾驶员容易判断失误，导致发生前后车辆追尾事故。同时，雾会使光线散漫，并吸收光线，致使视物的亮度下降，影响驾驶员观察。

雾是对能见度影响最大的因素，而能见度低是汽车出事最常见的天气原因之一。按照我国公安部规定，能见度小于 50 m 时，有关部门可采取局部或全部封闭高速公路的交通管制措施。高速公路没有达到关闭的天气条件时，雾天行驶在高速公路上的车辆应根据能见度的不同，采取不同的行驶措施，以保障行车安全。按照规定，能见度小于 500 m 大于 200 m 时，驾驶员必须开启防眩目近光灯、示宽灯和尾灯，时速不得超过 80 km；能见度小于 200 m 大于 100 m 时，必须开启雾灯、防眩目近光灯、示宽灯和尾灯，时速不得超过 60 km；能见度小于 100 m 大于 50 m 时，除开启以上 4 种灯外，时速必须小于 40 km。

除雾天外，雨天、大风天气条件下及夜晚也会出现能见度低的情况，驾驶员的视线障碍较大。另外气温一旦下降到零度以下，汽车挡风玻璃上往往会结霜且不易擦掉，影响驾驶员的视线，下雪时也容易产生雪盲的现象，这些都对车辆的安全性造成了极大的影响。

2.1.4　大风对道路交通的影响

风对道路交通的影响与风力的大小、风向有密切关系。7 级以上大风对道路交通带来明显影响，10 级以上狂风对道路交通带来严重影响。具体情况见表 1.10。

表 1.10　大风对道路交通的影响

风力/级	影响程度
6~7	带来尘土或树叶，影响驾驶员的视线，减速行驶 对高速行驶或行驶在大桥上的货车和大型车辆有明显影响
8~9	对行驶的车辆有明显影响
10 以上	对行驶的车辆有严重影响

2.1.5 不同区域影响道路交通的天气因素

我国地域辽阔，地形复杂，道路交通高影响天气不仅种类多，而且发生频繁、危害面广、灾情严重，并且不同区域影响道路交通的天气类型有共性也有各自的特殊性。总体来看，降雨是各区域影响道路交通的共性天气，且降雨影响范围最广、时间最长、损失也最大。将我国东北、华北、西北、华中、华东、华南、西南各区域影响道路交通的重要天气列在表1.11中。

表 1.11 不同区域影响道路交通的天气

区域	高影响天气
东北	低温、降雨、降雪、积雪、大风、大雾、吹雪
华北	低温、降雨、降雪、积雪、结冰、冰冻、大风、大雾、沙尘、冰雹和雷电天气
西北	低温、降雨、降雪、积雪、大风、沙尘、吹雪
华中	高温、降雨、降雪、积雪、结冰、冰冻、冻雨、大风、大雾、冰雹和雷电天气
华东	高温、降雨、降雪、积雪、结冰、冰冻、冻雨、大风、大雾、冰雹和雷电天气
华南	降雨、冻雨、大风、大雾、冰雹和雷电天气
西南	降雨、降雪、冻雨、大风、大雾、冰雹和雷电天气

2.1.6 不同路面状况下安全行车距离

考虑不同路面状况及其相对应的路面滑动附着系数，根据动能守恒原理与刹车反应行车距离、刹车距离与安全车距，获得安全行车距离，见表1.12。

表 1.12 不同路面状况下绝对安全行车距离

设计车速 $v'/$ (km·h^{-1})	行驶车速 $v/$ (km·h^{-1})	冰路面安全距离/m	潮湿路面安全距离/m	干燥路面安全距离/m
120	102	354	172	135
100	85	258	132	107
80	72	196	105	87
60	54	124	73	63
40	36	69	46	42
30	30	55	39	36
20	20	34	27	26

2.2　道路交通气象服务指标体系的建立

根据不同影响天气对道路交通影响关系的分析与试验，建立了道路交通高影响天气的指标体系，根据不同影响因素，制定了有针对性的服务指标。

2.2.1　路面高温对高速公路交通行车的影响等级划分

表 1.13 给出路面高温对高速公路交通行车的影响等级。

表 1.13　路面高温对高速公路交通行车影响等级

等级	划分标准	对高速公路交通运行的影响
1 级	55 ℃ ≤ T < 62 ℃	稍有影响
2 级	62 ℃ ≤ T < 68 ℃	有一定影响
3 级	68 ℃ ≤ T < 72 ℃	有较大影响
4 级	T ≥ 72 ℃	有严重影响

2.2.2　雾等低能见度对高速公路行车影响的等级划分

表 1.14 给出低能见度对高速公路行车影响的等级。

表 1.14　低能见度对高速公路行车影响的等级

等级	划分标准	对高速公路交通运行的影响
1 级	200 m < L ≤ 500 m	稍有影响
2 级	100 m < L ≤ 200 m	有一定影响
3 级	50 m < L ≤ 100 m	有较大影响
4 级	L ≤ 50 m	有严重影响

2.2.3　降水造成的低能见度及对高速公路行车影响的等级划分

表 1.15 给出降水造成的低能见度对高速公路行车影响的等级划分。

表 1.15　降水造成的低能见度及对高速公路行车影响的等级划分

等级	划分标准	对能见度的影响	对高速公路交通运行的影响
1 级	10.0 mm ≤ 1 h 降水量 ≤ 14.9 mm 或 0.8 mm/min ≤ 降水强度 ≤ 1.2 mm/min	能见度降到 500 m 左右	交通运行稍有影响
2 级	15.0 mm ≤ 1 h 降水量 ≤ 29.9 mm 或 1.3 mm/min ≤ 降水强度 ≤ 2.0 mm/min	能见度降到 200 m 左右	交通运行有一定影响

续表

等级	划分标准	对能见度的影响	对高速公路交通运行的影响
3 级	30.0 mm≤1 h 降水量≤44.9 mm 或 2.1 mm/min≤降水强度≤3.0 mm/min	能见度降到 150~100 m	交通运行有较大影响
4 级	1 h 降水量≥45.0 mm 或 降水强度≥3.0 mm/min	能见度≤100 m	交通运行有严重影响

2.2.4 区域性强风分布特征及指标

风速的阵性和风向的摆动是强风的特性，这增加了抗御的难度。依据平均风和阵风的等级来划分公路交通强风等级，见表 1.16。

表 1.16 公路交通强风影响等级

等级	划 分 标 准	对高速公路交通运行的影响
1	平均风 5~6 级（8.0~13.8 m/s）或阵风 7 级（13.9~17.1 m/s）	稍有影响
2	平均风 7 级（13.9~17.1 m/s）或阵风 8 级（17.2~20.7 m/s）	有一定影响
3	平均风 8 级（17.2~20.7 m/s）或阵风 9~10 级（20.8~28.4 m/s）	有较大影响
4	平均风≥9 级（≥20.8 m/s）或阵风≥11 级（≥28.5 m/s）	有严重影响

2.2.5 冬季降雪（积雪）、路面结冰分布特征及指标

路面结冰主要有以下 3 种情况：雨后降温路面的水结冰、雪化成水后夜间降温结冰、积雪被碾压成冰。都与降水和低温相伴。公路交通降雪等级划分见表 1.17，公路交通积雪等级划分见表 1.18。

表 1.17 公路交通降雪影响等级

等级	划 分 标 准	对高速公路交通运行的影响
1	小雪或雨夹雪	稍有影响
2	中雪	有一定影响
3	大雪	有较大影响
4	暴雪	有严重影响

表 1.18　公路交通积雪影响等级

等级	划 分 标 准	对高速公路交通运行的影响
1	积雪厚度<1.0 cm	稍有影响
2	1.0 cm≤积雪厚度<2.9 cm	有一定影响
3	3.0 cm≤积雪厚度<4.9 cm	有较大影响
4	积雪厚度≥5.0 cm	有严重影响

2.2.6　路面特征及湿滑指数标准

表 1.19 给出路面特征及湿滑指数标准。

表 1.19　路面特征及湿滑指数标准

路面湿滑指数	摩擦系数范围	路面抗滑性能	路面湿滑状况描述
1 级	$F \geqslant 0.5$	正常	干燥清洁路面
2 级	$0.35 \leqslant F < 0.5$	稍差	潮湿，降雨天气，积水
3 级	$0.2 \leqslant F < 0.35$	较差	松散雪，斑驳冰，霜
4 级	$F < 0.2$	很差	严寒季节，压实雪或冰层

2.2.7　北方交通安全指数模型

采用因子加权法，考虑影响交通安全的主要气象因子：温度、风速、能见度、天空状况、路面状况等，形成了北方交通安全指数分级标准及服务建议，建立了北方交通安全指数，见表 1.20。

表 1.20　北方交通安全指数

等级	安全指数	天气现象及影响因子		路面状况
1	安全	晴天、多云、阴天		良好
		低温≥2 ℃　高温≤30 ℃		良好
		风力 0~2 级		良好
		能见度≥10 km		能见度好
2	比较安全	烟幕		能见度较好
		浮尘		能见度较好
		轻雾		能见度较好
		30 ℃<高温≤37 ℃		柏油路面变软、变黏
		低温<2 ℃		路面易结霜
		风力 3~4 级		能见度较好
		1 km<能见距离≤10 km		能见度较好

续表

等级	安全指数	天气现象及影响因子	路面状况
3	基本安全	小雨	路面潮湿或少量积水
		中雨	路面明显积水
		小雪、阵雪	路面积雪随风飘
		小雪后第一天	路面被微量雪粒覆盖
		扬沙	能见度较差
		雾	能见度较差
		高温≥37 ℃	柏油路变软、变黏
		风力5~6级	较差，路面有吹拂物堆积
		500 m<能见距离≤1 000 m	能见度较差
4	不太安全	中雪	路面被积雪覆盖
		中雪后1~3 d	路面结冰
		大雪	路面被积雪覆盖
		大雪后1~3 d	路面有厚实结冰
		雨夹雪	冰水混合物，气温下降可形成冰面
		大雨	路面大量积水
		沙尘暴	能见度差
		风力7~8级	能见度差，路面被吹拂物阻塞
		50 m<能见距离≤500 m	能见度差
5	不安全	大雪	路面积雪
		暴雨	路面积水较多
		强沙尘暴	能见度极差
		风力8级以上	能见度极差
		能见距离≤50 m	能见度极差

2.2.8 东北区域雨雪冰冻的预报指标

利用天气学方法，选取东北区域近地面不同大气层的温度与降水相态作为判断因子，建立了冻雨预报指标与道面冰冻预报指标（表1.21）。

表1.21 东北区域雨雪冰冻的预报指标

预报因子	预报指标	预报发布
冻雨	有降水 存在逆温层，高度在850~700 hPa 逆温层温度在0 ℃以上 地面温度在0 ℃以下	当满足全部预报指标时，考虑发布冻雨预报

续表

预报因子		预报指标	预报发布
冰冻		既有降雨又有降雪	考虑发布冰冻预报产品
		先期下雨后期下雪	考虑发布冰冻预报产品
		先期下雪后期下雨	考虑发布冰冻预报产品
	以 850 hPa 温度为判定指标	当 T850>0 ℃时，纯雨	以两种判定指标综合作为最终判定指标，当达到判定标准时发布冰冻预报
		−4 ℃<T850<0 ℃时，雨夹雪	
		当 T850<−4 ℃时，纯雪	
	以 0 ℃层高度为判定指标	降雨：900 hPa 以上	
		雨夹雪：900~975 hPa	
		降雪：975 hPa 以下	

同时采用二分法，通过对辽宁区域历史道面状况、实时近地面层气温以及降水状态资料进行分析，建立道面冰冻预报指标，确定不同降水条件下路面冰冻状态的临界温度，见表 1.22。

表 1.22　不同降水条件下路面冰冻状态的临界温度

当前近地面最低气温	当前降水相态	当前路面冰冻状态	对交通安全影响
T≥4.5 ℃	纯雨	潮湿、无冰冻	稍有影响
	雨夹雪	潮湿、无冰冻	稍有影响
	纯雪	潮湿、无冰冻	稍有影响
−2 ℃≤T<4.5 ℃	纯雨	潮湿、无冰冻	稍有影响
	雨夹雪	冰雪混合	明显影响
	纯雪	冰雪混合	明显影响
T<−2 ℃	纯雨	道面冰冻，薄冰层	较大影响
	雨夹雪	道面冰冻，薄冰层	较大影响
	纯雪	道面冰冻严重，压实雪或厚冰层	严重影响

2.2.9　东北高速公路大雾出现的消散指标

通过对地面风场、相对湿度、降水状况、温度分布等气象因子的筛选，建立了东北高速公路沿线无大雾出现指标或大雾消散指标（表 1.23）。

表 1.23　东北高速公路大雾出现的消散指标

影响因子	划分标准	大雾状态
地面风场	未来 12 h 内风速>8 m/s	无大雾出现或大雾消散
	大连偏南风>10 m/s	无大雾出现或大雾消散

续表

影响因子	划 分 标 准	大雾状态
相对湿度	<70%且 $t-t_d$>2 ℃	大雾减弱成轻雾
	<70%且 $t-t_d$>4 ℃	雾完全消散
降水	有中雨以上降水	无大雾出现或大雾消散
气温	12 h 内气温下降 8 ℃ 或以上	无大雾出现或大雾消散
逆温	地面与 925 hPa 无逆温（不包括锋面雾）	无大雾出现或大雾消散
天气系统	当出现锋面雾或大范围平流雾时，系统加强或锋面过境	大雾消散或出现明显降水天气

2.3 道路交通相关模型的建立

2.3.1 建立了高速公路不同能见度条件下限速模型

根据不同路面状况及其相对应的路面滑动附着系数，考虑动能守恒原理与刹车反应行车距离、刹车距离与安全车距，计算出不同能见度状况下不同路面状况的车辆安全行车速度，建立了不同路面状况下以及不同能见度条件下高速公路限速模型。见表 1.24。

表 1.24 不同能见度状况下安全行车速度

能见度 L/m	冰路面安全车速 v'/（km · h⁻¹）	潮湿路面安全车速 v/（km · h⁻¹）	干燥路面安全车速 v'/（km · h⁻¹）	应急措施
$L<50$	$v'<25.2$	$v<38.7$	$v'<43.4$	封路
$50 \leqslant L<100$	$25.2 \leqslant v'<42.5$	$38.7 \leqslant v<69.2$	$43.4 \leqslant v'<80.5$	限速
$100 \leqslant L<200$	$42.5 \leqslant v'<66.5$	$69.2 \leqslant v<112.9$	$80.5 \leqslant v' \leqslant 120$	限速
$200 \leqslant L<500$	$66.5 \leqslant v'<113.7$	$112.9 \leqslant v \leqslant 120.0$	$v' \leqslant 120.0$	限速
$500 \leqslant L<1\,000$	$113.7 \leqslant v' \leqslant 120.0$	$v \leqslant 120.0$	$v' \leqslant 120.0$	警示

2.3.2 制定了华南地区高温时段的路面爆胎指数

在华南地区的气温向路面温度转换模型的基础上，根据相关调查资料，研究制作了高温时段的路面爆胎指数（表 1.25）。

表 1.25 华南地区高温时段的路面爆胎指数

爆胎指数	1	2	3
说明	较易爆胎	易爆胎	极易爆胎
路面温度/ ℃	45	53	58

第二篇　精细化数值预报系统建设

基于美国大气研究中心（NCAR）及美国环境预测中心（NCEP）等科研机构联合开发的新一代 WRF（Weather Rearch and Forecasting，天气研究和预报）模式，通过调试、选择模式的物理过程、嵌套方式、积分方案和运行区域，对模式进行本地化，建立了侧重于东北区域的精细化数值预报模式系统。模式选择 3 层嵌套网格区域，水平分辨率分别为 27 km、9 km、3 km，外层单向嵌套，内层双向嵌套；垂直分 37 层，模式层顶 50 hPa。模式外层包括了中国大部分区域，东北及附近区域模式的分辨率为 9 km。为保证模式的正常运行，背景场使用国家气象局下发的 T639 全球模式前 12 h 的预报，分别通过气象内部网络和互联网同时收取，在内网数据收取失败时，自动使用互联网数据运行模式。模式每天运行 2 次，起报时间分别为 08 时和 20 时，预报时效 84 h。在模式运行时，使用自适应时间步长方案，能够加快运行时间的同时保持模式积分稳定。建立了区域快速更新循环预报系统，实现了快速更新循环预报系统的实时运行。

1　快速更新循环/预报系统

为了更好、更准确地开展道路专业气象服务工作，对东北区域气象中心的原中尺度数值预报业务系统进行更新换代，基于 WRF 模式和 WRFDA（数据同化）系统，在 IBM 高性能计算机上，建立了快速更新循环/同化预报系统。WRF 模式是新一代既可以用于研究也可以用于业务的统一模式，非常适合分辨率为 1～10 km 的大气科学研究。应用 WRF 模式在东北区域气象中心建立了完整的基于本地运行环境（背景场资料、观测资料、计算环境等）的侧重于东北区域的中尺度数值预报系统，并进行了实时业务试验。

1.1　模式及其主要特点

WRF 模式为全可压的非静力模式，可以作为区域或全球模式，分辨率从几米到几百千米，具有完整的科氏力和曲率项，具有单向或双向网格嵌套及移动网络的能力，水平方向采用 ArakawaC（荒川 C）网格，垂直方向则采用地形跟随质量坐标，时间积分方案为二阶或三阶的 Runge-Kutta 算法。

WRF 采用研究和业务一体的模块化设计，程序代码灵活且反映最新技术。经过国内外大量业务预报和科学研究上的应用验证，WRF 模拟结果具有较高的可靠性（图 2.1）。

地形追随质量垂直坐标定义为：

$$\eta = (P_h - P_{ht})/\mu, \quad \mu = P_{hs} - P_{ht} \tag{1}$$

式中，P_h 为气压的静力部分；P_{hs} 和 P_{ht} 分别是地面和模式大气层顶的对应值；下标

h 代表静力、t 代表模式层顶、s 代表地面；μ（x，y）代表单位面积大气柱的质量。因此，通量形式的变量为：

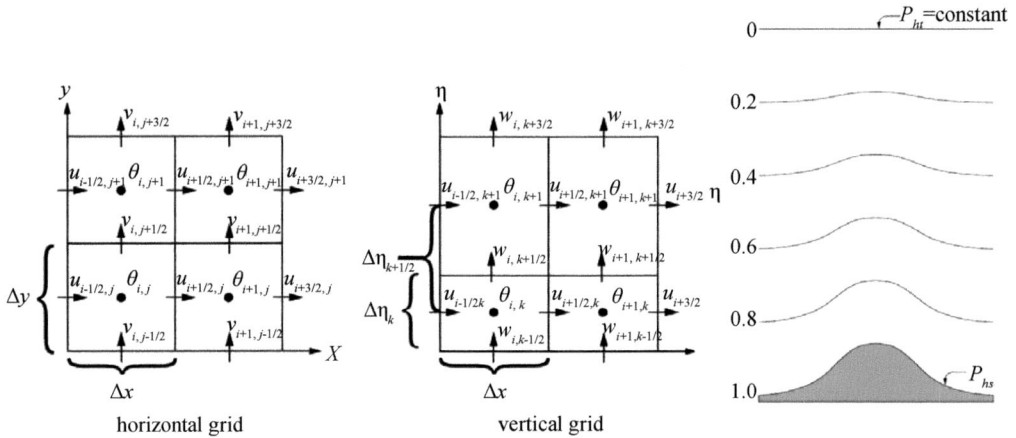

图 2.1　WRFS 模式格点配置和垂直坐标

$$\vec{V} = \mu \ \vec{V} = (U, V, W), \Omega = \mu \dot{\eta}, \Theta = \mu\theta \tag{2}$$

式中，$\vec{V} = (u, v, w)$ 为水平和垂直速度合成矢量；$\omega = \dot{\eta}$ 为垂直速度；θ 为位温。出现在控制方程中的其他变量包括 $\varphi = gz$（位势高度），p（气压）和 $\alpha = 1/\rho$（密度倒数）。

利用以上变量可以写出通量形式的欧拉方程：

$$\partial_t U + (\nabla \cdot \vec{V} u) - \partial_x(p\partial_\eta\varphi) + \partial_\eta(p\partial_x\varphi) = F_u \tag{3}$$

$$\partial_t V + (\nabla \cdot \vec{V} v) - \partial_y(p\partial_\eta\varphi) + \partial_\eta(p\partial_y\varphi) = F_v \tag{4}$$

$$\partial_t W + (\nabla \cdot \vec{V} w) - g(\partial_\eta p - \mu) = F_w \tag{5}$$

$$\partial_t \Theta + (\nabla \cdot \vec{V} \theta) = F_\Theta \tag{6}$$

$$\partial_t \mu + (\nabla \cdot \vec{V}) = 0 \tag{7}$$

$$\partial_t \varphi + \mu^{-1} \left[(\vec{V} \cdot \nabla \varphi) - gW \right] = 0 \tag{8}$$

以上方程中右侧 F_u、F_v、F_w、F_Θ 等项为模式物理过程、湍流混合、球面投影和地球自转等带来的强迫项。下标 x、y、η 代表求导。

$$\nabla \cdot \vec{V} a = \partial_x(Ua) + \partial_y(Va) + \partial_\eta(\Omega a)$$

$$\vec{V} \cdot \nabla a = U\partial_x a + V\partial_y a + \Omega\partial_\eta a$$

密度倒数的诊断方程为：

$$\partial_\eta \varphi = -\alpha\mu \tag{9}$$

状态方程：

$$p = p_0(R_d\theta/p_0\alpha)^\gamma \tag{10}$$

其中 $\gamma = c_p/c_v = 1.4, p_0 = 10^5$ Pa

考虑湿空气后,垂直坐标仍然使用干空气定义(下标 d 代表干空气),即

$$\eta = (P_{dh} - P_{dht})/\mu_d \tag{11}$$

$$\vec{V} = \mu_d \vec{V}, \ \Omega = \mu_d \dot{\eta}, \ \Theta = \mu_d \theta \tag{12}$$

湿空气的欧拉方程为:

$$\partial_t U + (\nabla \cdot \vec{V}_u) + \mu_d \alpha \partial_x p + (\alpha/\alpha_d) \partial_\eta p \partial_x \varphi = F_u \tag{13}$$

$$\partial_t V + (\nabla \cdot \vec{V}_v) + \mu_d \alpha \partial_y p + (\alpha/\alpha_d) \partial_\eta p \partial_y \varphi = F_v \tag{14}$$

$$\partial_t W + (\nabla \cdot \vec{V}_w) - g \left[(\alpha/\alpha_d) \partial_\eta p - \mu_d \right] = F_w \tag{15}$$

$$\partial_t \Theta + (\nabla \cdot \vec{V}_w \theta) = F_\Theta \tag{16}$$

$$\partial_t \mu_d + (\nabla \cdot \vec{V}_w) = 0 \tag{17}$$

$$\partial_t \varphi + \mu_d^{-1} \left[(\vec{V} \cdot \nabla \varphi) - gW \right] = 0 \tag{18}$$

$$\partial_t Q_m + (\nabla \cdot \vec{V}_{qm}) = F_{Qm} \tag{19}$$

干空气密度倒数的诊断方程为:

$$\partial_\eta \varphi = -\alpha_d \mu_d \tag{20}$$

全气压诊断关系:

$$p = p_0 (R_d \theta_m / p_0 \alpha_d)^\gamma \tag{21}$$

式中, α_d 为干空气密度倒数即 $\alpha_d = 1/\rho_d$, 湿空气密度倒数需要考虑到全部水物质即 $\alpha = \alpha_d (1 + q_v + q_c + q_r + q_i + \cdots)^{-1}$,其中, q_v 、 q_c 、 q_r 、 q_i 分别为水汽、云水、雨、云冰的混合比。公式中的其他变量分别定义为:

$$\theta_m = \theta(1 + (R_v/R_d) q_v) \approx \theta(1 + 1.61 q_v), \ Q_m = \mu_d q_m, \ q_m = q_v, \ q_c, \ q_r, \ q_i, \ \cdots$$

考虑地图投影后,定义 m_x 和 m_y 分别为 x 和 y 方向的地图投影系数,即

$$(m_x, \ m_y) = \frac{(\Delta x, \ \Delta y)}{\text{地球真实距离}} \tag{22}$$

包含地图系数的动量变量重新定义为:

$$U = \mu_d u/m_y, \ V = \mu_d v/m_x, \ W = \mu_d w/m_y, \ \Omega = \mu_d \dot{\eta}/m_y$$

使用这些变量,包含地图投影系数和旋转项的控制方程可以重写为:

$$\partial_t U + m_x \left[\partial_x (U_u) + \partial_y (V_u) \right] + \partial_\eta (\Omega_u) + (m_x/m_y) \left[\mu_d \alpha \partial_x p + (\alpha/\alpha_d) \partial_\eta p \partial_x \varphi \right] = F_u \tag{23}$$

$$\partial_t V + m_y \left[\partial_x (U_v) + \partial_y (V_v) \right] + (m_y/m_x) \left[\partial_\eta (\Omega_v) + \mu_d \alpha \partial_y p + (\alpha/\alpha_d) \partial_\eta p \partial_y \varphi \right] = F_v \tag{24}$$

$$\partial_t W + (m_x m_y/m_y) \left[\partial_x (U_w) + \partial_y (V_w) \right] + \partial_\eta (\Omega_w) - m_y^{-1} g((\alpha/\alpha_d) \partial_\eta p - \mu_d) = F_w \tag{25}$$

$$\partial_t \Theta + m_x m_y \left[\partial_x (U\theta) + \partial_y (V\theta) \right] + m_y \partial_\eta (\Omega \theta) = F_\Theta \tag{26}$$

$$\partial_t \mu_d + m_x m_y \left[U_x + V_y \right] + m_y \partial_\eta (\Omega) = 0 \tag{27}$$

$$\partial_t \varphi + \mu_d^{-1} \left[m_x m_y (U\partial_x \varphi + V\partial_y \varphi) + m_y \Omega \partial_\eta \varphi - m_y gW \right] = 0 \tag{28}$$

$$\partial_t Q_m+ m_y m_y \lfloor \partial_x(U_{qm})+\partial_y(V_{qm})\rfloor +m_y\partial_\eta(\Omega_y m)=F_{Qm} \quad (29)$$

干空气密度倒数诊断方程和全气压诊断方程不变。

$$\partial_\eta\varphi=-\alpha_d\mu_d \quad (30)$$

$$p=p_0(R_d\theta_m/p_0\alpha_d)\gamma \quad (31)$$

对于各向同性的投影（如兰伯托、极射赤面和麦卡托）有 $m_x=m_y=m$，柯氏力项和曲率项形式如下：

$$F_{U_{cor}}=+(f+u\frac{\partial_m}{\partial_y}-v\frac{\partial_m}{\partial_x})V-eW\cos\alpha r-\frac{uw}{r_e} \quad (32)$$

$$F_{U_{cor}}=-(f+u\frac{\partial_m}{\partial_y}-v\frac{\partial_m}{\partial_x})U+eW\sin\alpha r-\frac{vw}{r_e} \quad (33)$$

$$F_{W_{cor}}=+e(U\cos\alpha r-V\sin\alpha r)+(\frac{uU+vV}{r_e}) \quad (34)$$

式中，α_r 为 y 坐标轴和经线的夹角；ϕ 为纬度；$f=2\Omega_e\sin\phi$；$e=2\Omega_e\cos\phi$；Ω_e 为地球自转角速度；r_e 为地球半径。包含 m 的为水平曲率项，包含 r_e 的为垂直曲率项，包含 e 和 f 的为柯氏力项。

将变量分为静力平衡的参考状态部分和扰动部分：

$$p=\bar{\rho}(\bar{z})+p', \quad \varphi=\bar{\varphi}(\bar{z})+\varphi', \quad \alpha=\bar{\alpha}(\bar{z})+\alpha', \quad \mu_d=\bar{\mu}(x,y)+\mu'_d$$

因为 η 坐标面通常不是水平的，因而参考廓线和 $\bar{\rho}$、$\bar{\varphi}$、$\bar{\alpha}$ 是 (x,y,η) 的函数，用这些扰动变量，地形跟随质量坐标下动量方程可写成：

$$\partial_t U +m_x[\partial_x(U_u)+\partial_y(V_u)]+\partial_\eta(\Omega_u)+(m_x/m_y)(\alpha/\alpha_d)[\mu_d(\partial_x\varphi'+\alpha_d\partial_x p'+\alpha'_d\partial_x\bar{\rho})+\partial_x\varphi(\partial_\eta p'-\mu'_d)]=F_u \quad (35)$$

$$\partial_t V+m_y[\partial_x(U_v)+\partial_y(V_v)]+(m_y/m_x)\partial_\eta(\Omega_v)+(m_y/m_x)(\alpha/\alpha_d)[\mu_d(\partial_y\varphi'+\alpha_d\partial_y p'+\alpha'_d\partial_y\bar{\rho})+\partial_y\varphi(\partial_\eta p'-\mu'_d)]=F_v \quad (36)$$

$$\partial_t W+(m_x m_y/m_y)[\partial_x(U_w)+\partial_y(V_w)]+\partial_\eta(\Omega_w)-m_y^{-1}g(\alpha/\alpha_d)[\partial_\eta p'-\bar{\mu}_d(q_V+g_c+q_r)]+m_y^{-1}\mu'_d g=F_w \quad (37)$$

质量守恒方程和位势方程为：

$$\partial_t\mu'_d+m_x m_y[\partial_x U+\partial_y V]+m_y\partial_\eta(\Omega)=0 \quad (38)$$

$$\partial_t\varphi'+\mu_d-1[m_x m_y(U\partial_x\varphi+V\partial_y\varphi)+m_y\Omega\partial_\eta\varphi-m_y gW]=0 \quad (39)$$

位温守恒方程和水汽标量方程不变。

$$\partial_t\Theta+m_x m_y[\partial_x(U\theta)+\partial_y(V\theta)]+m_y\partial_\eta(\Omega\theta)=F_\Theta \quad (40)$$

$$\partial_t Q_m+m_x m_y[\partial_x(Uq_m)+\partial_y(Vq_m)]+m_y\partial_\eta(\Omega q_m)=F_{Qm} \quad (41)$$

扰动系统的静力关系变为：

$$\partial_\eta\varphi'=-\bar{\mu}_d\alpha'_d-\alpha_d\mu'_d \quad (42)$$

WRF 模式时间积分方案采用的是时间分裂的积分方案，即低频波动（天气信号）部分采用 3 阶 Runge-Kutta 时间积分方案，高频声波部分采用小时间步长积分扰动变量控制方程组以保证数值稳定性。

定义预报量 $\Phi=(U,V,W,\Theta,\varphi',\mu',Qm)$，模式方程 $\partial_t\Phi=R(\Phi)$，Range-Kutta 三

阶积分方案完成一步积分,即 $\Phi_t \rightarrow \Phi_{t+\Delta t}$ 由 3 步组成:

$$\Phi^* = \Phi t + \frac{\Delta t}{3} R(\Phi^t) \tag{43}$$

$$\Phi^{**} = \Phi t + \frac{\Delta t}{2} R(\Phi^*) \tag{44}$$

$$\Phi^{t+\Delta t} = \Phi^t + \Delta t R(\Phi^{**}) \tag{45}$$

式中, Δt 为模式积分步长。

总体来看,WRF 模式的主要特征如下:

预报方程:完全可压缩,欧拉非静力方程(有静力选项)

预报变量: u、v、w 扰动位温,扰动重力位势,扰动地面气压,另外还有扰动动能,水汽、雨水、雪、云水混合比等。

垂直坐标:追随地形的静力气压坐标。

水平格点:Arakawa C 网格

时间积分:3 阶 Runge-Kutta 方案,该方案为时间分裂方案,对声波和重力波使用更小的时间步。

空间离散化:水平和垂直方向 2~6 次平流选项

湍流混合:在坐标和物理空间均计算次网格尺度湍流。

初始条件:三维实时资料、一维、二维、三维理想资料

侧边界:周期、开放、对称、指定四种方案可供选择

上边界:重力波吸收,采用扩散或 Rayleigh 抑制方案,上边界垂直速度为 0。

套网格:单向、双星、可移动套网格方案

物理过程:云微物理、积云参数化、陆面过程、边界层物理、大气辐射均有多套方案可供选择。

观测资料同化:三维变分资料同化。

1.2　模式选项和分辨率

模式预报区域设置:采用 Lambert 投影,中心位于 42 °N、116 °E,标准纬度 30 °N,60 °N。

根据东北区域气象中心计算设备的计算能力、观测数据条件,确定了模式的预报区域和模式分辨率如下:

三层单向嵌套网格区域,水平分辨率分别为 27 km、9 km、3 km,第一层覆盖东亚区域,经纬向格点数分别为 223×199;第二层覆盖整个东北地区,经纬向格点数分别为 241×265;第三层覆盖辽宁区域,经纬向格点数分别为 205×205。垂直 37 层,模式层顶 50 hPa。见图 2.2。

模式中选择的物理过程参数化方案如下:

微物理过程:WSM 6 方案;

积云对流:Kain-Fritsch 方案(3 km 无);

行星边界层：YSU 方案；

陆面过程：Noah 陆面模式；

辐射传输：RRTM 长波辐射方案和 Dudhia 短波辐射方案。

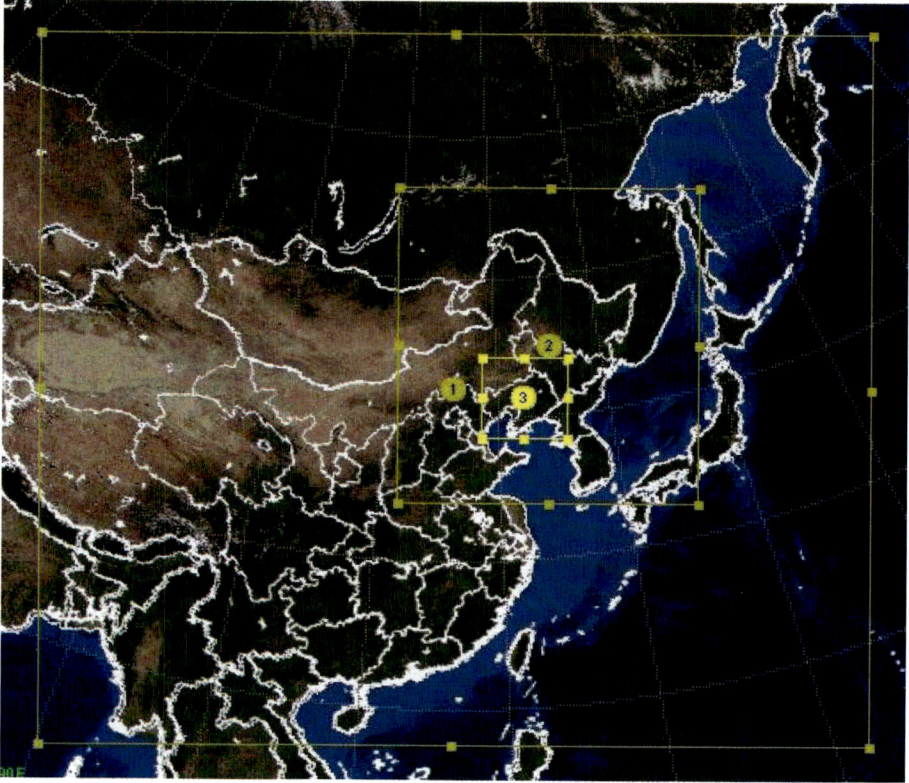

图中数字 1、2、3 分别表示第一、二、三层嵌套的中心位置

图 2.2　东北区域中尺度数值预报系统——三层嵌套区域示意图

1.3　快速更新循环同化系统流程

系统的基本功能就是实现各类观测资料在背景场中的同化，它的输入包括由 WPS（前处理系统）提供的背景场 X^b，经过质量控制的各类规定格式观测资料及背景场误差。这些资料进入 WRFDA-3DVAR（三维变分）系统，通过迭代求取目标泛函，即综合误差的极小值，得到最优同化结果 X^a 作为模式的初值。

采用基于 WRF 模式和 WRFDA 同化系统的快速更新循环同化预报框架，使用 T639 的预报作为全球模式背景场。观测资料主要来自中国气象局下发的资料，包括地面观测：地面（SYNOP）、机场报（METAR）、自动站（AMS）、船舶报（SHIP）；高空观测：测风（PILOT）、探空（TEMP）、飞机（AIREP）、SATOB（卫星探测风），同时还实现了天气多普勒雷达观测资料的实时同化。

模式运行的侧边界选用 T639 的预报场。

WRFDA 的背景场误差的生成使用 NMC 方法，选取 1、4、7、10 共 4 个月作为四季的代表月份，以适应背景场误差随季节的变化。

系统流程：

快速循环资料同化系统，冷启动周期 24 h，资料同化间隔 3 h，使用 T639 资料作为初始场和边界条件，由 WRFDA 同化进观测资料，生成分析场，进入 WRF 模式向前积分一定时间，下一时次（同化间隔）的预报边界条件还是 T639，但是初始场为前一时次的预报场，经过 WRFDA 分析，由 WRF 模式预报，循环直到下次冷启动时间。

1.4　快速更新循环同化系统参数调整试验

快速循环资料同化系统的建立需要确定几个关键参数。首先需要确定同化周期，即系统多长时间同化一次观测资料。选择更短的同化周期可以使用更多时次的观测资料，但是由于同化数据过于频繁可能激发出重力波，使模式产生 spin-up，预报效果变差；而更长的同化间隔虽然避免了模式的 spin-up 问题，但是同时减少了观测资料的使用，对模式初始场的改善有限，也会影响模式的预报效果，因此需要试验确定同化周期。其次，同化系统中模式长时间积分可能带来系统漂移，需要每隔一段时间冷启动一次（称为冷启动周期）。冷启动周期的选择也同样面临这个问题：冷启动周期长，观测资料用得多，但是系统漂移大；冷启动时间短，系统漂移小，但是资料用得少，预报也不会好。这就需要进行试验，找到一个平衡点。另外，在变分同化连续的外部循环中应用不断减小的背景场误差尺度系数，有助于最终分析正确匹配大尺度和小尺度，利用外部循环技术的优势，可以考虑到观测算子的非线性性质，对观测数据进行多次质量控制，所以资料同化中背景场误差调节系数和外部循环次数都需要在试验中确定。设计了以下 3 套试验方案。

（1）确定资料同化周期试验。设计 6 h（方案 1）、3 h（方案 2）、1 h（方案 3）3 种资料同化周期，冷启动周期统一为 24 h。

（2）确定冷启动周期试验。设计 48 h（方案 1）、36 h（方案 2）、24 h（方案 3）3 种冷启动周期，同化周期统一为 3 h。

（3）外部循环背景场误差调整的试验。设计为 WRFDA 外部循环增加到 3 个，在每个循环中，应用不同的背景场误差调整系数。

方案 1：只用 1 层外部循环，作为对比。

方案 2：第一个外部循环取尺度系数（len_scaling）为 1.0，误差系数（var_scaling）为 1.5；第二循环尺度系数和误差系数分别取 0.5 和 1.0；第三个循环分别为 0.25 和 0.5，同化所有数据。

方案 3：考虑到高空观测和地面观测的数据密度有很大的差别，因此高空数据取的尺度系数和误差系数都较大，以便使得更多的观测同化进来。第一个外部循环取尺度系数为 1.0，误差系数为 1.5，只同化探空数据；第二循环尺度系数和误差系数分别取 0.5 和 1.0，同化所有数据；第三个循环分别为 0.25 和 0.5，只同化地面和雷达数据。

WRFDA-3DVAR 同化系统的运行流程图见图 2.3。

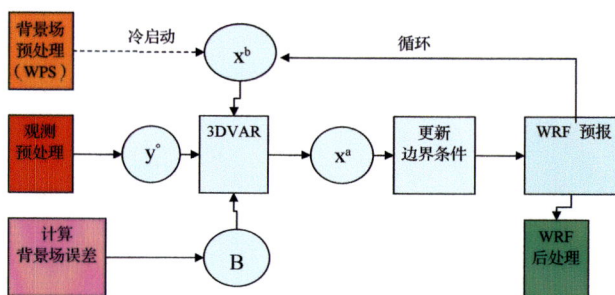

图 2.3　3DVAR 运行流程

经过大量试验，得到如下结果：

（1）日常业务中每 3 h 同化 1 次观测数据，24 h 冷启动 1 次。

（2）在变分同化中，使用了 3 层外部循环，第 1 层取尺度系数为 1.0，误差系数为 1.5；第 2 层分别为 0.5 和 1.0；第 3 层分别为 0.25 和 0.5。

2　模式参数优化试验

2.1　边界层方案优化试验

模式中有多种边界层方案，为了选择更适合的方案，对以下 3 种方案进行对比试验：

（1）Yonsei University scheme（YSU）。

（2）Quasi-Normal Scale Elimination PBL（QNSE）。

（3）Mellor-Yamada Nakanishi and Niino Level 2.5 PBL（MYNN）。

预报试验时间选择 2011 年 1 月和 7 月，分别代表冬季和夏季两个季节，比较模式对冬季低温时段和夏季高温时段的 2 m 温度预报效果。

图 2.4 是使用 YSU、QNSE、MYNN 三种 PBL 方案对 2011 年 1 月地面 2 m 温度的预报平均值比较。预报时段为 12~36 h，站点选择辽宁省 14 个市，按北京时间取平均。结果表明 WRF 模式在冬季对夜间温度预报偏高，而白天预报温度偏低。比较不同方案，夜间采用 QNSE 和 MYNN 两种方案的预报更接近观测实况，而白天采用 YSU 方案最接近实况，QNSE 方案相对其他两种方案偏差最大。

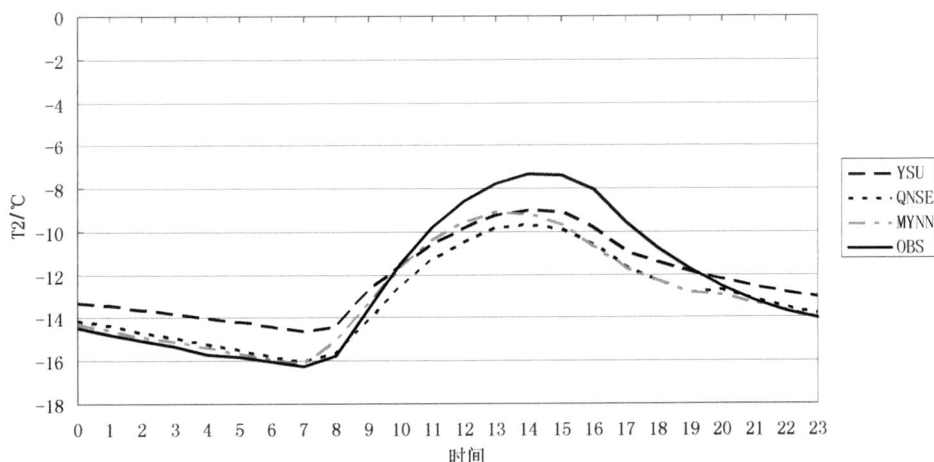

图 2.4　不同 PBL 方案对 2011 年 1 月地面 2 m 温度预报对比

表 2.1 是采用 YSU、QNSE 和 MYNN 不同 PBL 方案对 2011 年 1 月辽宁省 14 个城市逐小时地面 2 m 温度预报与实况的误差分析和评分结果。从辽宁省情况看，MYNN 方案略好于业务运行的 YSU 方案，QNSE 方案评分最低。按地区分析，辽宁

东部、中部和北部地区采用 MYNN 方案的预报误差更小，而西部和南部地区采用 MYNN 和 QNSE 两种试验方案的预报结果都不如业务模式采用的 YSU 方案。

表 2.1　各种 PBL 方案对 2011 年 1 月地面 2 m 温度预报检验

站点	平均绝对误差/ ℃			<2 ℃误差评分		
	YSU	QNSE	MYNN	YSU	QNSE	MYNN
阜新	2.14	2.57	2.48	0.50	0.36	0.42
铁岭	2.96	2.27	2.34	0.37	0.49	0.48
朝阳	2.40	2.81	2.69	0.40	0.30	0.39
锦州	2.59	3.97	3.75	0.43	0.18	0.19
盘锦	1.80	2.41	2.08	0.62	0.44	0.52
鞍山	1.83	2.54	2.51	0.58	0.45	0.47
沈阳	4.51	3.85	3.99	0.25	0.33	0.31
辽阳	2.71	2.23	2.10	0.40	0.49	0.53
本溪	2.72	2.36	2.31	0.44	0.49	0.51
抚顺	4.48	3.91	4.03	0.25	0.26	0.26
葫芦岛	1.99	2.44	2.35	0.53	0.43	0.46
营口	3.67	3.56	3.68	0.29	0.35	0.33
丹东	2.55	2.04	1.80	0.38	0.48	0.59
大连	1.53	1.64	1.63	0.71	0.73	0.73
平均	2.71	2.76	2.70	0.44	0.41	0.44

图 2.5 是选用 YSU、MYNN 方案对 2011 年 7 月地面 2 m 温度的预报平均值比较。预报时段为 12~36 h，站点选择辽宁省 14 个市，按北京时间取平均。结果表明两种方案在夜间预报温度都偏低，白天温度都偏高。相比较而言，业务模式采用的 YSU 方案更接近观测实况。

表 2.2 是采用 YSU 和 MYNN 不同 PBL 方案对 2011 年 7 月辽宁省 14 个城市逐小时地面 2 m 温度预报与实况的误差分析和评分结果。从全省情况看，夏季采用 YSU 方案的预报效果要略好于 MYNN 方案，证明 MYNN 方案在夏季对辽宁省范围地面 2 m 温度的预报没有改善。

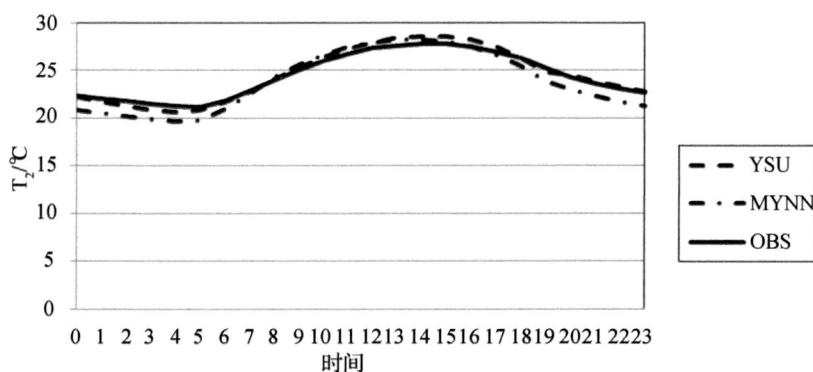

图 2.5　不同 PBL 方案对 2011 年 7 月地面 2 m 温度预报

表 2.2　各种 PBL 方案对 2011 年 7 月地面 2 m 温度预报检验

站点	平均绝对误差/℃		<2 ℃误差评分	
	YSU	MYNN	YSU	MYNN
阜新	1.75	2.40	0.65	0.44
铁岭	1.75	1.87	0.63	0.63
朝阳	1.87	3.36	0.63	0.26
锦州	2.12	2.03	0.55	0.57
盘锦	2.07	2.14	0.56	0.54
鞍山	2.38	1.64	0.42	0.68
沈阳	1.75	1.77	0.64	0.66
辽阳	2.62	1.65	0.36	0.67
本溪	1.87	1.54	0.60	0.74
抚顺	2.12	1.59	0.58	0.74
葫芦岛	1.49	2.03	0.73	0.56
营口	1.19	4.33	0.85	0.09
丹东	1.57	1.98	0.70	0.59
大连	1.44	2.59	0.73	0.40
平均	1.86	2.21	0.62	0.54

对上述试验进行综合对比后，选择 YSU 方案作为本模式建设的边界层方案。

2.2　陆面过程对比试验

选择模式中的 Noah Land Surface Model（NOAH）陆面过程方案和 5 - layer Thermal Diffusion（S5L）陆面过程方案进行对比试验，确定更适合东北区域的陆面过程方案。

　　选取 2011 年 1 月 1 日至 10 日资料进行对比试验，预报站点为辽宁省 14 个城市。

　　图 2.6 是选用 NOAH、S5L 方案对 2011 年 1 月地面 2 m 温度的预报平均值比较。预报时段为 12~36 h，站点选择辽宁省 14 个市，按北京时间取平均。结果表明，两种方案在夜间预报温度都偏高，白天预报温度都偏低。采用 S5L 陆面过程方案的预报温度整体比 NOAH 模式的预报温度偏低。

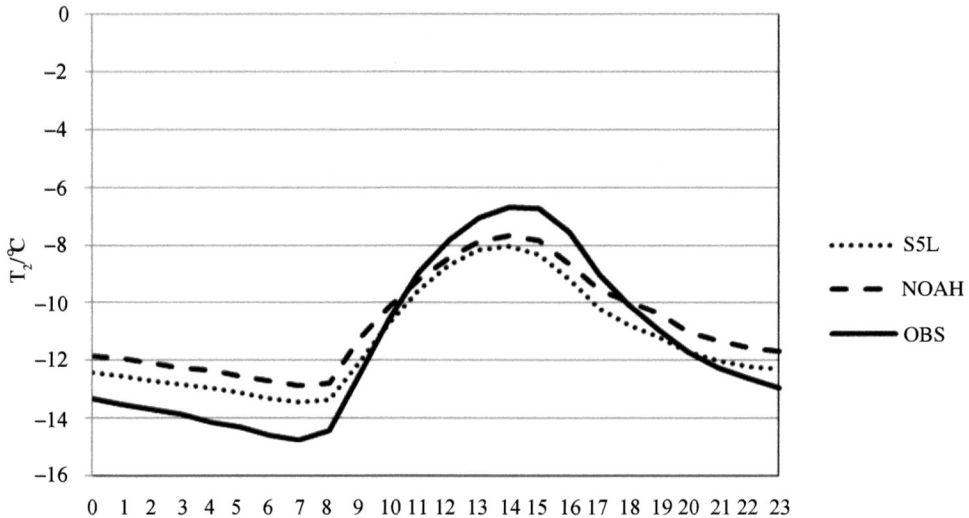

图 2.6　不同陆面过程方案对 2011 年 1 月地面 2 m 温度预报对比

　　表 2.3 是采用 S5L 和 NOAH 不同陆面过程方案对 2011 年 1 月辽宁省 14 个城市逐小时地面 2 m 温度预报与实况的误差分析和评分结果。从全省平均情况看，采用 S5L 陆面过程的预报平均绝对误差略小于采用 NOAH 陆面过程的预报结果，同时评分也反映了相同结果。

表 2.3　各种陆面过程方案对 2011 年 1 月地面 2 m 温度预报检验

站点	平均绝对误差/ ℃		<2 ℃误差评分	
	S5L	NOAH	S5L	NOAH
阜新	2.27	2.03	0.44	0.54
铁岭	3.01	3.51	0.40	0.28
朝阳	2.84	2.25	0.26	0.49
锦州	2.72	2.17	0.36	0.51
盘锦	2.11	1.80	0.58	0.64
鞍山	2.43	1.71	0.50	0.60
沈阳	4.27	4.97	0.28	0.21

续表

站点	平均绝对误差/ ℃		<2 ℃误差评分	
	S5L	NOAH	S5L	NOAH
辽阳	2.17	2.99	0.52	0.37
本溪	2.62	3.36	0.55	0.34
抚顺	3.84	4.74	0.31	0.22
葫芦岛	2.07	1.93	0.51	0.53
营口	2.00	3.10	0.60	0.38
丹东	1.59	2.31	0.68	0.42
大连	1.50	1.37	0.75	0.79
平均	2.53	2.73	0.48	0.45

2.3　中尺度数值预报模式静态数据集的更新

道路交通气象服务中，气温与地表温度的预测是关键的预报因子，为了保障气温与地表温度预测的正确性，在 WRF 模式中，进行植被覆盖度等模式静态数据集的更新。

2.3.1　WRF 模式中的植被覆盖度数据集及与陆面参数的关系

WRF 模式中，默认的全球每月植被覆盖度数据集，该数据由 1986—1991 年间 AVHRR 卫星资料制作而成，空间分辨率为 0.144°，由于该数据制作时间相对较早，代表性逐渐变差。随着 WRF 模式的不断升级，自 WRFV 3.1 后的版本对应的 Noah 陆面模式增加了 VEGPARM. TBL 表格，可给出每种植被对应的地表反照率（α）、地表发射率（ε）、叶面积指数（LAI）和粗糙度（z_0）的最大及最小值，替换了 LANDUSE. TBL 的参数设置。而在计算每个网格的这些变量时，根据植被覆盖度和各变量的最大值及最小值计算得到，首先定义了植被覆盖比率（η）：

$$\eta = \frac{\text{GVF}_i - \text{GVF}_{\min}}{\text{GVF}_{\max} - \text{GVF}_{\min}} \tag{1}$$

式中，GVF_i 为第 i 个格点的植被覆盖度；$\text{GVF}_{\min}$ 和 $\text{GVF}_{\max}$ 分别为对应格点的植被类型对应 GVF 的最小值和最大值。以下各式分别为 Noah 模式中的地表发射率（ε）、反射率（α）、叶面积指数（LAI）和粗糙度（z_0）的计算公式：

$$\varepsilon_i = (1-\eta) \times \varepsilon_{\min} + \eta \times \varepsilon_{\max} \tag{2}$$
$$\alpha_i = (1-\eta) \times \alpha_{\max} + \eta \times \alpha_{\min} \tag{3}$$
$$\text{LAI}_i = (1-\eta) \times \text{LAI}_{\min} + \eta \times \text{LAI}_{\max} \tag{4}$$
$$z_0 = (1-\eta) \times z_{0,\min} + \eta \times z_{0,\max} \tag{5}$$

对于任意一种植被类型，$\varepsilon_{\min}$ 和 $\varepsilon_{\max}$ 为植被发射率的最小值和最大值，同样，另外 3 个变量 α，LAI 和 z_0 类似。由以上 5 式可见，植被覆盖度在 Noah 模式中为非常重要的变量，是影响植被动态生长变化和辐射的主要变量，进而决定了模式的蒸散和地表能量的计算。

2.3.2 基于 MODIS 遥感数据的植被覆盖度计算方法

像元二分模型是一种植被指数线性回归模型，被广泛地用来计算植被覆盖度（GVF），具体计算表达式为：

$$GVF_i = \frac{NDVIi - NDV_s}{NDVIv - NDVIs} \qquad (6)$$

式中，i 表示一个像元；NDVIs 和 NDVIV 分别表示完全的裸土和植被覆盖像元的标准化植被指数（NDVI，Normalized Difference Vegetable Index），在实际计算中，由于绝大多数的像元为混合像元，即由多种植被类型覆盖，所以根据上式计算得到的植被覆盖度为多种植被类型的共同作用，因此，NDVIs 和 NDVIv 的计算影响着植被覆盖度的准确度。实际计算中，NDVIs 和 NDVIv 的计算不仅受所研究的范围，还受研究时段的影响，如范围过小，能够代表完全的植被和裸土的格点非常少。而从时间和季节上来看，选择冬季，裸土的代表性好，选择夏季，植被的代表性较好。

用估算 NDVIs 和 NDVIv 的方法，根据整个影像上的 NDVI 的灰度分布，首先剔除水体的 NDVI 值，然后以 0.5% 的取值截取 NDVI 的上下限阈值分别近似代表 NDVIv 和 NDVIs，这种求取植被覆盖度的方法有着广泛的使用。在天气模式的应用工作中，需要计算整年的植被覆盖度，所以需要根据不同月份分别得到整年的 NDVIs 和 NDVIv 值，最终根据其中最大和最小值来确定。

2.3.3 卫星资料处理和在 WRF 中的使用

使用 2013 年的 MODIS 卫星遥感产品 MOD13A3 数据来计算植被覆盖度，该数据为 Terra 卫星搭载的 MODIS 观测仪观测的辐射数据得到，空间分辨率为 1 km，时间分辨率为 1 个月。

为了将该数据应用到模式中，还要分 4 步对数据进行处理：第一步：下载所在研究区域的数据，然后经过投影转换和裁剪得到粗略的研究区域的 NDVI 值；第二步：对 NDVI 数据进行处理，根据设定的区域，对每个月的数据进行统计，根据 12 个月的统计结果得到 NDVIs 和 NDVIv；第三步：根据使用的估算 NDVIs 和 NDVIv 的方法，使用计算得到植被覆盖度；第四步：将前面制作的空间分辨率为 1 km 的数据进行重采样，使用对一个像元中的数据平均的办法分别得到 27 km、9 km 和 3 km 分辨率的植被覆盖度数据。

最后，将上面制作的不同分辨率的数据集用来更新 WRF 模式生成的下垫面数据，得到以日为单位的植被覆盖度，并且还可以计算得到与植被覆盖度相关的其他下垫面参数，主要为地表反照率（α）、地表发射率（ε）、叶面积指数（LAI）和粗糙度（z_0）。

2.3.4　根据 MODIS 遥感产品计算得到的植被覆盖度和 WRF 模式默认的植被覆盖度对比

图 2.7 和图 2.8 分别给出模式网格第 2 层嵌套网格上的模式默认和反演计算得到的植被覆盖度对比。从植被覆盖度分布的对比中可以看出，在我国东北地区植被覆盖有明显的增加，从 2 月的植被覆盖度的对比中可以看出，即使在东北地区的冬季，植被覆盖度仍然维持在 0.3 左右，其中主要的原因是这些区域为森林覆盖区域。从 5 月的植被覆盖度的对比中可以看出，根据 MODIS 产品计算的植被覆盖度的空间分布与 WRF 模式气候态有很好的对应关系，只是 MODIS 资料制作的植被覆盖度更大。5 月，辽宁丹东、黑龙江部分地区植被覆盖度已经达到 0.8 左右，而 WRF 模式默认气候值为 0.6 左右。11 月，随着东北地区逐渐入冬，植被覆盖度降低，MODIS 产品计算得到的植被覆盖度在大部分区域植被覆盖度为 0.2 以上，辽宁丹东、朝鲜半岛、俄罗斯远东地区森林覆盖区域均有很好的植被覆盖，而 WRF 模式的气候值则大多在 0.2 以下。此外，MODIS 制作的植被覆盖度的空间分布也较 WRF 模式气候态植被覆盖度更加细致。

图 2.9 和图 2.10 给出模式第三层网格分辨率为 3 km 的模式默认和反演得到的植被覆盖度的对比图。与图 2.7、图 2.8 具有明显的差别是，MODIS 卫星遥感制作的植被覆盖度较 WRF 模式气候态更加详细，在分辨率为 3 km 时，WRF 模式默认的植被覆盖度的代表性已经明显的变差。

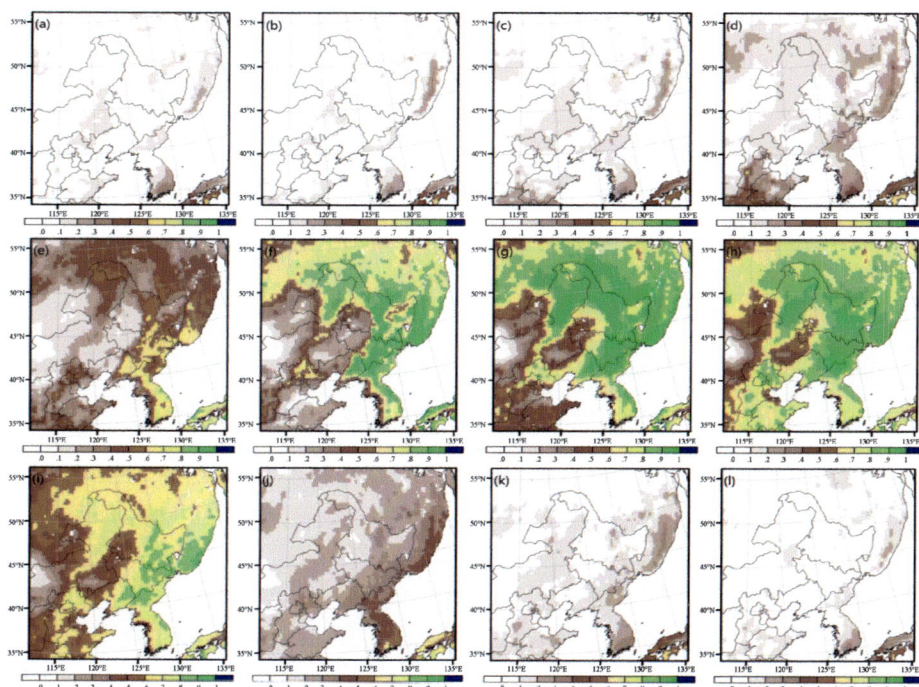

图 2.7　WRF 模式默认第二层（9 km）嵌套范围内 12 个月的植被覆盖度

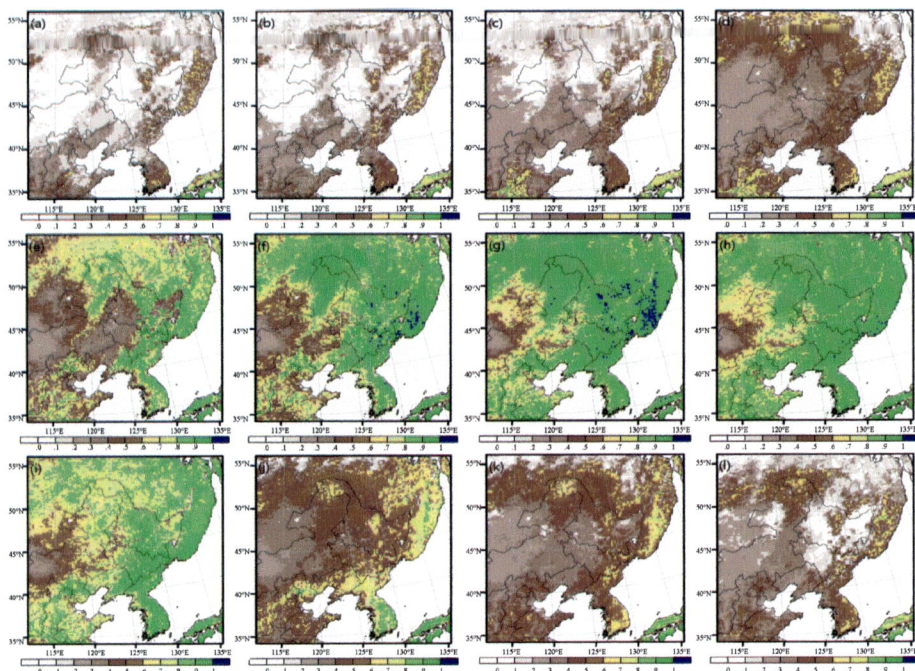

图 2.8　基于 MODIS 产品制作的第二层（9 km）嵌套范围内 12 个月的植被覆盖度

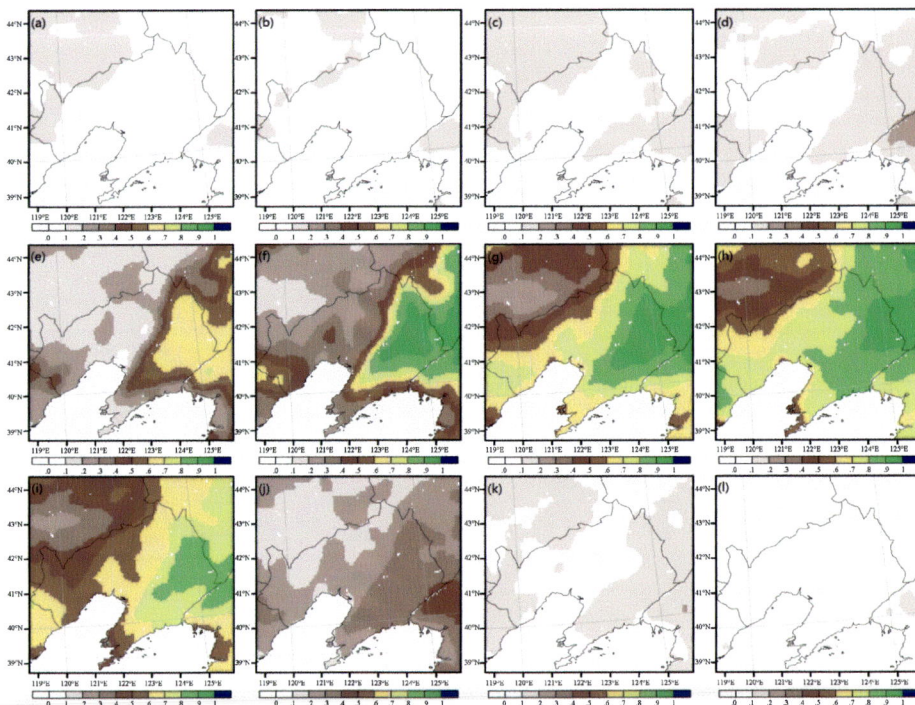

图 2.9　WRF 模式默认第三层（3 km）嵌套范围内 12 个月的植被覆盖度

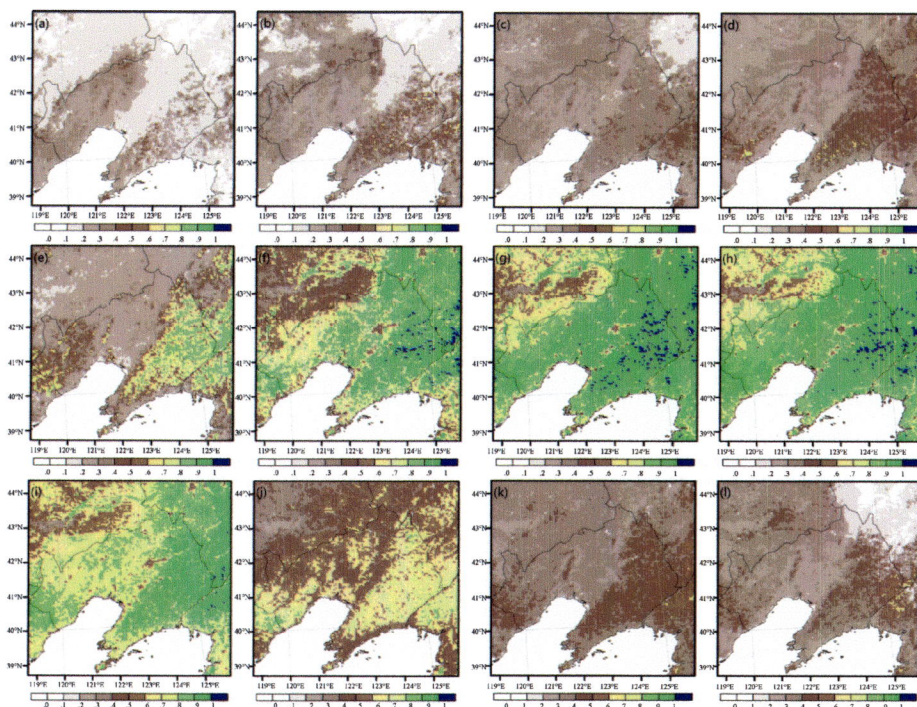

图 2.10　基于 MODIS 产品制作的第三层（3 km）嵌套范围内 12 个月的植被

2.3.5　更新植被覆盖度后对 WRF 模式中其他参数的影响

图 2.11~图 2.13 给出 WRF 模式第二层嵌套中更新植被覆盖度前后反照率增量、发射率增量和叶面积指数增量，也可以反映出不同季节的变化特征，这里只给出 2013 年 1 月 11 日、2 月 11 日、6 月 21 日、7 月 11 日和 7 月 21 日总共 5 个时次的参数增量。WRF 模式中根据每个参数的月值，在时间上进行插值可以得到每个要素的日值，所以 7 月 11 日的叶面积指数实际上是根据 7 月和 8 月的分布从时间上插值得到的。结合图中植被覆盖度结果的分析可以看出，随着植被覆盖的增加，叶面积指数在模式第二层嵌套覆盖范围内均有增加，而增加最明显的为山东和河北地区，东北地区中部和内蒙古的中北部也有一定的增加。结合模式的土地利用来看，叶面积指数增加最多的植被类型对应为农作物下垫面。从叶面积指数增量的变化来看，同样的植被类型，由于所处的纬度不同导致了植被覆盖度的不同，进而导致位于山东和东北地区的农作物因下垫面的叶面积指数增量有非常大的差异，对应的黑龙江北部的农作物植被的叶面积指数变化则并不大，其他东北地区主要的植被类型为森林，虽然植被覆盖度也有明显的增量，但是引起的叶面积指数的增量并没有农作物的明显。

图 2.14 给出 WRF 模式第三层嵌套中更新植被覆盖度前后叶面积指数增量，同样只给出 2013 年 1 月 11 日、2 月 11 日、6 月 21 日、7 月 11 日和 7 月 21 日共 5 个时

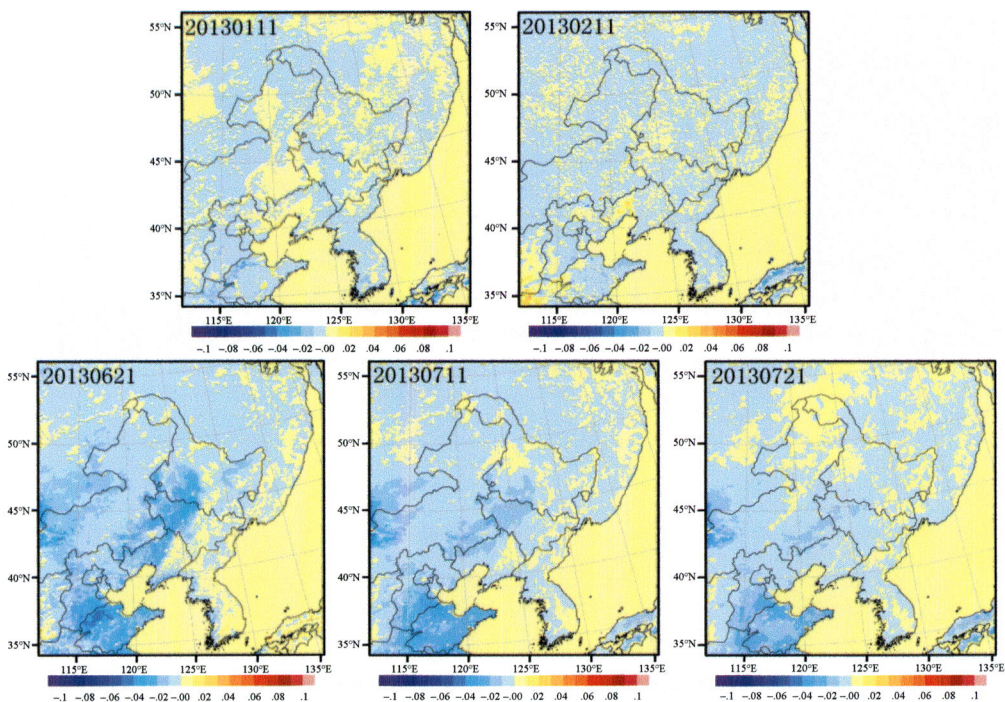

图 2.11 更新植被覆盖度后第二层（9 km）嵌套范围内反照率的增量

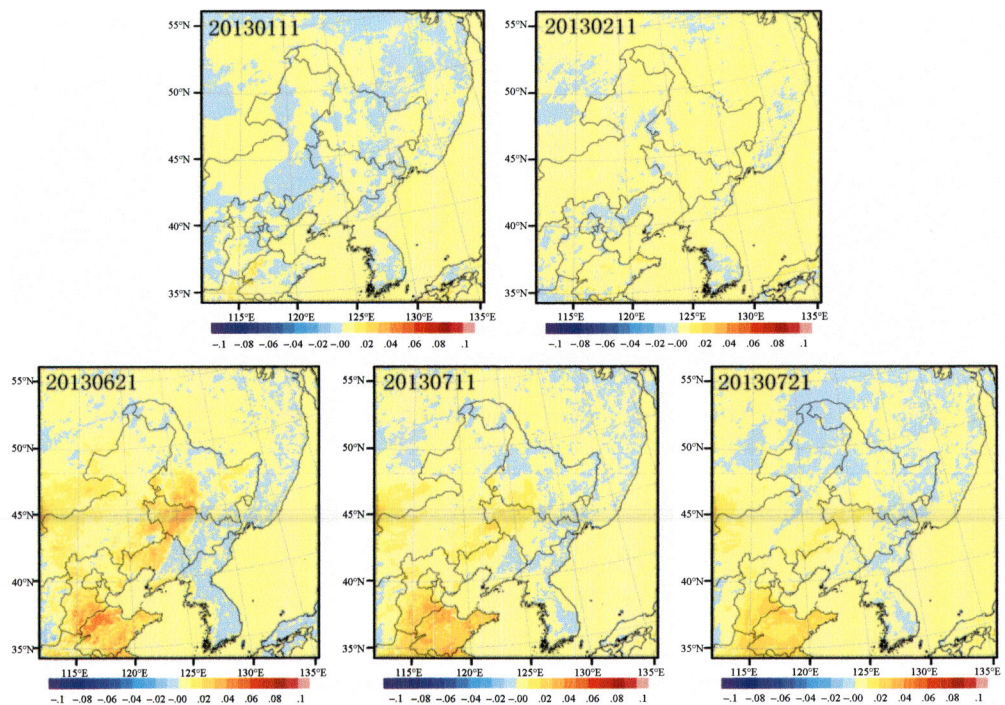

图 2.12 更新植被覆盖度后第二层（9 km）嵌套范围内发射率的增量

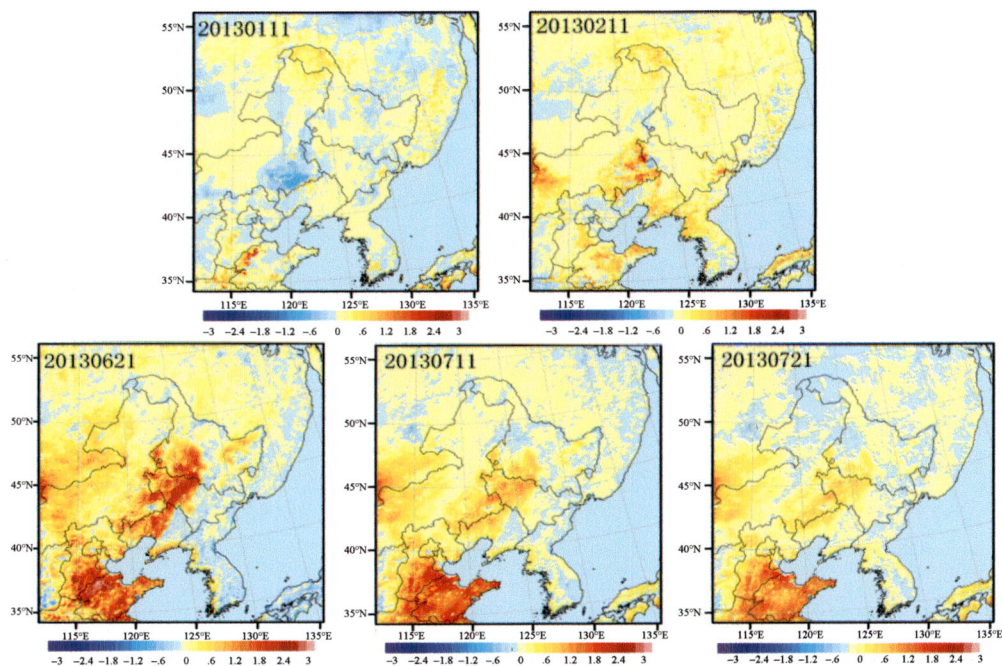

图 2.13　更新植被覆盖度后第二层（9 km）嵌套范围内叶面积指数的增量

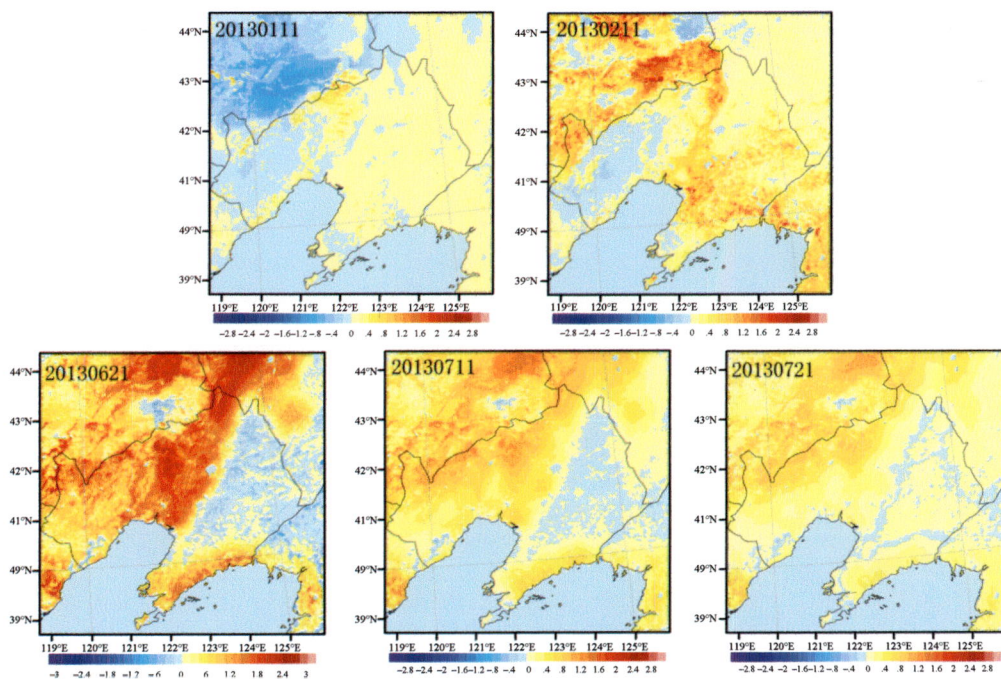

图 2.14　更新植被覆盖度后第三层（3 km）嵌套范围内叶面积指数的增量

次的参数的增量。可以看出叶面积指数的增加是最明显的，由于 3 个参数的计算是线性关系，增量对应位置比较一致，夏季的增量较冬季更加明显。需要说明的是，这里仅仅选择了 2013 年 7 月 11 日的这几个参数的增量分析，实际上几个参数不仅受自身取值范围和植被覆盖度的影响，还受纬度的影响，所以，尽管是相同的植被类型，不同区域范围在相同时间的变化并不一致。

2.3.6 遥感植被覆盖度对温度模拟的影响

为了定量验证使用最新的 MODIS 遥感资料制作的叶面积指数对模式模拟的影响，这里设计了长时间的敏感性模拟试验来进行对比分析。计算区域仍然选择东北区域中尺度数值预报业务系统所在范围，选择了 2013 年 6—7 月作为模拟对比时间。与业务模式中不同的是，这里使用的土地利用选择了 USGS 土地利用类型作为基数据，主要是考虑了与植被覆盖度的数据相匹配，此外，MODIS 的土地利用数据集的时效性也较 MODIS 土地利用的数据集较好，尤其是随着中国城市化程度的快速发展，城市下垫面的分类区域明显较 USGS 范围更大，尽管仍然存在一些明显的缺陷，如对地表类型的划分较 USGS 明显减少，参数的代表性无疑响应得有所变差，但是作为分析植被覆盖度的影响在这里是足够的。这里只设计两组试验，分别选择默认和更新后的植被覆盖度数据开展在东北区域的 6—7 月的模拟试验，这里主要给出了对东北区域（9 km）和辽宁省（3 km）范围的温度和降水的模拟影响。

图 2.15 给出农田下垫面站点的更新植被覆盖度前后模拟得到的 6—7 月的温度的平均绝对误差，农田下垫面站点较多，且分布广泛，几乎分布于整个模式的模拟区域中，总体来看使用模式默认植被覆盖度模拟得到的地面温度的绝对误差平均值在河北南部存在较大的误差，而通过改善植被覆盖度以后，模式模拟结果得到明显改善，说明温度与地表植被参数存在非常强的对应关系。此外，从东北地区的温度模拟来看，温度模拟也有一定的改善。图 2.16 给出了模式模拟得到 6—7 月的平均温度与观测的 6—7 月平均温度的偏差，基本也得到了相似的结论，温度的模拟明显得到改善。

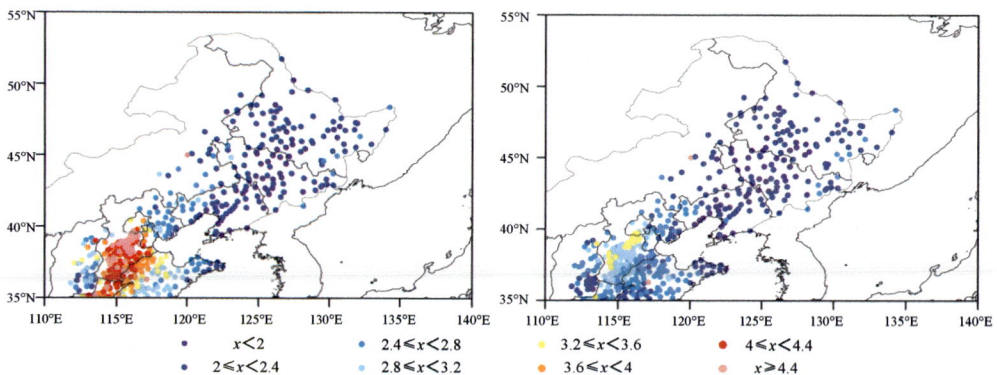

图 2.15 更新植被覆盖度前（左）后（右）第二层（3 km）嵌套范围温度模拟的平均绝对误差

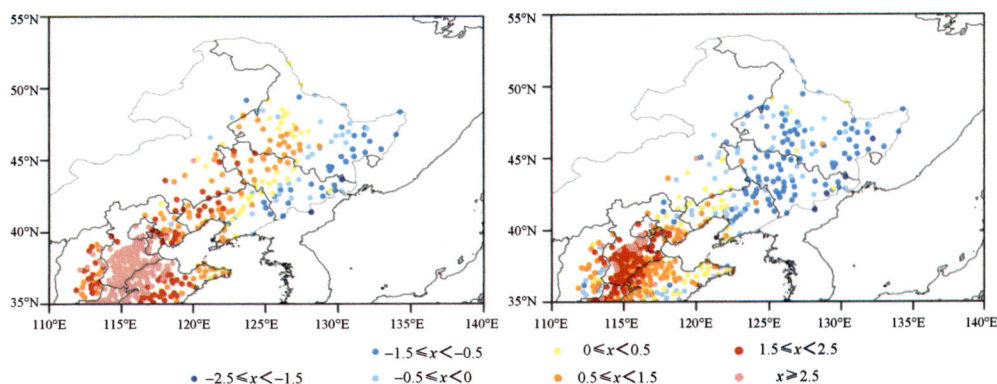

图 2.16　更新植被覆盖度前（左）后（右）第二层（3 km）嵌套范围
6—7 月模拟平均温度与观测平均温度的偏差

　　图 2.17 给出草地、农田、城市 3 类下垫面对应的模拟区域内所有站点的平均温度的日变化特征。从草地站点温度的日变化特征来看，更新植被覆盖度以后最高温度明显得到了改善，但与观测仍然存在一定的差异，最低温度能很好地和观测吻合。而从农作物下垫面来看，更新植被覆盖度以后对最高温度也有很好的改善效果，但是最低温度出现了较观测偏低的情况。最后从城市下垫面类型的温度日变化模拟来看，更新植被覆盖度以后，模式模拟的最高温度和最低温度均有很好的改善。

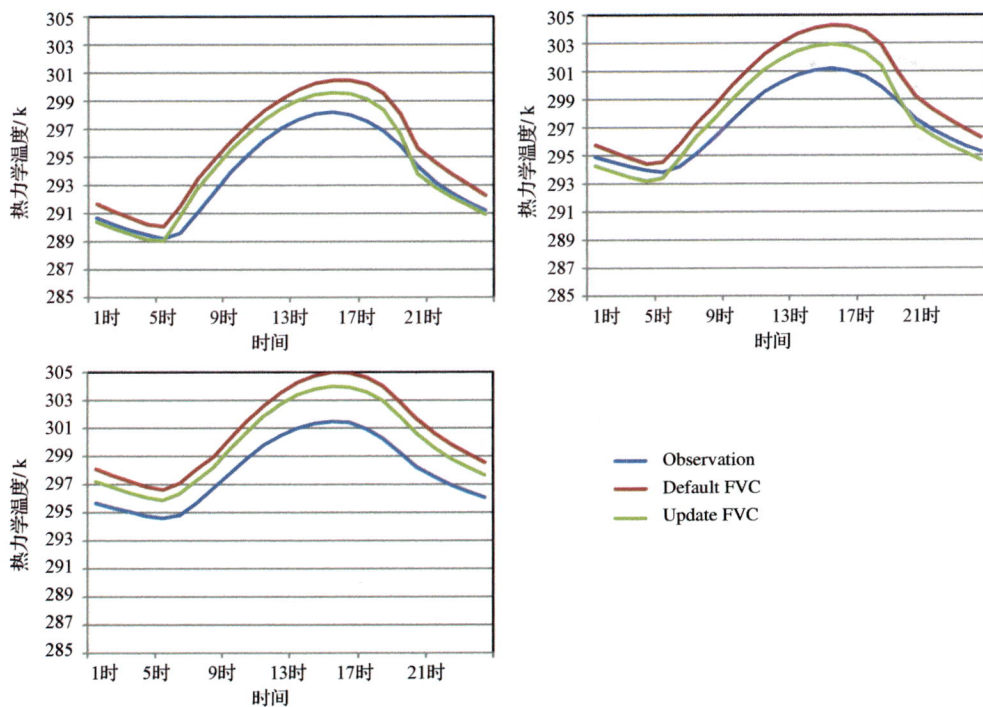

图 2.17　更新植被覆盖度前后模式在第二层嵌套范围内不同植被类型对应的平均温度的日变化特征

图 2.18 给出第二层嵌套范围内农田下垫面类型的站点温度模拟的平均绝对误差，可以看出模式模拟的平均模拟误差主要分布在 2~2.4 K，使用默认的植被覆盖度，温度模拟的绝对误差在 2 K 以下的站点有 10 个，而更新植被覆盖度以后温度模拟的绝对误差在 2 K 以下的站点有 22 个。总体来看，植被覆盖度的更新，使得温度模拟得到了很好的改善，且误差在 2.4~2.8 K 的站点也明显减少。图 2.19 给出第二嵌套范围内各个站点 6—7 月平均温度与观测的偏差，也可以得到类似结论。

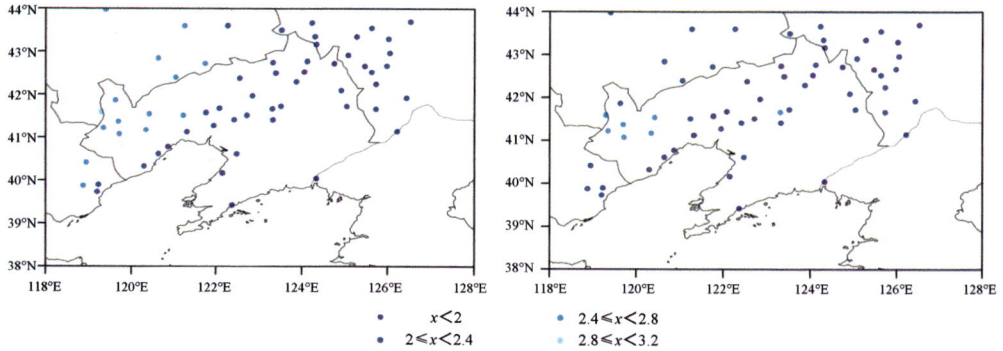

图 2.18　更新植被覆盖度前（左）后（右）第三层（3 km）嵌套范围温度模拟的平均绝对误差

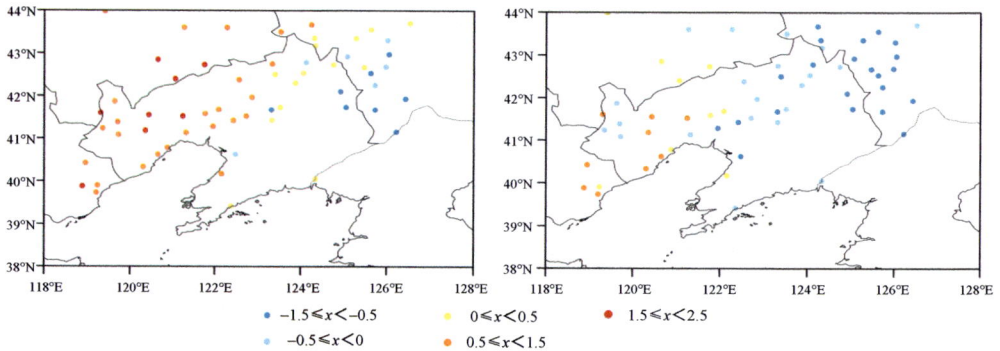

图 2.19　更新植被覆盖度前（左）后（右）第二层（3 km）嵌套范围
6—7 月模拟平均温度与观测平均温度的偏差

图 2.20 给出各种植被类型站点在第三层嵌套范围内温度的日变化特征，同样，更新植被覆盖度以后对 3 种主要植被类型站点模式最高温度的模拟，可以看出更新植被覆盖度以后得到的模式最高温度有很好的改善效果，而从最低温度的模拟来看，对农作物下垫面类型的最低温度的模拟存在过度校正。

2.4　结论

（1）通过大量的对比试验发现 WRF 数值预报模式在东北范围内采用 YSU、QNSE 和 MYNN 等多种边界层方案对地面 2 m 温度的预报效果略有差异，在冬季采

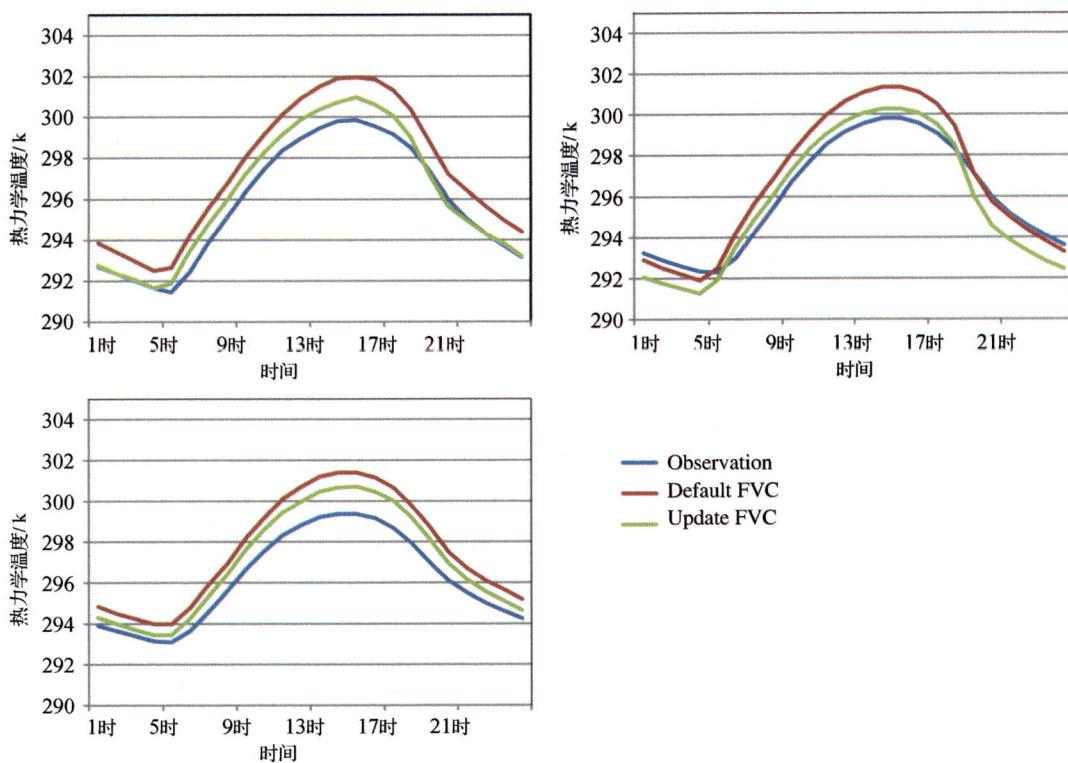

图 2.20　更新植被覆盖度前后模式在第三层嵌套范围内不同植被类型对应的平均温度的日变化特征

用 MYNN 和 QNSE 方案均略好于目前业务模式采用的 YSU 方案，但夏季采用 YSU 方案的业务模式对 2 m 温度的预报效果又优于其他方案。考虑各种边界层方案的计算量代价，目前业务系统采用的 YSU 方案是较好的选择。

（2）对比陆面过程方案的结果表明，采用 5 层土壤温度结构的 S5L 方案在冬季对辽宁省 14 个城市的 2 m 温度预报准确率高于现行业务系统采用的 NOAH 陆面过程方案。

（3）从以上分析来看，使用 MODIS 植被覆盖度更新模式默认的植被覆盖度以后，模拟得到的不同植被类型的温度均有不同程度的改善，无论从各个站点的平均误差，还是平均温度的日变化特征来看，更新植被覆盖度提升了模式温度的模拟效果。

3　道路专业气象要素预报产品定制

3.1　降水相态预报产品制作

选用模式中适合高分辨率模拟的 WSM 6-class graupel scheme 微物理方案，方案中包含冰、雪和霰过程，利用模式近地面大气层中预报的雨、冰、雪、霰混合比的比例来判断雨雪分界线及雨夹雪区或雨、雪过渡区，生成降水相态预报产品，制作网格点和任意站点的降水相态预报产品。图 2.21 为一次区域预报的降水相态预报产品，图中蓝色区域为降雪区域，红色区域为雨夹雪区域，绿色区域为降雨区域。

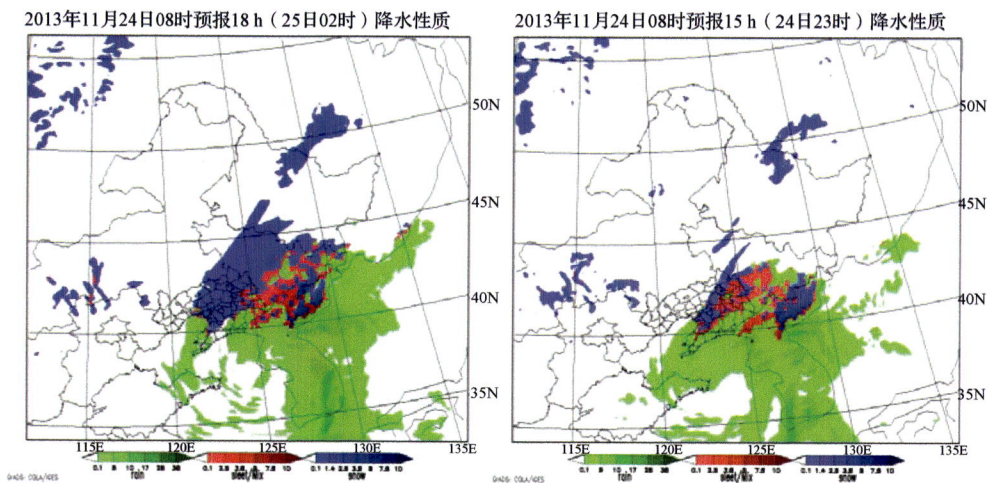

图 2.21　区域降水相态预报图

对 2005 年以来历史个例反算及预报检验表明，预报效果很好占总数的 65%（如图 2.22），基本上能够准确预报出不同相态降水区的分布及其随时间演变特征；部分时段预报好，部分时段预报差，如前期预报很好，后期预报差等，占 10%；预报效果一般或不好占 25%，这其中有 15% 是模式降水预报本身很差，或漏报或空报，故不能认为是相态预报的问题。图 2.22 给出相态降水预报效果所占比例。

图 2.23 为一次区域预报的站点降水相态预报产品和站点预报的温度、风向与风速、相对湿度。图中的左上角小图为 84 h 预报时效内降水及其降水相态的变化情况。图中，蓝色为降雪时段，红色为雨夹雪时段，绿色为降雨时段。由图可见，该次预报 54072 站点，在未来 54 h 开始降雨，67 h 转成雨夹雪，70 h 左右转成降雪，

降雪持续 6~7 h 后结束。

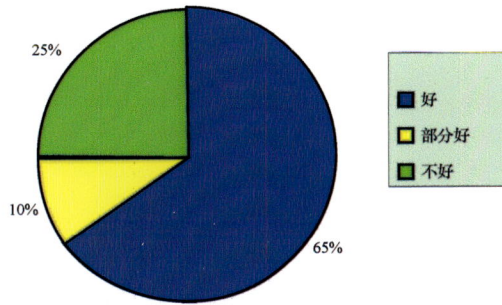

图 2.22　相态降水预报效果所占比例

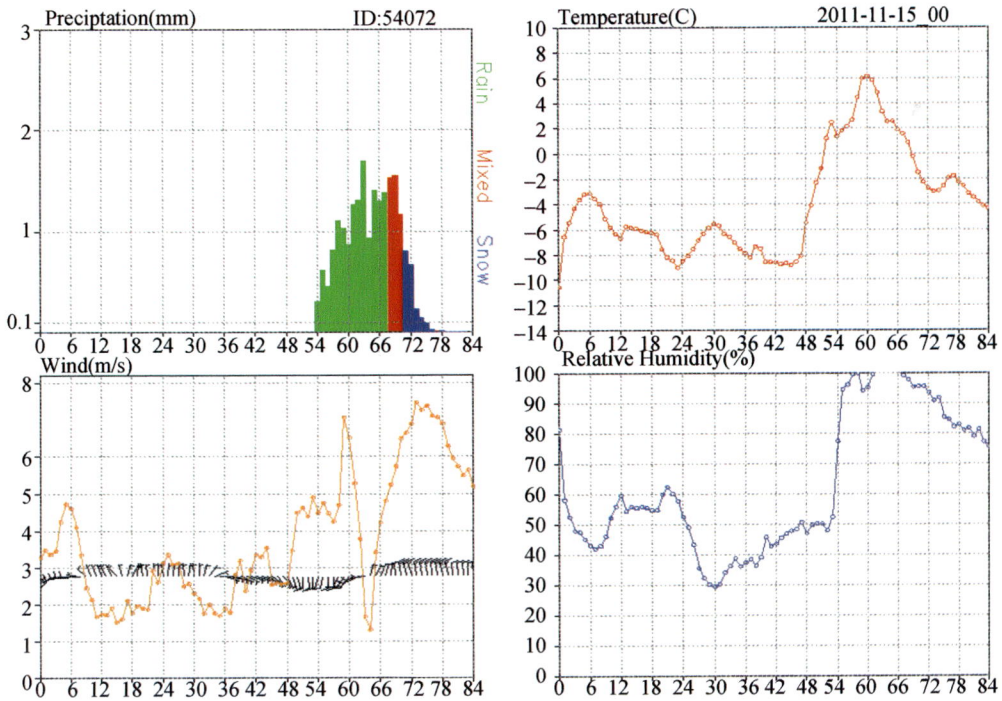

图 2.23　站点降水相态变化预报图

下面以 2011 年 11 月 17—18 日东北区域降水过程为例，看降水相态预报情况。该过程为 2011 年入冬以来东北区域的第一场强降水过程，降水性质从北到南由最初的北部降雪、南部降雨（图 2.24，预报与观测时刻对应），转化到后期南部也基本转为降雪，并且各种相态降水都持续了较长时间，是检验相态降水的一个很好个例。

再以辽宁预报为例，模式对该过程不同初值的多次预报的相态降水区域分布比较一致。图 2.25 为 17 日 00 时和 12 时对 18 日 06 时（UTC）的预报结果，降雪区域、雨夹雪区域基本一致，与观测也基本一致。

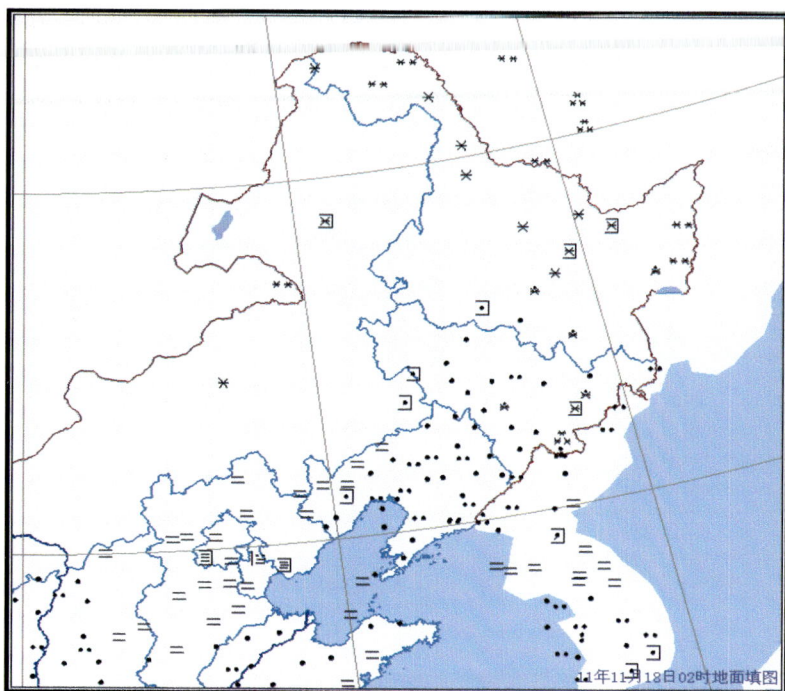

图 2.24　2011 年 11 月 17 日 00 时和 12 时对 17 日 18 时（UTC）降水相态预报与观测图

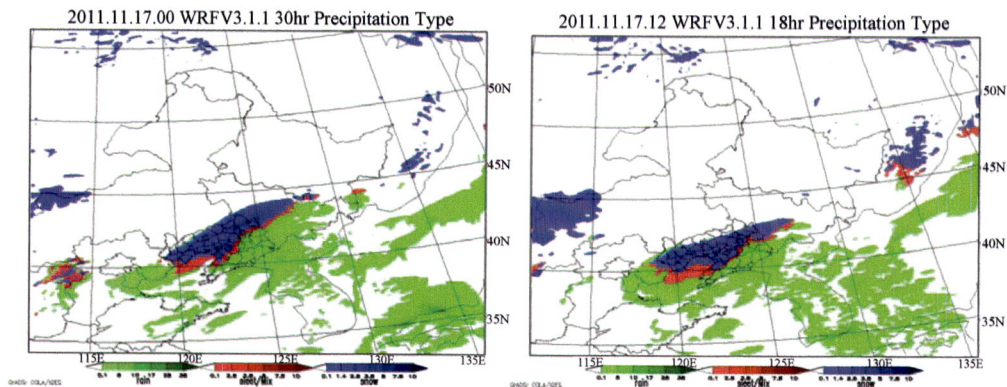

图 2.25　2011 年 11 月 17 日 00 时和 12 时对 18 日 06 时（UTC）降水相态预报图

　　对于转雪的开始时间，模式也给出了准确的预报结果。图 2.26 中模式的 24 h 预报在辽宁北部开始出现降水转雪，右图观测结果中刚好在预报时刻开始出现降雪，其后辽宁降雪区域增大。

　　图 2.27 是 17 日 08 时的 30 h 预报结果与观测，预报图中辽西的无雪区、吉林境内的降雪区域、辽宁的降雪区域与实况中的降雪区域完全一致。这次过程模式对降水相态变化的预报，无论是时间还是空间都取得了很好的预报结果。

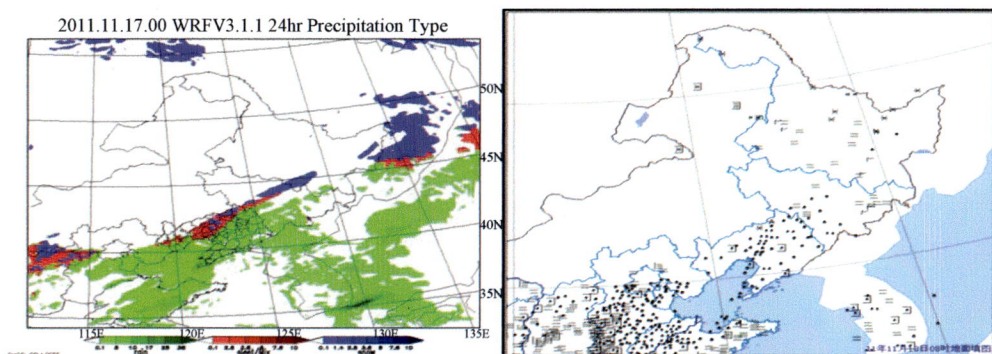

图 2.26　2011 年 11 月 17 日 00 时对 18 日 00 时（UTC）降水相态预报与观测图

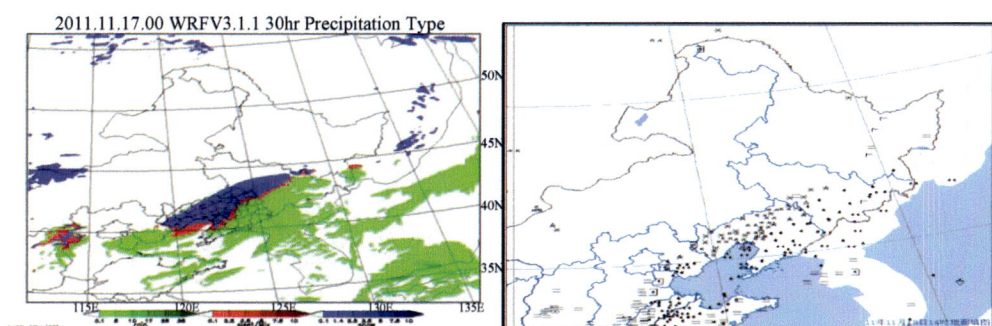

图 2.27　2011 年 11 月 17 日 00 时预报的未来 30 h 降水相态与观测图

3.2　能见度预报产品制作

大气中云水、雨水、云冰、雪的存在及其多少直接影响能见度，综合考虑这些因子的作用，得到如下公式计算能见度：

$$Vis=-\ln 0.02/(144.7Clc\times 0.88+2.24Clp\times 0.75$$
$$+327.8Cfc\times 1.0+10.36Cfp\times 0.7776)$$

式中，Clc、Clp、Cfc、Cfp 分别为云水、雨水、云冰、雪的密度。

当这些项的影响较小时，考虑单纯由于水汽造成的能见度下降。计算方法如下：

$$Vrh=60.0e^{-2.5qrh},$$

式中，$qrh=rh12/100.0-0.15$

rh12 为模式最下面两层相对湿度的最大值。

使用该方法对不同预报时刻的预报产品进行诊断，获得各时段模式运行区域网格点的能见度预报。

图 2.28 给出几次能见度预报与对应的能见度观测，由于能见度的观测站相对于模式的水平分辨率比较稀疏，因此根据观测数据插值分析得到的图形存在着能见度

偏强或偏弱的情况。由图可见，该能见度预报方法对低能见度区有较好的预报效果。图 2.28a 为 2017 年 10 月 19 日 21 时的东北区域能见度观测，图 2.28b 为对应同时刻的预报。由图可见，实况在辽宁南部、东北省界处以及吉林、黑龙江等地均有低于 200 m 的低能见度区域，模式给出了近似的预报。图 2.29e、f 为 2017 年 10 月 26 日 21 时的能见度观测与对应预报，由图可见，观测的辽宁西北与东南部有低能见度区域，预报此两区域也有低能见度区域。

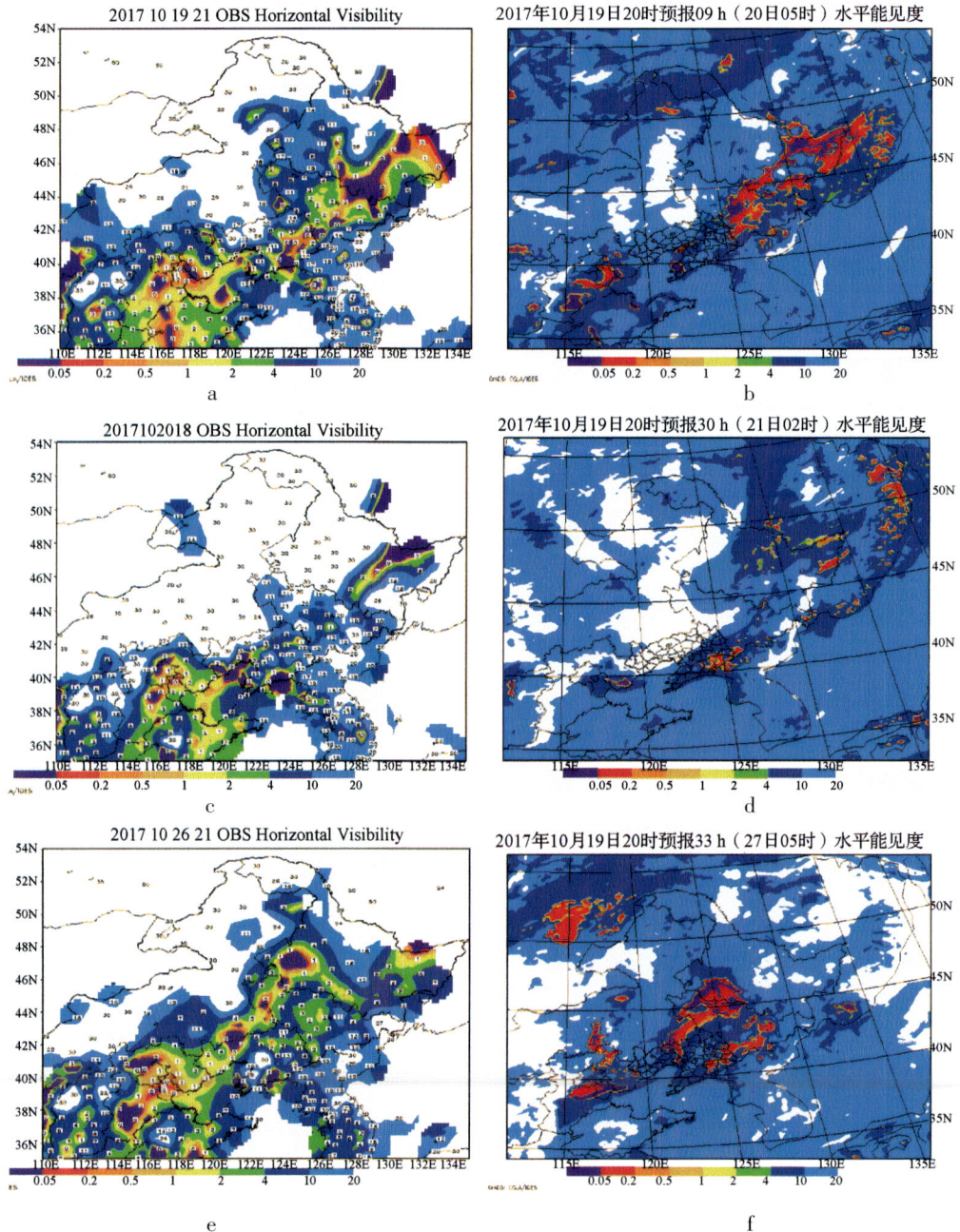

图 2.28　2010 年 9 月 18 日 12 时预报的未来 12 h 能见度图

3.3　云量预报方法与产品制作

使用模式的 12h 积分云水输出和相对应的观测云量进行曲线拟合，确定云量的诊断公式为：

$$Tc = (Cint/1.5) \ 0.08 \times 8,$$

式中，Cint 为垂直积分云水含量（包括云水、云冰等），Tc 为云量。

使用该方法对不同预报时刻的预报产品进行诊断，获得各时段模式运行区域网格点的云量预报。

图 2.29 给出一次云量预报（a）与对应的观测（b）。

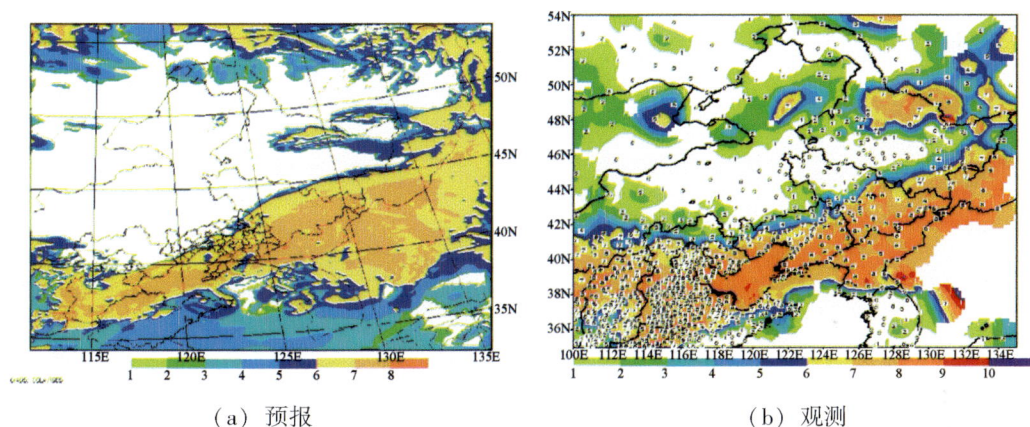

（a）预报　　　　　　　　　　　　（b）观测

图 2.29　2010 年 9 月 18 日 00 时预报的未来 6 h 云量图

3.4　辐射预报产品

辐射预报使用模式直接输出的预报量，包括：地面向下短波辐射（SWDOWN）、地面向下长波辐射（GLW）、射出长波辐射（OLR）、地表温度（TSK）、潜热通量（LH）、感热通量（HFX）。

还有下垫面特征量：地面反照率（ALBEDO）、地表发射率（EMISS）。

对不同预报时刻的辐射预报产品进行输出，获得各时段模式运行区域网格点的不同辐射量预报。

4 精细数值预报系统的流程与主要产品

4.1 运行流程

目前，东北区域精细数值预报系统的运行时间是每天运行 2 次，每隔 12 h 1 次，世界时 00 时、12 时为起报时间，预报时效为 84 h。

具体流程如图 2.30 所示。

为了实现数值预报系统的业务化运行，利用 IBM AIX 上的 bash、LoadLeveler 等编写了系统运行的作业卡。实现脚本命令自动运行包括调用 T639 预报场、调用中国气象局下发的所有常规观测资料、WRF 模式前处理、real. exe 数据初始化、常规观测资料转换成 LITTLE_R 格式、常规观测资料前处理、WRFDA、wrf. exe 模式积分、WRF 模式结果后处理等。

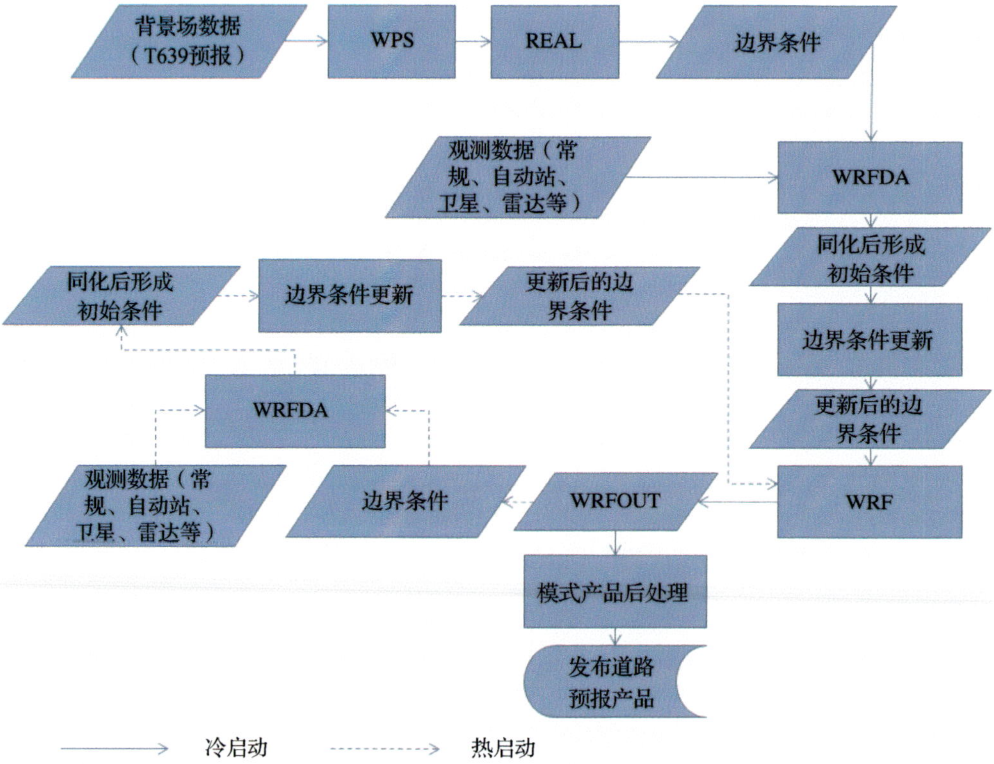

图 2.30 数值预报系统的运行流程

4.2 主要产品

主要预报产品如下：

全国区域 27 km、东北区域 9 km、辽宁区域 3 km 未来 84 h（00 时、12 时）内 1 h、3 h、6 h、12 h、24 h 累积降水预报、降水相态预报以及 1 h 时间间隔的地面气温、风向风速、相对湿度预报等。

全国区域 27 km、东北区域 9 km 和辽宁区域 3 km 降水性质预报产品：产品时间间隔 1 h。

全国区域 27 km、东北区域 9 km 和辽宁区域 3 km 道路气象专业预报产品，包括能见度预报、云量预报、辐射量预报等。

以下给出部分预报实例：

（1）全国区域能见度预报实例，见图 2.31。

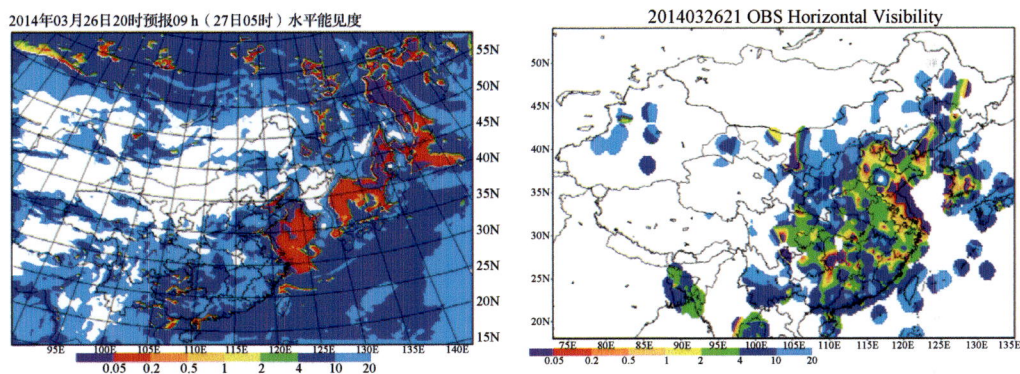

（a）2014 年 3 月 26 日 20 时预报的 09 时水平能见度 （b）2014 年 3 月 27 日 05 时水平能见度实况

图 2.31 全国区域 27 km 水平能见度预报和实况对比图

（2）东北区域 24 h 降水预报实例，见图 2.32。

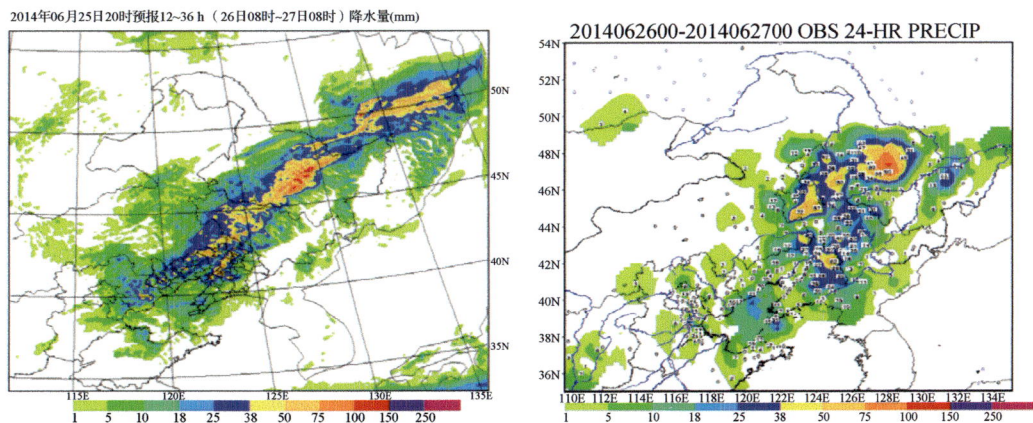

（a）2014 年 6 月 25 日 20 时预报的 12~36 h 降水量（b）2014 年 6 月 26 日 08 时−27 日 08 时降水量实况

图 2.32 东北区域 9 km 降水量预报和实况对比图

（3）东北区域地面温度预报实例，见图2.33。

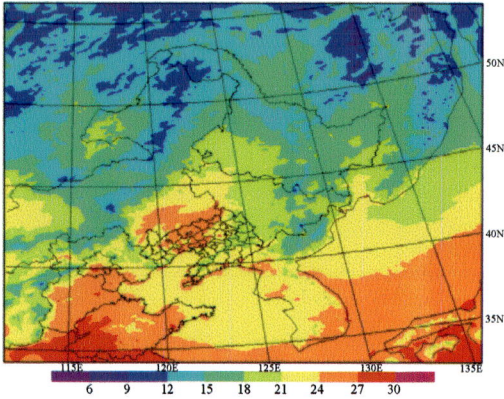

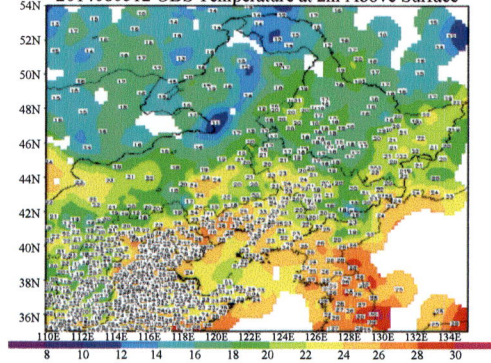

（a）2014年8月4日20时预报的24 h地面温度　　　（b）2014年8月5日20时地面温度实况

图2.33　东北区域9 km地面温度预报和实况对比图

5　路面温度分析方法

基于 LAPS 模式和路面模式 CLM，建立华北区域路面温度分析方法。

5.1　路面模式参数化方案修改

LAPS（局地分析预报系统）数据融合技术是美国预报系统试验室（FSL）开发的在 Internet 上免费共享的软件系统。它在中尺度数值预报提供的背景场基础上对地面自动站、雷达、卫星、风廓线仪、RASS、GPS/Met 等多种观测数据进行质量控制，并把这些时间和空间特征不同，具有不同观测精度的数据融合到一个网格上，成为较精细所谓网格点气象监测数据，为后期路面温度反演提供基础数据支撑。

与目前流行的变分同化方法相比，LAPS 具有算法透明、计算速度快、分析场与观测实况接近等特点，能够满足业务需要的更新频率。项目完成了 LAPS 系统的调试与业务运行，从中获取温度、风速、露点、相对湿度等气象要素输出，作为路面模式 CLM 的输入数据，然后利用陆面模式反演路面温度。

路面温度是决定道路表面状况（如：结冰、积雪、干湿程度）的重要中间要素，而地表特征以及与之相关的地表类型、植被盖度、土壤质地等多种参数对地表能量和地表温度有着非常重要的影响。但是在 CLM 模式中是没有道路这一独立的地表特征，因此，需要根据路面温度的特殊性有针对性地研究获取路面温度分析。

对陆面模式 CLM 的相关参数进行修改与调整，使其符合路面特性，再进行批量试验，最后确定修改模式中的下列参数：

（1）地表土壤分层。CLM 模式土壤分为 10 层，本项工作引入道路类型，将上面 3 层土壤设置为水泥，下面 7 层土壤设置为砾石。

（2）路面反照率。与别的陆地类型不同的是，路面水泥地反照率很低，设定路面反照率为 0.08。

（3）导热率。上面 3 层水泥的导热率设置为 0.82 W/（m·K）。下面 7 层砾石的导热率设置为 2.1 W/（m·K）。

（4）热容量。上面 3 层水泥的热容量设置为 2E6 J/（m³·K），下面 7 层砾石的导热率设置为 1.7E6 J/（m³·K）。

（5）导水率。水泥层导水率设置为 0 mm/s。

（6）长波发射率。地表长波发射率为 0.94。

（7）孔隙度。孔隙度设置为 0.01（应当设置为 0，但是为 0 时会出现除数为 0 的错误，所以设置为 0.01）。

（8）地表径流。地表积水高度设置为 1 mm，当超过 1 mm 时，超过部分会全部变成地表径流流走。

5.2 路面温度模拟结果验证

选择的模拟时间为 2012 年 6 月 1 日 0 时至 2013 年 2 月 11 日 23 时，1 h 1 次。选取北京 12 个数据较齐全的路面站资料进行模式模拟结果验证。可以看出：①由于路面站是没有进行过质量控制的，所以某些路面站观测的路面温度存在较大的误差，比如 1412 和 1414 偏差较大。但是其余各站点的模拟效果还是不错的。②夏季多云或者阴天时，由于辐射模式预报误差导致路面温度偏差较大。③冬季北京雾霾天较多，导致辐射预报偏差较大，进而影响路面温度。④秋季天气晴好，数值模式预报的辐射较为准确，因此 CLM 模式模拟的路面温度较好。对比试验选择的站点情况见表 2.4。

表 2.4 选取站点

县区	站名	区站号	站址	东经	北纬	测站海拔高度/m	站址环境
朝阳	五元桥	A1026	机场高速进京 5.8 km	116°29′30″	39°59′45″	39.0	市区
朝阳	六道口桥	A1062	G2 京沪高速出京	116°27′55″	39°50′50″	40.0	市区
大兴	西红门南桥	A1262	南五环外环 45.1 km	116°20′46″	39°46′36″	42.0	郊外
大兴	大羊坊北桥	A1263	东五环外环 26.3 km	116°30′37″	39°49′26″	32.0	郊外
房山	琉璃河环岛	A1325	G4 京港澳高速进京 42 km	116°03′23″	39°35′54″	31.0	郊外
昌平	西关	A1412	G6 京藏高速出京 33.8 km	116°11′23″	40°13′26″	75.0	郊外
昌平	回龙观	A1413	G6 京藏高速进京 12.9 km	116°18′44″	40°04′16″	46.0	郊外
昌平	居庸关	A1414	G6 京藏高速出京 46.5 km	116°04′14″	40°17′10″	255.0	郊外
昌平	小汤山西桥	A1420	北六环外环 177.7 km	116°20′47″	40°09′55″	37.0	郊外
平谷	崔庄桥	A1512	京平高速出京 54 km	117°04′15″	40°05′08″	28.0	郊外
顺义	管头大桥	A1564	机场第二高速进京	116°36′26″	40°02′08″	23.0	郊外
顺义	珠宝屯东桥	A1565	京平高速出京 30.5 km	116°47′59″	40°02′39″	31.0	郊外

图 2.34~图 2.45 分别给出了 12 个站点路面温度的模拟线性图及落散点图。

①站点 A1026：模拟的路面温度平均误差为 2.69，均方根误差为 3.77。

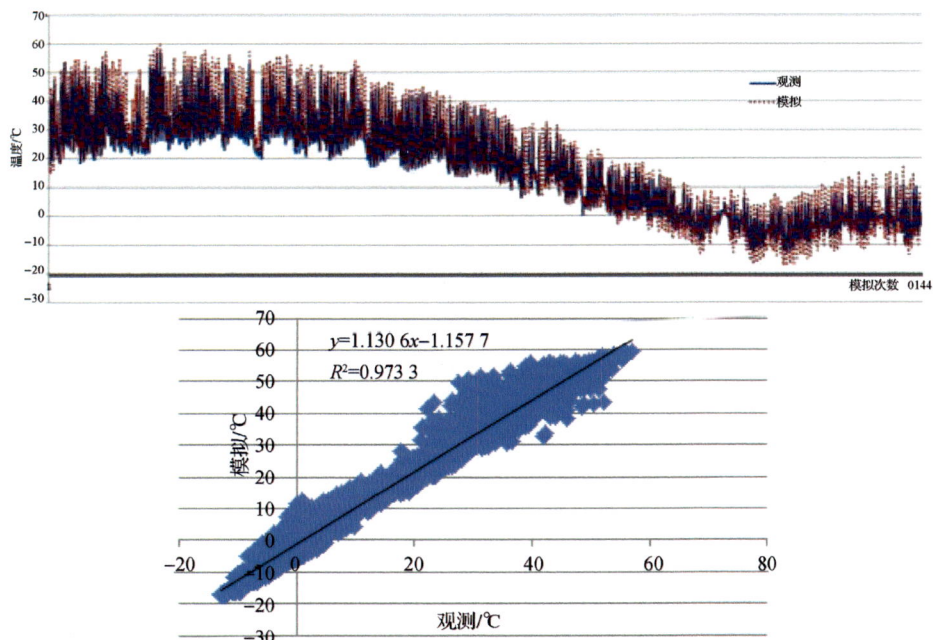

图 2.34　五元桥站路面温度模拟线性图及落散点图

②站点 A 1062：模拟的路面温度平均误差为 2.87，均方根误差为 4.09。

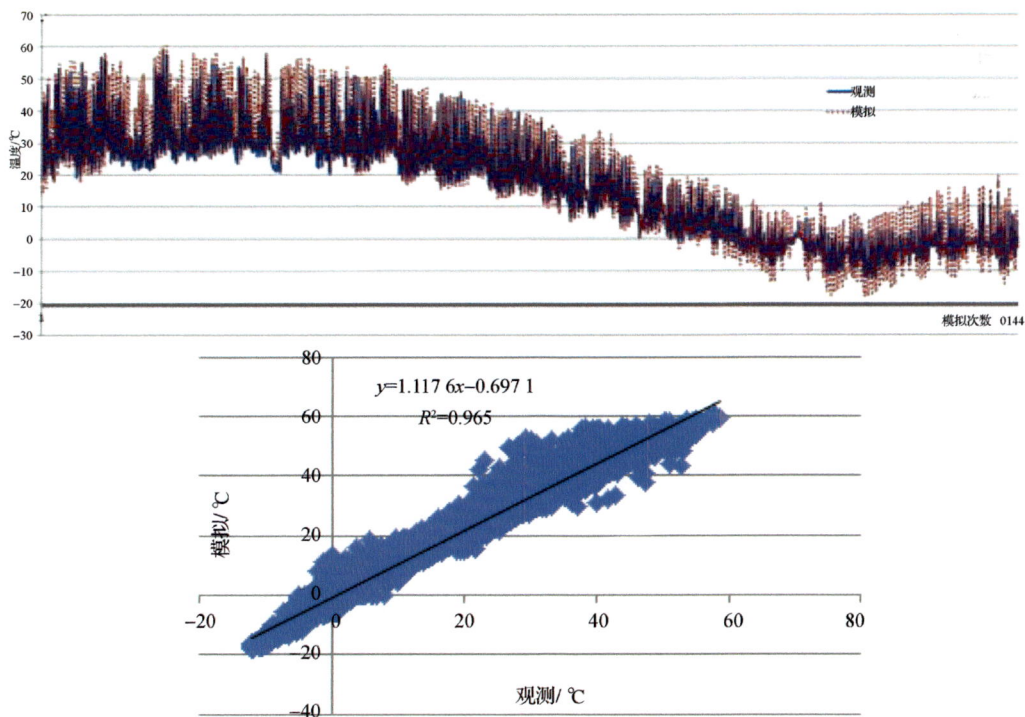

图 2.35　六道口桥站路面温度模拟线性图及落散点图

③1262：模拟的路面温度平均误差为 2.38，均方根误差为 3.53。

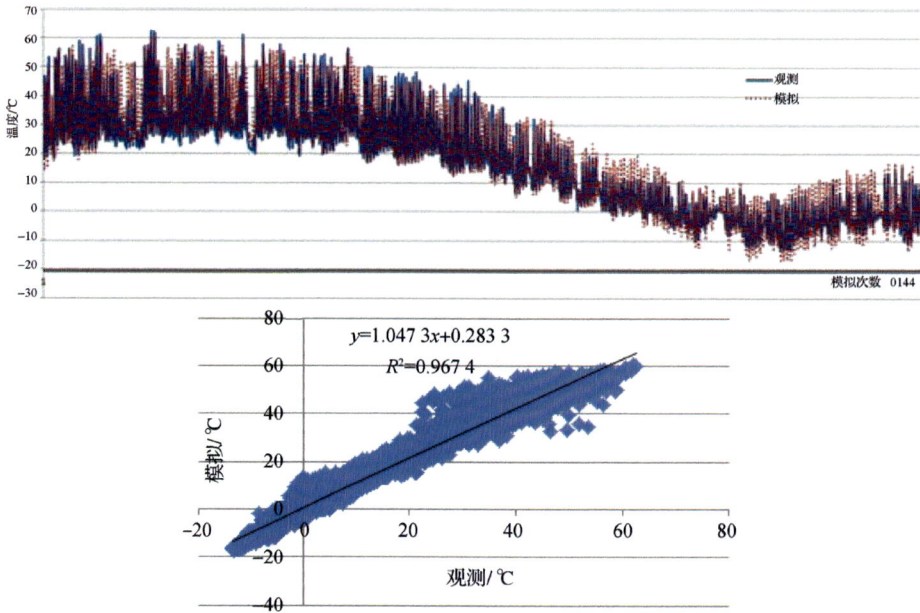

图 2.36　西红门南桥站路面温度模拟线性图及落散点图

④1263：模拟的路面温度平均误差为 2.13，均方根误差为 3.18。

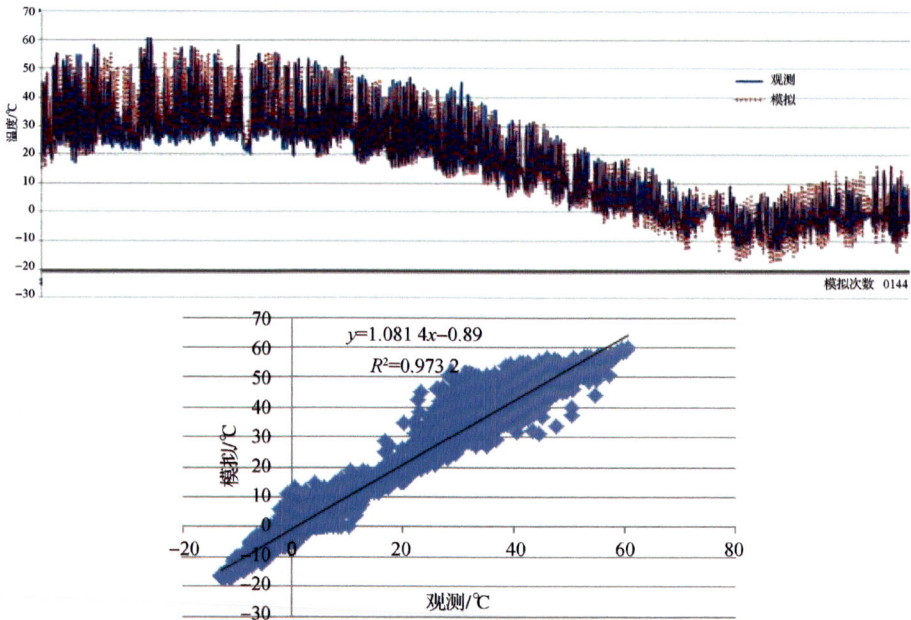

图 2.37　大羊坊北桥站路面温度模拟线性图及落散点图

⑤1325：模拟的路面温度平均误差为 3.77，均方根误差为 4.72。

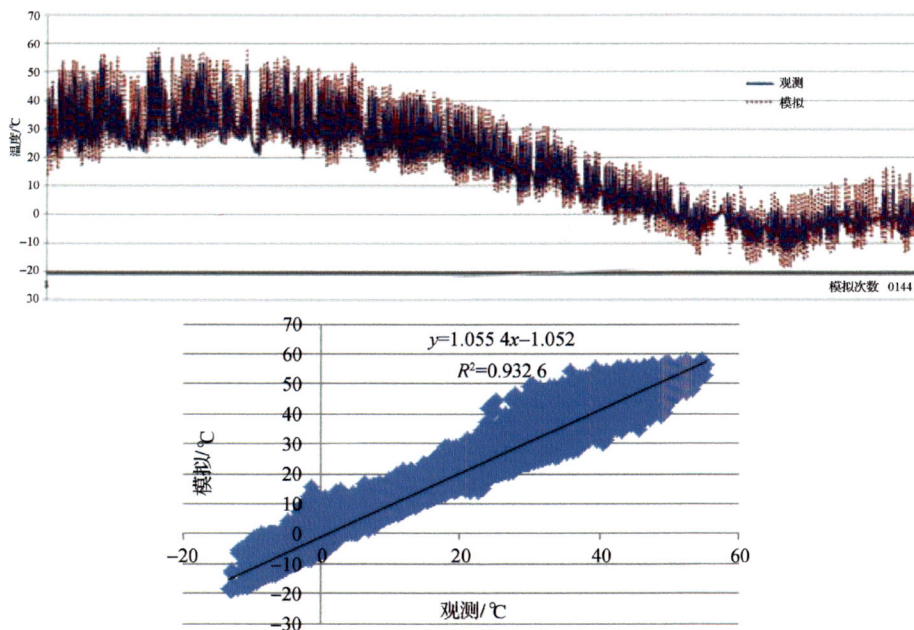

图 2.38 琉璃河环岛站路面温度模拟线性图及落散点图

⑥1412：模拟的路面温度平均误差为 3.89，均方根误差为 4.99。

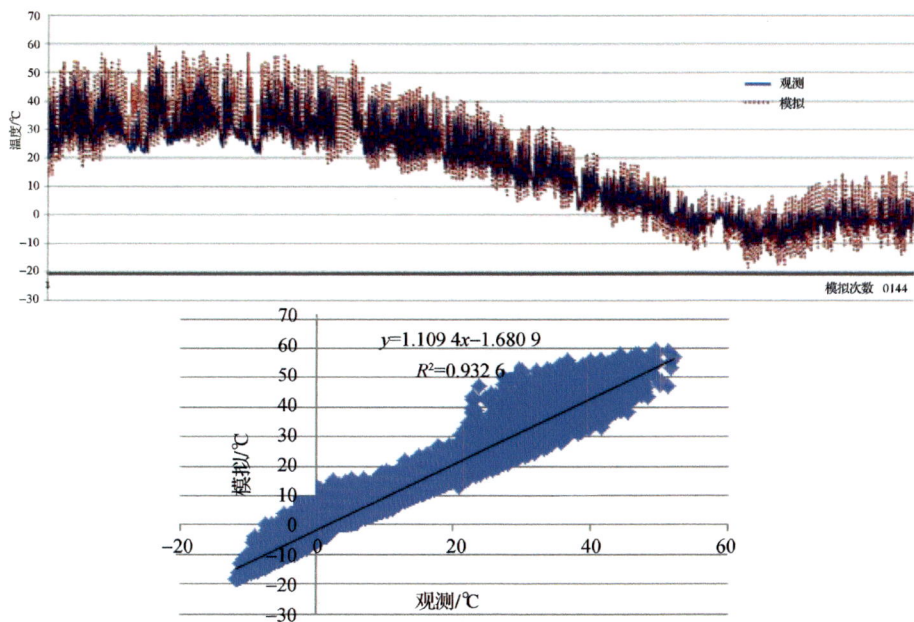

图 2.39 西关站路面温度模拟线性图及落散点图

⑦1413：模拟的路面温度平均误差为 2.10，均方根误差为 3.18。

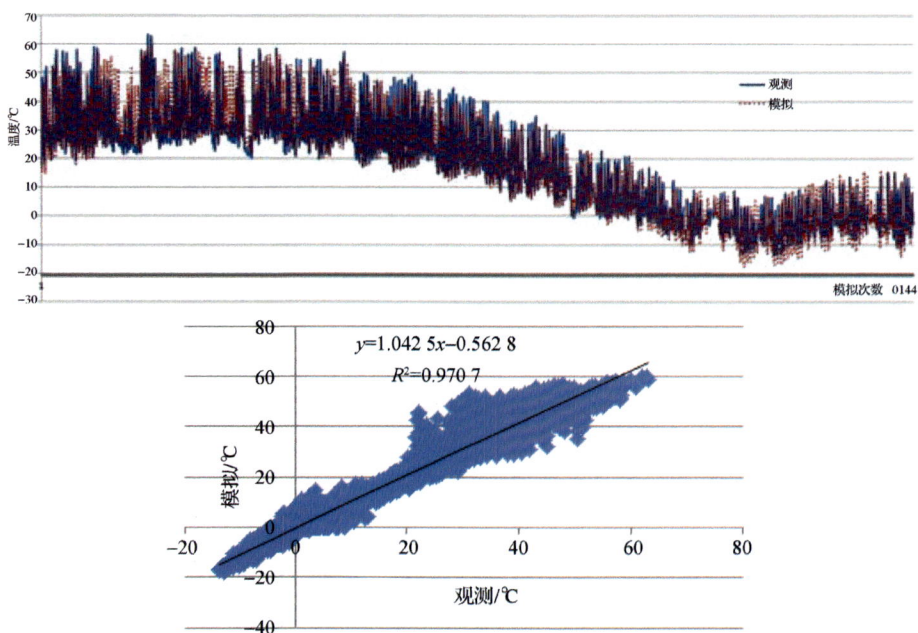

图 2.40　回龙观站路面温度模拟线性图及落散点图

⑧1414：模拟的路面温度平均误差为 2.67，均方根误差为 3.86。

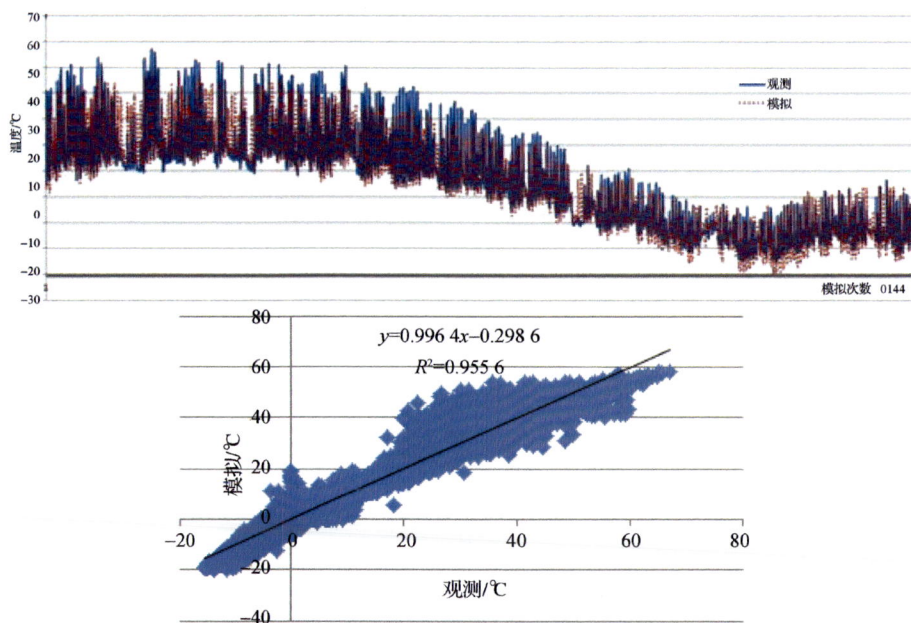

图 2.41　居庸关站路面温度模拟线性图及落散点图

⑨1420：模拟的路面温度平均误差为 2.13，均方根误差为 3.21。

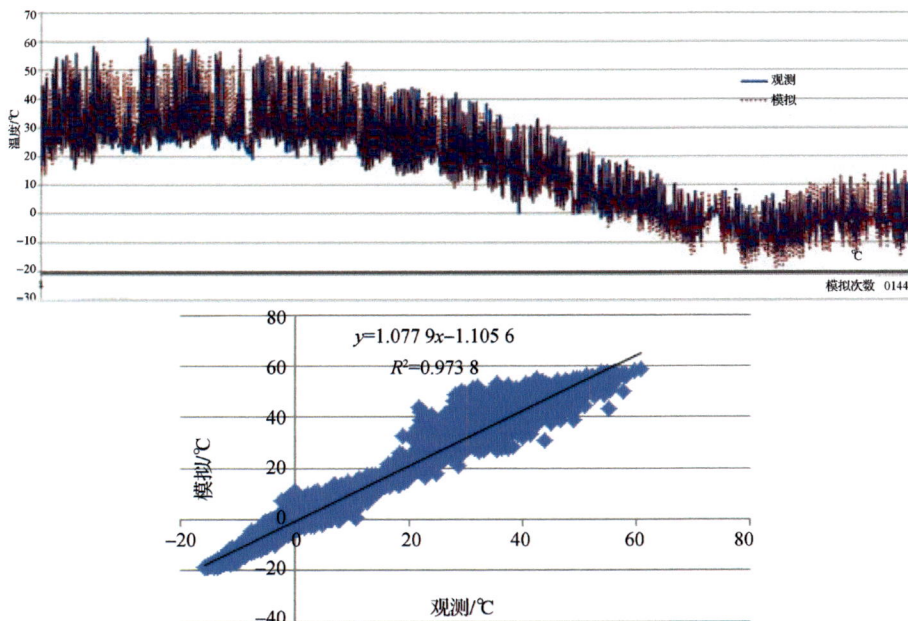

图 2.42　小汤山西桥站路面温度模拟线性图及落散点图

⑩1512：模拟的路面温度平均误差为 2.39，均方根误差为 3.42。

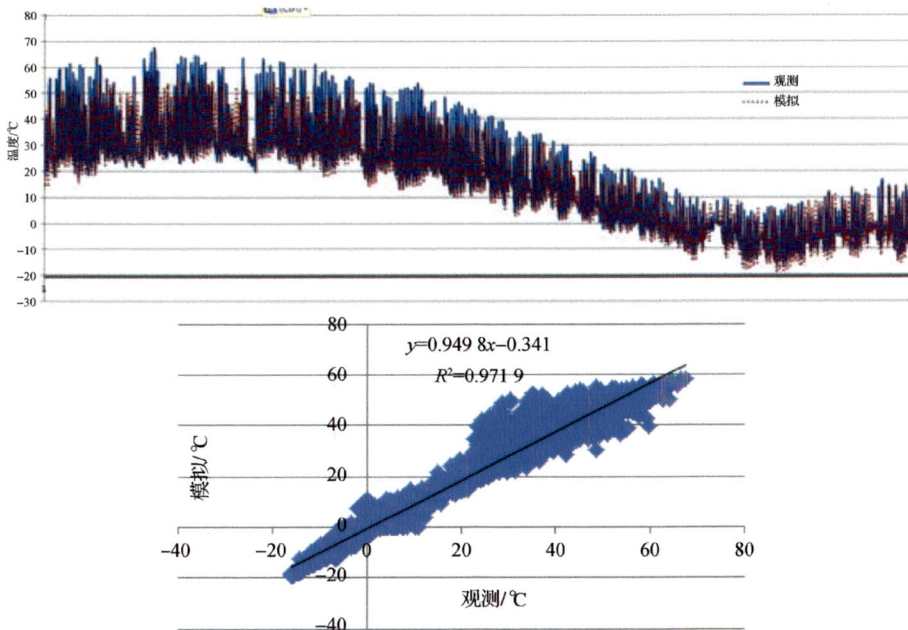

图 2.43　崔庄桥站路面温度模拟线性图及落散点图

⑪1564：模拟的路面温度平均误差为 2.05，均方根误差为 3.04。

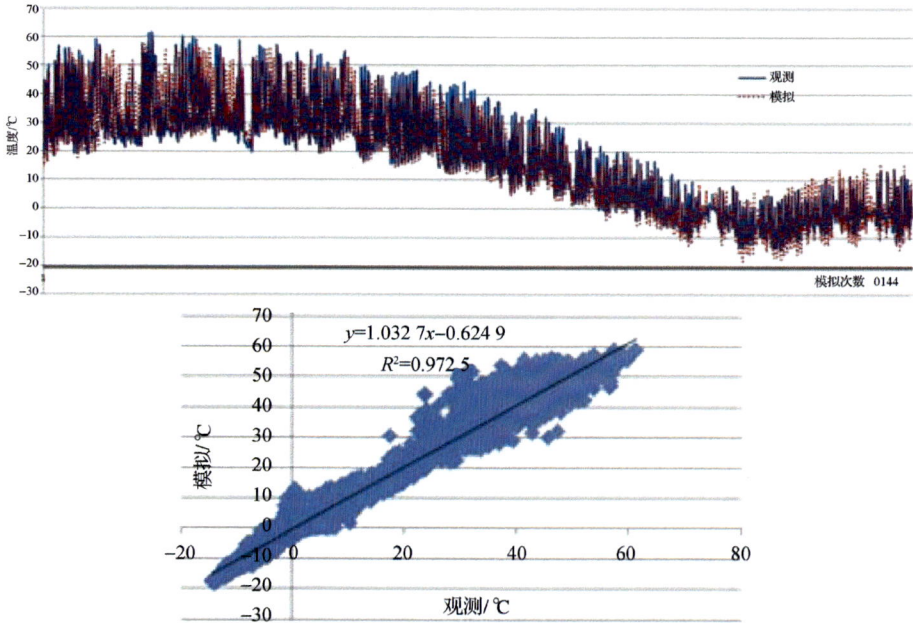

图 2.44　管头大桥站路面温度模拟线性图及落散点图

⑫1565：模拟的路面温度平均误差为 1.93，均方根误差为 2.86。

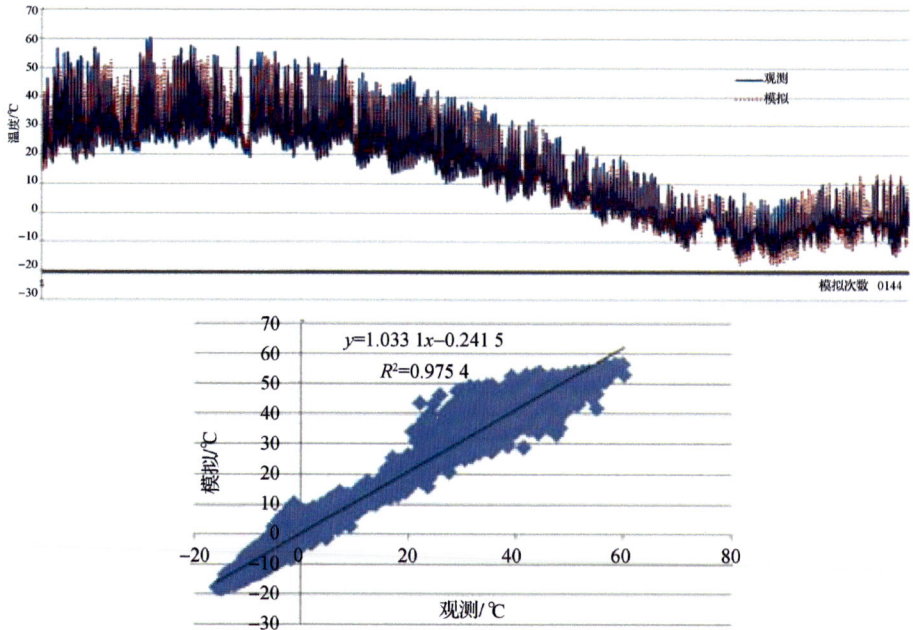

图 2.45　珠宝屯东桥站路面温度模拟线性图及落散点图

表 2.5 给出分析的路面温度与观测的路面温度误差检验情况，由表可见，大部分检验点的平均误差低于 3 ℃。

表 2.5　路面温度分析误差检验

县区	站名	区站号	站址	东经	北纬	测站海拔高度（m）	站址环境	平均误差（℃）	均方根
朝阳	五元桥	A1026	机场高速进京 5.8 km	116°29′30″	39°59′45	39.0	市区	2.69	3.77
朝阳	六道口桥	A1062	G2 京沪高速出京	116°27′55″	39°50′50″	40.0	市区	2.87	4.09
大兴	西红门南桥	A1262	南五环外环 45.1 km	116°20′46″	39°46′36″	42.0	郊外	2.38	3.53
大兴	大羊坊北桥	A1263	东五环外环 26.3 km	116°30′37″	39°49′26″	32.0	郊外	2.13	3.18
房山	琉璃河环岛	A1325	G4 京港澳高速进京 42 km	116°03′23″	39°35′54″	31.0	郊外	3.77	4.72
昌平	西关	A1412	G6 京藏高速出京 33.8 km	116°11′23″	40°13′26″	75.0	郊外	3.89	4.99
昌平	回龙观	A1413	G6 京藏高速进京 12.9 km	116°18′44″	40°04′16″	46.0	郊外	2.10	3.18
昌平	居庸关	A1414	G6 京藏高速出京 46.5 km	116°04′14″	40°17′10″	255.0	郊外	2.67	3.86
昌平	小汤山西桥	A1420	北六环外环 177.7 km	116°20′47″	40°09′55″	37.0	郊外	2.13	3.21
平谷	崔庄桥	A1512	京平高速出京 54 km	117°04′15″	40°05′08″	28.0	郊外	2.39	3.42
顺义	管头大桥	A1564	机场第二高速进京	116°36′26″	40°02′08″	23.0	郊外	2.05	3.04
顺义	珠宝屯东桥	A1565	京平高速出京 30.5 km	116°47′59″	40°02′39″	31.0	郊外	1.93	2.86

第三篇　道路专业气象服务方法研究与产品制作

1　道路交通气象相关基础资料收集与分析

1.1　京津塘区域资料收集与分析

1.1.1　相关资料收集

收集整理天津全市范围内 13 个气象站和 63 个乡镇自动气象站气温、降水量、风向、风速等气象观测资料，津京塘高速公路 10 个交通气象站、天津境内 22 个高速公路气象站以及京秦、京沪、青银、沿海高速气象站资料，并将所收集整理后的各类数据进行归档入库。收集整理滨海新区 2011 年 9 月建成的交通气象观测站资料，包括风向风速、气温、雨强、湿度、路面温度、能见度等，作为预报模型试验和检验数据。

收集京津塘高速和京秦、京沪、青银和沿海高速河北省段的交通气象站位置图，见图 3.1 和图 3.2。

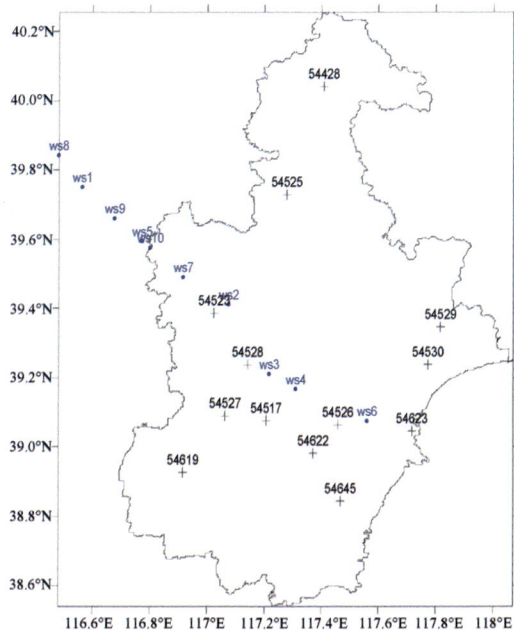

图 3.1　京津塘高速公路气象观测站位置　　图 3.2　河北省高速公路气象观测站位置

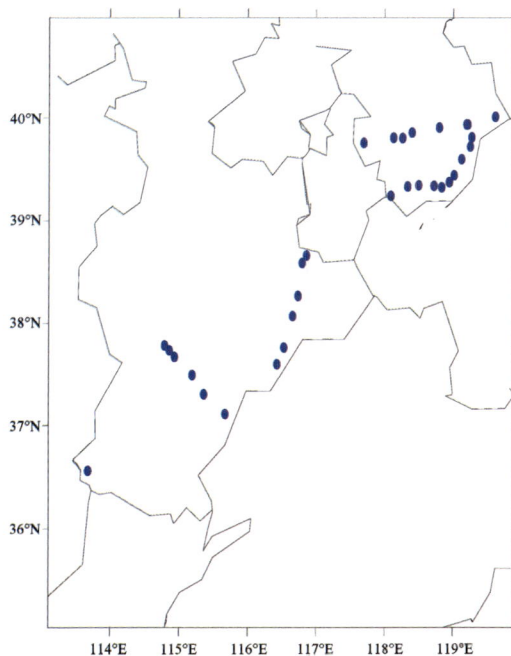

收集各交通气象站位置及观测要素详细信息，见表 3.1 和表 3.2。主要采用网页实时抓取技术，通过华北高速公路网和河北省高速公路信息服务网实时抓取交通

气象站观测资料。

表 3.1 京津塘高速气象站点及观测要素

站号	站名	位置	经度/°E	纬度/°N	观测时间	观测要素	观测频率
ws1	马驹桥	k11+330	116.561 3	39.762 0	2007 年 9 月 5 日至 2010 年 1 月 26 日 2011 年 5 月 11 日至 9 月 9 日	风速、风向、能见度、路面温度、温度、湿度、雨指标、雾指标、冰指标	整点
ws2	杨村	k71+337	117.049 1	39.418 3			
ws3	宜兴阜	k95+915	117.200 5	39.231 1			
ws4	天津机场	k109+700	117.320 3	39.166 7			
ws5	廊坊	k38+200	116.775 4	39.593 4			
ws6	塘沽西	k134	117.570 7	39.074 5			
ws7	泗村店	k55+650	116.913 8	39.494			
ws8	十八里店	k0-100	116.481 5	39.839 3	2008 年 4 月 1 日至 2010 年 1 月 26 日 2011 年 5 月 11 日至 9 月 9 日		
ws9	采育	k23+60	116.656 9	39.684 1			
ws10	河北天津界	k41+300	116.803 2	39.574 6			

表 3.2 京秦、京沪、青银和沿海高速河北省段交通气象站及观测要素

站号	位置	经度/°E	纬度/°N	观测时间	观测要素	观测频率
京秦 K277+201	秦皇岛东	119.630 0	40.000 0	2011 年 4 月 15 日至 2011 年 9 月 14 日	风速、风向、能见度、路面温度、湿度、雨量、路面状况	半点
京秦 K252+780	抚宁	119.221 9	39.924 7			
京秦 K242+700	抚宁洋河大桥	119.201 9	39.925 7			
京秦 K207+748	迁安滦河大桥	118.801 3	39.894 9			
京秦 K180+750	滦县服务区	118.406 6	39.847 1			
京秦 K158+800	滦县陡河大桥	118.268 8	39.795 4			
京秦 K142+780	唐山	118.135 8	39.798 0			
京秦 K106+700	玉田	117.699 9	39.7495 4			
京沪 K232+200	吴桥南	116.432 9	37.594 8	2011 年 4 月 15 日至 2011 年 9 月 14 日	风速、风向、能见度、路面温度、湿度、雨量、路面状况	半点
京沪 K209+50	吴桥北	116.534 0	37.756 7			
京沪 K176+200	南皮	116.662 8	38.062 6			
京沪 K152+70	沧州	116.742 1	38.258 1			
京沪 K116+620	青县	116.801 7	38.578 1			
京沪 K101+700	青县北	116.865 5	38.650 3			

续表

站号	位置	经度/°E	纬度/°N	观测时间	观测要素	观测频率
邯长 K893+850	涉县	113.687 1	36.556 2	2011 年 4 月 15 日至 2011 年 9 月 14 日	风速、风向、能见度、路面温度、湿度、雨量、路面状况	半点
青银 K587+600	赵县	114.798 2	37.778 0	2011 年 4 月 15 日至 2011 年 9 月 14 日	风速、风向、能见度、路面温度、湿度、雨量、路面状况	半点
青银 K573+610	赵县南	114.867 1	37.730 7			
青银 K545	宁晋	114.942 6	37.666 6			
青银 K519+900	南宫北	115.201 3	37.490 0			
青银 K498	南宫南	115.370 4	37.299 2			
青银 K477	清河	115.679 4	37.1072 3			
沿海 K154+800	丰南	118.097 8	39.235 1	2011 年 4 月 15 日至 2011 年 9 月 14 日	风速、风向、能见度、路面温度、湿度、雨量、路面状况	半点
沿海 K141+500	唐海西	118.342 6	39.325 7			
沿海 K122+900	唐海东	118.501 9	39.337 2			
沿海 K106+550	滦南	118.72 4	39.332 7			
沿海 K96+720	乐亭西	118.836 3	39.317 0			
沿海 K86+800	乐亭	118.945 4	39.367 2			
沿海 K71+400	乐亭东	119.015 5	39.434 1			
沿海 K51+800	昌黎西	119.127 4	39.589 8			
沿海 K30+600	昌黎东	119.257 2	39.712 5			
沿海 K10+600	抚宁南	119.279 2	39.801 7			

同时，收集了天津地区范围内 63 个区域自动气象站（图 3.3）观测得到的风速、风向、温度和雨量数据（该数据由天津市气象信息中心提供）。

1.1.2　高速公路气象站数据处理与分析

从收集到的资料可以看到，高速路站点有上行和下行方向的观测，而所关心的要素中（温度、风、相对湿度、能见度和路面温度）只有路面温度的上行和下行观测值才有差异。因此，首先对上行和下行所观测到的路面温度进行了对比分析（图 3.4a），可以看到，上下行路面温度虽然不是完全相同但也基本一致（图 3.4b）。由于 $t11$（上行）的无效值要比 $t10$（下行）多很多，所以选择 $t10$ 作为分析可用的路面温度。

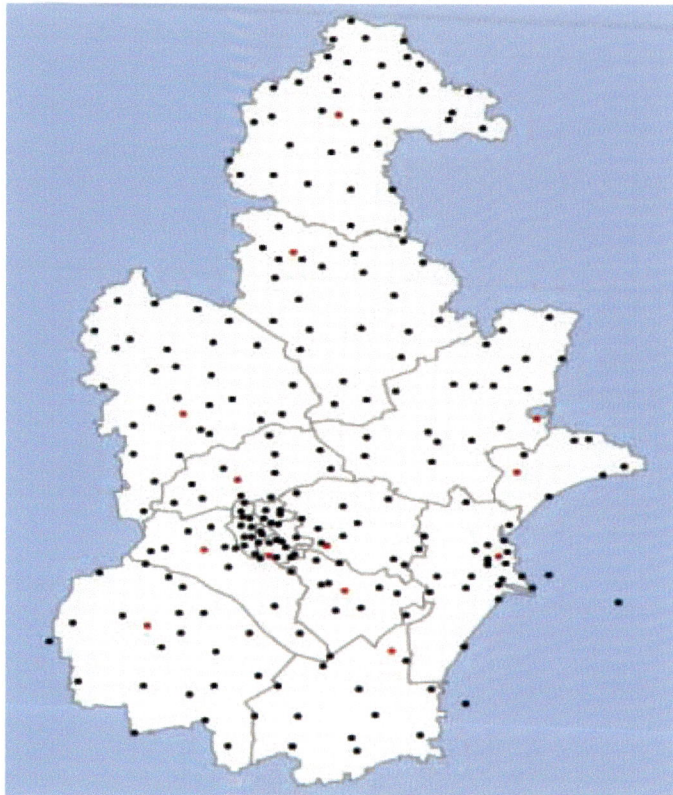

图3.3　天津地区区域气象站分布

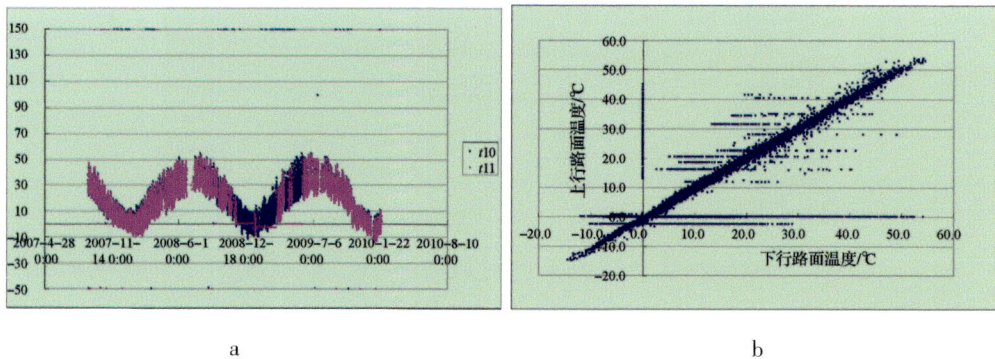

a　　　　　　　　　　　　b

图3.4　京津塘杨村站的上、下行路面温度（t11 和 t10）的时间序列（a）和散点对比（b）。

　　为了保障数据分析的准确性，首先对原始数据进行简单的质量控制，包括去除不符合气候特征的明显错误的数据、因仪器故障导致的异常数据以及缺测数据。具体的质量控制方法包括：①全部要素值为 0 或者相对湿度为 0 的时次的数据；②大于 50 ℃或者小于-20 ℃的气温观测；③大于 70 ℃或者小于-20 ℃的路面温度观测；④大于 20 m/s 的风速资料。在简单的无效数据去除之后，并按月份统计有效数据时次，从中选取每个月有效数据较多的连续一年的数据来进行比较分析，最终得到

2008 年 9 月至 2009 年 8 月的一年质量相对较好的数据集。

1.1.3　交通气象站与常规气象站观测对比分析

　　为了评估高速气象站各气象要素与常规气象站各气象要素之间的差异，根据京津塘高速各气象站的位置，结合天津市气象局 13 个气象站的位置，采用最近直线距离的方法，最终选择两组站进行对比分析，其分别是：ws2（杨村，交通气象站）与 54523（武清，常规气象站），ws6（塘沽西，交通气象站）与 54526（东丽，交通气象站）。对照前面整理得到的 2008 年 9 月至 2009 年 8 月的交通气象站资料，选择同期武清和东丽气象站相对应的气象要素，来分析交通气象站与常规气象站的观测误差。

　　对比杨村和塘沽西两个交通气象站观测得到的路面温度和气温发现，绝大多数时间内路面温度比气温要高，平均高 5～6 ℃，但随温度增加两者之间的差距更大（特别是气温高于 30 ℃之后），如图 3.5 所示，横坐标为 $te0$（气温），纵坐标为 $t10$（路面温度）。

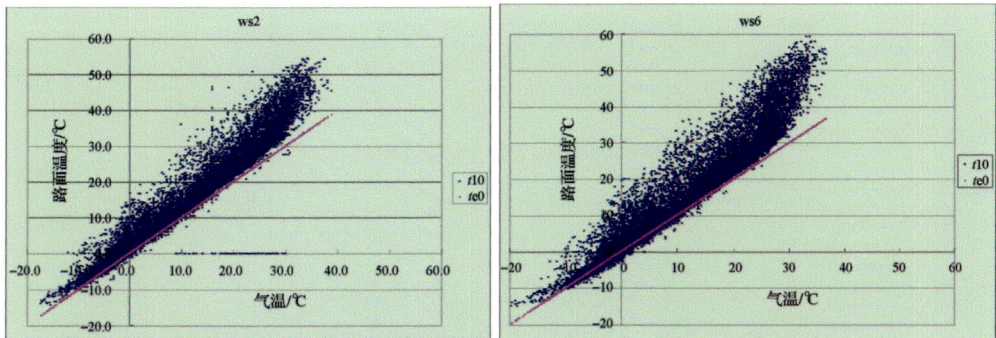

图 3.5　杨村和塘沽西站观测得到的气温（$te0$）和路面温度（$t10$）散点对比

　　图 3.6 给出了杨村站（ws2，交通站）和武清站（54523，常规站）观测得到的气温（粉红色线代表 54523 站要素）、地面温度和风速的对比，可以看到同期 ws2 站观测得到的气温（$te0$）比武清站的略高，但二者存在明显的线性关系。而 ws2 的风速（$sd0$）和 54523 站（定时风速）的风速相比，大部分情况要小，没有明显的线性关系。随 54523 站风速变化 ws2 的风速变化性较大，分析可能与车辆行驶有关。

　　图 3.7 为 54523 武清站的温度（tem）与杨村站点几个代表月的温度（t）、路面温度（$t1$）的日变化折线图，由图可见，两测站的温度及其变化趋势基本一致。

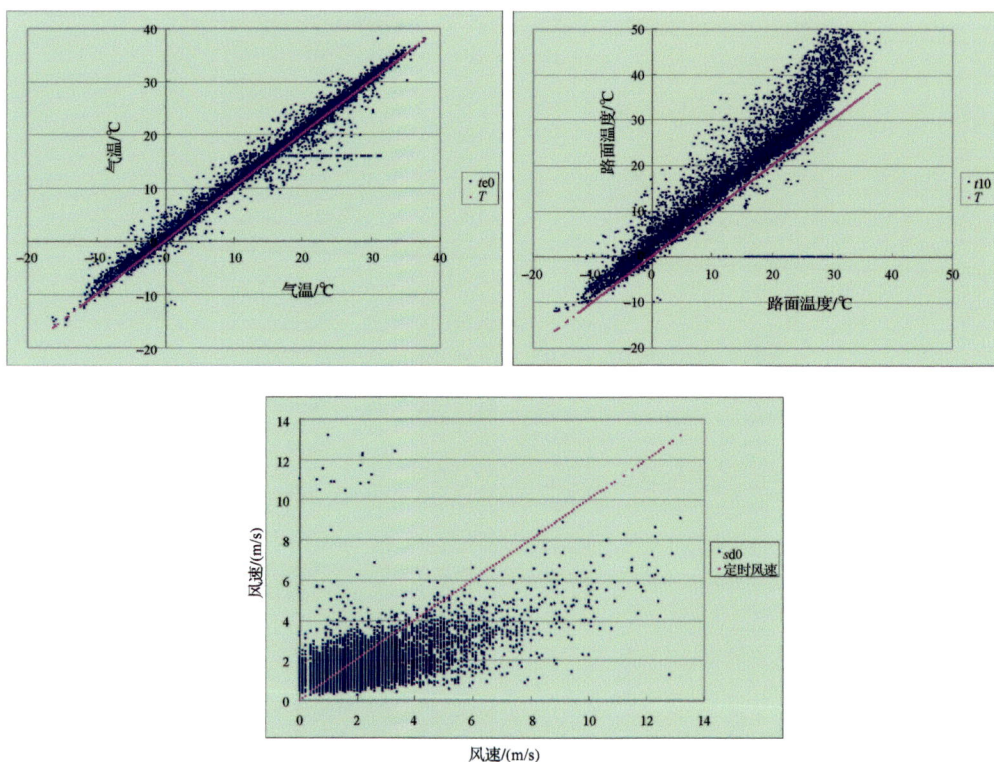

图 3.6 杨村站（**ws2**）观测得到的气温（**te0**）、路面温度（**t10**）和风速（**sd**）与
54523 站的气温（**T**）和风速散点对比

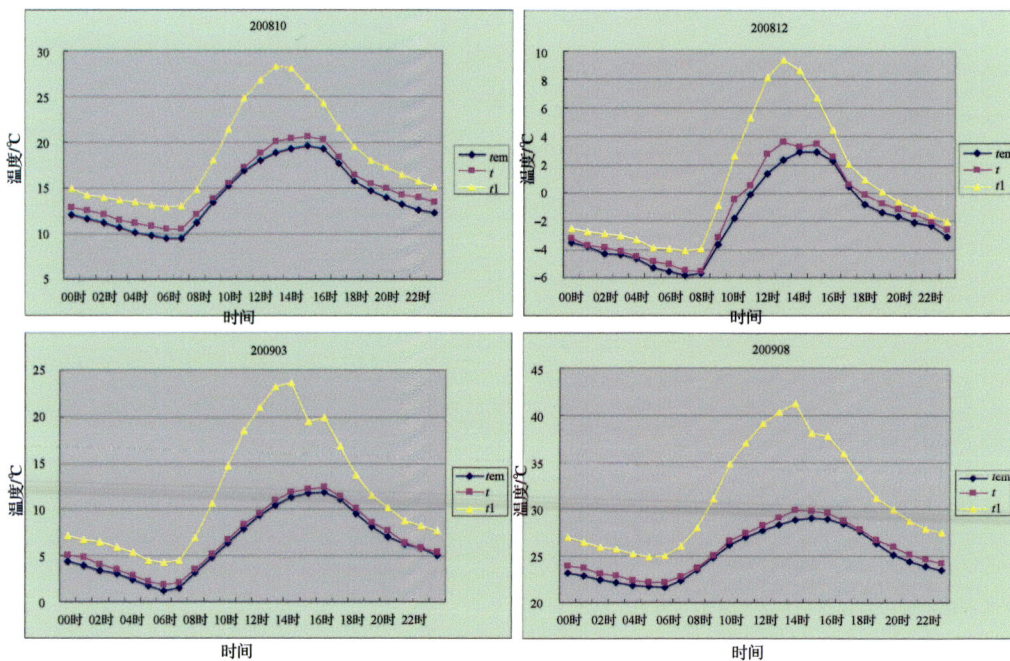

图 3.7 54523 的温度（**tem**）和 s2 站点的温度（**t**）、路面温度（**t1**）的日变化

1.2 华南区域资料收集与分析

选取华南沿海（深圳）、珠江三角洲（番禺）和内陆山区（韶关）3 种地理环境不同的区域收集常规观测与道路交通精细化观测资料，包括深圳和番禺两站 2009 年 1 月 1 日至 2011 年 12 月 31 日的常规气象要素（气温、降水、能见度等）观测和柏油、水泥路面温度的观测数据集。

在广东北部高寒山区的高速公路路段（京珠北云岩服务区旁）安装地面自动气象站，积累了将近 1 a 的高海拔山区的道路观测资料。

1.3 上海区域资料收集与分析

收集整理了上海全市范围内 10 个气象台站（9 个区县站和 1 个市区站）能见度、气温、降水量、风向风速、湿度、露点等气象观测资料；上海市气象局所属 7 个交通气象自动站（2 个 G2 京沪高速、1 个 G40 沪陕高速、1 个 G50 沪渝高速、3 个 G60 沪昆高速）能见度、气温、降水量、风速风向、湿度、路面路基温度（京沪高速自动站有积冰、积水、积雪等路面情况）等气象观测资料；交通部门所属的 7 个交通气象自动站（3 个 S32 申嘉湖高速、1 个 S5 沪嘉高速、1 个虹桥枢纽、1 个 S26 沪常高速、1 个沪宁高速）能见度、温度、风向风速、降水量、湿度、地表路面温度（部分站）等气象观测资料，并将所收集的各类数据进行实时归档入库。

1.4 江苏区域资料收集与分析

收集 2011 年 1 月至 2013 年 12 月江苏连徐高速公路（邵楼）、2012 年 8 月至 2013 年 12 月江苏宁杭高速公路（江宁服务区）建成的公路交通气象对比监测站的逐分钟观测资料，观测要素包括能见度、温度、湿度、风向、风速、雨量、路面温度、路基温度等，并建立了数据库，形成了数据存储文件集。同时还收集了南京基准观测站（与江宁服务区相距约 3.5 km）的同步自动观测资料作为对比分析资料。

通过收集对比观测资料和对比分析，得到不同天气状况下常规气象观测与相邻道路气象要素的差值，该数据用于对常规气象观测与数值预报产品订正，获取道路气象要素状况。

1.5 辽宁区域资料收集与分析

辽宁省气象部门在全省主要高速公路沿线布设了交通气象监测站 36 个，其中京沈高速公路单能见度气象监测站 15 个，温、湿、雨、风向、风速、能见度、路面状况等 7 要素交通气象站 10 个,机场高速 7 要素交通气象站 1 个,沈大高速沈阳至营口段 7 要素交通气象站 10 个。随着站点的陆续建成并投入使用,自 2011 年起,建立了辽宁省道路交通气象监测基础数据库,将交通气象监测数据收集入库,并基于该库资料开展了相关对比分析研究。

2 气温预报向路面温度预报的转换模型研制

2.1 路面温度变化规律及特征分析

2.1.1 路面温度的日变化

选取沪宁高速公路中苏州工业园站（以下简称工业园站）代表公路东段、新兴塘站代表公路中段、汤山站代表公路西段。对 2010—2012 年沪宁高速公路 3 a 工业园、新兴塘、汤山 3 站的路面温度、公路上方 3 m 气温和路表下方 10 cm 路基温度观测资料做分析处理后，发现逐日各站温度变化具有如图 3.8 所示特征。

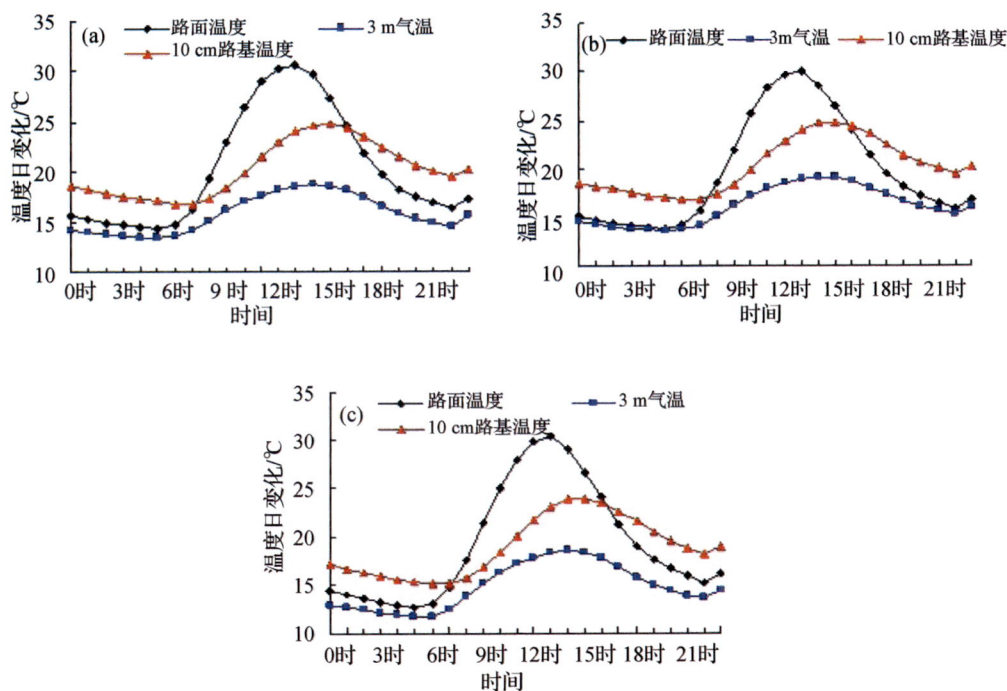

图 3.8　沪宁高速公路工业园（a）、新兴塘（b）和汤山（c）3 站路面温度、
3 m 高度气温和路基 10 cm 温度年均值的日变化

一般，路面温度在 13 时左右达到 1 d 中的最高值，在 05 时左右达到 1 d 中的最低值。公路上方 3 m 高度气温在 14 时左右达到 1 d 中的最高值，在 06 时左右达到 1 d 中的最低值。10 cm 路基温度在 15 时左右达到 1 d 中的最高值，在 07 时左右达

到 1 d 中的最低值。

1 d 中，路面温度、3 m 高度气温和 10 cm 路基温度的升温持续时间都为 8 h 左右、降温持续时间都为 16 h 左右。

垂直方向上，公路路面温度在 07—17 时高于 10 cm 路基温度、在 17 时至翌日 07 时低于 10 cm 路基温度；在一天中任何时刻，路面温度都始终高于公路上方 3 m 高度气温。白天绝大多数时次路面温度>10 cm 路基温度>路面上方 3 m 高度气温，夜间绝大多数时次 10 cm 路基温度>路面温度>3 m 高度气温。垂直方向上路面温度的年平均日较差（20.5 ℃）>10 cm 路基温度年平均日较差（9.8 ℃）>路面上方 3 m 高度气温年平均日较差（8.3 ℃），其极值出现的位相超前于 3 m 高度气温 1 h、超前于 10 cm 路基温度 2 h（表 3.3）。

表 3.3　沪宁高速公路对各交通气象监测站作年平均的路面 3 个层次温度日较差和春、夏、秋、冬四季平均日较差　　　　　　　　　　　　　℃

层次	春季日较差	夏季日较差	秋季日较差	冬季日较差	年平均日较差
路面温度	20.7	24.7	19.4	17.1	20.5
3 m 高度气温	8.2	7.7	7.9	9.5	8.3
10 cm 路基温度	10.2	11.4	7.6	8.7	9.8

对于路表、10 cm 路基层和路表上方 3 m 高度空气层来说，热量收支的变化是引起这三个活动层温度变化的根本原因。在这 3 层的全部 4 个热量收支项（辐射热交换、传导热交换、流体运动热交换和潜热交换）中，辐射热交换是主项，因为白天作为地表主要热量收入项的太阳短波辐射并不直接加热对流层大气，它在穿越大气时衰减较少，主要的热量先到达地表，用来加热地表，然后由地表逐渐通过传导热交换把部分热量传向路基下层、通过流体运动热交换和潜热交换把部分热量输送到其上的对流层大气。因此，白天地表温度最先达到最大值，而其上的大气和其下的路表温度的最高值出现时间则滞后于它。由于白天路表获热最多，升温幅度最大，导致它在这 3 个活动层中温度最高；3 m 高度空气层虽距路表远，但属流体，传热速度快，路基 10 cm 层距路表近，但属固体，传热速度慢，故 3 m 高度空气层温度最高值先于路基 10 cm 层出现。在热量从路表向下、向上传输的过程中，热量会出现损耗，路基 10 cm 层距路表近，热量下传过程中损耗少，且单位体积热贮存量大，故其温度高于 3 m 高度空气层。夜间，作为 3 个活动层主要热量支出项的长波辐射在地表支出是最多的，降温速度是最快的，因此，该层最先出现最低温度，且温度是最低的。而其他 2 个活动层在降温过程中，路基层会通过传导热交换把热量向上层的路表传输，近地层大气会通过流体运动热交换和潜热交换向下层路表输送热量，同样，由于流体、固体传热速度的快慢，使得 3 m 高度空气层温度最低值先于路基 10 cm 层出现。也同样由于热量损耗和单位体积热贮存量大小的原因，使

得路基 10 cm 温度高于 3 m 高度空气层温度。

由热量收支引起的路表温度的变化是驱动路基 10 cm 层和路表上方 3 m 高度空气层温度随之变化的主要因素，路表升降温的起始时刻、终止时刻及升温时段、降温时段通过热量的上下传输而决定路基 10 cm 层和路表上方 3 m 高度空气层升降温的起始时刻、终止时刻及升降温时段，这是后两者极值出现时刻滞后于路表，但升降温时段与路表相同的根本原因。

其实，由地面温度变化与地面热量收支的关系可以看出，一天中路表最高温度不是出现在路表瞬时净得热量最多的时刻 12 时，而是在路表累积热量最多的时刻 13 时出现。同样，路表最低温度也不出现在地面瞬时失热最多的时刻，而是出现在地面累计失热最多但热量收支相抵的平衡时刻 05 时。由于路表面的热量传递给路表上方 3 m 高度空气层和路基 10 cm 层需要一定的时间。所以，最高、最低气温出现的时间相应地要落后 1h 和 2h 左右。

由于 3 层温度极值出现时间不一致、升降温变化不同步且升降温幅度不一样，因此，必会出现温度变化此起彼落的情形。路表温度升降起伏最大，日较差最大；路基 10 cm 层靠路表近，升降幅次之，日较差居中；路表上方 3 m 高度空气层变化最小，日较差最小。但由于单位体积贮热能力路表>路基 10 cm 层>路表上方 3 m 高度空气层，因而使得前两者温度始终高于（或等于，在公路中段个别地形特殊站的后半夜的个别时刻会出现这种情形）后者。

2.1.2　路面温度的季节变化

按习惯上四季划分，把一年的 3、4、5 月作为春季，6、7、8 月作为夏季，9、10、11 月作为秋季，12 月和翌年的 1、2 月作为冬季，对 3 个代表性站点的路面温度季节性变化进行研究。从四季各站路面温度、公路上方 3 m 高度气温和 10 cm 路基温度数据及其相应的变化上（表 3.4~表 3.7）可以看出：

（1）一年中，夏季路面温度日最高、日平均、日最低值均最大；冬季路面温度日最低、日平均、日最高值均最小；春、秋季居中，且秋季路面温度日最高、日平均、日最低值均大于春季。

（2）夏季路面温度日较差最大，最大值达 37.0 ℃，平均值为 24.7 ℃；冬季路面温度日较差最小，最小值为 1.0 ℃，平均值为 17.1 ℃；春、秋季居中，平均日较差分别为 20.7 ℃和 19.4 ℃。

（3）垂直方向上，春季和夏季的路面平均温度>10 cm 路基平均温度>路面上方 3 m 高度平均气温；秋季和冬季的 10 cm 路基平均温度>路面平均温度>路面上方 3 m 高度平均气温。全年和四季各站的路面最高温度>10 cm 路基最高温度>路面上方 3 m 高度最高气温；全年和四季各站的 10 cm 路基最低温度高于路面最低温度和路面上方 3 m 高度最低气温。春季和夏季路面温度日较差>10 cm 路基温度日较差>路面上方 3 m 高度气温日较差，秋季和冬季的路面温度日较差>路面上方 3 m 高度气温日较差>10 cm 路基温度日较差。

（4）路面温度日较差：夏季>春季>秋季>冬季，路面上方 3 m 高度气温日较差：冬季>春季>秋季>夏季，10 cm 路基温度日较差：夏季>春季>冬季>秋季。

一年四季中，北半球夏季太阳高度角最高且一天中的大小变化最大，冬季太阳高度角最低且一天中的大小变化最小，春、秋季居中。这导致地表获得的净热量收支夏季最多、起伏变化最大且以收入为主；冬季收支最少、起伏变化最小且以支出为主；春、秋季居中，收支处于转换期中。由于地表（包括路表）升降温的变化主要依赖于净热量收支，净收入越多，升温越明显；反之，支出越多，则降温越明显。因此，夏季路面温度高、日较差大，冬季路面温度低、日较差小，春、秋季居中。由于以秦岭、淮河为界的我国南方地区净地表辐射收支秋季大于春季，导致我国南方地区地表温度、地中温度和气温均秋季高于春季。

与路表温度相比，公路上方 3 m 高度气温和 10 cm 路基温度升降季节变化的根本原因也是因太阳高度角高低引起的净地表辐射收支和净热量收支的变化，只不过由于两者热力属性（热容量、导热率、导温率等）不同于路表而产生的同一时间段的升降温幅度不同。公路上方 3 m 高度气层由于热容量最小、导温率最大，使得其夏季温度最低、日较差最小。10 cm 路基层热容量和导温率居中，其四季温度的高低和日较差也居中。

路表由于四季白天获热多、夜间失热也多，日较差一直最大。春季和夏季由于苏南地区对流性天气多，流体运动热交换和潜热交换强，致使路面上方 3 m 气温日较差小于 10 cm 路基温度日较差；秋季（除台风影响外）和冬季苏南地区流体运动热交换和潜热交换相对较弱，致使 3 m 气温日较差大于 10 cm 路基层温度日较差。

路表是净地表辐射收支影响温度变化最大的层次，受太阳高度角变化引起净地表辐射收支季节变化和日变化的双重影响，路表温度日较差夏季最大、冬季最小。影响 10 cm 路基温度变化的主要因素也是净地表辐射收支，因此，该层的温度日较差也是夏季最大、冬季最小。影响路面上方 3 m 气温变化的主要热量收支项则按作用大小依次为流体运动热交换、潜热交换、辐射热交换和传导热交换。夏季流体运动热交换、潜热交换最强，春季次之，秋季居三，冬季最小，因而导致其温度日较差冬季>春季>秋季>夏季。

表 3.4　沪宁高速公路工业园站、新兴塘站、汤山站春季三个层次温度最高值、最低值和平均值 ℃

站点	3 m 高度气温（Ta）			路面温度（Ts）			10 cm 路基温度（Tb）		
	Tamax	Tamin	Ta	Tsmax	Tsmin	Ts	Tbmax	Tbmin	Tb
工业园	31.7	−1.7	14.2	55.2	−2.3	19.3	41.6	1.1	18.7
新兴塘	32.9	−1.9	14.3	55.9	−4.3	18.9	41.0	−1.2	18.1
汤山	33.7	−5.5	13.8	56.3	−4.7	18.9	41.8	−0.6	18.1

表 3.5　沪宁高速公路工业园站、新兴塘站、汤山站夏季三个层次温度最高值、最低值和平均值 ℃

站点	3 m 高度气温（T_a）			路面温度（T_s）			10 cm 路基温度（T_b）		
	T_{amax}	T_{amin}	T_a	T_{smax}	T_{smin}	T_s	T_{bmax}	T_{bmin}	T_b
工业园	40.2	16.9	27.8	66.5	19.2	34.9	50.9	22.0	34.1
新兴塘	39.0	17.0	28.3	64.7	18.4	34.4	51.7	20.8	33.4
汤山	38.9	16.3	27.2	64.7	17.9	34.8	50.8	20.2	33.7

表 3.6　沪宁高速公路工业园站、新兴塘站、汤山站秋季三个层次温度最高值、最低值和平均值 ℃

站点	3 m 高度气温（T_a）			路面温度（T_s）			10 cm 路基温度（T_b）		
	T_{amax}	T_{amin}	T_a	T_{smax}	T_{smin}	T_s	T_{bmax}	T_{bmin}	T_b
工业园	34.4	6.7	19.3	61.7	6.5	23.5	48.2	10.0	23.7
新兴塘	36.0	7.0	19.6	58.7	5.8	22.8	45.3	9.1	22.9
汤山	34.8	2.6	17.6	58.3	4.8	21.4	45.2	7.9	21.5

表 3.7　沪宁高速公路工业园站、新兴塘站、汤山站冬季三个层次温度最高值、最低值和平均值 ℃

站点	3 m 高度气温（T_a）			路面温度（T_s）			10 cm 路基温度（T_b）		
	T_{amax}	T_{amin}	T_a	T_{smax}	T_{smin}	T_s	T_{bmax}	T_{bmin}	T_b
工业园	21.0	−5.5	5.8	33.0	−4.7	8.3	22.7	−1.6	8.7
新兴塘	22.3	−6.6	6.0	33.7	−6.7	7.6	22.9	−2.5	7.9
汤山	24.2	−9.6	4.4	33.2	−7.6	6.5	21.0	−3.5	6.8

2.2　利用中尺度数值预报产品制作精细化路面温度预报

2.2.1　思路

　　以中尺度数值天气预报模式为基础对全国高速公路做精细化路面温度预报。由于数值模式预报的地表温度并非路面温度，而是不同下垫面状况的地表温度，与实际路面温度存在差异，因此预报的同一地点的地表温度与观测的高速公路道面温度差异加大，不能作为路面温度的预报。

　　将模式预报的地表温度与观测的路面温度对比发现，其预报偏差在每日的高温与低温时段差异最大。图 3.9 是辽宁省锦州 L5081 高速站（京沈 K495）2012 年 11 月 7 日的 84 h 预报结果与观测的对比结果，虚线为观测温度，实线为不同方法预报的地表温度。图中右侧图例由上到下依次代表数值模式预报的地表温度、数值模式预报的 2 m 温度、经验公式法预报的路面温度、数值模式输出热能量计算地面温度方法一、数值模式输出热能量计算地面温度方法二、观测的 2 m 温度和观测的路面温度。图中可见预报的地表温度与路面观测温度相差了很多，在夏季时这种差异影响路面极端高温的预报；在冬季，经常出现实况路面温度为零上，地表温度预报却是零下的情况，这对于路面是否结冰、雪是否融化等道路专业预报都有影响。

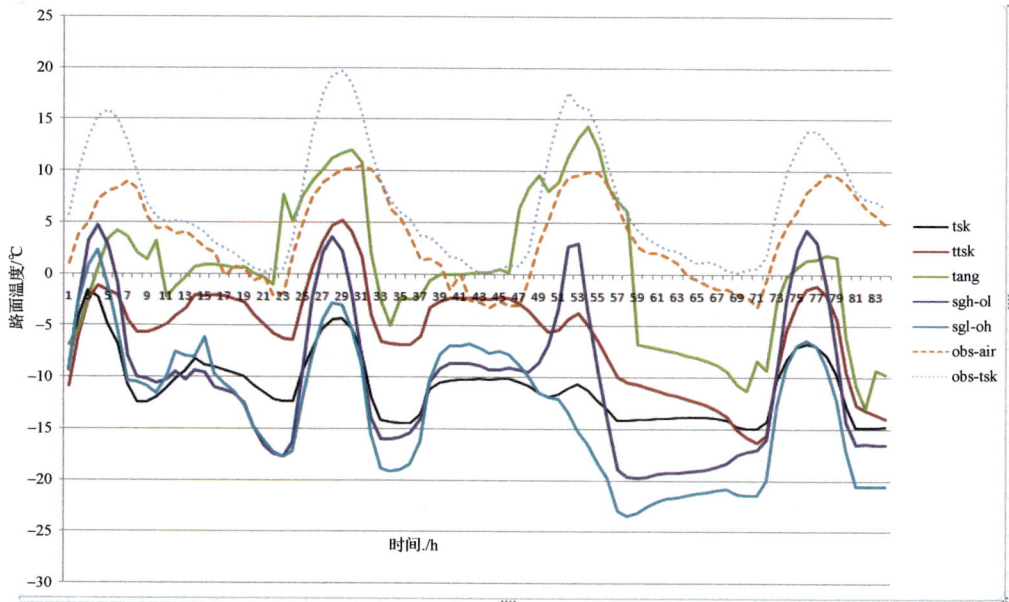

图 3.9　2012 年 11 月 7 日交通气象站观测的路面温度与模式预报对比（tsk 为预报地表温度，ttsk 为预报气温，tang 为经验方法预报路面温度，sgh-ol 为预报辐射加潜热计算地表温度，sgl-oh 为预报辐射加感热计算地表温度，obs-air 为观测气温，obs-tsk 为观测路面温度）

　　同样分析对比多个高速公路的观测站点的路面温度观测与数值模式预报的同一地点地表温度，均可得到地表温度与路面温度有一定差异的结论，其中模式预报的地表温度与观测的路面温度预报偏差在每日的高温与低温时段最为明显，其差异达到最大。

　　图 3.10 是辽宁省锦州 L5082（凌海入口）高速观测站 2012 年 11 月的观测与模式预报的该点地表温度对比，图中实线为高速公路路面温度观测，虚线为模式预报，可以看出，观测的日最高温度明显高于预报该点地表最高温度。

　　但是，将高速公路观测站的气温与数值模式预报的同一地点的气温进行对比分析，发现两者非常接近。这说明，模式的气温预报是可用的，仅是由于道路下垫面的特性使得地表温度的预报不能用于路面的预报。

　　在以往的工作中，各地对于路面温度的预报有不同的经验订正公式，例如图 3.9 中的绿线为辽宁研究的经验订正公式订正地表温度预报所得的路面温度预报，其预报结果明显地好于模式直接的预报结果。但这种经验公式中考虑了本地太阳高度等因素，无法推广到更大区域去，没有普遍性。

　　因此，本项工作利用模式输出的地表温度、长波和短波辐射量、土地利用相关

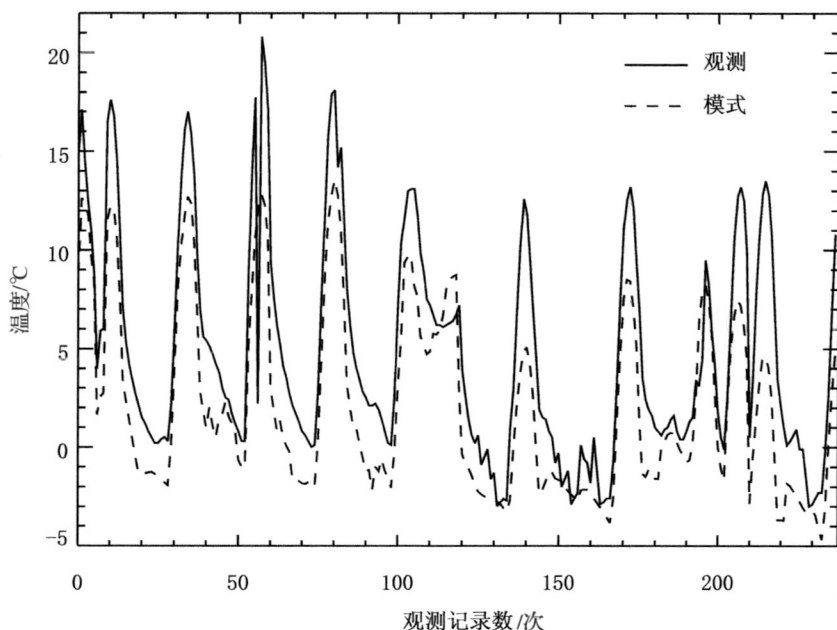

图 3.10　L5082 交通气象站观测的路面温度与模式预报对比

参数，根据道路面的特性，运用能量平衡计算方法来进行高速公路路面温度预报。

2.2.2　预报方法

路面温度预报时选择离线计算，即不将计算结果反馈给模式。为讨论方便，以下将模式预报地表温度称为模式结果，本方法得到的路面温度称为预报结果或计算结果。

对预报方法做如下假设：

在现有模式分辨率下，高速公路在一网格内所占面积较小（9 km 网格内 30 m 宽高速路面积约占 1/300），模式结果中该网格区域内的能量、温度等值作为平均值均是正确的，同时计算后的路面温度值亦不会对网格内各平均值造成影响。

预报方法应用路面能量平衡方程：

$$(1-a_s)+Q_S+Q_L+H+\mathrm{LE}+G(0,t)=0$$

式中，Q_S 为太阳短波辐射；Q_L 为路面接收到的净长波辐射；H 为感热通量；LE 为潜热通量；$G(0,t)$ 为路面所存储的热量；a_s 为公路路面的反照率。

在离线计算时，为了得到路面温度，将模式中的地表状况变成道路下垫面，这样改变土地利用类型后，路面局部的能量平衡发生变化，能量变化平衡方程可表示为：

$$\Delta E=\Delta S+\Delta L+\Delta H+\Delta\mathrm{LE}$$

式中，ΔE 为路面存储热量的变化量；ΔS 为路面吸收太阳短波辐射变化量；ΔL 为路面净长波辐射变化量；ΔH 为路面感热变化量，$\Delta\mathrm{LE}$ 为路面潜热变化量。

由于前面假定，可认为道路周边的水汽场、风场、气温场变化很小，而感热、潜热的计算与其相关，因此感热与潜热变化不大、空气向下的长波辐射也变化不大，即 ΔH 和 $\Delta\mathrm{LE}$ 近似为零，ΔL 主要为路面向上的长波辐射变化量，记为 $\Delta L'$。得出：

$$\Delta E = \Delta S + \Delta L'$$

这表明在上述假定前提下，模式结果与观测的路面温度差是由路面局地短波辐射和陆面长波辐射变化引起的，这也正与图 3.8 所示结果相符合。上式中 ΔE 用模式输出的陆面短波辐射能量进行计算，ΔS 和 $\Delta L'$ 用温度变化前后路面吸收与发射能量进行计算，可表示为：

$$\begin{cases} \Delta E = \Delta\alpha_s \cdot Q_S \\ \Delta S = \sigma \cdot (T_2^4 - T_1^4) \\ \Delta L' = \sigma \cdot (\beta_2 T_2^4 - \beta_1 T_2^4) \end{cases}$$

式中，Δ 表示变化量；Q_S 为模式输出的陆面短波辐射；σ 为 Stefan-Boltzmann 常数，取值 5.6697×10^{-8} J·m^{-1}；T_1 和 T_2 为模式输出的地表温度和预报的路面温度；β_1 和 β_2 是土地利用类型改变前后陆面长波辐射发射率。

可得：

$$T_2 = \sqrt[4]{(1+\beta_1) \cdot T_1^4 + \Delta\alpha_s \cdot Q_S / \sigma / (1+\beta_2)}$$

对应任一点的 Q_S 值和模式输出相应的土地利用类型值，通过上式计算即可得到计算后预报的路面温度。

不同土地利用类型参数 α_s 与 β 值在模式的 LANDUSE.TBL 文件中。

2.2.3　预报结果与检验

选取 2012 年辽宁、天津、上海、广东四地高速公路交通气象站的观测数据对同时刻的路面温度预报进行检验。

首先对交通气象站的路面观测数据进行相关质量控制，确定检验所用站点和检验时段。表 3.8 列出对比检验的站点与时段。

表 3.8　高速观测站点及观测时段（2012 年）

站点	观测时段	样本数
辽宁 1147	10—11 月	546
辽宁 5081	1、8—11 月	1 715
辽宁 5082	2—3、9—11 月	1 032
辽宁 9003	1—3、8—10 月	2 309
天津	1—12 月	7 427
广东深圳	1—12 月	8 783
广东番禺	2—12 月	5 624
上海 99139	1、5、7、12 月	1 798
上海 99140	5、7、12 月	1 101
上海 99142	1、5、7、12 月	1 600

对比检验用的数值模式预报数据是选取对应于观测数据时间，模式的 13～24 h 的预报数据。例如，对应于 2012 年 7 月 13 日 9 时的观测数据，则选取 2012 年 7 月

12 日 20 时（世界时 12 时）起报的第 13 h 模式预报数据，即使用 2012 年 7 月 12 日
20 时资料预报的 2012 年 7 月 13 日 9 时的状况。

图 3.11 所示为辽宁 L5081 站 2012 年 8 月数值模式预报的地表温度和采用本方
法预报的路面温度与观测的路面温度对比图，分析图可见，采用本方法计算得到的
路面温度预报较模式预报的地表温度相对于观测有了明显的改进，特别是在路面高
温时段与路面低温时段，改善显著。

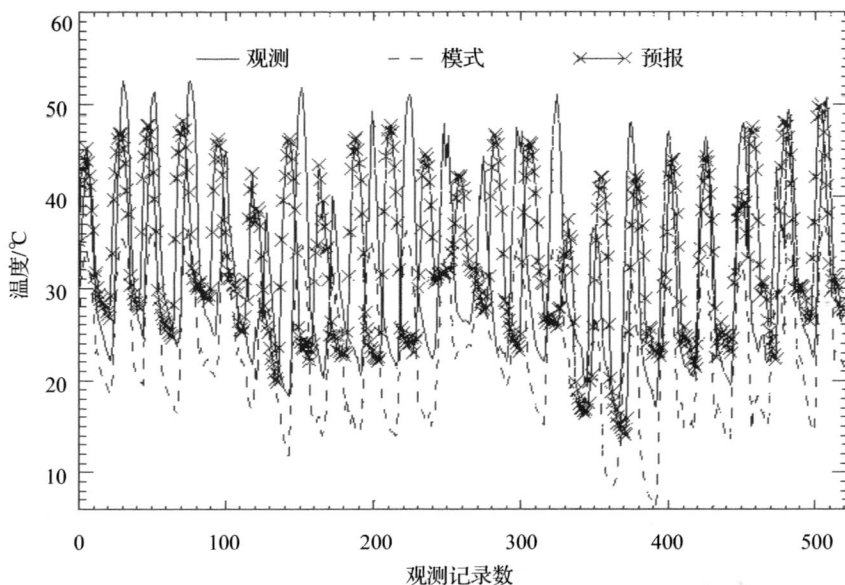

图 3.11 辽宁 L5081 站 8 月路面温度预报

表 3.8 中的站点各月路面温度预报结果均与图 3.11 所示有一致变化规律。

图 3.12 为广东番禺站 2012 年 11 月的散点图对比情况，可以看出计算后预报温

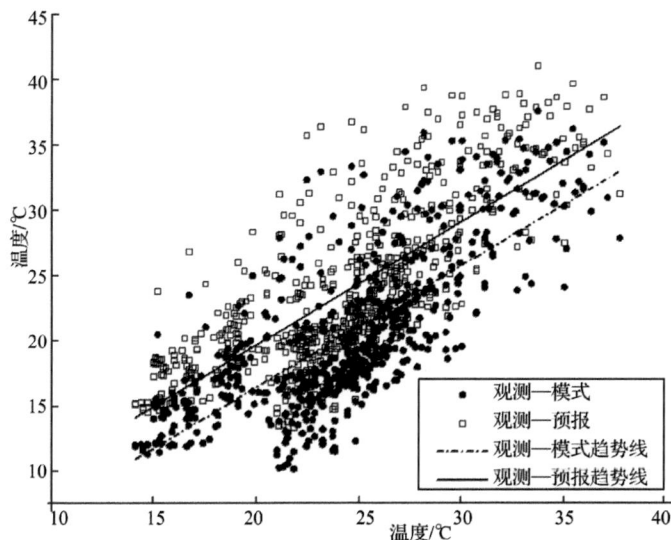

图 3.12 广东番禺站 11 月路面温度观测与预报散点图

度的分布更加对称，模式结果偏低的情况明显改善，预报结果分布趋势线更接近对角线位置。其他各站点各月的散点图也均与图 3.12 结果相似。

另取辽宁、广东、上海和天津各一站，其模式结果与预报结果的线图与散点图如图 3.13 所示。

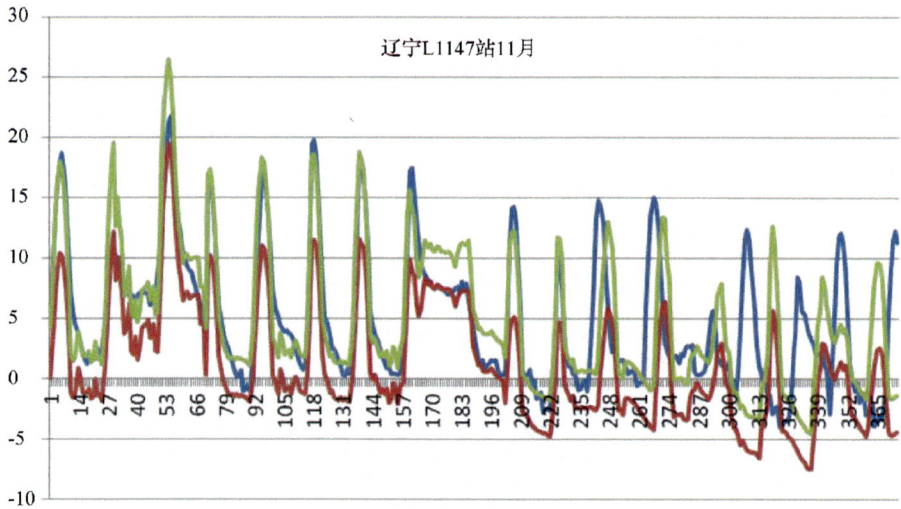

辽宁L1147站11月

实况　模式　预报

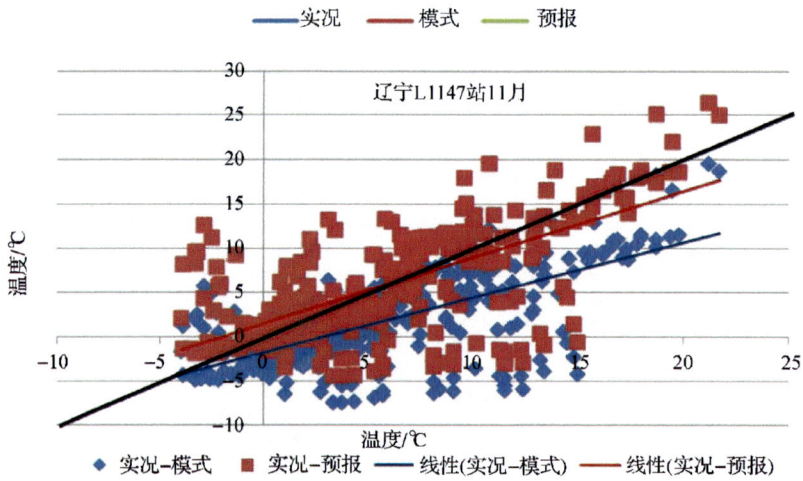

辽宁L1147站11月

实况-模式　实况-预报　线性(实况-模式)　线性(实况-预报)

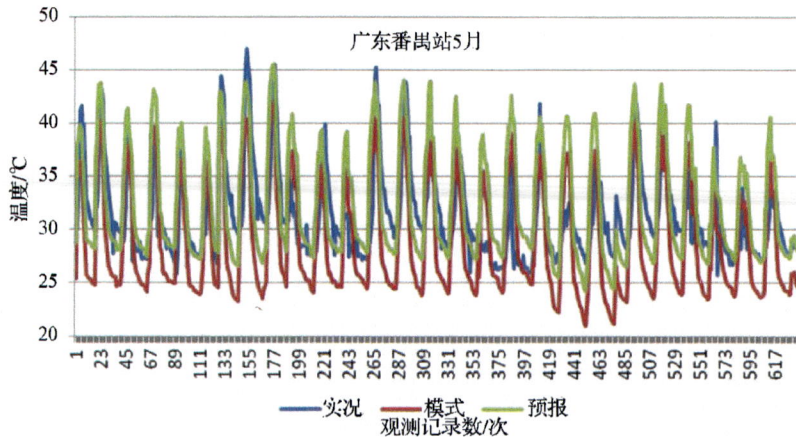

广东番禺站5月

实况　模式　预报
观测记录数/次

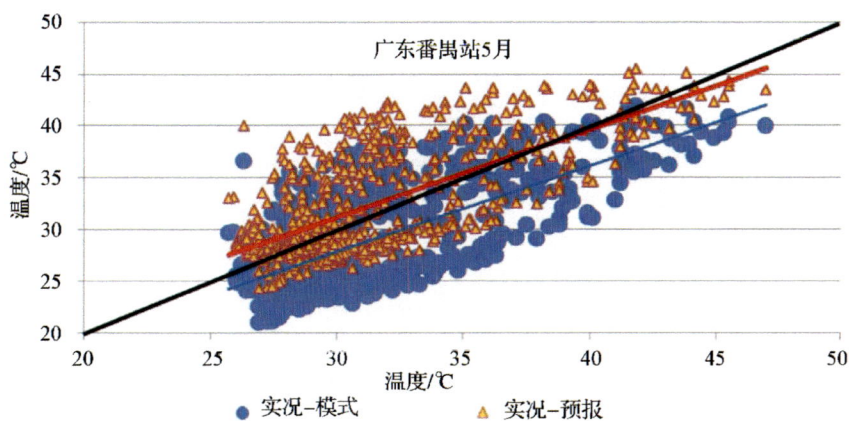

广东番禺站5月

● 实况-模式　　▲ 实况-预报

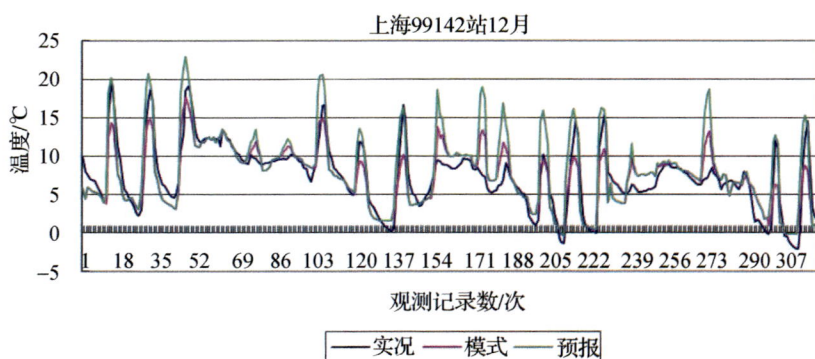

上海99142站12月

观测记录数/次

—— 实况　—— 模式　—— 预报

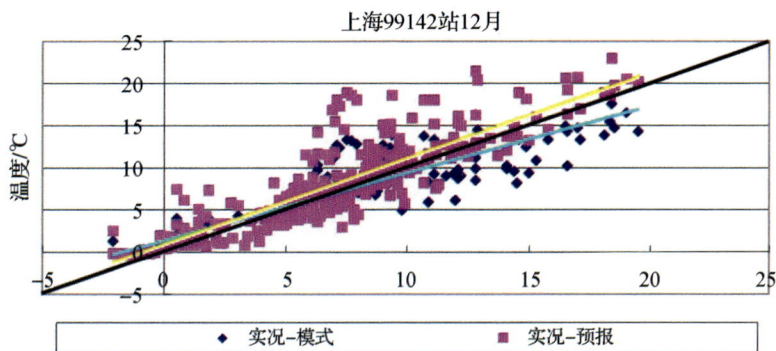

上海99142站12月

◆ 实况-模式　　■ 实况-预报

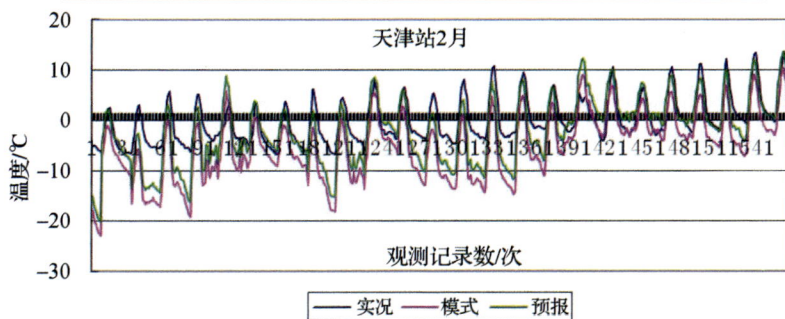

天津站2月

观测记录数/次

—— 实况　—— 模式　—— 预报

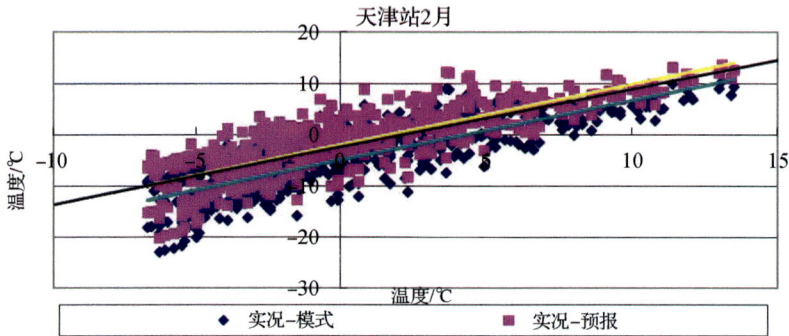

图 3.13 辽宁、广东、上海、天津四地站点的模式与预报情况

对图 3.13 中所选辽宁站点的模式结果中低温偏差明显，预报结果的低温偏差则明显减小；上海总体预报效果较好，但最高温度预报偏高；天津与广东站点中高、低温的模式结果与观测结果偏差并不大，但预报结果与观测结果的偏差还是缩小了的，可以更明显地从散点图的趋势线变化上看出这一点。

按 4 省区分别进行了模式地表温度偏差均值、均方根，预报路面温度偏差均值、均方根的计算，结果如图 3.14 所示。由于大部分模式输出地表温度结果小于路面温度观测值，此处偏差计算取观测温度值分别减模式值、减预报值。图 3.14 中省区名称后的数字为观测样本数。

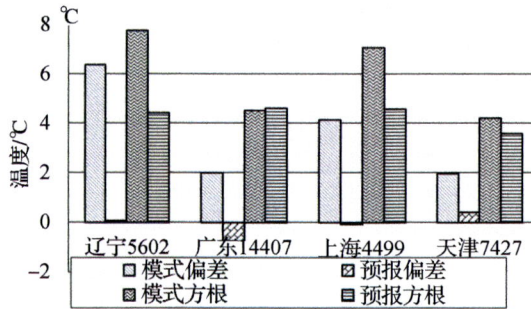

图 3.14 路面温度偏差及均方根误差图

图 3.9～图 3.13 中模式结果的高温部分与实况相差较多，在图 3.14 中体现为 4 个区域内模式输出地表温度偏差均值为 2～6 ℃；计算后预报路面温度与观测的差值减小，在图 3.14 中可以看到预报偏差的均值均小于 1 ℃。四区域模式的地表温度方根均值在 4～8 ℃之间，计算后预报路面温度方根均值在 4 ℃左右，说明预报的路面温度相对观测值的离散度是减小的。广东、天津两地各个站点的模式结果与观测比较接近，表现为图 3.14 中两区域模式偏差较小，仅 2 ℃左右，而辽宁和上海两区域内模式的地表温度与观测相差较多，温度偏差均值达到 6 ℃和 4 ℃，但通过该方法计算后，四区域的预报偏差都非常小，说明本预报方法无论模式结果如何都能得到比较理想的预报结果。

2.3　不同区域气温预报向路面温度预报转换模型

2.3.1　华北区域气温预报向路面温度预报转换模型

2.3.1.1　Min-max 标准化法

统计计算临港观测场 2012 年 1 月的逐小时地表温度与各气象要素的相关关系（表 3.9）。分析发现，临港观测场地表温度与空气温度、最高（最低）气温、湿度、最低湿度、最高（最低）草面温度和表面温度等要素呈正相关关系。而与十分风速和风向、极大风速和风向、最大风向、能见度、最大（最小）能见度、湿滑程度等要素呈负相关。

例如，地表温度与空气温度呈正相关关系，其冬季 1 月的逐小时相关系数在 0.498~0.857，均通过了 0.01 的显著性检验。1 d 中，前 1 d 20 时至翌日中午前的相关性更高，相关系数基本超过 0.7；而在午后至傍晚，两者的相关程度相对降低，相关系数在 0.498~0.690（图 3.15）。

表 3.9　临港观测场地表温度与部分气象要素相关性

时间	0	1	2	3	4	5	6	7	8	9	10	11
空气温度	0.781	0.828	0.810	0.798	0.805	0.811	0.834	0.843	0.857	0.767	0.697	0.722
最高温度	0.771	0.783	0.801	0.789	0.782	0.805	0.826	0.826	0.635	0.775	0.709	0.731
最低温度	0.851	0.835	0.850	0.826	0.835	0.853	0.847	0.866	0.892	0.893	0.820	0.709
湿度	0.373	0.446	0.444	0.502	0.501	0.541	0.530	0.539	0.581	0.659	0.594	0.203
十分风速	0.034	0.071	0.007	-0.002	-0.093	-0.198	-0.176	-0.033	-0.181	-0.385	-0.369	-0.243
十分风向	-0.105	0.024	-0.083	-0.142	-0.090	-0.048	0.060	0.020	0.033	-0.153	-0.133	-0.341
极大风速	0.045	-0.001	0.015	-0.035	-0.070	-0.182	-0.171	-0.103	-0.200	-0.305	-0.388	-0.213
极大风向	-0.203	-0.118	-0.187	-0.191	-0.211	-0.027	-0.055	0.070	0.023	-0.075	-0.074	-0.065
最大风速	0.064	0.007	0.015	0.003	-0.064	-0.163	-0.181	-0.118	-0.144	-0.319	-0.416	-0.224
最大风向	-0.150	-0.104	-0.071	-0.221	-0.124	0.105	-0.191	0.039	-0.003	-0.144	-0.073	-0.181
最低湿度	0.421	0.475	0.495	0.521	0.523	0.557	0.549	0.565	0.590	0.655	0.599	0.203
气压	-0.193	-0.242	-0.220	-0.238	-0.256	-0.279	-0.289	-0.281	-0.237	-0.271	-0.445	-0.521
草面温度	0.956	0.972	0.962	0.958	0.957	0.959	0.960	0.961	0.958	0.918	0.839	0.781
最高草面温度	0.956	0.968	0.968	0.963	0.957	0.964	0.964	0.964	0.960	0.921	0.839	0.789
最低草面温度	0.964	0.966	0.975	0.964	0.966	0.964	0.966	0.969	0.969	0.953	0.879	0.740
最高地表温度	0.997	0.994	0.996	0.997	0.997	0.999	0.999	0.997	0.999	1.000	1.000	1.000
最低地表温度	0.996	0.995	0.996	1.000	0.996	0.996	0.997	0.996	0.998	0.986	0.893	0.780
能见度	-0.296	-0.333	-0.342	-0.323	-0.417	-0.426	-0.369	-0.344	-0.383	-0.468	-0.378	-0.115
最大能见度	-0.346	-0.387	-0.393	-0.355	-0.408	-0.447	-0.376	-0.378	-0.385	-0.435	-0.384	-0.103
最小能见度	-0.312	-0.298	-0.340	-0.318	-0.345	-0.352	-0.382	-0.316	-0.271	-0.403	-0.366	-0.109
表面温度	0.511	0.542	0.542	0.495	0.480	0.428	0.403	0.414	0.378	0.505	0.433	0.196
湿滑程度	-0.223	-0.182	-0.179	-0.163	-0.160	-0.137	-0.111	-0.309	-0.331	-0.302	-0.047	0.255

时间	12	13	14	15	16	17	18	19	20	21	22	23
空气温度	0.618	0.498	0.514	0.620	0.503	0.574	0.656	0.640	0.698	0.754	0.788	0.813
最高温度	0.633	0.521	0.559	0.647	0.540	0.528	0.588	0.635	0.611	0.699	0.690	0.781
最低温度	0.596	0.498	0.515	0.628	0.499	0.583	0.656	0.685	0.729	0.761	0.814	0.856
湿度	-0.157	-0.329	-0.301	-0.013	0.162	0.555	0.454	0.370	0.363	0.429	0.433	0.401
十分风速	-0.004	0.010	-0.080	-0.400	-0.244	-0.205	0.177	0.204	0.226	0.187	0.074	0.203
十分风向	-0.253	0.066	-0.067	-0.219	-0.272	-0.460	-0.324	-0.248	-0.186	-0.230	-0.119	-0.096
极大风速	-0.095	0.031	-0.083	-0.357	-0.310	-0.235	0.020	0.092	0.095	0.144	0.096	0.145
极大风向	-0.168	-0.250	-0.164	-0.291	-0.416	-0.538	-0.319	-0.270	-0.186	-0.182	-0.241	-0.053
最大风速	-0.113	-0.024	-0.137	-0.354	-0.311	-0.227	0.039	0.187	0.107	0.123	0.065	0.134
最大风向	-0.109	-0.053	-0.007	-0.299	-0.210	-0.548	-0.313	-0.268	-0.208	-0.202	-0.204	-0.064
最低湿度	-0.194	-0.338	-0.318	-0.023	0.063	0.577	0.487	0.405	0.399	0.459	0.486	0.445
气压	-0.440	-0.321	-0.445	-0.650	-0.712	-0.571	-0.319	-0.285	-0.260	-0.234	-0.228	-0.210
草面温度	0.758	0.706	0.731	0.766	0.763	0.841	0.900	0.889	0.930	0.948	0.955	0.959
最高草面温度	0.752	0.714	0.779	0.817	0.718	0.683	0.798	0.861	0.890	0.939	0.944	0.955
最低草面温度	0.631	0.671	0.716	0.755	0.730	0.838	0.911	0.907	0.926	0.947	0.959	0.963
最高地表温度	1.000	0.998	0.990	0.990	0.614	0.614	0.795	0.960	0.985	0.992	0.991	0.993
最低地表温度	0.848	0.919	0.981	1.000	1.000	1.000	0.998	0.997	0.995	0.996	0.995	0.997
能见度	0.059	0.020	0.263	0.056	0.036	-0.280	-0.503	-0.458	-0.385	-0.371	-0.344	-0.377
最大能见度	0.117	0.413	0.344	0.123	0.083	-0.319	-0.460	-0.423	-0.395	-0.395	-0.398	-0.411
最小能见度	0.086	0.241	0.125	-0.038	-0.065	-0.267	-0.478	-0.475	-0.328	-0.331	-0.349	-0.249
表面温度	0.039	-0.128	-0.100	0.098	0.118	0.355	0.467	0.484	0.513	0.531	0.562	0.508
湿滑程度	0.413	0.438	0.413	0.304	0.252	-0.149	-0.172	-0.141	-0.189	-0.181	-0.183	-0.209

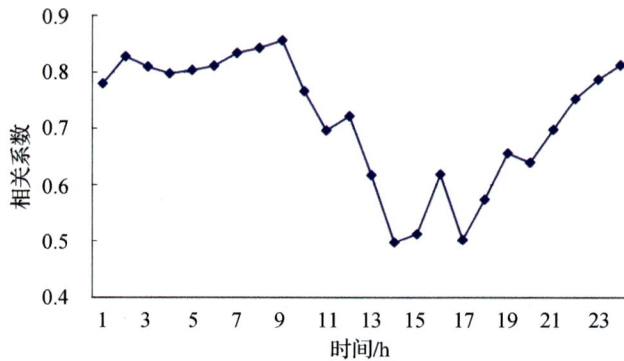

图 3.15　冬季 1 月临港观测场地表气温与空气温度逐小时相关性

通过对临港观测场 2012 年 1 月逐小时温度与 wrf 气温数值预报产品检验和分析（图 3.16），全月 wrf 逐小时气温预报值普遍低于临港观测场气温实况，日逐小时平均误差在 -0.93~-3.49。其中，晚上或夜间误差较明显，中午至傍晚误差在±2 ℃之间。此外，1 月临港观测场空气温度与 wrf 气温数值预报的逐小时平均误差在±2 ℃之内的发生概率接近或超过 70%（表 3.10）。

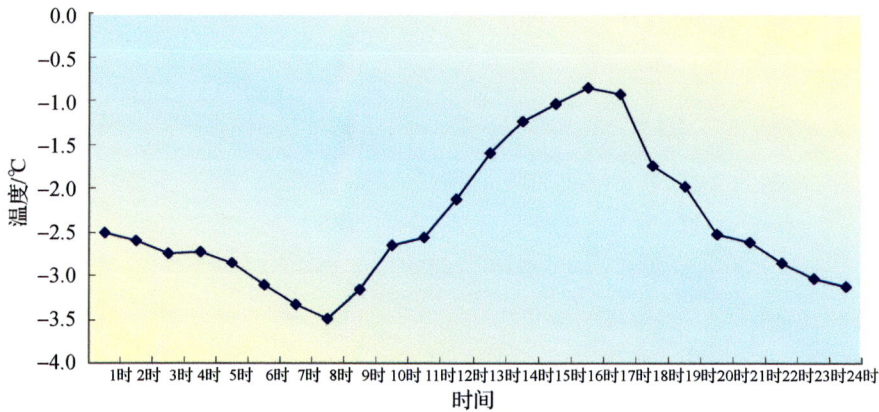

图 3.16　1 月临港观测场气温与 wrf 逐小时气温预报平均误差

表 3.10　临港观测场气温与 wrf 逐小时气温预报误差

时间	24	1	2	3	4	5	6	7	8	9	10	11
平均误差	-2.50	-2.59	-2.74	-2.72	-2.86	-3.10	-3.33	-3.49	-3.16	-2.66	-2.56	-2.12
±2.0占全月%	0.74	0.71	0.74	0.77	0.81	0.90	0.90	0.84	0.87	0.81	0.81	0.74
时间	12	13	14	15	16	17	18	19	20	21	21	22
±2.0占全月%	0.81	0.68	0.74	0.74	0.77	0.74	0.71	0.77	0.71	0.77	0.77	0.74

天津市气象科研所每天发布的 20 时逐小时气温数值预报产品，利用前 1 d 20 时的 wrf 数值预报结果，预报次日的逐小时空气气温变化。

根据前期的统计分析发现 20 时的 wrf 气温数值预报产品中数据段 28~51 的预报结果与实况存在一定程度的误差，且分析 wrf 逐日逐小时温度预报发现误差还是有很大的波动。为此在进行某日逐小时预报前，首先将该日的 wrf 逐小时温度预报结果加上逐小时平均误差绝对值，然后参考气象台每天发布的次日最高最低温度进行订正，采用的是 min-max 标准化方法对原始数据进行线性变换。公式如下：

$$Now\_array = A + (array - Min\_array) \cdot (B-A)/(Max\_array - Min\_array)$$

式中，A 为气象台预报的次日最低温度；B 为气象台预报的次日最高温度；Array 为原始数组；Min_array 为原始数组中的最小值，Max_array 为原始数组中的最大值；Now_array 为校正过后得到的新数组。

图 3.17 给出 2012 年 2 月 8 日临港观测场空气温度实况、wrf 逐小时温度预报和逐小时空气温度预报订正对比。

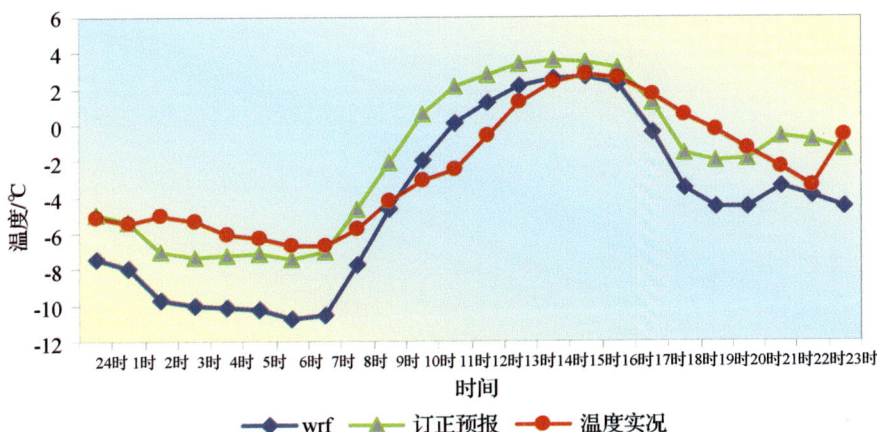

图 3.17　2012 年 2 月 8 日温度订正预报、wrf 气温预报和实况对比

分析临港观测场 2012 年 1 月地表温度与空气温度的差值，考虑到该日的天空状况、风向风速、降水量、空气湿度、能见度等天气状况，以及预报经验，结合已经得出的逐小时空气温度预报结果，最终得到临港观测场逐小时地表温度预报。图 3.18 给出临港观测场逐小时地表温度预报流程。

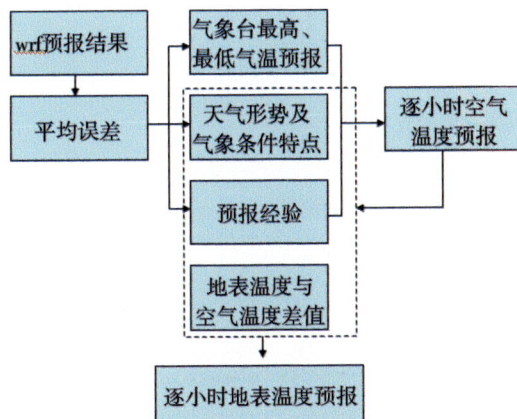

图 3.18　临港观测场逐小时地表温度预报流程

2.3.1.2 基于天津-WRF 预报产品的 MOS 订正

天津市气象局的 TJ-WRF 的模式输出项中有路面温度，但是预报误差相对较大，表 3.11 给出了临港交通站路面温度实测值与 TJ-WRF 预报值之间的统计分析。可以看到，TJ-WRF 路面温度的预报误差最大值达到 14.6 ℃，最小值为 0.007 ℃，平均误差为 3.7 ℃，其中预报误差大于 5 ℃的比例为 23.8%，2~5 ℃的比例为 47.7%，1~2 ℃的比例为 16%，而小于 1 ℃的比例只有 12.5%。此外，从图 3.19 可以明显看出，路面温度最大值的模拟值要明显高于实测值，而最小值的模拟值则明显低于实测值，且是整个实验期间普遍存在的一种现象。因此直接用模式输出的路面温度进行预报与实际的情况存在很大的差距，需要建立一套有效的方法对其进行订正。

表 3.11 路面温度 TJ-WRF 预报误差统计

	最大值	最小值	平均值	≥5 ℃的比例	2~5 ℃的比例	1~2 ℃的比例	≤1 ℃的比例
|Ts_WRF-Ts_obs|	14.6	0.007	3.7	23.8%	47.7%	16%	12.5%

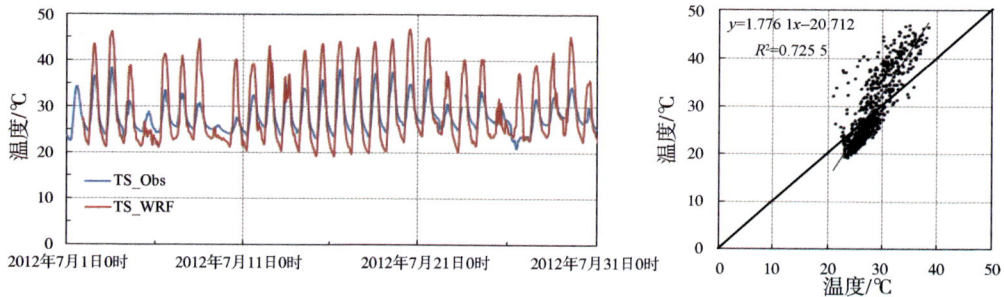

a. 预报实测线性对比　　　　b. 预报实测散点对比

图 3.19 路面温度 TJ-WRF 预报和实测值时间序列

从前面的分析可以看到，影响路面温度变化的因素除了其自身的材质、热容量等参数外，路面温度与其周围的气象环境密切相关，通过分析路面温度与各气象参数的相关关系，找出显著影响路面温度变化的主要因子，通过统计分析的方法建立路面温度与气象因子之间的关系模型，可建立路面温度的计算模型。TJ-WRF 可提供未来 24~72 h 各气象因素和路面温度的逐时预报量，通过对 TJ-WRF 预报量的 MOS 订正，是建立路面温度预报模型的一种行之有效的方法。因此，这部分利用天津临港交通气象站观测得到的路面温度资料，并提取同期 TJ-WRF 模式在临港这个格点上各气象要素的预报量，首先进行相关分析，找出显著影响因子，然后再进行主成分分析，最后通过多元逐步回归建立基于 TJ-WRF 预报的路面温度预报模型，提供未来 24 h 路面温度逐时预报。

表 3.12 给出 2012 年 7 月临港点各气象要素模式预报量与路面温度实测值之间的相关分析，其中 TS_Obs 表示路面温度实测值，其余变量均为 TJ-WRF 预报量，其中 TS、Q2、RH2、sfp、SW、T2、Td2、U10、V10、qci、qcw、qvp 分别为路面温

度、2m 比湿、2m 相对湿度、地面气压、地面太阳短波辐射、2m 气温、2m 露点温度、10m 高度风速 U 分量、10m 高度风速 V 分量、云冰混合比垂直积分、云水混合比垂直积分和云霰混合比垂直积分。可以看到，所选所有气象因子均与路面温度存在显著相关，显著性水平为 1%，在所有因子中，TS_Obs 与 TS、sfp、SW、T2、V10 之间存在明显的正相关关系，其与 TS 的相关性最强，相关系数达到 0.89，SW 次之，相关系数为 0.78，与 2m 气温 T2 相关系数也达到 0.76，TS_Obs 与 Q2、Rh2、Td2、U10、qci、qcw 和 qvp 之间为负相关关系。

表 3.12　路面温度实测值与 TJ-WRF 各气象要素预报量之间的相关关系

	TS_Obs	TS	Q2	Rh2	sfp	SW	T2	Td2	U10	V10	qci	qcw	qvp
TS_Obs	1	0.89**	-0.4**	-0.52**	0.16**	0.78**	0.76**	-0.25**	-0.24**	0.36**	-0.24**	-0.15**	-0.33**
TS		1	-0.33**	-0.47**	0.06	0.95**	0.8**	-0.22**	-0.2**	0.24**	-0.25**	-0.16**	-0.24**
Q2			1	0.3**	-0.09	-0.38**	-0.3**	0.28**	-0.19**	-0.01	0.17**	0.2**	0.67**
Rh2				1	0.08	-0.4**	-0.4**	0.84**	0.22**	-0.22**	-0.01	-0.03	0.12**
sfp					1	0.09	-0.14**	0.15**	-0.13**	0.16**	-0.16**	-0.09*	-0.36**
SW						1	0.66**	-0.19**	-0.15**	0.11*	-0.24**	-0.16**	-0.25**
T2							1	-0.25**	0.01	0.36**	-0.28**	-0.16**	-0.3**
Td2								1	0.07	-0.07	-0.16**	0.05	0.03
U10									1	0.03	-0.23	0.04	-0.34**
V10										1	-0.26**	-0.16**	-0.29**
qci											1	0.43**	0.41**
qcw												1	0.39**
qvp													1

＊＊表示显著性水平 1%，＊表示显著性水平 5%

考虑到所选取因子之间可能存在一定的复共线性关系，而主成分分析是一种使各成分相互独立，从而达到消除各因子间的共线性问题的有效的方法。因此，在建立方程的过程中首先对选取的显著相关的各个因子进行主成分分析，然后以得到的主分量作为预报因子进行多元逐步回归，建立路面温度预报方程。

选取 2012 年 7 月作为夏季的代表，将 1—20 日逐时路面温度实测值和 TJ-WRF 预报量作为建模的初期样本，经过主成分分析和多元逐步回归得到天津市夏季路面温度预报方程。将 21—31 日各因子 TJ-WRF 的预报量代入方程，得到 21—31 日路面温度的逐时预报结果。表 3.13 给出了路面温度 TJ-WRF 模拟值和经过 MOS 订正后预报值与实测值之间的对比分析。可以看到，经过 MOS 订正之后，MAPE 和 RMSE 均出现了大幅度的下降，路面温度预报误差最大值由原来的 14.6 下降到 10.4，平均值也从原来的 3.5 下降到 1.8。预报误差大于 5 ℃的比例由原来的 22% 下降到 4.2%，而小于 1 ℃的比例则由原来的 20.4% 增加到 41.2%。

表 3.13   路面温度 TJ-WRF 模拟值与 MOS 订正对比分析

项目	MAPE	RMSE	减去 TS_Obs 的绝对值			≥5 ℃的比例	2~5 ℃的比例	1~2 ℃的比例	≤1 ℃的比例
			最大值	最小值	平均值				
TS_WRF	11.1%	13.3%	14.6 ℃	0.02 ℃	3.5 ℃	22%	43.4%	14.2%	20.4%
TS_MOS	6.5%	9.1%	10.4 ℃	0 ℃	1.8 ℃	4.2%	29.2%	25.4%	41.2%

2.3.1.3   建立了路面温度与冰冻预报平台

基于研发的路面温度预报方法，开发了路面温度与冰冻预报平台，并将此平台在天津市气象服务中心和滨海新区气象局开展应用，目前已实现正常的业务化运行，平台及预报产品如下（图3.20）：

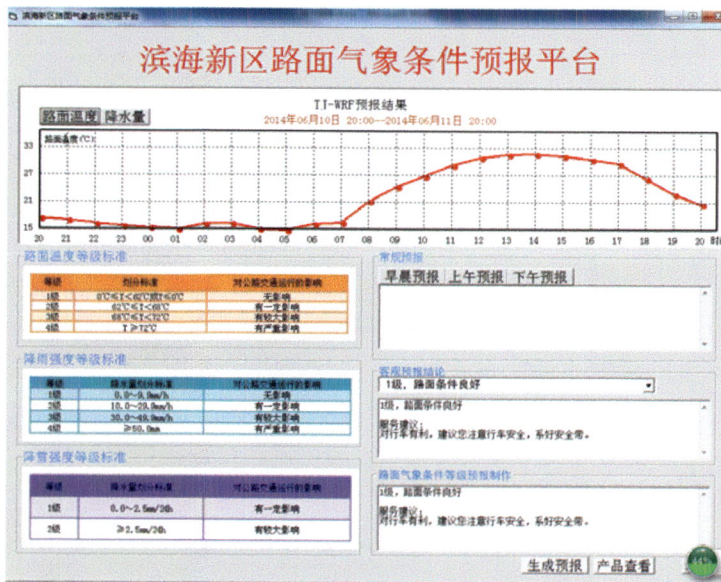

图 3.20   路面温度和冰冻预报平台

2.3.2   华东区域利用数值模式产品制作路面高温预报

利用沪宁高速公路实时监测的气象数据筛选出30个典型的高温天气过程，应用WRF模式对所选过程进行了数值模拟，模式采用双重嵌套方式，粗网格每3 h输出一次结果，细网格每1 h输出1次结果。并对输出结果作了统计分析，提取一些沪宁高速公路高温的数值预警指标，即：

前一天14时的地表温度 $T_s \geq 40$ ℃；

地面潜热通量 $F1 \geq 350$ W/m²；

近地面相对湿度 $H_r \leq 60\%$；

当日08时的地面感热通量 F_s 为负且绝对值 ≥ 70 W/m²；

地面水平风速 $Vs \leq 3$ m/s。

以上各项指标同时满足时，可预报当日会出现 35 ℃以上的高温。并采用多元线性回归方法（即对某一预报量，研究多个预报因子与它的定量统计关系）建立了沪宁高速公路上高温预报模型，如梅村站回归方程如下：

$$T14 = 34.530\,0 + 0.078\,2Ts + 0.004\,6F1 - 0.107\,1Hr - 0.017\,8Fs - 0.631\,4Vs$$

经检验发现，所建模型对气温的预报准确率较高。

2.3.3　华南区域气温预报向路面高温和冰冻预报的转换模型

利用最近 2 a 的逐小时温度和路面观测资料（深圳夜间不观测路面温度，采用和早晨一样的转换公式）进行转换关系的数学建模，并和之前广东省气候中心的路面温度转换公式作对比。

根据华南天气气候特点，选取深圳、番禺（之前的东莞考虑和深圳距离太近，改为番禺）、韶关分别代表沿海、珠三角内陆和山区，收集整理了深圳市 2008 年 6 月至 2011 年 12 月 31 日、番禺市 2009 年 7 月至 2011 年 12 月 31 日的气象观测数据和路面（柏油和水泥两种下垫面）的温度观测资料（番禺：全天，资料逐小时；深圳每天 7—21 时，资料逐小时）。

完成资料整理后，对于路面转换公式关系做了几次尝试：

（1）细分云量、降水量和时段进行统计建模。结果表明，在样本并不充裕的情况下，进行过于复杂的细分，反而导致关系的不稳定（相关系数较低，普遍在 0.7 以下）。同时，气温对降水非常敏感，不管是冷季节还是暖季节，降水都造成温度在日变化中的明显波动，也就是说降水的因素在气温中有比较敏感的反映。

（2）细分云量和时段进行统计建模。按照云量、时段划分，分别进行线性拟合、指数拟合和多项式拟合进行建模，选择相关度高的作为预报方程。上述问题同样存在（关系见表 3.14），不管是用线性、指数还是多项式的拟合方案，都难以获得较高的相关系数。同时发现，在气温 32 ℃以上，柏油和水泥路面均有不同程度的迅速跃升，少云情况下，夜间 5 ℃以下，柏油和水泥路面均有不同程度的快速下降，并且针对最高、最低温度向路面高温和冰冻转换的需求，将气温在两端以外区间的，进行单独建模。

多云情况下，指数拟合建立的方程（单气温变量）比线性拟合建立的预报方程的相关度要高。

表 3.14 云量、时段细分的气温—路面温度转换关系

项目	时段	沿海（柏油）	沿海（水泥）	内陆（柏油）	内陆（水泥）
晴 （0~2层）	5—8	$y=1.137\ 5x-4.353\ 3$	$y=1.125\ 1x-3.928\ 0$	$y=1.097\ 5x-0.311\ 2$	$y=1.186\ 8x-1.166\ 1$
	8—11	$y=1.557\ 8x+1.520\ 1$	$y=1.434\ 1x-1.510\ 4$	$y=1.334\ 5x-0.351\ 3$	$y=1.658\ 8x-2.673$
	11—14	$y=1.474\ 8x+11.679\ 0$	$y=1.465\ 7x+5.785\ 3$	$y=1.524\ 2x-12.679$	$y=1.474\ 5x+6.835\ 3$
	14—17	$y=1.572\ 8x-1.256\ 7$	$y=1.557\ 1x-2.566\ 7$	$y=3.225x-59.5$	$y=3.993x-77.7$
	17—20	$y=1.172\ 8x-1.936\ 7$	$y=1.246\ 2x-2.008\ 7$	$y=1.096\ 1+0.511\ 6$	$y=1.149\ 2x-0.472\ 3$
少云 （3~4层）	5—8	$y=1.070\ 7x-2.222$	$y=1.053\ 1x-1.832\ 9$	$y=1.070\ 7x-2.222$	$y=1.053\ 1x-1.832\ 9$
	8—11	$y=2.699\ 1x$	$y=2.458\ x$	$y=2.711\ 3x$	$y=2.643\ 2x$
	11—14	$y=2.947\ 3x$	$y=2.306\ 7x$	$y=2.884\ 3x$	$y=2.406\ 7x$
	14—17	$y=0.923\ 3x$	$y=1.129\ 8x$	$y=0.923\ 3x$	$y=1.129\ 8x$
	17—20	$y=0.754\ 9x$	$y=0.696\ 7x$	$y=0.783\ 2x$	$y=0.682\ 1x$
多云 （6~9层）	5—8	$y=0.683\ 8x$	$y=0.643\ 6x$	$y=1.241\ 6x$	$y=1.325x-3.217\ 7$
	8—11	$y=1.665\ 5x$	$y=1.137\ 4x$	$y=1.51x-5575\ 9$	$y=1.609\ 8x-2.102\ 3$
	11—14	$y=194.87$	$y=152.76$	$y=2.995x$	$y=3.667x-67.71$
	14—17	$y=100.31$	$y=100.31$	$y=1.150\ 4x-4.193$	$y=1.145\ 7x-1.677\ 8$
	17—20	$y=1.136\ 1x-1.716\ 2$	$y=1.185\ 3x-1.433\ 8$	$y=1.125\ 4x-3.233$	$y=1.125\ 7x-1.798\ 8$
阴 （>10层）	5—8	$y=1.154\ x$	$y=1.070\ 8x$	$y=1.201\ x$	$y=1.068\ 9x$
	8—11	$y=1.340\ 3x$	$y=1.236\ x$	$y=1.340\ 3x$	$y=1.286\ x$
	11—14	$y=1.286\ x$	$y=1.140\ 2x$	$y=1.233\ x$	$y=1.161\ x$
	14—17	$y=1.067\ 8x$	$y=1.001\ 4x$	$y=1.070\ 3x$	$y=1.008\ 5x$
	17—20	$y=1.077\ 5x$	$y=1.018\ 4x$	$y=1.078\ 5x$	$y=1.019\ 4x$

（3）粗分云量，细分时段，极值分开的方案进行统计建模。根据华南地区天气特点，粗分云量（晴到少云/多云到阴天），细分时段，并把 32 ℃以上和 5 ℃以下分开建模，见表 3.15，获得比较稳定的转换关系。相关系数一般都在 0.9 以上。表 3.15 为目前采用的统计建模分类。

为了考察新建模型设计的有效性，根据现有的资料集，利用 2010 年 1 月至 2011 年 1 月的 1 a 资料建模。利用 2010 年 1 月至 2011 年 1 月的气温逐小时资料，应用新建的模型和气候中心的原模型分别进行计算与实测路面温度的误差，并作对比。从图 3.21、图 3.22 可以看出，新的模型对原来的转换模型有较明显的改进，并且中午太阳加热明显的时次的改进比原模型会更好。其中的不公平之处在于，用于原有模型的观测站点是百叶箱气温和观测场的模拟路面观测，而新模型却采用道路监测项目中的气温和路面温度。但仍然可以看到，新模型的误差稳定性较好，大起大落的现象较少，这应该也和新模型逐小时温度观测与拟合有关。

表 3.15　建模分类

项目	时段	T 值	沿海（柏油）	沿海（水泥）	内陆（柏油）	内陆（水泥）
晴到少云（0.5~1层）	5—8	$T<5$				
		$T>5$	$y=1.118\ 3x-5.342\ 6$	$y=1.170\ 2x-5.380\ 1$	$y=1.175\ 8x-1.133\ 1$	$y=1.098\ 9x+1.418\ 3$
	8—10	$T>5$	$y=1.289\ 0x-9.737\ 5$	$y=1.200\ 6x-36.76$	$y=1.341\ 3x-0.382\ 6$	$y=1.073\ 2x+2.269$
		$T\leqslant5$				
	11—26	$T\geqslant32$	$y=-0.560\ 7x+75.803$	$y=0.090\ 3x+49.245$	$y=1.331\ 2x-2.334$	$y=1.328\ 6x-4.241$
		$T<32$	$y=1.473\ 4x+8.786\ 7$	$y=1.440\ 7x+3.648\ 3$	$y=1.406\ 7x-4.102\ 3$	$y=1.026\ 1x+3.128\ 7$
	17	$T>5$	$y=1.118\ 3x-5.342\ 6$	$y=1.170\ 2x-5.380\ 1$	$y=1.175\ 8x-1.133\ 1$	$y=1.098\ 9x+1.418\ 3$
		$T\leqslant5$				
多云到阴天（6~10层）	5—8	$T>5$	$y=0.987\ 7x-1.307\ 8$	$y=1.019x-1.290\ 2$	$y=1.202\ 8x-4.136\ 4$	$y=1.001\ 8x+3.058\ 2$
		$T\leqslant5$				
	8—10	$T>5$	$y=1.275\ 8x-2.429\ 9$	$y=1.182\ 7x-18.228$	$y=1.323\ 3x-3.279\ 2$	$y=1.034\ 6x+2.510\ 2$
		$T\leqslant5$				
	11—16	$T\geqslant32$	$y=0.099\ 4x+32.72$	$y=1.029\ 3x+17.872$	$y=1.842\ 1x-23.361$	$y=1.754\ 1x-18.976$
		$T<32$	$y=1.558\ 7x-2.067\ 6$	$y=1.477\ 2x-21.317$	$y=1.218\ 9x-1.126\ 3$	$y=0.970\ 4x-3.806\ 7$
	17	$T>5$	$y=1.118\ 3x-5.342\ 6$	$y=1.170\ 2x-5.380\ 1$	$y=1.175\ 8x-1.133\ 1$	$y=1.098\ 9x+1.418\ 3$
		$T\leqslant5$				

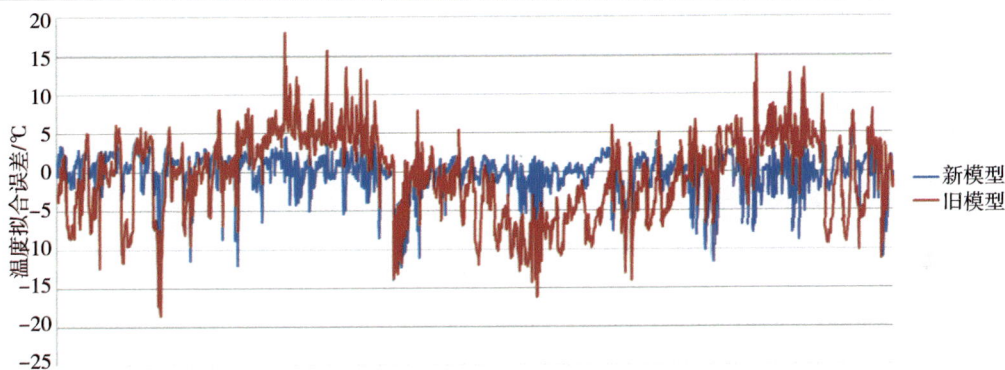

图 3.21　11—16 时新旧模型的拟合误差对比

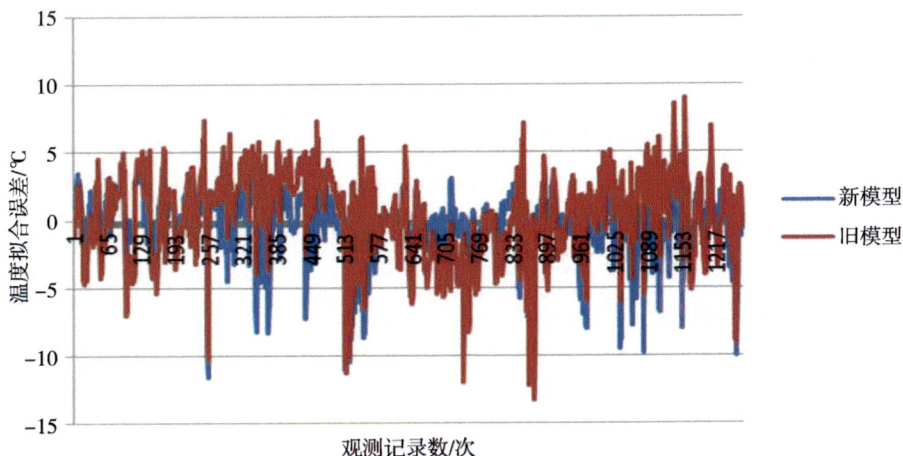

图 3.22　其他时段新旧模型的拟合误差对比

2.3.4 上海地区气温预报向路面温度转换的订正模型

利用统计方法建立了分时段的上海地区混凝土表面平均温度预报模型、日最高温度预报模型、日最低温度预报模型。

（1）混凝土表面日平均温度预报模型：

0~1 h 为 $y=1.027\,354x+0.470\,350$；

1~4 h 为 $y=1.073\,970x+0.376\,794$；

4~8 h 为 $y=1.159\,233x-0.715\,640$；

8 h 以上为 $y=1.251\,324x-2.684\,580$。

式中，y 为日平均混凝土表面温度，x 为日平均百叶箱温度，不同时段的相关系数均为 0.99，信度达 0.01。

（2）混凝土表面日最高温度预报模型：

0~0.1 h 为 $y=1.166\,03x-0.520\,090$；

0.1~4 h 为 $y=1.187\,979x+3.770\,641$；

4~8 h 为 $y=1.376\,091x+0.368\,356$；

8 h 以上为 $y=1.552\,754x-4.794\,95$。

式中，y 为混凝土表面最高温度，x 为百叶箱最高温度，不同时段的相关系数分别为 0.95、0.96、0.98、0.97，信度达 0.01。

（3）混凝土表面日最低温度预报模型：

由于混凝土表面与百叶箱日最低温度之间的线性关系相当好，而与日降水量、日总云量、日照时数关系不显著，因此直接利用逐日混凝土表面和百叶箱最低温度建立模拟方程为

$$y=1.106\,822x-2.164\,028,$$

式中，y 为混凝土表面日最低温度；x 为百叶箱日最低温度，相关系数为 0.99，信度达 0.01。

2.3.5 东北区域气温预报向路面温度转换模型

2.3.5.1 东北区域气温预报向路面温度转换模型

选择沈山高速公路 L9003、L9530 典型站点与邻近常规气象观测站点开展常规气象观测与道路交通观测分析，得到不同天气状况下常规气象观测与相邻道路气象要素的差值。

对空气温度与沥青路面温度夏、冬两季日变化进行分析，见图 3.23，可以看出路面温度在夜间与空气温度变化趋势一致，而路面温度在日出后升温较快，14 时左右温差达到最大值，位相也超前于气温变化，日落后路温下降较快，而气温的降低较慢些，这是由于气温的加热主要来源于下垫面的长波辐射，而地面温度的加热则主要来源于太阳短波辐射，因而路面温度的增加先于气温。日落后路温下降较气温

略快，这是因为路面的长波辐射降温在夜间起主导作用，在其影响下气温逐渐下降。

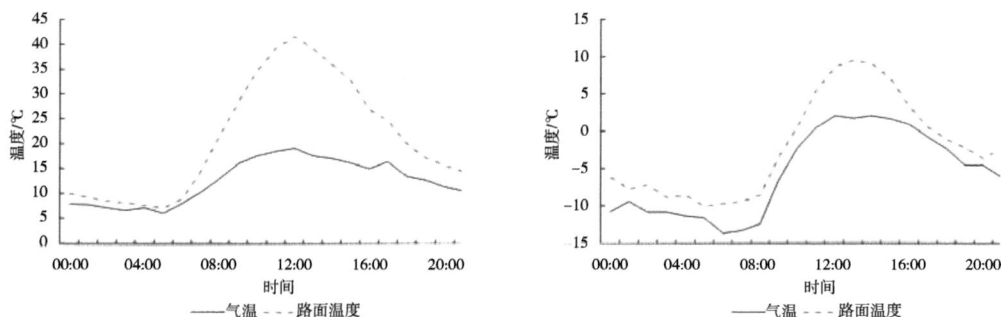

图 3.23　空气温度与沥青路面温度夏、冬两季日变化

　　为区分表征太阳短波辐射对地面温度影响随时间的变化，将北方沥青路面温度与空气温度的相关性分析划分为白天（07—18 时）和夜间（19 时至翌日 06 时）两个时间段。采用最小二乘曲线拟合，分别建立高速公路路面白天与夜间温度预报模型。

2.3.5.2　东北区域高速公路白天路面温度预报转换模型

　　白天各时次沥青路面温度与对应气温的平均差值呈正态分布（图 3.24），平均温差随着太阳辐射强度呈上升趋势，在 12 时左右平均温差最大，达到了 14 ℃，之后平均温差逐渐减小，这主要是由于白天路面温度大量吸收太阳短波辐射，使得路面

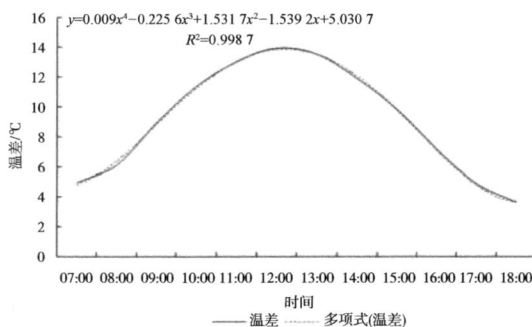

图 3.24　沥青路面白天路面温度与气温平均差

温度高于空气温度，而日太阳辐射总量变化可由时间函数来解析，因此选择气温、相对湿度、风速、时间等要素进入逐步回归方程来预报白天地面温度，得到回归方程如下：

$$T_{Surf} = 22.224 + 1.323 \cdot T_{Air} - 18.4 \cdot H - 0.515 \cdot T + 0.166 \cdot W$$

式中，T_{Surf} 为预测路面温度（℃）；T_{Air} 为空气温度（℃）；H 为相对湿度（%）；T 为预测时刻；W 为风速（0.1 m/s）；模型 R^2 统计量为 0.925，从 F 检验结果看，模型 Sig 值远小于 0.01，因此模型的统计意义显著。随机选取 K539 站点夏（图 3.25

（a）)、冬（图 3.25（b））季节各 1 d 观测记录对回归方程进行验证，夏季沥青路面观测温度与预测温度平均绝对误差为 2.1 ℃，最大绝对误差为 8.7 ℃，冬季沥青路面观测温度与预测温度平均绝对误差为 1.7 ℃，最大绝对误差为 5.4 ℃。

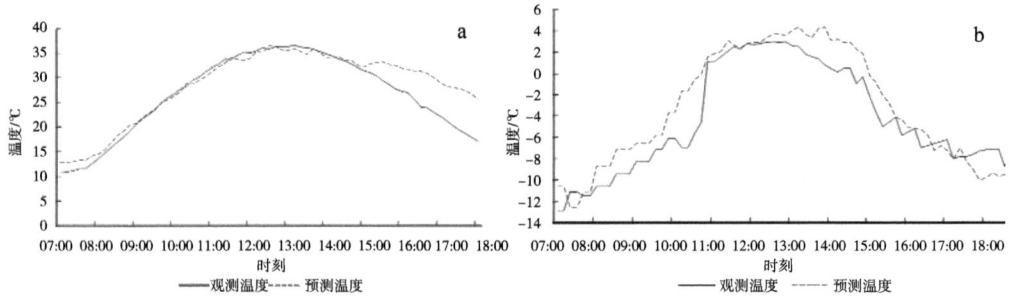

图 3.25 白天夏（a）、冬（b）季沥青路面温度观测值、预测值

2.3.5.3 东北区域高速公路夜间路面温度预报转换模型

夜间沥青路面温度与气温相关系数为 0.991，通过 0.01 的显著性检验，因此认为夜间地面温度与气温之间存在良好的线性相关性。采用最小二乘曲线拟合对沥青路面夜间温度与对应的气温建立曲线模型，得出夜间沥青路面与气温的线性、二次和三次 3 种模型，模型汇总和参数估计值如表 3.16，从 F 检验结果看，它们的 Sig 值都远小于 0.01，说明模型成立的统计学意义显著。从 R^2 统计量看，夜间沥青路面三次模型（0.984）要优于二次模型（0.983）和线性模型（0.982），由此得出沥青路面白天温度、气温三次曲线模型拟合效果要比线性、二次模型效果好，见图 3.26。

表 3.16 模型汇总和参数估计值

路面	时间段	模型汇总			参数估计值			
		模型	R^2	Sig.	常数	$b1$	$b2$	$b3$
沥青	夜间	线性	0.982	.000	2.255	1.025		
		二次	0.983	.000	2.255	1.003	0.002	
		三次	0.984	.000	2.203	1.051	0.005	$-2E-4$

随机选取 K539 站点 1 d 气温与地面温度值分别对白天拟合曲线模型进行验证，由图 3.27 可以看出，夜间气温与地面温度变化趋于一致，模型模拟效果高于白天拟合效果，夜间模拟平均绝对温差为 1.05 ℃，±2 ℃温差范围内累计比例为 91%。

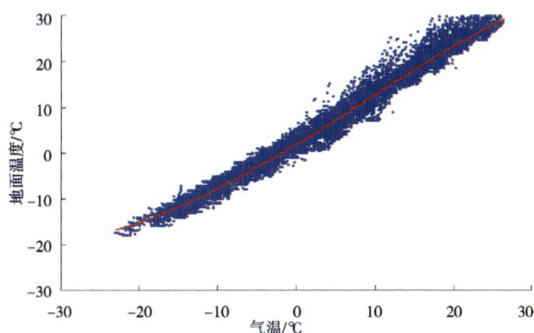

图 3.26　沥青路面夜间温度与气温曲线拟合结果

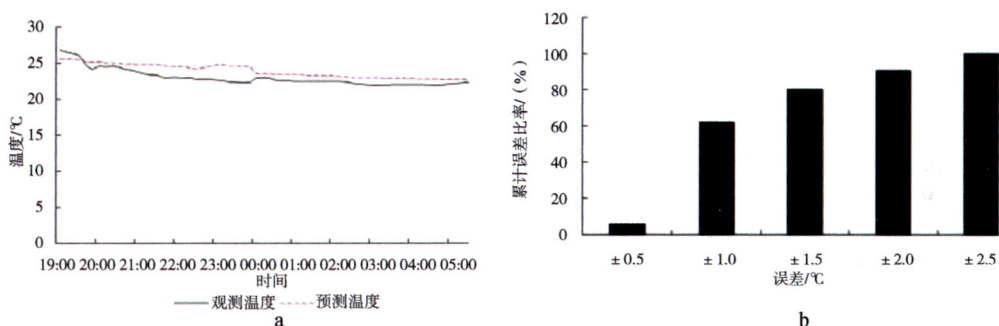

图 3.27　夜间沥青路面温度观测值、预测值（a）及累计误差比率（b）

2.4　基于辐射平衡理论的路面温度预报方法

2.4.1　用能量守恒法建立江苏路面温度数值预报模型

2.4.1.1　开发了分段精细化路面温度预报系统

（1）路面温度计算模型

根据高速公路的实际情况，采取能量守恒方法，用地表热量平衡方程，在太阳短波辐射、大气和地面长波辐射、感热和潜热等参数化方案的基础上，建立一种应用于沥青高速公路路面温度小时值预报的数值模型。

路面热量平衡方程包括：地表热通量 $G(t)$，太阳短波辐射 Q，地面接受的净长波辐射（$L\downarrow - L\uparrow$），感热通量 H，潜热通量 LE。

$$G(t) = (1-a_s)Q + L\downarrow - L\uparrow - H - LE$$

式中，a_s 是沥青公路路面反射率，在这里取 0.1。要求得地表热通量 $G(t)$，必须计算其他 4 个分量的值。

a. 太阳短波辐射。在理论上，太阳总辐射可以用 M. E. 别尔梁德公式的改进形式表示：

$$Q_0 = \frac{I_0 + \sin h_0}{1 + fm} D_r$$

式中，I_0 为太阳常数；h_0 为太阳高度角；m 为大气光学质量，一般取 $1/\sin h_0$；Dr 为日地平均距离；f 为表征大气混浊度和地表反射特性的参数，计算公式为：

$$f = [\,0.174 + 0.056 \ln(1+e)\,]\,p/p_0$$

$$\sin h_0 = \sin\varphi\sin\delta + \cos\varphi\cos\delta\cos\gamma$$

式中，φ 为站点地理纬度；δ 为太阳赤纬，由纬度和日期决定；γ 为时角；e 为水汽压；p 为本站气压；p_0 为海平面气压。

考虑云的削弱，由于受到台站观测项目的限制，采用较为简单的埃斯屈姆–萨维诺夫公式：

$$Q = Q_0[\,1 - (1-k)N\,]$$

式中，N 为总云量（取值 0~1 之间），k 为经验系数，本文取 $k = 0.45$。

b. 长波辐射。长波辐射分为地面放射的长波辐射（$L\uparrow$）和大气逆辐射（$L\downarrow$）两个部分，根据 Stefan-Boltzmann 定律，长波辐射的计算公式为：

$$L\downarrow = \varepsilon_a \sigma T_a^4$$

$$L\uparrow = \varepsilon_s \sigma T_s^4 - (1-\varepsilon_s)L\downarrow$$

式中，σ 为 Stefan-Boltzmann 常数；T_a、T_s 分别为站点的气温和地温；ε_a、ε_s 分别为天空显性辐射系数和路面放射率，沥青路面时，$\varepsilon_s = 0.956$，ε_a 可根据左大康等所总结的经验公式得到。

（2）感热和潜热

一般来说，感热和潜热可以用以下公式进行计算：

$$H = C_p \rho C_H |V_a|(T_a - T_s)$$

$$\mathrm{LE} = L\rho C_E |V_a|(q_a - q_s)$$

式中，ρ 为近地面空气密度，取 1.29 kg/m^3；C_p 为常压下的空气比热，取值为 1.0×10^3 J/kg；C_H、C_E 为感热和水汽输送系数，分别取值为 1.81×10^{-3} 和 0.15×10^{-3}；L 为凝结潜热，取值为 2.5×10^6 J/kg；V_a、T_a、q_a 分别为测量高度的风速、气温和相对湿度；T_s、q_s 分别为路面温度和路面湿度。在这里，q_s 由路面湿度参数 W_s/W_c 决定于：

$$q_s = \left(\frac{W_s}{W_c}\right)q_{sat}(T_s) + \left(1 - \frac{W_s}{W_c}\right)q_a$$

式中，$W_c = 0.5$ kg/m^2（$0 \leqslant W_s/W_c \leqslant 1$），$W_s$ 为公路地表水，确定这些值比较困难，根据 Sass 的研究，它作为降水强度 R 的一个线性变化函数而计算得出，当降水强度为 0.5 mm/h 时，达到最大值 0.5 kg/m^2。$q_{sat}(T_s)$ 是路面温度为 T_s 时的饱和比湿，由 Teten 方程算得：

$$q_{sat}(T_s) = 0.622\,\frac{e_s(T_s)}{p_0 - 0.378e_s(T_s)}$$

$$e_s(T_s) = 6.1\exp\left(17.269 \times \frac{T_s - 273.16}{T_s - 35.86}\right)$$

式中，p_0 为地面气压；T_s 为路面温度。

d. 差分。由以上公式可以求得路面的地表热通量。假设路面为均匀分布的均质体，根据热力学方程，t 时刻单位质量的路面温度 $T_s(t)$ 和 $G(t)$ 之间的关系为：

$$\frac{\partial T_s(t)}{\partial t}=\frac{1}{C_{pd}}\frac{\partial G(t)}{\partial t}$$

式中，C_{pd} 为高速公路路表层的比热，沥青路面取 420 J/kg，但由于高速公路的材料结构比较复杂，本文经过对实测资料的订正，取 428.31 J/kg。

以 t 时刻的数据为初始资料，对上式进行时间差分：

$$\frac{T_s(t+1)-T_s(t)}{\Delta t}=\frac{1}{C_{pd}}\frac{G(t+1)-G(t)}{\Delta t}$$

取 Δt 为 1 h，代入 t 时刻的实测资料，即可得到下一时刻的路面温度预报值。

（3）路面温度精细化数值预报思路

国外对路面温度的研究模型多偏重于理论，计算复杂，并且与国内高速公路的实际环境不相适应；国内的理论模型大多是实验性的工作，不利于业务化，且统计模型的普适性较差，因此，项目在国内外已有研究的基础上，通过高精度的业务观测结果，探索一套适合于我国特别是东部地区高速公路路面温度预测的模型。基本思想是：在对全省高速公路的高密度、长时间序列的观测资料基础上，采取能量守恒方法，用地表热量平衡方程，在太阳短波辐射、大气和地面长波辐射、感热和潜热等参数化方案的基础上，提出一种应用于沥青高速公路路面温度小时值预报的数值模型，并将此路面温度预报模型与中尺度数值预报产品相结合，即可输出未来24 h甚至更长时间的路面温度预报值（图 3.28）。

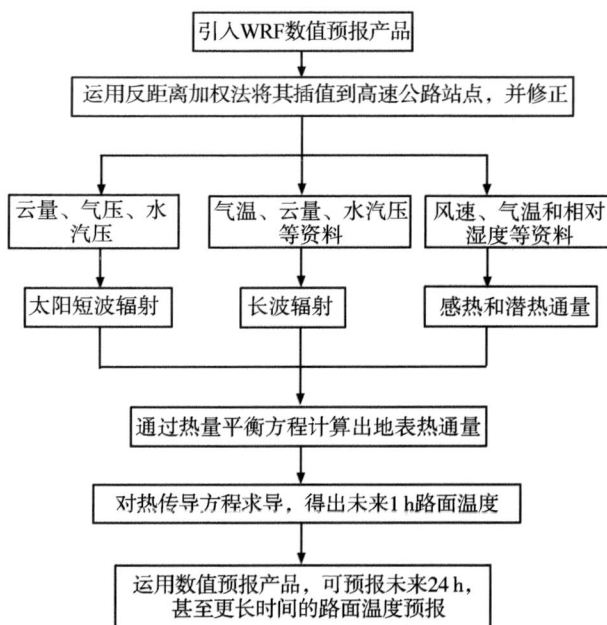

图 3.28　路面温度预报模型技术路线图

（4）分段精细化路面温度预报系统

a. 路面温度超阈值报警。路段默认为黄色，当某站地面温度超过 55 ℃时，该站所属路段将反演成蓝色；当超过 60 ℃将变成红色，并在站点处添加波纹报警（图3.29）。

图3.29 路面温度超阈值报警

b. 单站路面温度预报模型（见图3.30）。由于受到云量、水汽压等资料日观测频次的限制，模型取时间、步长取1 h，计算逐日逐时自动站所在的高速公路路面温度预报值，地温预报值与实测值的相关系数均超过0.98，通过了0.01的信度检验。

2.4.1.2 预报实例与效果检验

（1）模型对高温预报实例及效果检验。2013年2月江苏省联网高速公路路面温度预报系统开始在江苏省气象服务中心推广应用。近半年的试用结果表明，系统的使用在一定程度上提高了高速公路服务效率和准确性，同时在2013年长时间晴热高温等天气过程的预报服务工作中发挥了一定的作用。

从2013年8月8日宁常高速嘉泽站路面温度变化曲线（图3.31）表明，当日全天系统路面温度预报值几乎均低于实况值，误差大部分在5 ℃以内，最高路面温度出现的时间段，预报情况较好，误差均在最高路面温度出现的时间和值以内，对实际高速公路路面温度预报服务有很好的指导意义。

对全年的总体预报效果进行了验证（表3.17），从表中可以看出，逐时路面温

度的预报情况比较好，每个站的年平均误差均在 0.1～0.3 ℃。最大误差值为
12.3 ℃，最小误差值为-11.4 ℃。位于苏北的站点预报误差普遍低于苏南的站点。

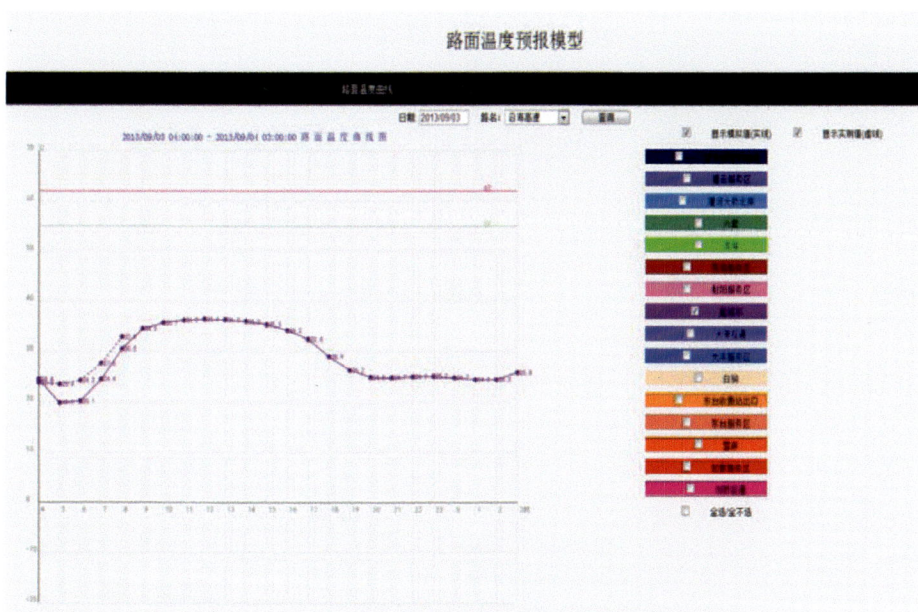

图 3.30　单站未来 24 h 模拟值和实测值曲线显示

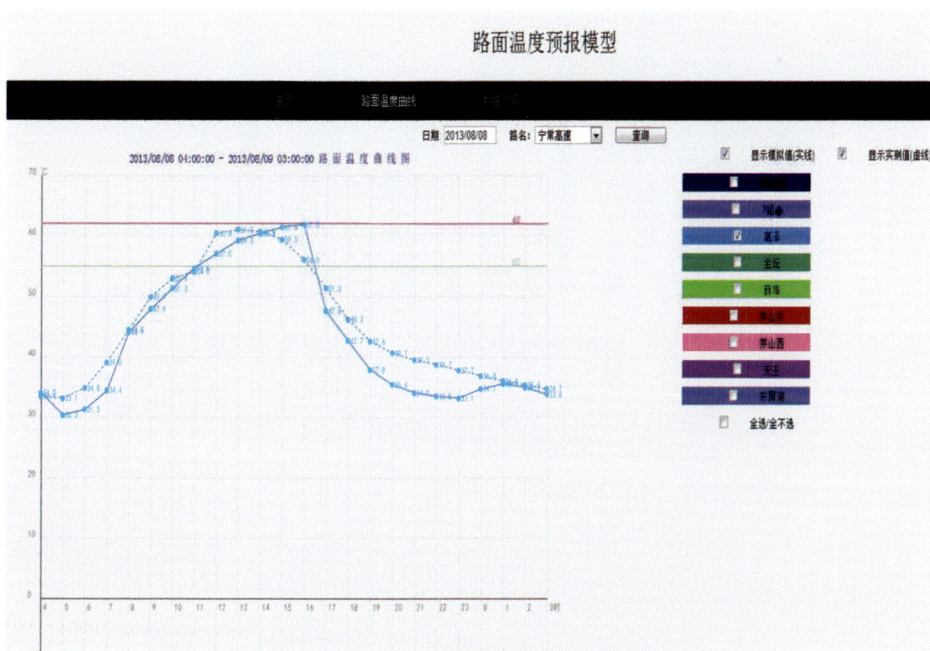

图 3.31　2013 年 8 月 8 日宁常高速嘉泽站路面温度变化曲线

表 3.17　各站逐时预报年平均误差

	样本数/个	平均绝对误差/℃	最大误差值/℃	最小误差值/℃
昆山	7656	0.24	12.3	−9.9
新兴塘	7971	0.27	9.9	−10.6
汤山	7954	0.27	11.3	−10.2
常州南	8177	0.27	10.9	−11.2
金坛	8334	0.25	11.9	−11.4
徐州开发区	4821	0.12	10.8	−9.8
同三苏鲁省界	4795	0.17	10.8	−10.6

图 3.32 给出路面温度逐时预报的绝对误差分布图，从图中可以看出，绝对误差 <2 ℃的比例相当大，每个站都在65%以上，最大可达70.2%。绝对误差大于5 ℃的比例较小，基本上在10%左右，最小的站只有5.7%。说明预报效果良好，可以应用在实际业务运行中。

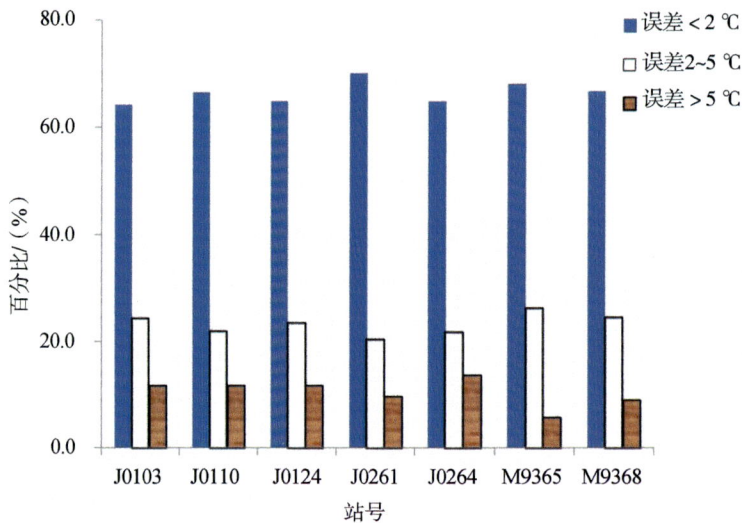

图 3.32　路面温度逐时预报绝对误差分布图

运用汤山和金坛站 2012 年 1 月 1 日至 2012 年 12 月 31 日的逐小时气温、海平面气压、相对湿度、云量、风速和降水量 WRF 模式预报数据，对模型的有效性进行检验。结果表明，路面温度预报值高于实测值的频率稍大，汤山和金坛站分别为 52.4%和59.0%。预报值误差在±5 ℃以内的频率分别高达74.4%和74.1%，占很大的比例。同时对路面极端高、低温的预报效果都做了检验，预报路面温度的趋势与实测值非常吻合，在数据上存在一定的误差。以上结果表明运用数值预报结合数值模式具有较高的预报水平，可用于实际业务当中，如果进一步提高数值本身的质量，则本模式的预报质量也将得到进一步提高。

由于苏南地区比较容易出现路面高温（在此认为是路面温度>60 ℃），因此本项目选取以上苏南地区的 5 个站 2012 年 6—8 月的数据来对路面高温的预报效果进行验证。

首先，对整个夏季（6—8 月）的日最高路面温度的预报效果进行了检验，表3.18 给出了苏南 5 个站点 2012 年夏季的日最高路面温度预报情况表，从表中可以看出，整个夏季的最高路面温度预报绝对误差平均值均在 0.6 ℃ 以下，最大为昆山站 0.53 ℃，最小为新兴塘站 0.29 ℃。5 个站的最大预报误差为 7.67 ℃，最小为 -0.19 ℃，预报的情况非常好，基本能够准确地预报出每天的日最高路面温度。

表 3.18　各站夏季日最高路面温度预报误差情况

地点	样本数/个	平均绝对误差/ ℃	最大误差值/ ℃	最小误差值/ ℃
昆山	91	0.53	7.67	-0.18
新兴塘	91	0.29	6.51	-0.15
汤山	92	0.43	5.65	-0.13
常州南	92	0.45	5.47	-0.13
金坛	92	0.31	5.71	-0.19

常州地区在夏季比较容易出现高温天气，因此，本研究选取常州南站 2012 年夏季路面温度实况大于 60 ℃ 的数据，进行预报效果验证。从表 3.19 可以看出，出现路面高温时段均为 12—14 时，在这个时段，模式的预报误差大多在 3 ℃ 以内，在3 ℃ 以外的只有 3 个时次，占所有预报的 11.5%。由此可见，预报效果良好，说明模式对于预报夏季路面高温有很好的指导作用，可以用于实际业务中。

表 3.19　常州南站 2012 年路面极端高温（路面温度>60 ℃）的预报情况

日期	时间	实测值/ ℃	预报值/ ℃	误差/ ℃
2012-07-25	12 时	60.13	58.51	-1.62
2012-07-25	13 时	61.17	60.22	-0.95
2012-07-26	12 时	62.26	59.16	-3.10
2012-07-26	13 时	63.43	62.26	-1.17
2012-07-26	14 时	61.78	63.46	1.69
2012-07-27	12 时	60.89	58.71	-2.18
2012-07-27	13 时	61.21	60.94	-0.27
2012-07-28	12 时	60.62	59.04	-1.58
2012-07-28	13 时	60.72	60.66	-0.06

续表

日期	时间	实测值/ ℃	预报值/ ℃	误差/ ℃
2012-07-29	12 时	62.93	59.79	-3.14
2012-07-29	13 时	63.31	62.97	-0.34
2012-07-29	14 时	62.72	63.33	0.62
2012-07-30	12 时	62.09	59.79	-2.30
2012-07-30	13 时	62.44	62.21	-0.23
2012-07-30	14 时	60.37	62.40	2.03
2012-07-31	12 时	60.86	58.66	-2.20
2012-07-31	13 时	61.35	60.87	-0.47
2012-07-31	14 时	60.48	61.42	0.94
2012-08-01	12 时	60.29	58.65	-1.64
2012-08-01	13 时	61.27	60.33	-0.94
2012-08-01	14 时	60.34	61.24	0.90
2012-08-12	13 时	60.28	58.74	-1.54
2012-08-18	11 时	60.63	55.94	-4.69
2012-08-18	12 时	63.63	60.71	-2.92
2012-08-18	13 时	64.15	63.65	-0.51
2012-08-18	14 时	62.42	64.22	1.80

（2）模型对低温结冰预报效果检验。在高速公路运输的过程中，冬季的路面低温导致结冰、引起溜滑是交通事故的主要原因之一。因此，通过进一步分析模型对路面温度低于 0 ℃ 时的预报准确率，预报效果良好，准确率较高，可指导实践应用。

淮河以北地区纬度较高，冬季温度偏低，路面温度低于 0 ℃ 的情况出现较频繁，因此，做好路面极端低温的预报也是很有必要的。本研究选取位于徐州和连云港的徐州开发区、同三苏鲁省界两站 2012 年 6 月 1 日至 12 月 31 日的数据，来对模型路面极端低温的预报效果做出检验。

表 3.20 给出的是徐州开发区、同三苏鲁省界两站路面温度低于 0 ℃ 的时次，模式的预报情况，从表中可以看到，当实况路面温度低于 0 ℃ 时，模式的平均绝对误差为 0.67 ℃ 和 0.68 ℃，最大误差值分别为 6.64 ℃ 和 6.41 ℃，最小误差值为 -3.28 ℃ 和 -4.0 ℃，预报情况良好，可以有效地反应路面极端低温的情况。

表 3.20 各站冬季极端路面低温预报误差情况

地点	样本数/个	平均绝对误差/ ℃	最大误差值/ ℃	最小误差值/ ℃
徐州开发区	251	0.68	6.64	-3.28
同三苏鲁省界	270	0.67	6.41	-4.0

图 3.33、图 3.34 给出的是同三苏鲁省界站 2012 年 12 月 24 日（典型晴天）和 2012 年 12 月 26 日（阴天，全天总云量 10）的路面温度实测值和预报值的日变化曲线，从图中可以看出，模型对路面温度的日变化趋势把握得非常好。晴天时，夜间路面温度预报值稍高于实测值，14 时以前预报值略低于实测值，14 时之后略高于实测值，表现有略微的滞后，这可能和模式太阳辐射部分处理的误差有关。阴天时，预报趋势与晴天类似，夜间预报的效果更好，几乎与实测值重合。实际业务中，路面温度的极端低值一般都出现在夜间，由此可见，模式完全可以很好运用在路面低温预报中。

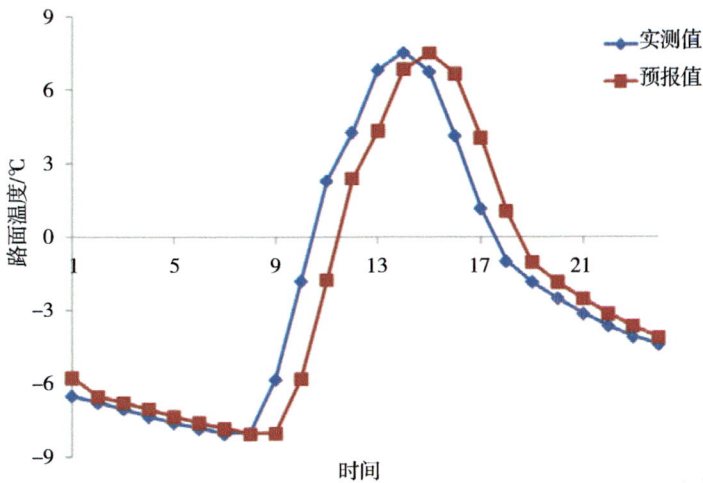

图 3.33 2012 年 12 月 24 日（典型晴天）同三苏鲁省界站日路面温度变化

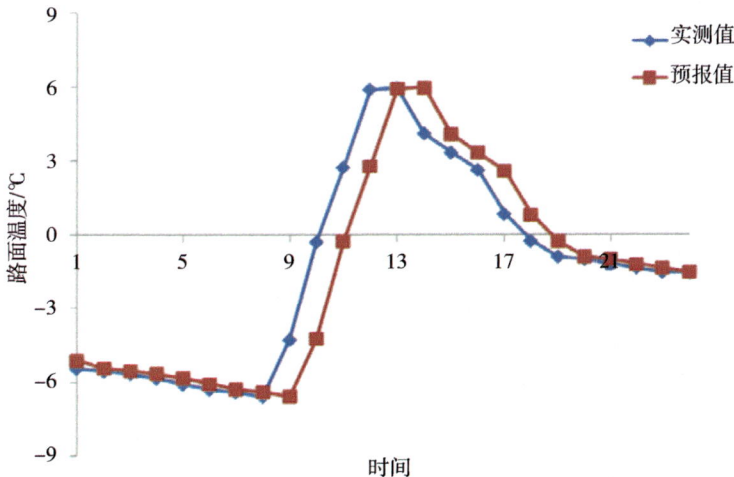

图 3.34 2012 年 12 月 26 日（阴天，全天总云量 10）同三苏鲁省界站日路面温度变化

（3）运用数值预报产品对模型进行检验。运用汤山和金坛站 2012 年 1 月 1 日至 12 月 31 日的逐小时气温、海平面气压、相对湿度、云量、风速和降水量 WRF 模式预报数据，对模型的有效性进行检验。

图 3.35 给出模型结合数值预报产品所得的汤山和金坛两站路面温度的预报误差的频率分布，图中黑色柱体为汤山站误差，白色柱体为金坛站误差。从图中可以看出，预报值高于实测值的频率稍大，汤山站和金坛站分别为 52.4% 和 59.0%。预报值误差在 ±5 ℃ 以内的频率分别高达 74.4% 和 74.1%，占很大的比例。预报误差在 −3～3 ℃ 之间的频率最大，占一半以上。汤山站为 58.9%，金坛站为 55.8%，预报结果自然比用实测路面温度值代入模式的要差，但以上的数据也表明运用数值预报结合数值模式具有较高的预报水平，可用于实际业务当中，如果进一步提高数值本身的质量，则本模式的预报质量也将得到进一步提高。

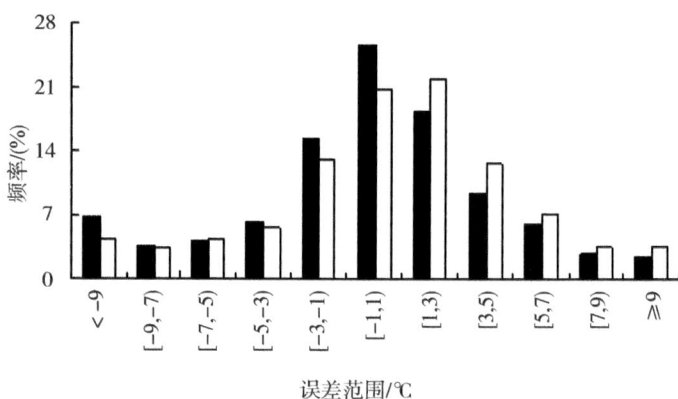

图 3.35　汤山、金坛两站预报误差频率分布

为了进一步对模型的预报误差进行分析，给出了梅村、仙人山两站全年以及四季的预报绝对误差平均值（图 3.36），图中黑色柱体为梅村站误差，白色柱体为仙人山站误差。从图可以看出，梅村站全年的绝对误差平均值为 3.57 ℃，仙人山站为 3.67 ℃；两站在春季绝对误差平均值最大，分别达到 4.01 ℃ 和 4.79 ℃；冬季预报误差最小，为 2.59 ℃ 和 2.92 ℃。各季节的绝对误差平均值的排列顺序两站均为春季＞夏季＞秋季＞冬季。

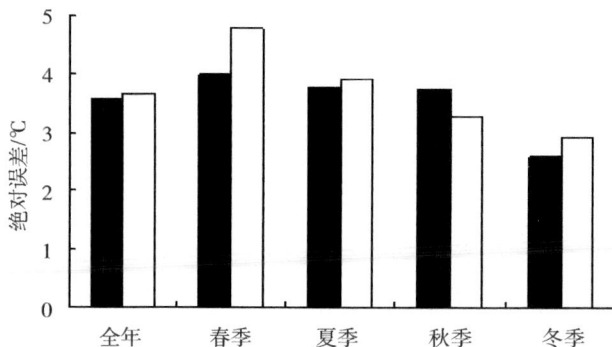

图 3.36　各季节梅村、仙人山两站路面温度预报的绝对误差平均值

为了对模型在预报路面温度的日变化趋势上进行更深一步的分析，同时检验模型的极端路面高温预报效果。图 3.37 给出夏季金坛站几个代表不同日照时数的预报值和实测值的日变化，包括（a）2012 年 6 月 27 日，日照时数 0.8 h，降水 5.8 mm；（b）2012 年 6 月 28 日，日照时数 0 h，无降水；（c）2012 年 7 月 10 日，日照时数 3.5 h，无降水；（d）2012 年 6 月 13 日，日照时数 8.1 h，无降水的路面温度预报值和实测值的对比。

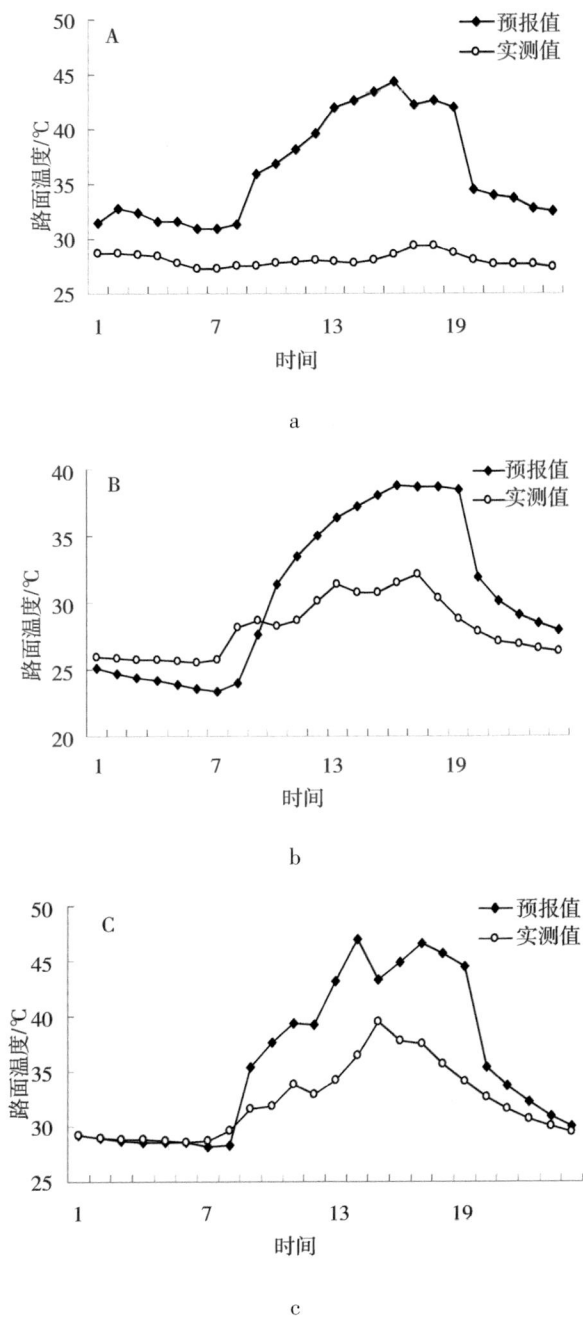

a

b

c

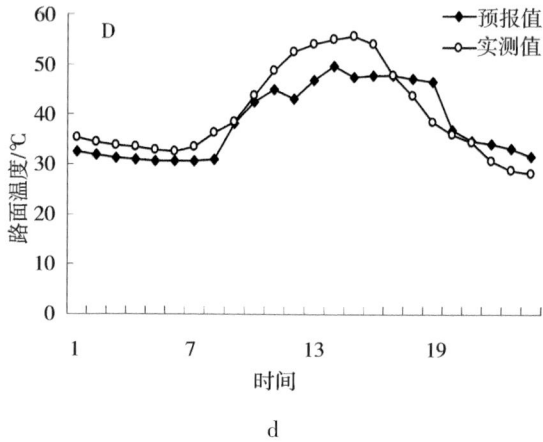

图3.37   金坛站夏季不同日照时数路面温度预报值与实测值的比较

从图3.37可以得出这样的结论：在有降水日，全天的路面温度预报值均偏高，且09—19时的预报值偏高较大，其他时间段预报值与实测值的趋势完全相同，偏高幅度不大，在2~5 ℃；无日照和日照时数<5 h的日数，路面温度预报值与实测值的趋势基本相同，00—08时路面温度预报值略低于实测值，其他时段预报值均高于实测值，且09—19时偏高较多；日照时数>5 h的日数，路面温度预报值与实测值的趋势十分吻合，除17—24时路面地温的预报值略高于实测值以外，其他时段均略低于实测值，但差值幅度都不大，大部分在4 ℃以内。

由于路面极端高温是对高速公路行驶影响最大的因素之一，所以在实际的预报当中，对最高温度的预报显得尤为重要。对比这4个实例可以看出，在有降水日、无日照日或日照时数<5 h的日数，路面温度预报的最高值均大于实测值，且随着日较差的增大，它们之间的差值越小；而在日照时数>5 h的日数，预报的路面温度最高值虽然略低于实测值，但差值很小，且其预报的全天的路面温度变化趋势与实测值基本吻合，能够很好地反映出全天的路面温度变化。

影响高速公路行驶安全的另一个方面是路面的极端低温。为了验证模型对高速公路路面低温的预报效果，图3.38给出金坛站2012年1月4日的路面温度预报值

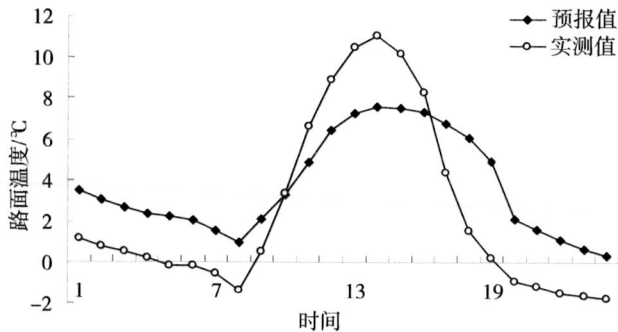

图3.38   冬季（2012年1月4日）路面温度预报值与实测值的比较

和实测值的比较。从图中可以看出，路面温度的预报值与实测值全天的变化趋势基本吻合，除 10—15 时预报值略低于实测值以外，其他时段路面温度预报值均高于实测值，但是差值很小，且这些时段偏高值很一致，都为 2 ℃ 左右。在实际的路面低温预报业务的运用中，可以对模型进行相应的订正，使模型更准确。

综上所述，结合数值预报产品后，路面温度预报理论模型的误差相对变大，但对路面高、低温的预报趋势还是十分准确的，因此对实际的预报业务有很大的指导意义。

2.4.2　建立了基于辐射平衡理论的邻近华北区域路面温度预报方法

路面温度的高低由地面净辐射通量决定，而地面的净热辐射通量是太阳和地球辐射通量之和。若不考虑车辆对路面温度的摩擦影响，应用能量守恒方法，即考虑太阳短波辐射、大气和地面的长波辐射以及潜热、感热传输等能量之间的平衡，就可以建立路面预报方法。

利用 2012 年 1 月天津临港交通气象站观测得到的地面总辐射、空气温度、空气相对湿度、路面温度、风速、地面气压、能见度和小时降水量等实测数据，结合地面辐射平衡理论，利用计算语言编程建模，实现未来 1 h 路面温度预报。

路面温度的高低由地面净热辐射通量决定，而地面的净热辐射通量是太阳和地球辐射通量之和，因此路面能量平衡方程可写为：

$$G(t) + (1 - \alpha_s) S \downarrow + L \downarrow - L \uparrow + H + LE = 0$$

式中，$G(t)$ 为 t 时刻路面导热通量，$S \downarrow$ 为太阳短波辐射（当太阳高度角 ≤ 0 时，取 $S \downarrow = 0$），α_s 为路面反照率，这里取常数 0.31，$(L \downarrow - L \uparrow)$ 为净长波辐射，H、LE 分别为感热、潜热输送。

假设路面为均匀分布的匀质体，根据热力学方程，t 时刻单位质量的路面温度与质体之间的关系可写成：

$$\frac{\partial T_s(t)}{\partial t} = \frac{1}{} \frac{\partial G(t)}{\partial t}$$

式中，C_{pd} 为公路的比热，由公路材质决定（水泥路面的比热为 1.17×10^3 J/kg），$G(t)$ 为导热通量。因此，这里只要知道预报点路面温度的初始场资料，就可以对公式进行时间差分，求得 t 时刻的路面温度，实现对 t 时刻路面温度的预报。

建立的路面温度预报方法流程如图 3.39 所示。

图 3.40 给出利用辐射平衡理论得到的 2012 年 1 月天津临港公路路面温度的预报结果。可以看到，预报绝对误差的均在 3 ℃ 以内，最大值仅为 2.3 ℃，其中，误差在 1~2 ℃ 的占 16.7%，小于 1 ℃ 的样本比例达到 81.2%。

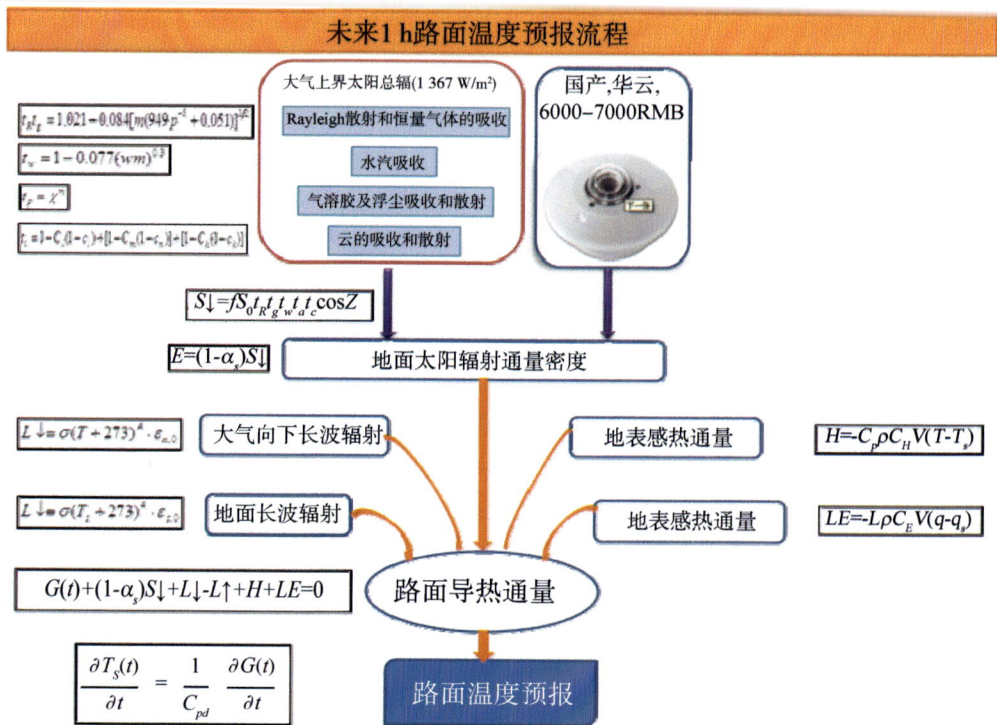

图 3.39 基于辐射平衡理论的华北区域路面温度预报流程图

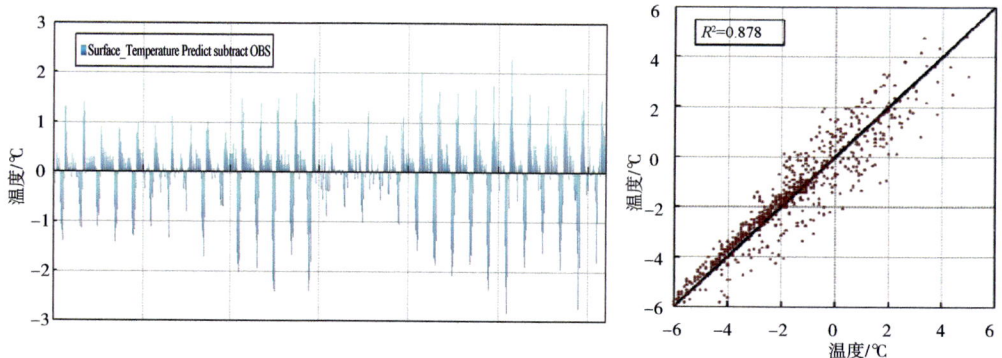

图 3.40 利用能量平衡方法计算得到的路面温度的预报值与实测值之间的对比分析

3　能见度预报转换模型研制

3.1　雾预报向能见度预报的转换模型

3.1.1　江苏地区雾预报向能见度预报的转换模型

3.1.1.1　浓雾天气背景分型

通过查阅 2010—2013 年江苏地区有雾时地面图和交通气象监测站能见度资料，排除了由于短时强降水而造成的短时低能见度的情况，对浓雾天气过程进行分析、归类和总结，发现这些浓雾过程多集中在秋末至春季这段时间，有利于形成浓雾的地面形势场主要有冷高压偏东、偏北（华北—东北），冷锋从华北—辽东半岛南下。冷锋在苏鲁交界或淮北时，受平流降温和辐射降温影响，苏北地区形成浓雾。此时，淮北地区的浓雾有时为锋面雾。

冷高压偏东（华北）主锋在山东南部到苏鲁交界处，江苏省处在冷锋前弱高压脊控制，冷空气扩散南侵，受平流降温和辐射降温影响，自淮北到苏北（或苏南）形成浓雾。淮北地区常为锋面雾。

此外，有利于形成浓雾的地面形势场还有：冷高压西—中路南下，冷锋在苏鲁交界—安庆北部—汉口一线，江苏省处在锋前弱高压脊均压区，当冷锋南下时，苏北形成浓雾；或冷高压中—西路（河套地区）南下，冷锋已过长江，长江以南为东西向的低压槽，江苏处在锋后；或冷高压中—西路南下，冷锋在苏皖交界到汉口一线，维持少动，江苏处在锋前均压区，受平流降温和辐射降温影响形成雾。

江苏地区的浓雾多为辐射雾过程，或辐射雾、平流雾相伴发生，单纯的平流雾较好。而江苏受南下高压或弱高压环流控制，辐射降温，或者处在入海高压后部，辐射降温，容易形成全省性浓雾。

根据浓雾出现的天气形势，分别从地面、500 hPa 和 850 hPa 对其进行天气分型。在常规预报的天气形势场分析和应用中，建立了大雾的预警预报流程（图 3.41）。

3.1.1.2　浓雾与典型气象要素的关系及其相关物理量指标

根据对近 3 a 江苏地区浓雾个例进行分析，江苏地区以辐射雾为主。通过统计发现江苏地区，相对湿度、温度、风速与雾的形成有较好的相关性。

（1）雾与相对湿度的关系。统计江苏高速公路浓雾出现时各次雾过程的相对湿度（图 3.42），发现总体上相对湿度越大雾发生的频率越高、能见度越低，当相对湿度在 90%～98% 时浓雾发生频率为 88.3%。其中相对湿度在 90%～95% 时发生大雾的频率最大为 74.5%，相对湿度为 95%~98% 时出现雾的概率仅为 13.8%。

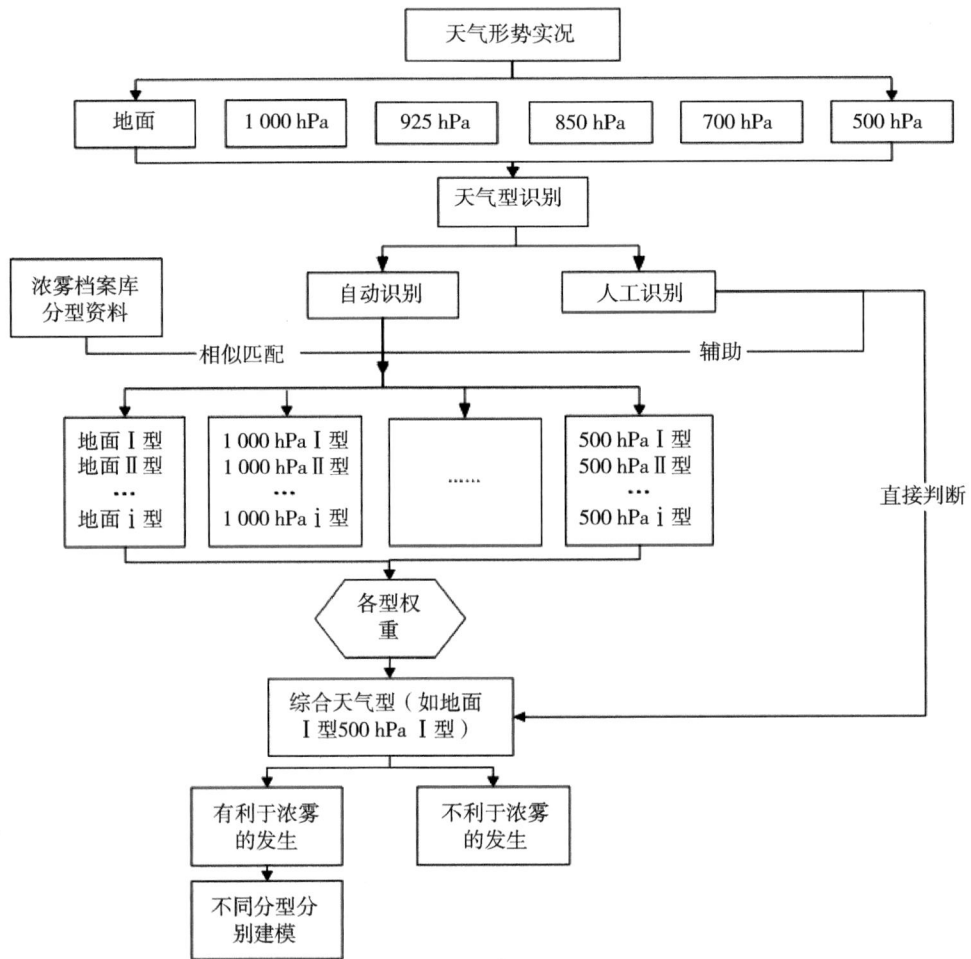

图 3.41　大雾生成的天气形势判断流程图

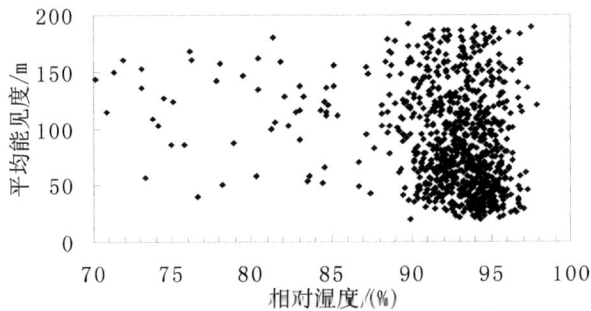

图 3.42　能见度与相对湿度散点图

（2）雾与温度的关系。高速公路浓雾发生概率随温度呈双峰形波浪变化（图 3.43），温度在 0~5 ℃时出现浓雾的频率最高为 30%，温度在 10~15 ℃为次高发温度，浓雾发生频率为 25%，整个路段有 80.6% 的大雾出现时温度在 0~20 ℃，温度在 -7~32 ℃ 范围内整个路段都有雾发生，而温度过高或过低都不利于浓雾的形成，温度过低时一方面大气中的水汽含量太少不易成雾，另一方面温度过低时水汽可能直接凝结成小冰粒而导致雾不易形成。温度过高时大气的饱和水汽压太大，降温不易达到饱和也不易形成雾。分析表明，冬季和春季的大雾日数较多，两个温度段，冬季 0~5 ℃ 浓雾频率大、春秋季 10~15 ℃ 浓雾频率大。

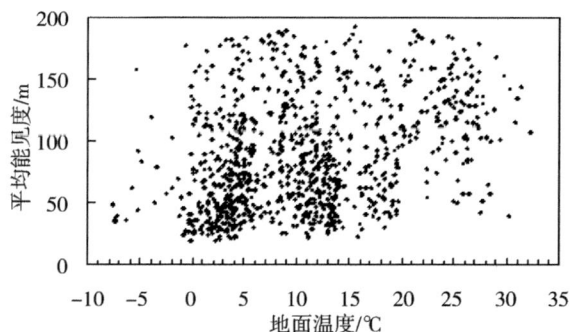

图 3.43　能见度与地面温度散点图

（3）雾与风场的关系。有雾时 90% 以上的风速在 2 m/s 以下，有超过一半的浓雾出现时风速在 1 m/s 以下（图 3.44），这与辐射雾形成时大都是小风或静风的情况相对应。而当风速小于 0.3 m/s 时没有出现一次雾。这一方面说明无风情况下不利于雾的形成；另一方面表明自动站的风探测仪器对小于 0.3 m/s 的风速不敏感。

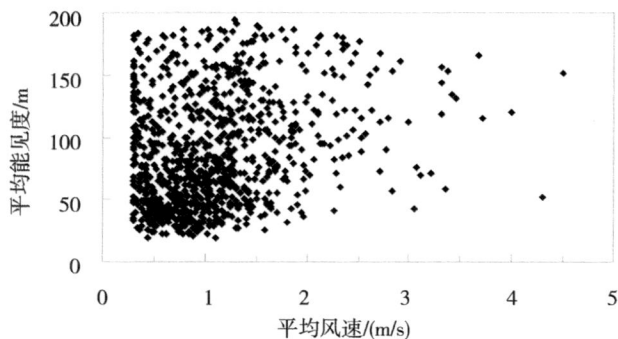

图 3.44　能见度与平均风速散点图

（4）雾预报的相关指标。通过对江苏全省 2001—2009 年逐日 08 时地面观测资料整理得到浓雾各月发生时刻各要素或物理量的平均值，进行深入分析后得到雾预报的相关指标。

①浓雾发生时相关物理量的平均值详见表 3.21。

表 3.21　浓雾发生时刻各要素或物理量的平均值

变量值月份	1	2	3	4	5	6	7	8	9	10	11	12
地面温度露点差/℃	0.5	0.5	0.6	0.5	0.5	1.1	0.4	0.8	0.5	0.6	0.7	0.6
1 000 hPa 温度露点差/℃	3.5	2.8	4.0	3.7	4.1	6.7	4.3	4.8	3.8	4.1	4.5	4.0
950 hPa 温度露点差/℃	6.3	6.5	8.3	7.0	5.9	7.3	4.1	4.8	6.2	6.3	6.9	6.5
925 hPa 温度露点差/℃	7.7	8.3	10.2	8.6	7.8	8.7	4.8	5	7.1	7.6	8.2	8.0
850 hPa 温度露点差/℃	14.6	14.9	17.1	14.2	16.1	14.7	9.7	10.6	12.9	15.5	15.5	16.6
800 hPa 温度露点差/℃	19.4	19.6	21.6	17.9	20.9	18.9	13.8	15.1	18	21.5	19.8	22.5
700 hPa 温度露点差/℃	27.9	27.4	31.6	26.8	30	27.5	23.6	23.3	29.1	32	28.3	29.9
地面比湿/（g/kg）	4.3	4.4	6.1	8.8	11.5	14.6	19.2	19.4	14.6	10.2	7.3	4.4
1 000 hPa 比湿/（g/kg）	4	4.3	5.6	7.2	9.4	10.3	16.9	16.6	12.5	8.2	5.6	3.7
950 hPa 比湿/（g/kg）	3.6	3.4	4.4	6.2	8.6	9.2	15.6	15	10.5	6.7	4.6	2.9
925 hPa 比湿/（g/kg）	3.3	3	3.8	5.6	7.8	8.3	14.7	14.3	9.6	5.9	4.2	2.6
地面相对湿度/（%）	96.5	96.5	96	96.6	97.1	93.5	97.9	95.4	96.8	96.3	95.6	95.8
1000 hPa 相对湿度/（%）	78.7	82.8	77.8	79.8	80.1	67.9	77.4	75.3	80	77.7	74	75.5
950 hPa 相对湿度/（%）	65.1	64.5	57.7	65.8	70.6	65.5	78.4	74.9	68.6	67.1	63.3	64.4
925 hPa 相对湿度/（%）	60.2	57.7	51.3	60	63.2	60	75.3	73.9	64.8	61.9	58.9	59.4
地面风速/（m/s）	1.3	1.4	1.6	1.7	1.6	1.4	1.4	1.1	1.3	1.1	1.3	1.4
1000 hPa 风速/（m/s）	4.7	5.3	4.2	4.4	3.8	3.3	2.8	2.3	3	4.5	4.9	4.7
近地层稳定度	3.1	1.6	1.7	1.6	2.1	-0.3	-1.3	-2.1	-2	-0.9	0.7	0.9
950 与 1000 hPa 温差稳定度/（℃/km）	-0.1	-0.4	0.4	-0.2	-0.5	-2	-2.3	-2.4	-1.2	-1.4	-1	-1.3
950 hPa 与地面温差稳定度/（℃/km）	0	0.3	1.5	-1.1	-0.6	-2.5	-0.6	-1.2	-1.1	-2.7	-2.3	-2.2
925 hPa 与地面温差稳定度/（℃/km）	-0.5	-0.2	0.9	-1.6	-0.9	-3.2	-1.4	-2.3	-2.1	-3.7	-3.1	-3
近地层逆滚流/（m/s）	0	-0.5	-1.3	-1	-0.1	0	0.7	0.6	-0.1	0.3	-0.2	-0.1

②预报注意点与经验指标见表 3.22。

表 3.22　预报注意点与经验指标

1	观察基础能见度、云量
2	当天 23 时地面相对湿度 > 93% 需加强监测
3	注意当天出现最高气温时的露点温度，预计第二天最低气温接近该露点时需警惕
4	雨后放晴，或者上半夜有些小雨但后半夜放晴时，关注第二天早晨的雾

续表

5	高空西南气流、地面冷空气南下前，尤其当高压高吊不下或主体偏北时，在江苏省沿江以南可能出现连续几天的浓雾
6	贴地逆温或低空逆温的强度和持续时间
7	浓雾形成时相对湿度往往达不到100%，在92%~98%
8	强冷空气南下不利于成雾
9	浓雾生成的关键时段：3—6时
10	浓雾消散的关键时段：5—10时

③单站地面气象要素统计指标见表3.23。

表3.23　单站地面气象要素统计指标

序号	单站地面要素	统计指标
1	风	非静风，≥0.4 m/s（97%），其中0.4~1.8 m/s（91%）
2	相对湿度	在92%~98%，团雾可低至88%
3	气温	成雾前气温下降（95%），个别由于暖平流或潜热释放气温略有升高
4	水平能见度变化	浓雾（能见度降至200 m以下）形成前半小时，降幅达500 m的概率占85%，降幅达1 000 m的概率占68%；形成前10 min，能见度降幅达500 m的概率占50%
5	温度露点差	0.9~1.2 ℃时，能见度<1 000 m；0.8~1.0 ℃时，能见度<500 m；<0.8 ℃时，能见度<100 m

④雾的排空指标见表3.24。

表3.24　雾的排空指标

不利于成雾	层次或要素	经验指标
环境场	500 hPa	槽后有较强冷平流
	850 hPa	20时天气图显示120 °E附近有冷温度槽
	地面	强冷空气刚南下，第二天早晨不易出现雾
		冷高压高吊在35°N以北并向东移动，30°N附近盛行NE-NNE风，且风速≥4 m/s（气压梯度ΔP≥7.5 hPa/5个纬距）
		冷高压缓慢南下，30°N以南有低压倒槽东移，30°~35°N有3条等压线，NE风≥3~4 m/s
单站	相对湿度	23时至翌日02时相对湿度<80%
		14时左右的相对湿度在20%~30%
	风速	≥4 m/s
	露点温度	露点处于明显下降中，或清晨的露点温度<-5 ℃

3.1.1.3 浓雾产生前的先期征兆现象

浓雾的形成不是一次完成的，普查172次大雾过程个例的逐分钟能见度变化曲线（图3.45），可发现大雾在长时间低能见度浓雾出现前会出现短时间的能见度突降，可形象地称之为"象鼻"形。"象鼻"形现象是突然出现的且持续时间较短，能见度值不是很低，也不稳定，一般在100~800 m之间波动，但这是突发浓雾的前奏，具有一定的预报信息，可总结为"象鼻形"先期振荡的概念模型（图3.46）。

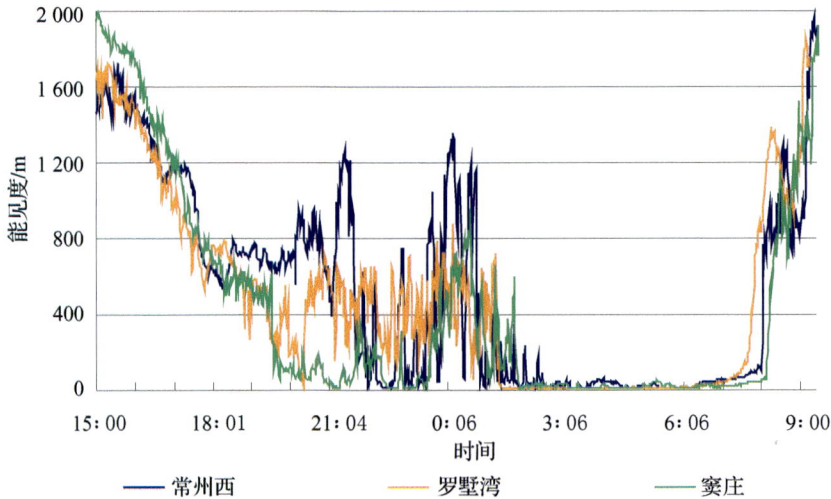

图3.45 沪宁高速公路三站一次雾过程能见度随时间变化关系

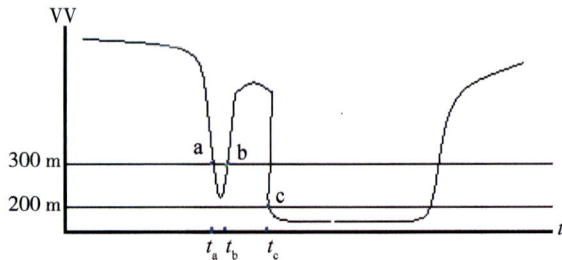

图3.46 "象鼻"形先期振荡的概念模型

"象鼻"形先期振荡的取样指标：能见度<300 m，即a~b。

浓雾过程（象体）的确定指标：能见度<200 m，即c点之后。

研究路段中82%的"象鼻"持续了10~20 min，11%的"象鼻"持续了30 min左右。这些"象鼻"能见度降低100~400 m，占90.4%，其中有2次个例前兆能见度降低800 m左右，5次个例降低1 000 m左右，1次浓雾前甚至降低了1 400 m。由此可以定义，长时间大雾出现前有至少一个短时间的能见度突然降低100 m以上，称这种现象为"象鼻"现象。在实际浓雾形成过程中，常是在形成前或初期多次发生能见度的较大波动，如图3.46，这是团雾的表现，即浓雾形成前期常会有多次团雾现象，而典型的"象鼻"现象是团雾的特例。

这些团雾中，辐射雾占85.8%，平流雾占9.4%。77.8%的辐射雾出现前有"象鼻"现象，平流雾出现"象鼻"现象的概率为 37.1%。沪宁高速公路全线均有团雾出现，其中东段河网地区以阳澄湖和无锡北两站为代表，其出现"象鼻"现象的概率分别为 55.8% 和 68.5%；中段西段以罗墅湾和窦庄为例，出现的概率分别为 73.9% 和 71.8%；西段以镇江、黄粟墅为例，分别为 70.4% 和 78.4%，可见沪宁高速公路全线中西段出现团雾的概率高于东段。各个季节都有团雾出现，4 月出现的概率最高达到 80%，10 月到翌年 2 月出现的概率也较高，达到 70% 以上，其他月份出现较少。一天中团雾出现在夜间的概率极高，22 时到翌日 5 时最为集中，并且西段站点团雾均出现在 20 时至翌日 9 时之间，东段河网区站点有白天出现的个例。

团雾出现过程中，能见度呈跳跃式变化，波动性很强。随着能见度的上下波动，相对湿度、温度也不断变化。相对湿度并不是随着能见度的降低而逐渐升高，而是上下波动的，相对湿度每上升一定时间后，能见度就会下降一段时间即产生团雾。一定时间后相对湿度下降，然后能见度好转，如此反复直到大雾形成的气象因子成熟，相对湿度较稳定上升，此时真正的大雾形成。温度的变化趋势与能见度的变化趋势基本一致，从图中可以看出，团雾期间温度每下降 1 次，能见度也有所下降，因此温度的变化对团雾中能见度的变化有较好的指示作用。同时发现，团雾过程中相对湿度、温度的变化幅度较大片浓雾形成时的变化幅度大，而风速在这个过程中变化不大且较小，一般在 0~1 m/s，略有下降趋势。但是大雾要消散前风速上升很快，因此风速对大雾的消散具有很好的指示意义。图 3.47 是根据"象鼻"形原理开发的浓雾短临预警系统。

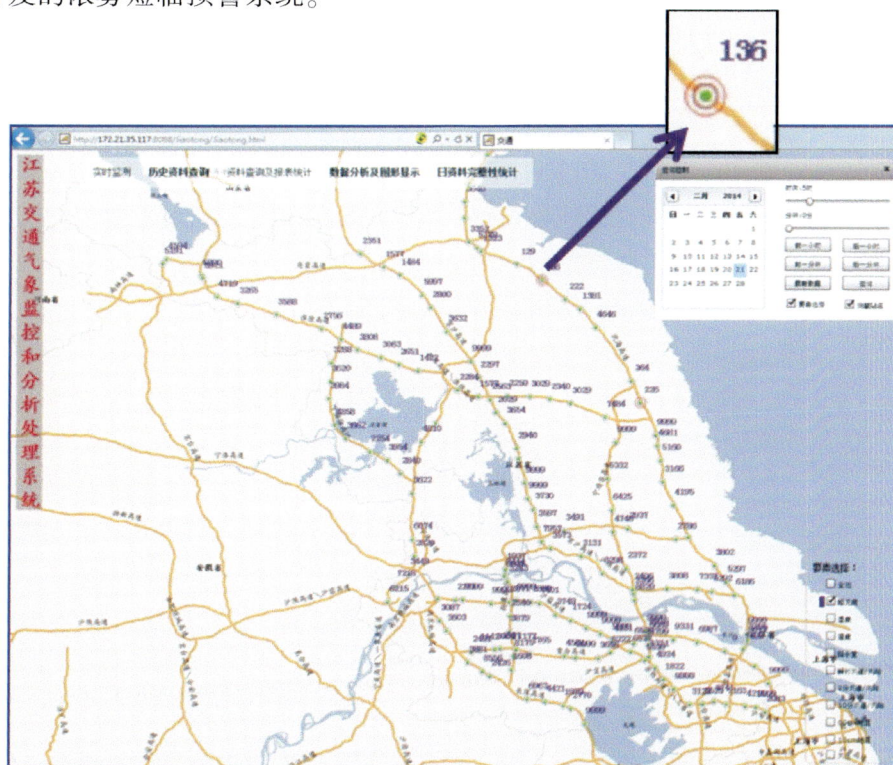

沿海高速历史资料查询

站名	时间	能见度	温度	湿度	降水量	瞬时风速	瞬时风向	2'风速	2'风向	10'风速	10'风向	00cm地温	10cm地温
灌云北枢纽北侧	2014-02-21 05:10:00	3314	-1.1	94.4		0.8	102	0.8	101	0.8	100	-0.8	1.9
灌云服务区	2014-02-21 05:10:00	839	0.1	58.2		0.7	68	0.6	64	0.4	45	-1.5	3.2
灌河大桥北岸	2014-02-21 05:10:00	225	-2.7	92.2		0.5	112	0.3	112	0.4	104	-0.5	3
六塞	2014-02-21 05:10:00	441	-1.8	94.4		0.6	240	0.5	237	0.4	219	-1.4	3.3
滨海	2014-02-21 05:10:00	3162	-1.9	93		0.3	10	0.3	4	0.3	340	-2	4.8
滨海服务区	2014-02-21 05:10:00	3691	-3.7	96.5		0.3	217	0.3	214	0.3	193	-1.1	3.6
射阳服务区	2014-02-21 05:10:00	391				0.5	257	0.6	258	0.4	193	-1.6	5.1
盐城东	2014-02-21 05:10:00	1563	-1.8	96.6		0.7	32	0.3	14	0.3	305	-0.9	3.9
大丰互通	2014-02-21 05:10:00	9999	0.6	93.9		0.3	46	0.8	66	0.8	76	0.1	3.3
大丰服务区	2014-02-21 05:10:00	5210	0.2	96		0.9	10	1.2	30	0.9	37	-0.6	4.8
白驹	2014-02-21 05:10:00	6766	-0.4	95.9		0.6	28	0.7	32	0.9	33	-1.2	3.3
东台收费站出口	2014-02-21 05:10:00	3258	-10	87.3		1.1	347	0.7	339	0.8	8	-0.6	5.3
东台服务区	2014-02-21 05:10:00	4233	-0.4	94.4		0.7	92	0.6	81	0.7	67	-0.1	5.3
雪岸														
如东服务区	2014-02-21 05:10:00	2756	-0.1	94.5		0.6	297	1	291	0.9	323	-1.4	3.4
刘桥互通	2014-02-21 05:10:00	5127	0.1	93.8		0.9	323	1.3	325	1	329	-0.1	3.8

图 3.47 "象鼻形"预警系统

3.1.1.4 建立能见度预报模型

（1）浓雾数值预报产品释用模型。根据上述统计指标得出，雾的形成和湿度、温度、风等气象要素有关。利用自动站资料，采用统计、诊断方法并结合建立能见度预报模型形成预报产品。

雾的出现和各种气象要素有一临界值，选取相对湿度、风向、温度露点差等因子作为江苏省雾预报的预报因子通过过对数值模式的解释应用形成浓雾预报产品（图3.48）。目前该产品已经应用于交通气象日常预报服务，并且每周进行总结和评价。

（2）配料法建立浓雾预报模型。配料法是一种基于对天气的物理机制认识的基础上，通过分析关键物理因子互相配合和演变过程的预报方法，1996 年由 Doswell 在暴雨研究中首次提出的。他通过分析不同的强降水类型发生的物理机制，用配料法制作暴雨的潜势预报分析。后来，部分学者将这一方法用来对冬季暴雪及中尺度系统进行预报分析，取得了较好的效果。目前，配料法在国内主要应用于暴雨的预报中。本项目将这一方法移植到雾的预报中，对雾进行研究。

①诊断因子的选取。通过对本地雾的机理研究发现，雾的预报中关键性因子有如下几种：大气稳定度、水汽因子、地面风都是雾预报的基本要素。上述因子构成了本试验所选择的基本配料，以此为基础，综合各因子在雾的发生发展中的变化，考虑不同地域、不同气候背景和影响系统下多因子的综合叠套，进而给出预报。

a. 大气稳定度：近地面气层比较稳定或有逆温存在时，有利于水汽和尘埃杂质的聚集，这时只要高空大气环流形势维持相对稳定，在近地面辐射冷却作用下便有利于形成雾。在一般自然状态下，气温随高度递减率为 $\Gamma = 6.5\ ℃/km$，当 $\Gamma > 6.5\ ℃/km$ 时，大气层结会变得不稳定；反之，当 $\Gamma < 6.5\ ℃/km$ 时，大气层结会处于稳定状态，如果大气低层出现逆温，那么大气稳定。因此，选用地面、925 hPa、850 hPa 的温度作为参考量。如果 $\Gamma < 6.5\ ℃/km$ 时，则该层次上有逆温存在。

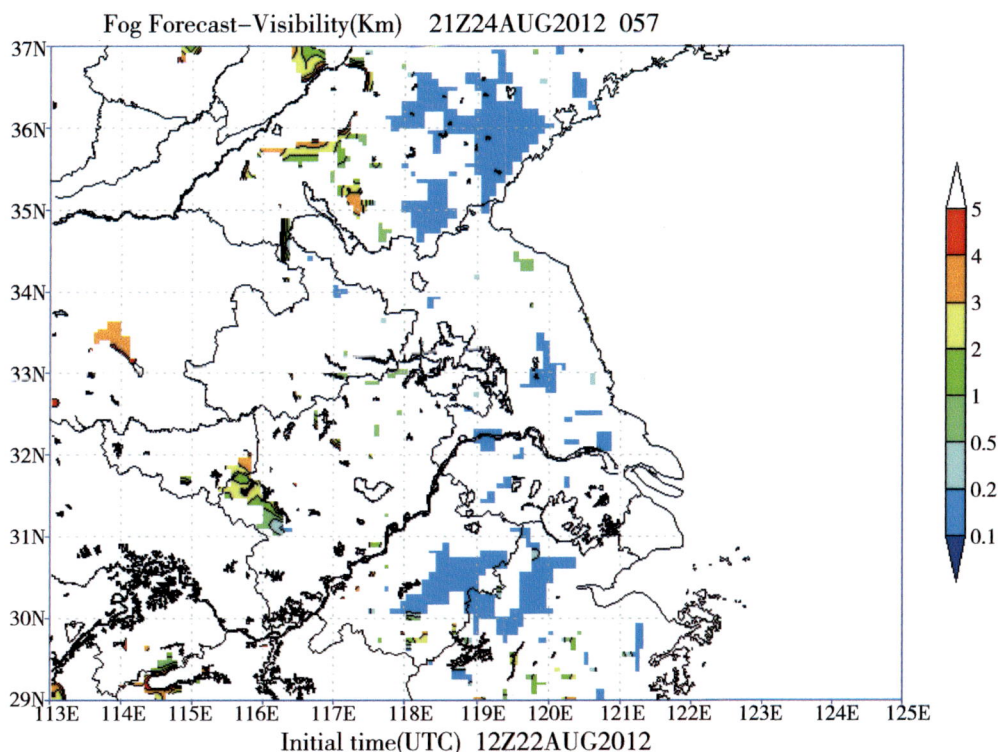

图 3.48 江苏数值模式释用大雾预报产品

b. 水汽条件: 利用地面相对湿度及 925 hPa、850 hPa 上的温度露点差来表征大气中的水汽特征。地面相对湿度 RH>80% (表 2-10)，925 hPa、850 hPa 的 $T-T_d<$ 3 ℃，浓雾时地面 $T-T_d<2$ ℃。

c. 地面风: 风向对江苏省高速公路沿线雾影响不大。2min 平均风速一般要小于 4.4 m/s (表 3.25)。另外每个月出现浓雾天气时最大风速不尽相同，1 月在风速 5 m/s 时仍可出现浓雾天，而 10 月和 2 月出现浓雾一般要求风速低于 2 m/s。

d. 垂直速度: 垂直运动速度对雾的生消也有很大影响 (表 3.26)。大雾发生期间，850 hPa 垂直速度以正速度为主，一般小于 5.8Pa/s (86.7%)；925 hPa 垂直速度以正速度为主，一般小于 4.9Pa/s (81%)；1000 hPa 垂直速度以负速度或弱正速度为主，一般小于 2.0Pa/s (74%)。

表 3.25 宁镇常区域浓雾维持时气象要素变化区间

路段	站名	相对湿度/ (%)	瞬时风速/ (m/s)	2 min 平均风速/ (m/s)	10 min 平均风速/ (m/s)
南京段	马群	[89.8, 96.1]	[0.3, 3.6]	[0.3, 2.5]	[0.3, 2.2]
	黄栗墅	[84.5, 98.5]	[0.3, 4.3]	[0.3, 3.7]	[0.3, 3.9]
	汤山	[86.9, 95.9]	[0.3, 4.1]	[0.3, 4.3]	[0.3, 3.9]

续表

路段	站名	相对湿度（%）	瞬时风速/（m/s）	2 min 平均风速/（m/s）	10 min 平均风速/（m/s）
镇江段	句容	[84.9, 95.8]	[0.3, 4.6]	[0.3, 3.1]	[0.3, 4.6]
	仙人山	[79.3, 97.8]	[0.3, 5.9]	[0.3, 4.4]	[0.3, 4.2]
	镇江	[82.5, 96.1]	[0.3, 5.4]	[0.3, 4.3]	[0.3, 3.8]
	河阳	[84.8, 98.3]	[0.3, 6.0]	[0.3, 4.3]	[0.3, 4.0]
	丹阳	[84.7, 96.1]	[0.3, 4.0]	[0.3, 3.0]	[0.3, 2.6]
	窦庄	[79.5, 96.8]	[0.3, 4.1]	[0.3, 3.1]	[0.3, 2.7]
常州段	罗墅湾	[83.4, 96.6]	[0.3, 4.5]	[0.3, 3.9]	[0.3, 3.8]
	薛家	[83.4, 96.6]	[0.3, 4.9]	[0.3, 3.9]	[0.3, 3.8]
	常州北	[84.8, 97.2]	[0.3, 4.1]	[0.3, 3.4]	[0.3, 2.9]
	芳茂山	[86.7, 95.8]	[0.3, 4.7]	[0.3, 3.7]	[0.3, 3.1]
	横山	[84.9, 95.2]	[0.3, 5.7]	[0.3, 4.0]	[0.3, 3.3]

表 3.26　大雾发生期间各高度层垂直速度变化区间

层次	850 hPa	925 hPa	1 000 hPa
垂直速度区间/（Pa/s）	[0.0, 5.8]	[0.1, 4.0]	[-1.9, 1.8]

② 效果检验。根据以上配料值，以 2012 年 10 月 26—29 日比较有代表性的 3 次大雾天气为例加以说明（表 3.27~表 3.30）。

表 3.27　10 月 26 日大雾天气各配料要素值

发生时间		04 时至 09 时 02 分 [600 m]			
时次		02 时	05 时	08 时	11 时
相对湿度/（%）	地面	93	97	98	83
$T-T_d$/ ℃	850 hPa			1	
	925 hPa			3	
	地面			1	
风	风向	ESE	NNW	NE	ESE
	风速/（m/s）	0.8	1.2	2.2	3.2
垂直速度（10^{-2} Pa/s）	925 hPa	-2.4		-0.3	
	1 000 hPa	-1.6		-1.1	
大气稳定度 Γ/（℃/km）	地面至 850 hPa	3.9			

a. 10 月 26 日的大雾过程，发生在 4 时以后，09 时后减弱消散。首先从湿度条件来看，在大雾发生前的 02 时相对湿度已高达 93%，05 时、08 时均在 90% 以上，大雾消散后的 11 时相对湿度已下降为 83%。$T-T_d$ 在 08 时 850 hPa、925 hPa、地面分别为 1 ℃、3 ℃、1 ℃，湿层厚，湿度条件非常有利于大雾的发生。其次，风向有利于雾的发生，05 时和 08 时为 NNW、NE，有弱冷空气的渗透，有利于水汽凝结，风速 02 时、05 时、08 时分别为 0.8 m/s、1.2 m/s、2.2 m/s，均为小风，也有利于雾的产生。垂直速度 02 时、08 时 925 hPa 分别为 $-2.4×10^{-2}$ Pa/s、$-1.6×10^{-2}$ Pa/s，垂直速度比较小；1 000 hPa 分别为 $-0.3×10^{-2}$ Pa/s、$-1.1×10^{-2}$ Pa/s，气流的运动弱，不利于扩散。大气稳定度 Γ 为 3.9 ℃/km，小于 6.5 ℃/km 时，该层次上有逆温存在。以上几个配料均有利于大雾的产生，因此这次大雾持续时间长，能见度较低。

表 3.28　10 月 27 日大雾天气各配料要素值

发生时间		00—08 时（主要 00—03 时）[800 m]			
时次		02 时	05 时	08 时	11 时
相对湿度/（%）	地面	96	97	97	87
$T-T_d$/ ℃	850 hPa			2	
	925 hPa			1	
	地面			2	
风	风向	NNW	WNW	WNW	WNW
	风速/（m/s）	1.1	1.1	1.6	3.4
垂直速度/（10^{-2} Pa/s）	925 hPa	-30.8		-140	
	1 000 hPa	-7.1		-2.9	
大气稳定度 Γ/（℃/km）	地面-850 hPa	4.3			

b. 10 月 27 日的大雾过程，发生在 00—08 时之间，主要是 00—03 时，这次大雾过程持续时间很短，且大部分时间能见度不低。首先从湿度条件来看，相对湿度 02 时、05 时、08 时均在 90% 以上，$T-T_d$ 在 08 时 850 hPa、925 hPa，地面分别为 2 ℃、1 ℃、2 ℃，湿层比较厚；其次风向有利于雾的发生，尤其是 02 时、05 时、08 时均为 NNW、WNW、WNW，有弱冷空气的渗透，有利于水汽凝结。风速 02 时、05 时、08 时分别为 1.1 m/s、1.1 m/s、1.6 m/s，均为小风，也有利于雾的产生。大气稳定度 Γ 为 4.3 ℃/km，小于 6.5 ℃/km 时，该层次上有逆温存在。垂直速度 02 时、08 时 925 hPa 分别为 $-30.8×10^{-2}$ Pa/s、$-14×10^{-2}$ Pa/s，垂直速度比较大。1 000 hPa 分别为 $-7.1×10^{-2}$ Pa/s、$-2.9×10^{-2}$ Pa/s，垂直速度略大，气流的下沉运动不弱，对大雾的产生不是特别有利，因此这次大雾持续时间不长，能见度也不太低。以上几个配料湿度条件、风向风速、大气稳定度均有利于大雾的产生，但是垂

直速度这个配料的条件不太满足，因此这次大雾不太明显。

表 3.29　10 月 29 日大雾天气各配料要素值

发生时间		02 时—08 时 41 分 [550 m]			
时次		02 时	05 时	08 时	11 时
相对湿度/（%）	地面	90	95	94	68
	850 hPa			21	
$T-T_d$/ ℃	925 hPa			22	
	地面			2	
风	风向	ENE	ESE	SE	ESE
	风速/（m/s）	0.7	1.1	0.9	3.2
垂直速度/（10^{-2} Pa/s）	925 hPa	-6.9		-0.2	
	1 000 hPa	-4.0		-0.8	
大气稳定度 Γ/（℃/km）	地面-850 hPa	2.5			

c. 10 月 29 日的大雾过程，最早发生在 02 时，08 时 41 分消散。首先从湿度条件来看，02 时、05 时、08 时相对湿度均在 90% 以上，大雾消散后的 11 时相对湿度已下降为 68%，$T-T_d$ 在 08 时 850hPa、925 hPa，地面分别为 21 ℃、22 ℃、2 ℃，可见此次大雾过程的湿层很低，低于 925 hPa（对应 800 m 左右），湿度条件较有利于大雾的发生；其次风向比较有利于雾的发生，02 时、05 时、08 时分别为 ENE、ESE、SE，说明 02 时有弱冷空气渗透，有利于水汽凝结。05 时、08 时吹 SE 风则有利于海上水汽的输送，风速 02 时、05 时、08 时分别为 0.7 m/s、1.1 m/s、0.9 m/s，均为小风，有利于雾的产生。垂直速度 02 时、08 时 925 hPa 分别为-6.9 Pa/s、-0.2×10^{-2} Pa/s，1 000 hPa 分别为-4.0 Pa/s、-0.8×10^{-2} Pa/s。08 时气流的下沉运动比较弱，不利于扩散，但 02 时垂直速度值略大，对大雾的产生不太有利。大气稳定度为 2.5 ℃/km，小于 6.5 ℃/km 时，大气稳定度很好，该层次上有逆温存在。以上几个配料中风向风速、大气稳定度非常有利于大雾的产生，但是湿层较低，湿度条件有所欠缺，垂直速度 02 时比较大，08 时比较小，因此这次大雾持续时间较长，但能见度不太低。

（3）基于"接近度"的大雾预报方法。"接近度"最初主要应用于强对流预报，它的意义在于，只要某种天气条件下，比较序列与参考序列越接近，则发生强对流天气的可能性就越大。两个序列接近程度的度量存在两方面情况，一是距离的接近，二是形态的接近。如图 3.49 中，曲线 A 代表参考序列，曲线 B 和 C 是两组比较序列。考察比较序列与参考序列的接近度，从不同的视角会得出不同的结论，如从距离来判断，显然曲线 B 与参考序列 A 接近，而如从形态来判断，则曲线 C 与 A 接近，因为 C 仅是 A 向下平移的结果，而曲线 B 与 A 则成反位相走向。显见，两种判据都不能完全反映出序列间的接近程度，实际应用过程中根据距离和形态的重要性，分别赋予适当的权重，构造综合的接近度。

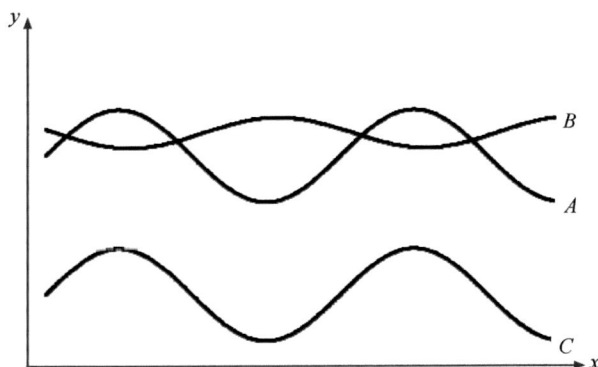

图 3.49　序列间的关系图

①模糊接近度。根据模糊集理论，设 A 和 B 是研究论域 x 上的两个模糊子集，$\mu_A(x)$ 和 $\mu_B(x)$ 分别为 A 和 B 的隶属函数，则定义模糊接近度：

$$N_m(A,\ B) = \frac{1}{2}\left[A \cdot B + (1 - A \otimes B)\right]$$

式中，$A \cdot B$ 为模糊子集间的内积，为两隶属函数交集的最大值，$A \otimes B$ 为模糊子集间的外积，为两隶属函数并集的最小值，所以模糊接近度又可表示为：

$$N_m(A,\ B) = \frac{1}{2}\max \min\left[\mu_A(x),\ \mu_B(x)\right] + \frac{1}{2}\left\{1 - \min \max\left[\mu_A(x),\ \mu_B(x)\right]\right\}$$

模糊接近度的概念与距离的概念相反，接近度介于 [0, 1] 之间，接近度越接近于 1，表明两个模糊集越接近，接近度越接近于 0，表明两个模糊集越相离。

②海明接近度。海明接近度由海明距离演化而来，同样设 A 和 B 是研究论域 x 上的两个模糊子集，$\mu_A(x)$ 和 $\mu_B(x)$ 分别为 A 和 B 的隶属函数，则定义海明距离为：

$$d(A,\ B) = \sum_{i=1}^{n}\left|\mu_A(x_i) - \mu_B(x_i)\right|$$

海明接近度则定义为：

$$N_h(A,\ B) = 1 - \frac{1}{n}\sum_{i=1}^{n}\left|\mu_A(x_i) - \mu_B(x_i)\right|$$

海明接近度实质上也属于一种距离判别法，海明距离表示两隶属函数曲线相交部分所围成的面积，两隶属函数间不论其性质如何，形状差别多大，只要相交部分的总面积相等，则其海明距离相等，即使在两隶属函数相差很大的情况下，仍有可能因 d 值相等而得出相近的结论，海明接近度亦然。

项目用基于"接近度"的理念构建了其他与雾相关的预报产品，包括潜势指数、灰色关联接近度、近地层稳定度等数十种指数（图 3.50）：选用地面气象资料，包括风（风向风速）、气压、相对湿度、温度露点。根据以往研究结果，确定了与雾相关性较大的气象要素指标，相对湿度以及地面和低层的风向风速、反应逆温情况的950 hPa和925 hPa与地面温差以及逆滚流。利用地面及高空资料，计算有雾时的各指标值及气候态的指标值。

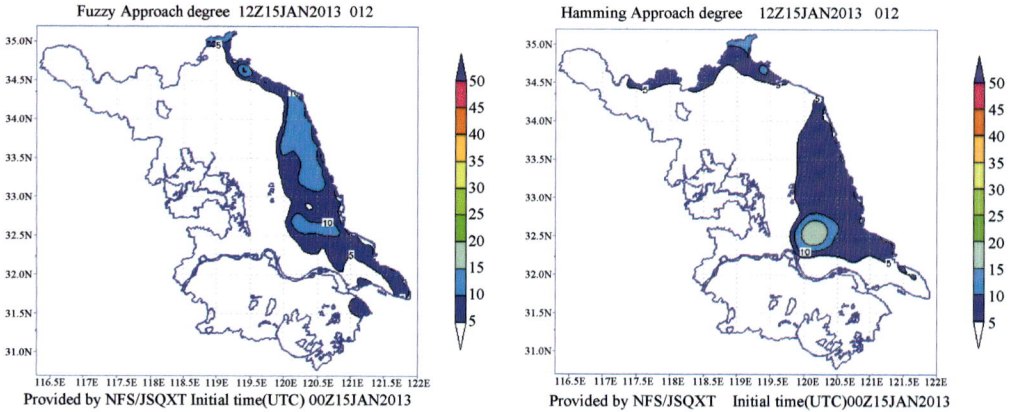

图 3.50　雾的模糊接近度指数（左）和海明接近度指数（右）预报产品示意图

例如，2011 年 10 月 10 日早晨实况显示，在江淮之间出现浓雾，其他地区以轻雾为主（图 3.51a），而提前 12 h 潜势预报显示（图 3.51b）预报区域与实况较一致，但比实况范围略大。

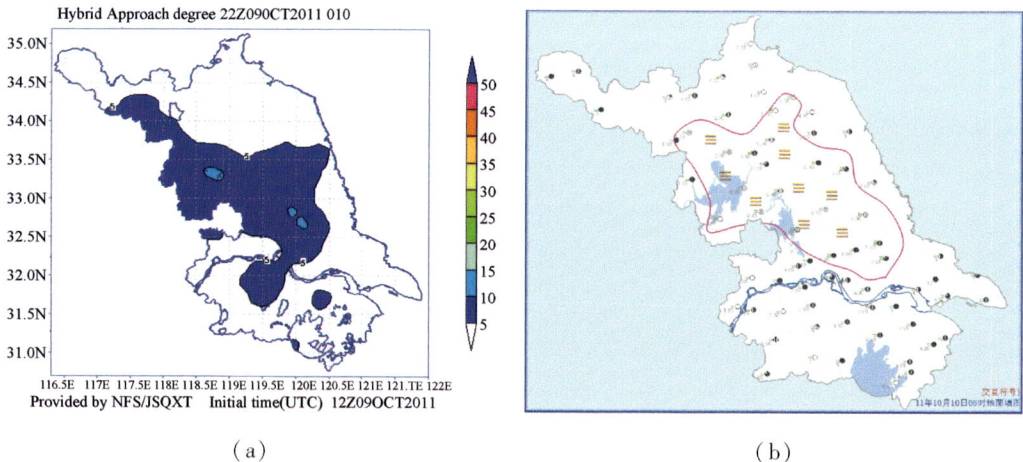

（a）　　　　　　　　　　　（b）

图 3.51　雾的潜势预报指数产品（a）与实况（b）对照

（4）PP 法。PP 法（完全预报法）是用历史资料中与预报对象同时间的实际气象参量作预报因子，建立统计关系。因统计中使用了大量历史资料，得出的统计规律一般比较稳定可靠。它可以利用不同的数值模式的输出产品进行预报，且随着数值模式的改进，PP 法会自动地随之提高预报准确率，且由于数值模式改动时，事先建立的统计关系不会受到影响，因而不会影响业务工作的连续进行。本项目利用

SPSS for Windows 软件进行多元线性回归分析。

①SPSS 软件。SPSS for Windows 是 SPSS/PC 的 Windows 版本，是世界上流行的三大统计分析软件之一。SPSS 是世界上最早的统计分析软件，由美国斯坦福大学于 20 世纪 60 年代末研制，应用于自然科学、技术科学、社会科学的各个领域，SPSS 具有自动统计绘图、数据深入分析、使用方便、功能齐全等优点。

②多元线性回归。回归统计主要是研究变量和变量之间的关系，使用回归分析得到反映各种变量之间的变化公式。

设应变量 y 和自变量 x1、x2、…、xk 有关，要求用 b0+b1x1+b2x2+…+bkxk 来估计 y 的数学期望值。使用 y 与变量 x 的 n 组值在一定的约束条件下用最小二乘法解出系数 b0、b1、b2、…、bk，即解出方程组：

$$yi = b0+b1x1i+b2x2i+\cdots+bkxki+ei \ (i=1, \ 2, \ \cdots, \ n)$$

使 $\sum_{i=1}^{n} [y_i - (b0 + b1x1i + b2x2i + \cdots + + b1k\ ki)]^2$，取最小值。

③回归因子的选择。影响能见度的主要气象条件有天气类型、风向、风速、温度、气压、湿度、降水量、大气稳定度、逆温及混合层高度、云量及基础能见度等。经过对交通沿线历史数据的分析，比较和筛选后我们选出了以下几个因子作为回归统计的对象：平均风向、平均风速、相对湿度、基础能见度和气温。

使用交通沿线实测能见度和上述因子进行多元逐步回归统计，计算得到两组统计方程：

预测方程 1（表 3.30），参与回归的因子有风向、风速和相对湿度。为了达到更好的预报结果，从南京、镇江、常州各取一个站建立了预测方程 2（表 3.31），参与回归的因子除了风向、风速、相对湿度，还增加了 23 时实测能见度和气温（其中 23 时能见度作为后半夜浓雾预报的基础能见度）。

表 3.30　能见度预测方程 1

站点	$x1$：风向，$x2$：风速（m/s），$x3$：相对湿度/（%）
常州北	$y=39.442-0.057+3.823x_2$
薛家	$y=736.346+0.038x_1+1.681x_2-0.755x_3$
横山	$y=443.684-0.051x_1+2.843x_2-0.433x_3$
罗墅湾	$y=838.925+0.02x_1+1.581x_2-0.855x_3$
丹阳	$y=186.365+0.019x_1+3.623x_2-0.164x_3$
窦庄	$y=626.949-0.045x_1+2.143x_2-0.619x_3$
河阳	$y=359.416-0.034x_1+2.05x_2-0.342x_3$
句容	$y=350.337+4.394x_2-0.343x_3$
镇江	$y=525.85+2.789x_2-0.529x_3$
仙人山	$y=120.391-0.045x_1+2.19x_2-0.077x_3$
黄栗墅	$y=294.823+0.026x_1-0.236x_3$
汤山	$y=49.225+0.060x_1+0.903x_2$
马群	$y=787.985-0.76x_3$

表 3.31 能见度预测方程 2

站点	x_1：23 时实测能见度（m），x_2：相对湿度（%），x_3：风向 x_4：风速（m/s），x_5 气温（℃）
薛家	$y=814.387-0.002x_1-0.845\,x_2+0.038\,x_3+1.613\,x_4+0.121x_5$
仙人山	$254.695+0.005x_1-0.257\,x_2+0.017\,x_3+2.352\,x_4+0.178x_5$
黄栗墅	$y=260.920+0.018\,x_1-0.220\,x_2+0.035x_3+0.323\,x_4$

④将数值模式输出的风向、风速、气温值等作为 x 代入计算得到某一时刻的能见度 y。本试验在后期检验和应用时代入的是每日 08 时起报的 GFS 次日 02 时、05 时和 08 时的预测数据，预报员通常可以在当天 14 时以后获取最新的 GFS 预报，用于计算第二天凌晨的能见度情况。

由于交通气象监测站监测到的风速为 3 m 高度，因此需要将模式输出的 10 m 风速数据折算到 3 m 高度。根据风随高度变化规律，采用了以下算法：

$$V_1 = V_0 (\frac{Z_1}{Z_0})^a$$

式中，V_1 为任意高度 Z_1 处的平均风速；V_0 为标准高度 Z_0 处的平均风速；a 为地面粗糙度指数。由于宁镇常属于丘陵地貌，a 取经验值 0.22，Z_0 取 10 m。

即：3 m 风速 = 10 m 风速 $(\frac{3}{10})^{0.22}$

⑤效果分析。随机抽取 2012 年几次雾的实例验证如表 3.32 所示。

表 3.32 PP 法预报浓雾的效果示例   m

日期	站点	预报（能见度）			实况（能见度）			误差（能见度）		
		02 时	05 时	08 时	02 时	05 时	08 时	02 时	05 时	08 时
2012 年 2 月 5 日	窦庄	575	1 432	571	859	1 759	519	−284	−327	52
	薛家	681	673	567	724	552	436	−43	121	131
	罗墅湾	773	765	460	775	634	170	−2	131	290
2012 年 2 月 21 日	河阳	1 543	322	460	2 558	562	455	−1015	−133	5
	薛家	978	876	785	1471	1391	730	−493	−515	55
	丹阳	882	181	180	1 209	102	218	−327	79	−38
2012 年 4 月 14 日	河阳	331	118	130	371	49	96	−40	69	34
	句容	330	158	230	383	16	69	−53	142	161
	仙人山	114	100	112	98	58	151	16	42	−39

由表 3.32 可见，尽管预报的能见度与实况能见度在具体数值上较难吻合，但这种方法对于雾的量级预报还是有一定效果（回归方程 1 优于回归方程 2），应用时可供参考。

（5）大雾能见度的经验公式及其改进公式预报方法。在 20 世纪早期的研究中就已得出能见度与雾微物理特性的关系。Koschmieder 在 1920 年提出了能见度与大气消光系数的关系式，直至今日这个关系式依然作为各种能见度测量仪器的基础原理。Koening 于 1971 年表明消光系数是雾滴谱分布和米散射消光系数的函数。Eldridge 和 Pinnick 等以及 Kunkel 则分别推导出消光系数与液水含量的参数化公式，公式中只考虑了含水量与消光系数的关系。Bott 和 Trautmann 使用预报方程发展出一个可以预报雾滴数浓度和含水量的模式，而这一部分工作则是预报能见度的基础。

Gultepe 等发现能见度不应只跟含水量有关，还应该考虑雾滴数浓度，当数浓度作为雾能见度参数化的一个因子时，能见度的拟合效果可以提高 50%。国内一些专家学者对雾及能见度也做了大量研究，表明 Gultepe 等研究成果对能见度的计算有较好的参考价值。

基于上述研究成果，本系统引用 Gultepe 对雾的能见度计算公式：

$$Vis = a/(LWC \cdot N_d)^b$$

式中，Vis 是能见度（单位：km）；LWC 表示含水量（单位：g/m^3）；N_d 表示雾滴数浓度（单位：cm^{-3}）；a、b 分别是根据实际情况待确定的系数。根据孟蕾等研究确定参数 a 和 b 分别为 0.113 33 和 0.134 18。由于模式中没有雾滴浓度的输出，故雾滴浓度 N 数值的确定根据 Gultepe 等的研究表明 N_d 的增加伴随着 LWC 增加。LWC 与 N_d 有如下关系：

$$LWC = 1 \times 10^{-6} N_d^2 + 0.0014 N_d$$

由上式根据模式输出 LWC 计算出 N_d，再代入公式，最后得出能见度。

根据液态水含量（LWC）、雾滴浓度（N_d）和能见度（VIS）利用最低层水汽、云水、云冰、雪水、雨水混合比计算出的预报时效 72 h 每一小时的能见度预报（图 3.52）。

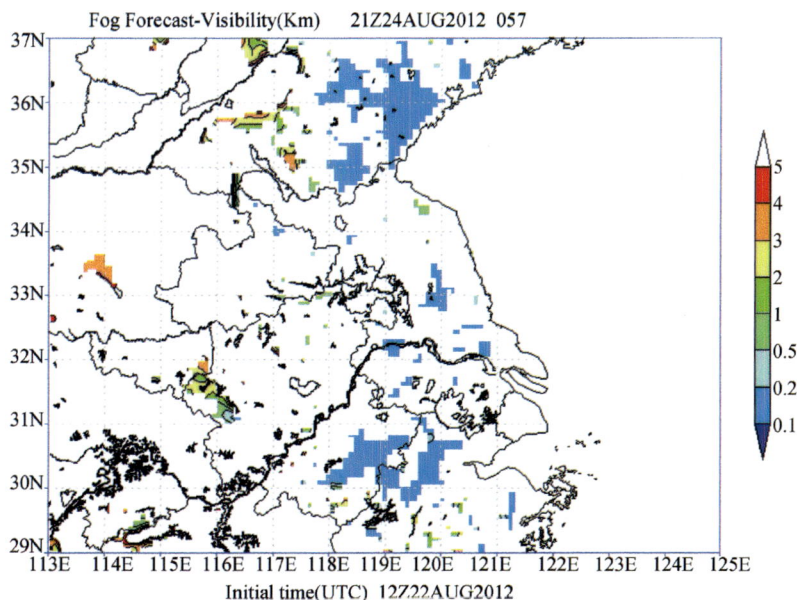

图 3.52　能见度预报图

（6）高速公路沿线的能见度预报系统建设。

①数值模式的选择。现有的高速公路气象监测站点间距离大约 10 km，部分地区的监测站点更密，而现有的数值模式产品多为粗网格产品，不能满足精细化预报需要。本系统采用江苏科研所数值预报科业务运行的 WRF 模式产品。该模式选用 Eulerian 质量地形追随坐标、兰勃托投影方式和 Runge-Kuttard 时间积分方案，采用单重嵌套方式，网格格距 10 km，格点数为 120×150，预报区域 111.50~125.00 °E，24.7 °~37 °N，垂直方向分为 19 个不等距的 σ 层，模式顶层气压为 50 hPa，积分步长均为 30 s。在模式微物理过程的参数选择上，采用 WSM3 类简单冰方案，长波辐射均选用 RRTM 方案，短波辐射均选用 Dudhia 方案，近地面方案选用 Monin-Obukhov 方案，陆面过程均采用热量扩散方案。

WRF 模式在江苏本地化应用方面已开展多年，在模式的解释应用方面开展了较多的研究，形成了丰富的模式产品。如对流性天气指数产品就多达 58 种，关于能见度预报产品也有 15 种之多。对江苏的预报主要还是以 3 km 分辨率模式产品为主，侧重于区域内的要素预报。WRF 以 GFS 分析场采用 RUC 同化模块融合观测资料形成初始场，预报时效为 36 h。

②插值。为了预报员更方便使用数值预报产品，同时也为了方便对预报的检验，将模式后处理的格点数据插值到相对应的交通气象站点，所使用的插值方法为反距离加权法。插值方法如下：

$$Z(S_0) = \sum_{i=1}^{n} \lambda_i Z(S_i)$$

式中，$Z(S_0)$ 是站点值；n 是站点周边格点的数量；λ_i 是权重，$Z(S_i)$ 是格点值。在计算过程中，权重随着样点与预测点之间距离的增加而减小。各样点值对预测点值作用的权重大小是成比例的，这些权重值的总和为 1。

③预报中物理量的订正。目前对温度的预报在易成雾的比较稳定的天气条件下效果比较好，误差大多≤1 ℃，对露点、相对湿度值的预报效果还难以应用，但对露点的变化趋势有可应用的方面。

改进途径：采用相同类型天气条件下用逐时订正的方法以减小误差：

$$\Delta X_i = X_i - \hat{X}_i$$
$$\Delta X'_i = \Delta X_i - \Delta X_{i-1}$$

④将数值预报模式给出的预报背景资料，用距离插值法插值到全省 200 个站点上得到 48 h 预报场数据。

形成高速沿线的相对应的站点的数值预报，可直观显示出对各公路路段有无影响（图 3.53）。

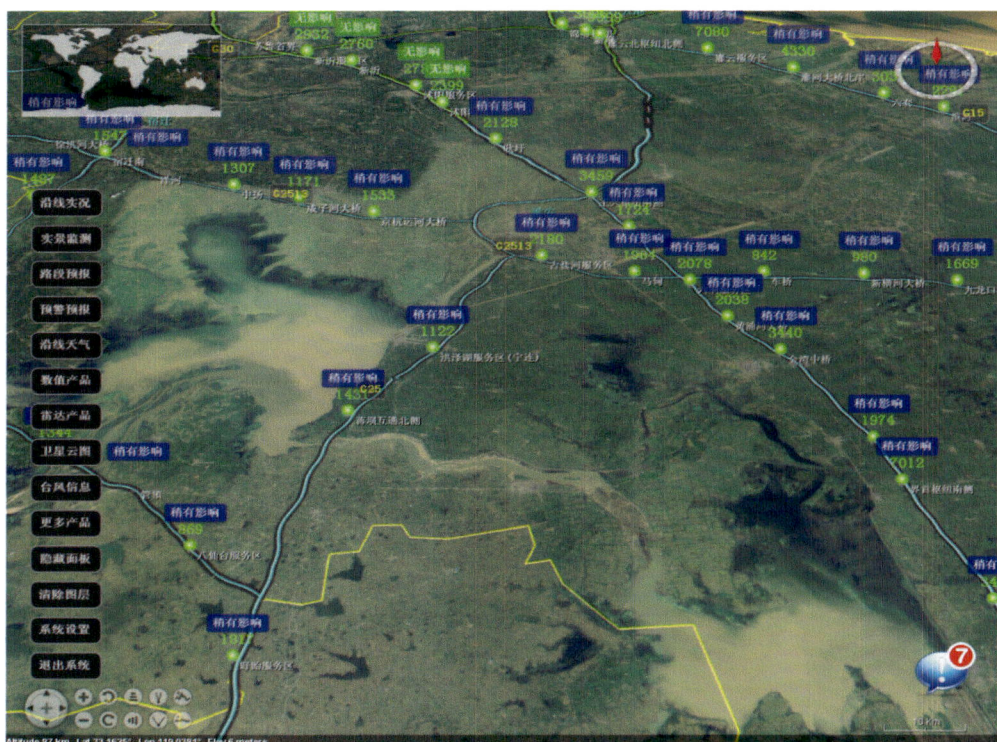

图 3.53　对高速公路各路段能见度有无不利影响的精细化预报

3.1.1.5　应用与检验

（1）江苏省背景能见度场为高速公路沿线的能见度预报提供依据。江苏省背景能见度场建成后，能够自动观测能见度的高时空分辨率变化。在交通气象业务中得到了初步应用，在浓雾的监测、预警预报领域发挥了积极的作用，极大地推动了交通气象业务的发展，尤其是未布设交通气象自动观测站的长江以北地区，有利于交通气象业务的拓展。在高速公路气象服务中发挥了智能指挥作用，社会效益巨大。例如，2011 年 11 月 17 日夜间至 18 日早晨，基本上全省均出现了大雾天气，已有自动监测站的长江水道江苏段、沪宁高速公路、沿江高速、宁常高速全线先后出现了低能见度浓雾天气（图 3.54）。

沪宁高速公路：22 时能见度陆续下降到 200 m 以下，最低能见度在 50 m 左右。9 时左右能见度全部上升到 200 m 以上。

沿江高速公路：21 时 40 分起个别站点能见度低于 200 m。8 时 10 分左右全线能见度上升到 500 m 以上。

宁常高速公路：23 时 55 分起首站能见度低于 200 m，能见度最低 50 m 左右。在 9 时 45 分以后全线能见度上升到 200 m 以上。

这次低能见度浓雾过程属于锋面雾，这次浓雾过程长江水道维持时间长达 15 h之多，高速公路上也维持有近 10 h，这是年内最浓、维持时间最长的一次低能见度浓雾过程，江苏境内的高速公路、长江航道、机场等纷纷关闭，给人们的出行带来很多不便。

由图 3.54 可见，17 日 19 时开始全省大部分地区能见度在 1 200 m 以上，只有江淮之间东部地区能见度较差，其中盐城周边地区能见度最低在 250～500 m，对公路交通影响还不大。到 18 日 05 时全省性的强浓雾已生成，绝大地区能见度低于200 m。

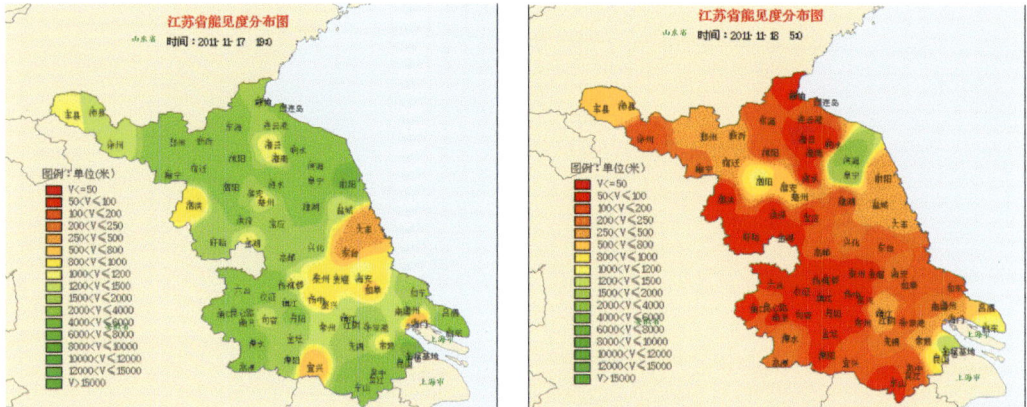

图 3.54　江苏省能见度实况分布

通过逐分钟的全省能见度实时监测资料分析，能够很好地显示能见度的变化趋势、浓雾的低值区和移动方向，对浓雾的生成、移动和消散预报也起到了极好的提示作用，对交通气象服务而言，有利于预报员从宏观的角度出发，做出更为准确、及时的交通气象低能见度预报服务，对覆盖全省公路交通网的能见度的监测和预报服务提供了很好的基础资料。

（2）能见度产品预报效果检验。挑选了部分路段对能见度产品预报效果进行检验：2012 年 7 月至 2013 年 2 月，沿江高速出现能见度低于 1 000 m 的雾或浓雾过程共 6 次，分别是 10 月 28 日、29 日主要以团雾为主，2012 年 11 月 27 日和 2013 年 1月 14 日、15 日、25 日这 4 次雾区较大基本覆盖整条高速。

统计模型得出的能见度（以下简称能见度 B）和经验改进公式得出的能见度（以下简称能见度 A），预报产品初始场为 08 时和 20 时，预报时效 12～72 h。通过对 2012 年 7 月至 2013 年 2 月 28 日预报产品进行统计，结果表明：从雾有无和大致落区看，能见度 B 对 6 次过程预报出 5 次，其中 1 月 25 日晨浓雾过程从 72 h 至 12 h都漏报，即对雾有无的预报准确率为 83.3%。能见度 A 漏报 2 次，预报准确率为66.7%。从不同起报时间看，24 h 预报要好于 72 h 和 48 h。从雾体出现、维持、消散时间看，预报产品与实况存在一定差异，主要表现在预报产品预报时次比实况出现时次偏迟，消散时间偏早。另外预报产品误报次数较多，从 2012 年 7 月至 2013年 2 月 28 日，共误报 3 次。

（3）应用实例。

①实况。2012 年 10 月 20 日晚至 21 日上午，淮北地区出现大范围浓雾过程

（图 3.55），浓雾给连徐、汾灌等高速交通带来了较大影响，使高速能见度大多降至 500 m 以下，其中大部分地区能见度不足 100 m。高速公路管理部门采取了相应的限速、封路等管制措施。

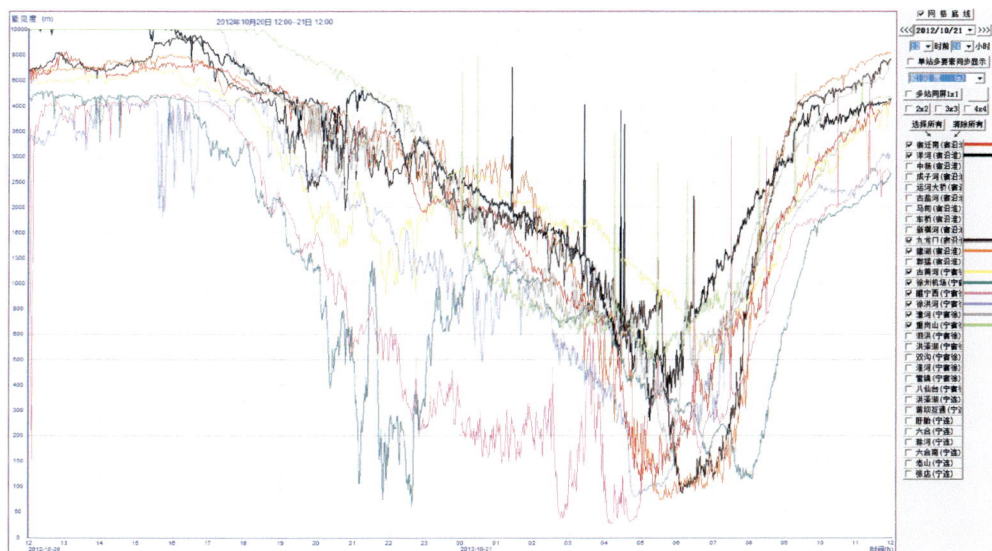

图 3.55 淮北高速公路监测站能见度曲线

20 日 20 时 500 hPa 显示，江苏省处在一个弱的高压脊的暖区中，河套南部有一个浅槽。到 21 日 08 时，槽加深，除南京吹西北风外，都处在槽前西南气流中。20 日 20 时 850 hPa 处在一个东伸的倒槽中，到了 21 日 08 时，入海高压后部的西南气流中，从温度场来看，处在一个暖脊中，有利于形成稳定的层结条件，辐射降温也比较强，西南气流带来的水汽也有利于成雾。

02 时地面图显示，连云港和淮安已经有浓雾生成，并且全省吹东风，天空云量较少，辐射条件好，加之等压线稀疏，风力也不大，大面积成雾的条件已经具备。到了 05 时，温度低于 17 ℃ 的站点基本都形成了大雾，如皋温度为 15 ℃，也形成了浓雾。从云量来看，少云的地区温度基本在 17 ℃ 以下，都形成了浓雾。对温度的变化而言，辐射降温是一个方面，东北风也是造成明显降温的一个因素。

值得关注的是泗洪、赣榆和徐州，虽然温度在 05 时降到 15 ℃，但能见度依然比较好。尤其是赣榆和泗洪，此时温度等于了露点，能见度赣榆 3 000 m，泗洪 1 000 m。08 时地面图显示，浓雾范围扩大，泗洪也出现了浓雾。徐州地区能见度依然良好。

从能见度背景场实况来看，21 日 00 时左右，盐城以北的地区已经开始出现能见度低于 100 m 的浓雾（图 3.56）。

②数值预报效果与实测数据的比较。数值预报的起报时间为 2012 年 10 月 20 日 00 时，预报 20 日夜间到 21 日淮北地区有 1 次浓雾过程。

图 3.56   2012 年 10 月 21 日 00 时江苏背景能见度

10 月 20 日 00 时的数值预报成功地预报了 20 日夜间到 21 日上午的浓雾过程，预报总体效果较好（图 3.57）。从模式预报输出的海平面气压场分布与实测的海平面气压场分布的对比研究发现，预报产品较好地预报出了海平面气压，显示的等压线与实况基本吻合。从 21 日 02 时 2 m 相对湿度对照可以看出，淮北除徐州地区外及东南部地区 2 m 相对湿度基本都在 90% 以上，此时对应高速公路能见度下降到 1 000 m 以下。预报场较好地反映出相对湿度分布，与实际监测较为吻合，但对淮北东部地区大于 95% 的相对湿度区预报强度偏弱，这也造成了能见度预报的偏差。模型预报相对应能见度是根据统计模式得出能见度时间序列分布图，时间间隔为 3 h。从图 a 可以看出，20 日 23 时盐城北部和连云港局部地区能见度开始下降，局部能见度低于 2 000 m，到 21 日 02 时（图 b）能见度进一步下降，雾区也扩大到整个连云港和盐城北部，局部能见度低于 1 000 m；02 时到 05 时（图 c）是雾维持和增浓的过程，淮北地区出现低于 200 m 甚至出现低于 100 m 的能见度的浓雾；08 时雾消散，能见度明显上升（图 d）。统计模型对能见度的预报基本准确反映了这次浓雾过程，与实况基本一致，给预报员准确预报提供了很好的参考价值。

但这次数值预报对低于 100 m 的能见度预报落区和持续时间预报相对较差些，主要原因有前面提到的 2 m 相对湿度预报强度偏弱，以及温度、露点等物理量预报与实况存在一定误差。

预报发布至江苏宁连高速公路（图 3.58）。此次过程的临近预报及时、准确，临近预报提前 1 h 左右，小于 500 m 的雾体主要出现在 02—08 时。

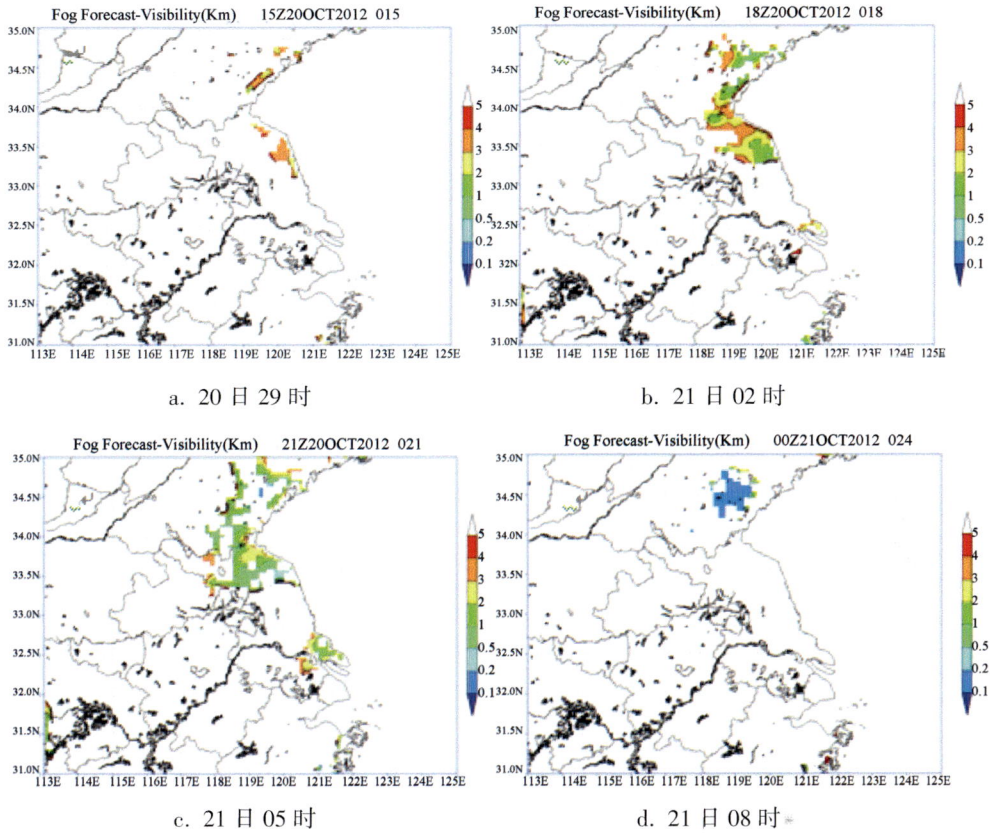

a. 20 日 29 时　　　　　　　b. 21 日 02 时

c. 21 日 05 时　　　　　　　d. 21 日 08 时

图 3.57　模型预报的雾相对应的能见度分布（单位：km）

图 3.58　2012 年 10 月 21 日 02 时浓雾过程预报服务产品

3.1.2　辽宁高速公路区域大雾客观预报模型

3.1.2.1　雾与气象要素场的关系分析

雾是由多种因素共同作用而形成的。根据雾的形成条件及其分类，主要选取了风、湿、温及大气层结条件 4 种要素进行分析。

（1）雾与气压场、风场的关系。风对雾的形成具有一定的促进作用。对于不同类型的雾，风的作用也不同。对于辐射雾，在大气低层湿度条件比较好的情况下，静风条件更为有利，对于仅在近地面层湿度条件较好的情况，适当的风力（微风）能把大气低层的水汽输送到较高的层次，起到扩散作用，利于雾的发生发展。对于平流雾，一定的风力是必需的。

适当的风速（风力）是雾生成的一个因素。风速过大使得大气中的乱流加强，不利于雾的生成；风速过小则不能把大气低层的水汽输送到空中，形成一定厚度的雾，即"静风有利于形成露、霜和浅雾"；而适当的风速，既有利于向空中输送水汽，又不至于使垂直交换强烈，从而利于雾的产生。

通过对1997—2006年辽宁省高速公路沿线雾发生时的气压场、风场特征进行统计（表3.33），分析表明：发生雾时辽宁省基本处于均压场，即朝阳站与抚顺站以及铁岭站与大连站的海平面气压差同时小于7.5 hPa。

从风场上来看，地形槽型一般有弱辐合或无风，高压前部型以偏北风为主，锋面气旋型、倒槽型一般有风向或风速辐合。静风或微风（0~5 m/s）对辽宁省高速公路沿线雾的形成最为有利，占90.0%。一般来说雾的发生要求风速小于8 m/s，但发生锋面气旋或倒槽型雾时，大连站的南风最大可达10 m/s。

除高压前部型外，辽宁省高速公路沿线大多数雾天气发生时地面气压场上在长白山脉附近存在一个高压或高脊，这样辽宁东部为东风提供冷湿空气，有利于区域性大雾的发生。

表3.33　辽宁省高速公路沿线雾发生时气压场、风场特征统计表

天气型	地形槽型	锋面气旋型	高压前部型	倒槽型	其他型
省内最大气压差/hPa	6.2	7.0	6.7	7.5	6.6
地面风向或辐合条件	无风或弱辐合	偏南风或弱辐合	弱偏北风	辐合明显	无风或弱辐合
最大地面风速/（m/s）	8	10	8	10	8
雾时平均地面风速/（m/s）	2	5	4	5	2
有长白小高压比例/（%）	96	50	18	60	63

图3.59是大雾天气学分型。

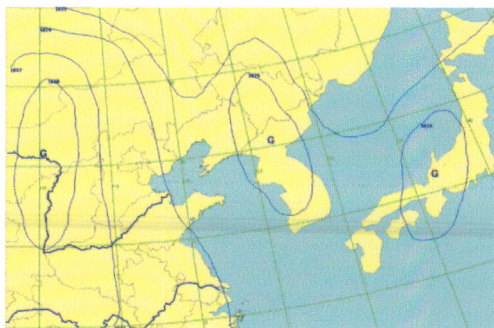

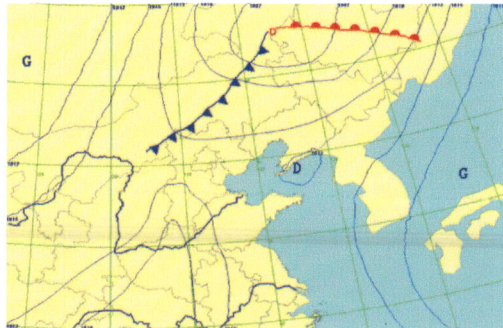

a. 地形槽型　　　　　　　　　　　b. 锋面气旋型

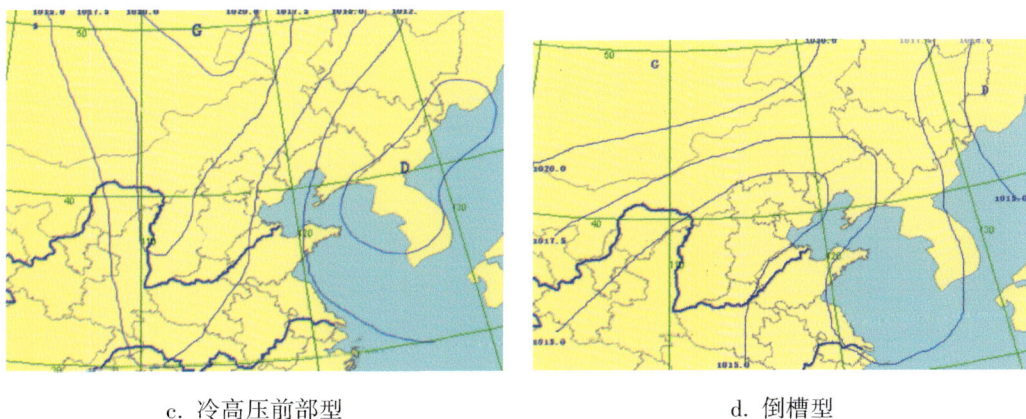

c. 冷高压前部型　　　　　　　　　　　d. 倒槽型

图 3.59　大雾天气学分型

（2）雾与湿度场的关系。相对湿度是反映空气中水汽含量和潮湿程度的物理量，是形成雾最重要的影响因子之一。相对湿度越大，空气越潮湿，在有利条件下形成雾的可能性就越大；反之，空气越干燥，形成雾的可能性也就越小。图 3.60 是在不同相对湿度下雾发生的频率分布。总体来看，雾随着相对湿度的增大发生概率也增大，呈较明显的指数增长关系。雾发生时，相对湿度均在 70% 或以上，特别是当相对湿度为 90%~100% 时，雾极易发生。

温度露点差（$T-T_d$）是反映空气中水汽饱和程度的一个物理量，当空气的温度在一定条件下降低到接近露点温度时，即 $T-T_d$ 越来越小时，空气越接近饱和（准饱和），空气中的水汽就要凝结成小水滴，在边界层内形成雾。研究表明，$T-T_d$ 在 0~4 ℃都有可能发生雾；随着 $T-T_d$ 的增加，发生雾的频率明显减少。$T-T_d$ 在 0~1 ℃时，发生雾的频率最大，可达 50%。因此，与相对湿度相同，地面温度露点差也是影响雾形成与否的重要影响因子之一。

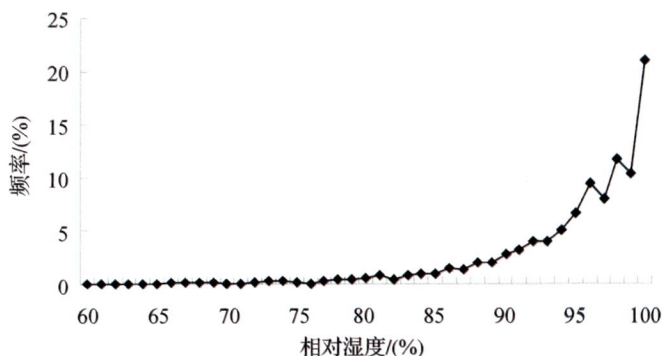

图 3.60　雾发生频率与湿度关系

（3）雾与温度的关系。气温对雾的形成具有一定的影响。如果地面热量散失，温度下降，而这时接近地面的空气又相当潮湿，那么当气温降低到一定的程度时，空气中一部分的水汽就会凝结出来，变成很多小水滴，悬浮在近地面的空气层里，从而形成雾。

（4）层结条件。统计研究表明，除锋面雾外，发生雾时地面和 925 hPa 存在明显的逆温层，夏季地面和 925 hPa 逆温在 1 ℃ 以上，秋冬季经常在 4 ℃ 左右。大多数雾的饱和层顶不超过 1 500 m。

3.1.2.2　高速公路区域大雾预报模型建立

采用多元线性回归方法和综合指标方法相结合，利用 1997—2006 年辽宁省 33 个高速公路沿线人工观测站中能见度小于 1.0 km 雾的资料，通过对各物理量的处理，选取与雾发生关系密切，且物理意义明确的因子，建立辽宁省高速公路沿线未来雾的综合预报模型，并对雾的能见度进行分级预报。

（1）预报方法。雾的形成和湿度 f、温度 t、风 v 等气象要素有关。统计发现，雾的出现和各种气象要素有一临界值，即：

$$p(y) = f(xi), xi \text{ 为 } f、t、v \text{ 应用完全预报（PP）方法思路}$$

$p(y-1) = f(xi) \leqslant A$ 该事件即不出现，由此确定这个值 A 为预报该类事件（大雾）的指标，即消空指标，称作 PPI 方法。

消空指标 A 的确定：

设有 N 个样本资料 x_i $(i = 1, 2, 3, \cdots, n)$

且 N 是足够大（按序排列），对应有 N 个预报对象 y_i $(i = 1, 2, 3, \cdots, n)$，根据实际情况，当确定出 x_i 分段的界定值后，就可分段统计出 y 的频率

$$p(y) = \frac{\sum_{i=1}^{m} y_i}{m}$$

式中，m 是某段内的样本数；当 $p(y) = 0$ 时，就可确定出 $x_i(B)$，B 代表某一段的下限。

即 $P(y-1) \leqslant x_i(B) = A$

此项工作也为统计方程中提高天气预报对象的气候概率做了准备工作，$p(y)$ 值大者也可作为预报指标应用。

采用类似于多元线性回归的预报方程：

$$Y = (\beta X_1 + \beta X_2 + \beta X_3 + \cdots + \beta X_n) \cdot D$$

式中，Y 为高速公路沿线大雾发生指数；X_n 为代表选取的预报因子；βX_n 为预报因子的贡献值；D 为消空/消散指数。

$$Y = \begin{pmatrix} y_1 \\ y_2 \\ \vdots \\ y_n \end{pmatrix}, \beta = \begin{pmatrix} \beta_0 \\ \beta_1 \\ \vdots \\ \beta_k \end{pmatrix}, X = \begin{pmatrix} 1 & x_{11} & x_{21} & \cdots & x_{k1} \\ 1 & x_{12} & x_{22} & \cdots & x_{k2} \\ \vdots & \vdots & \vdots & \vdots & \vdots \\ 1 & x_{1n} & x_{2n} & \cdots & x_{kn} \end{pmatrix}, \varepsilon = \begin{pmatrix} \varepsilon_1 \\ \varepsilon_2 \\ \vdots \\ \varepsilon_n \end{pmatrix}$$

（2）模型建立。选取气温差、相对湿度、风向、风速、气压、温度露点差、前

期天气状况以及季节共 8 种因子作为辽宁省雾预报的预报因子 X_n。本研究利用 SPSS 统计分析软件来自动筛选预报因子：将之前统计的雾日资料及各拟预报因子导入 SPSS 软件的 Data Viewer 窗口，依次单击菜单"Analyze→Regression→Linear…"，并在其设置界面中选择进行分析的变量。在变量列表框中单击选中雾变量，将其作为因变量选入 Dependent 选框，再在变量列表框中选中以上 8 种拟预报因子，将其作为自变量选入 Independent（s）列表，然后指定筛选变量，并按照 SPSS 软件统计步骤依次进行。最后在 SPSS Viewer 窗口的输出结果中可以看到该模型共引入了 6 种变量，在"已排除变量的统计信息表"中前期天气状况和季节两种变量的 t 检验的显著性概率 P 值均大于 0.05，所以没能被引入模型。故将辽宁省高速公路沿线雾的预报因子定为以下 6 种：

X_1——气温差 ΔT（℃）；

X_2——相对湿度 RH（%）；

X_3——风向（按 16 个方位）；

X_4——风速 v（m/s）；

X_5——气压 p（hPa）；

X_6——温度露点差 $T-T_d$（℃）。

这里针对不同的预报面将选出的各个因子以表格的形式列出来，将各个因子按照经验和统计值分成若干个值域，利用实况资料统计出各个因子在各值域里发生雾的次数占总次数的百分比，作为该项因子在该值域里对雾的贡献值（表3.34）。

表 3.34 预报因子的值域及其贡献值

	气温差 ΔT/℃	$T\geqslant5$	$4\leqslant T<5$	$3\leqslant T<4$	$2\leqslant T<3$
	X_1 的贡献值	0.35	0.30	0.20	0.15
	相对湿度 RH/（%）	RH≥95	90≤RH<95	80≤RH<90	70≤RH<80
	X_2 的贡献值	0.65	0.20	0.10	0.05
黄海北部沿海	风向（按 16 个方位）	E~SE	S~SW	N~NE	W~NW
	X_3 的贡献值	0.35	0.50	0.10	0.05
	风速 v/（m/s）	$v\leqslant2$	$2<v\leqslant4$	$4<v\leqslant6$	$6<v\leqslant10$
	X_4 的贡献值	0.22	0.38	0.25	0.15
	气压 p/hPa	$5\leqslant p<7.5$	$3.5\leqslant p<5$	$2\leqslant p<3.5$	$p<2$
	X_5 的贡献值	0.30	0.32	0.28	0.10
	温度露点差 $(T-T_d)$/℃	$3\leqslant(T-T_d)<4$	$2\leqslant(T-T_d)<3$	$1\leqslant(T-T_d)<2$	$(T-T_d)<1$
	X_6 的贡献值	0.05	0.20	0.25	0.50

续表

辽宁东部山区	气温差 $\Delta T/$ ℃	$T \geqslant 5$	$4 \leqslant T < 5$	$3 \leqslant T < 4$	$2 \leqslant T < 3$
	X_1 的贡献值	0.52	0.38	0.08	0.02
	相对湿度 RH（%）	RH$\geqslant$95	90$\leqslant$RH<95	80$\leqslant$RH<90	70$\leqslant$RH<80
	X_2 的贡献值	0.72	0.17	0.08	0.03
	风向（按 16 个方位）	E~SE	S~SW	N~NE	W~NW
	X_3 的贡献值	0.30	0.38	0.20	0.12
	风速 $v/$（m/s）	$v \leqslant 2$	$2 < v \leqslant 4$	$4 < v \leqslant 6$	$6 < v \leqslant 8$
	X_4 的贡献值	0.58	0.30	0.10	0.02
	气压 $p/$hPa	$5 \leqslant p < 7.5$	$3.5 \leqslant p < 5$	$2 \leqslant p < 3.5$	$p < 2$
	X_5 的贡献值	0.17	0.23	0.40	0.20
	温度露点差$(T-T_d)/$℃	$3 \leqslant (T-T_d) < 4$	$2 \leqslant (T-T_d) < 3$	$1 \leqslant (T-T_d) < 2$	$(T-T_d) < 1$
	X_6 的贡献值	0.02	0.18	0.28	0.52
辽宁南部山区	气温差 $\Delta T/$ ℃	$T \geqslant 5$	$4 \leqslant T < 5$	$3 \leqslant T < 4$	$2 \leqslant T < 3$
	X_1 的贡献值	0.40	0.35	0.17	0.08
	相对湿度 RH（%）	RH$\geqslant$95	90$\leqslant$RH<95	80$\leqslant$RH<90	70$\leqslant$RH<80
	X_2 的贡献值	0.70	0.15	0.10	0.05
	风向（按 16 个方位）	E~SE	S~SW	N~NE	W~NW
	X_3 的贡献值	0.24	0.52	0.10	0.14
	风速 $v/$（m/s）	$v \leqslant 2$	$2 < v \leqslant 4$	$4 < v \leqslant 6$	$6 < v \leqslant 8$
	X_4 的贡献值	0.36	0.32	0.24	0.08
	气压 $p/$hPa	$5 \leqslant p < 7.5$	$3.5 \leqslant p < 5$	$2 \leqslant p < 3.5$	$p < 2$
	X_5 的贡献值	0.29	0.32	0.29	0.10
	温度露点差$(T-T_d)/$℃	$3 \leqslant (T-T_d) < 4$	$2 \leqslant (T-T_d) < 3$	$1 \leqslant (T-T_d) < 2$	$(T-T_d) < 1$
	X_6 的贡献值	0.08	0.24	0.26	0.42
辽宁中部平原	气温差 $\Delta T/$ ℃	$T \geqslant 5$	$4 \leqslant T < 5$	$3 \leqslant T < 4$	$2 \leqslant T < 3$
	X_1 的贡献值	0.50	0.36	0.10	0.04
	相对湿度 RH(%)	RH$\geqslant$95	90$\leqslant$RH<95	80$\leqslant$RH<90	70$\leqslant$RH<80
	X_2 的贡献值	0.71	0.16	0.09	0.04
	风向(按 16 个方位)	E~SE	S~SW	N~NE	W~NW
	X_3 的贡献值	0.30	0.38	0.20	0.12
	风速 $v/$(m/s)	$v \leqslant 2$	$2 < v \leqslant 4$	$4 < v \leqslant 6$	$6 < v \leqslant 8$
	X_4 的贡献值	0.58	0.30	0.10	0.02
	气压 $p/$hPa	$5 \leqslant p < 7.5$	$3.5 \leqslant p < 5$	$2 \leqslant p < 3.5$	$p < 2$
	X_5 的贡献值	0.17	0.23	0.40	0.20
	温度露点差$(T-T_d)/$℃	$3 \leqslant (T-T_d) < 4$	$2 \leqslant (T-T_d) < 3$	$1 \leqslant (T-T_d) < 2$	$(T-T_d) < 1$
	X_6 的贡献值	0.02	0.18	0.28	0.52

续表

	气温差 ΔT/ ℃	$T \geqslant 5$	$4 \leqslant T < 5$	$3 \leqslant T < 4$	$2 \leqslant T < 3$
辽宁西部沿海	X_1 的贡献值	0.43	0.34	0.16	0.07
	相对湿度 RH(%)	RH$\geqslant$95	90$\leqslant$RH<95	80$\leqslant$RH<90	70$\leqslant$RH<80
	X_2 的贡献值	0.67	0.14	0.12	0.07
	风向(按 16 个方位)	E~SE	S~SW	N~NE	W~NW
	X_3 的贡献值	0.35	0.45	0.14	0.06
	风速 v/(m/s)	$v \leqslant 2$	$2 < v \leqslant 4$	$4 < v \leqslant 6$	$6 < v \leqslant 8$
	X_4 的贡献值	0.51	0.25	0.16	0.08
	气压 p/hPa	$5 \leqslant p < 7.5$	$3.5 \leqslant p < 5$	$2 \leqslant p < 3.5$	$p < 2$
	X_5 的贡献值	0.28	0.26	0.34	0.12
	温度露点差$(T-T_d)$/℃	$3 \leqslant (T-T_d) < 4$	$2 \leqslant (T-T_d) < 3$	$1 \leqslant (T-T_d) < 2$	$(T-T_d) < 1$
	X_6 的贡献值	0.07	0.21	0.24	0.48

为了使高速公路沿线雾的预报更加精细化,特根据 Y 值的大小划分能见度的范围如表 3.35。

表 3.35 能见度范围的划分

雾发生指数(Y值)					能见度/m
黄海北部沿海	辽宁东部山区	辽宁南部沿海	辽宁中部平原	辽宁西部沿海	
0.55~0.98	0.38~0.93	0.49~0.94	0.41~0.95	0.47~0.95	500~1000
0.99~1.41	0.94~1.48	0.95~1.38	0.96~1.48	0.96~1.43	200~500
1.42~1.84	1.49~2.02	1.39~1.83	1.49~2.02	1.44~1.92	100~200
1.85~2.27	2.03~2.57	1.84~2.27	2.03~2.55	1.93~2.40	50~100
2.28~2.70	2.58~3.12	2.28~2.82	2.56~2.88	2.41~2.88	<50

当模式预报中出现下列任一结果,都将作为 12 h 内省内高速公路沿线无雾出现的指标或是雾消散指标,无须再进行其他因子的计算。

当地面风场预报未来 12 h 内风速>8 m/s,大连偏南风>10 m/s 时。

相对湿度减小(<70 %),$(T-T_d)$>2 ℃大雾减弱成轻雾,$(T-T_d)$>4 ℃雾完全消散。

有中雨以上降水。

当 12 h 内气温下降 8 ℃或以上。

除锋面雾外,地面与 925 hPa 无逆温。

出现锋面雾或大范围平流雾时,如系统加强或锋面过境,大雾消散或出现明显的降水天气。

(3) 检验结果。根据所建预报模型分别对历史资料及 MM5 输出资料进行验证和预报。

历史拟合率

$$PC = \frac{T}{R} \times 100\%$$

式中，R 为预报总次数；T 为报对总次数。

结合 1997—2006 年历史资料对预报因子进行了验证预报，得出全省高速公路沿线 5 个预报区域的平均历史概括率如表 3.36。

表 3.36　辽宁省高速公路沿线各预报区域的平均历史概括率

预报区域	大雾总数/次	平均概括率/（%）
黄海北部沿海	1 731	90.1
辽宁东部山区	992	91.2
辽宁南部沿海	574	87.4
辽宁中部平原	710	88.0
辽宁西部沿海	861	89.7

检验方法如下：

$$S = \frac{C}{A+B+C} \times 100\%$$

式中，A 为空报次数；B 为漏报次数；C 为报对次数。

利用 MM5 模式输出的 2003—2006 年历史资料进行预报效果检验，具体采用 12 h 时段内逐小时资料，得出了高速公路沿线 33 个台站平均确率约 73% 的验证结果。其具体检验结果如表 3.37 所示。

表 3.37　预报效果检验

预报区域	站名	大雾次数/次	准确率/（%）	漏报率/（%）	空报率/（%）
黄海北部沿海	丹东	186	77.1	10.0	12.9
	东港	138	75.2	9.8	15.0
	大连	196	78.2	8.6	13.2
	庄河	156	78.4	12.0	9.6
	瓦房店	95	69.3	12.3	18.4
辽宁东部山区	抚顺	79	73.0	11.4	15.6
	清原	137	82.1	8.7	9.2
	新宾	64	70.1	11.8	18.1
	本溪	64	65.3	15.0	19.7
	草河口	44	66.8	7.5	25.7
	凤城	36	56.0	11.6	32.4

续表

预报区域	站名	大雾次数/次	准确率/（%）	漏报率/（%）	空报率/（%）
辽宁南部沿海	营口	39	70.1	10.7	19.2
	盖州	11	68.0	12.0	20.0
	盘锦	40	72.3	14.3	13.4
	熊岳	21	68.9	9.6	21.5
	金州	20	65.6	10.2	24.3
	海城	27	69.1	8.7	22.2
	大石桥	19	78.4	5.6	16.0
辽宁中部平原	沈阳	55	75.0	8.1	16.9
	辽中	30	83.0	5.6	11.4
	铁岭	14	71.7	11.0	17.3
	开原	76	69.3	9.7	21.0
	昌图	11	80.2	4.6	15.2
	辽阳	16	77.3	11.2	11.5
	鞍山	17	78.4	8.8	12.8
	台安	27	68.4	8.6	23.0
	阜新	62	79.4	11.0	9.6
	朝阳	15	63.2	4.5	32.3
辽宁西部沿海	葫芦岛	42	64.5	12.6	22.9
	兴城	63	75.7	9.3	15.0
	绥中	90	74.4	11.9	13.7
	锦州	83	81.3	6.2	12.5
	义县	122	79.6	11.8	8.6

3.2　降水预报向能见度预报的转换模型

3.2.1　降水对能见度影响分析

选取沈山高速公路沿线监测站点降水发生时的小时雨量与能见度、最小能见度做散点图与多种曲线拟合分析，从 R^2 统计量来看，能见度幂函数模型（0.568）与最小能见度幂函数模型（0.572）都要优于其他拟合模型，而且从两个模型 F 检验结果看，它们的 Sig 值都远小于 0.01，说明模型成立的统计学意义显著。因此选用幂函数特征曲线作为小时雨量与能见度、最小能见度之间的关系拟合曲线，模型方程如下：

$$V = 2\ 800 \times R^{-0.51};\quad V_L = 2\ 770 \times R^{-0.51}$$

式中，V 为能见度；V_L 为最小能见度；R 为小时雨量。由拟合函数分析可知，当 5>R>0 时，能见度下降趋势明显，而当 R>5 时，能见度下降趋势趋于平缓。当小时降水量 $R \geq 7$ 时，最小能见度下降至 1 000 m 以下；而当小时降水量 $R \geq 5$ 时，最小能见度下降至 500 m 以下。

图 3.61 给出小时雨量与能见度、最小能见度曲线拟合结果。

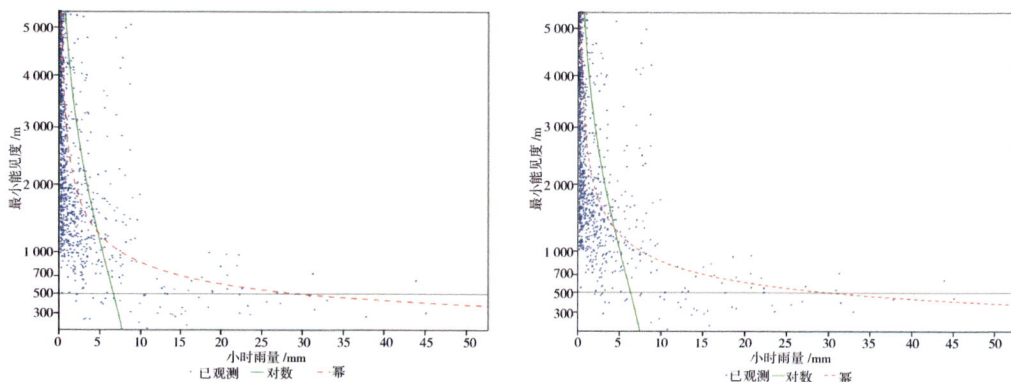

图 3.61　小时雨量与能见度、最小能见度曲线拟合结果

由上分析可知，影响行车安全能见度的主要是强降水，即小时降水量 $R \geq$ 29 mm 时的强降水。

3.2.2　强降水预报向能见度预报的转换模型

经设置在沪宁高速公路沿线的自动站记录监测分析，短时强降水的雨强是造成低能见度徒降的关键。

表 3.38　短时强降水雨强与能见度值

1 h 雨强/mm	1 min 雨强/mm	能见度平均值/m	能见度最小值/m
≥10	0.8~1.0	300~400	250
≥15	1.2~2.0	200 左右	100~150
≥30	1.8~2.5	100~150 以下	50~100

从表 3.38 可见，当 1 h 降水量大于 10 mm，其中 1 min 的降水量达 0.8~1.0 mm 时，公路沿线能见度值就能迅速降至 500 m 以下；当 1 h 降水量达 15 mm 以上，其中 1 min 雨强达 1.2~2.0 mm 时，能见度即可下降至 200 m 以下。当 1 min 雨强大于 2.0 mm 时，能见度将降至 100~150 mm 或低于 100 m，经对 1 h 雨强和 1 min 雨强与能见度值的降幅演变分析可得以下结果：

①1 min 降水量的强度是关键。有监测资料表明，如 1 h 降水量在 10 mm 左右，但如其中有 1 min 的雨强达 1.8 mm 或以上时，仍可造成能见度值在短时间急速降至 200 m 以下。

②短时强降水造成的低能见度在维持时间上是短暂的，通常几分钟到半小时，时段长的可以维持 1 h，最长的可持续 3 h 左右。短时强降水造成的能见度值波动性很大，它随着 1 min 雨强的大小而波动，因而会出现显著的能见度时好时坏，起伏不定的间断性。

利用 1 min 降水量与对应的能见度值做散点图可见：当雨强较小时，随着雨强的增大能见度迅速降低；当雨强>1.00 mm/min 后，能见度随雨强的变化趋缓，但此时的能见度已很低；当雨强达到>2.00 mm/min 时，能见度仅 50~100 m。依图中点的分布可拟合出关系曲线，点的分布离散性不大，该曲线可用下式拟合：

$$VV = 294.8 \times R^{-1.1} \quad 0.4 \leqslant R \leqslant 4.0$$

其拟合曲线具有幂函数特征。

根据目前的业务规定，24 h 降水量达 50.1~100 mm 定为暴雨，但从实时监测雨量分析，24 h 累计降水量达到暴雨量级有两种情况：一是并非 24 h 都有大的降水，通常情况下是 24 h 内某一短时段内下了倾盆大雨，形成日降水量达暴雨程度。如 2013 年 6 月 25 日 05 时—26 日 05 时昆山站总降水量为 61.0 mm，但真正造成这场暴雨的强降水时段从图 3.62 中可见，只有 2 h，即从 6 月 25 日 16—18 时，分别在 1 h 内下了 14.9 mm 和 28.7 mm。

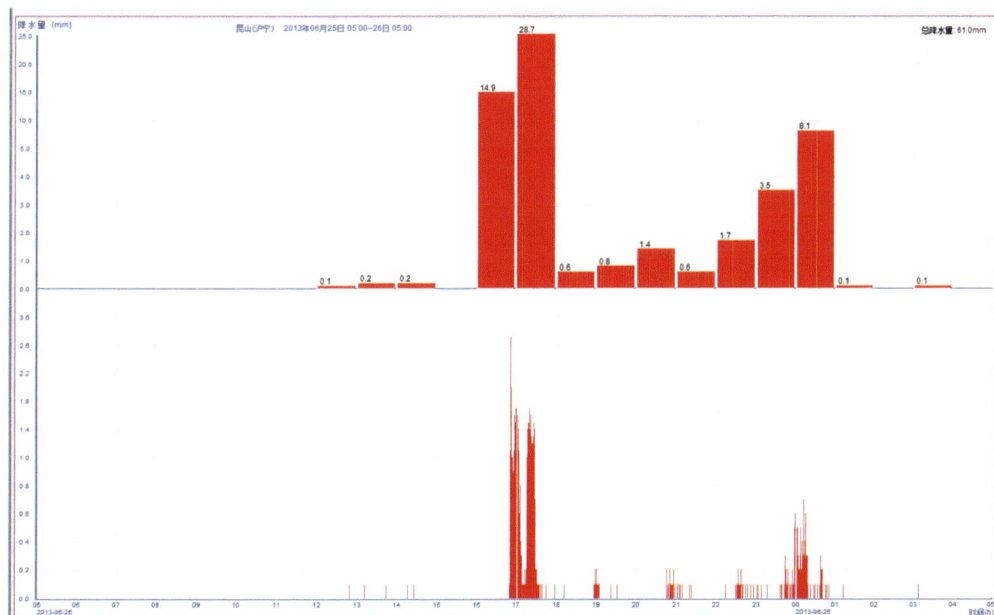

图 3.62　2013 年 6 月 25 日 05 时至 26 日 05 时昆山站降水量与雨强关系

而另一种情况是持续几个小时都有较大降水。如濡湖站 2013 年 7 月 5 日 05 时至 6 日 05 时，总降水量达 62.6 mm，达暴雨量级。但从图 3.63 中可见，全天大部分时次都有降水，且有 5 个时次持续每小时降水 2 mm 以上。

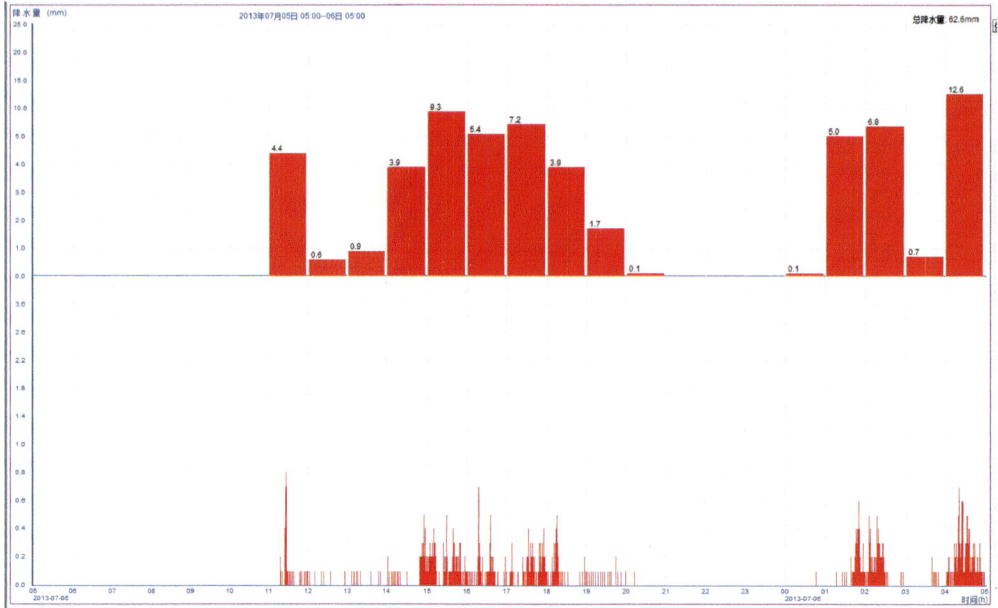

图 3.63 2013 年 7 月 5 日 05 时至 6 日 05 时濡湖站降水实况

从以上分析可以认识到，如果单从当前业务规范的暴雨来定义，这两次均为暴雨天气过程。但如从降水的强度来分析，以上 2 例则大相径庭。前者显然是一次短时强降水过程，而后者并非是。经过众多的暴雨（包括逐时降水强度）个例分析，危害行车安全的是短时强降水天气，尽管它只有 1 h 甚至几十分钟，但交通事故就出现在这一瞬间。

短时强降水造成的低能见度在维持时间上是短暂的，通常几分钟到半小时，时段长的可以维持 1 h，如常州北监测点监测到的 2013 年 6 月 23 日至 6 月 24 日的降水量分布（图 3.64）。强降水的时段有 2 h，且雨强也很大。短时强降水造成的能见度值波动性很大，它随着 1 min 雨强的大小而波动，因而会出现显著的能见度时好时坏，起伏不定的间断性（图 3.65）。

3.2.3 降水对高速公路交通能见度的影响

以沪宁高速作为研究对象，将沪宁高速公路划分为东、中、西 3 段，其中西段（罗墅湾—马群）处在丘陵地区，东段（花桥—苏州西）处于平原地区，中段（梅村—常州西）为平原与丘陵的过渡地带。从 3 段各挑出 1 个站点，分别为汤山、常州北、花桥站。样本时间为 2011 年 6—8 月，筛选出有降水存在的时刻，样本容量

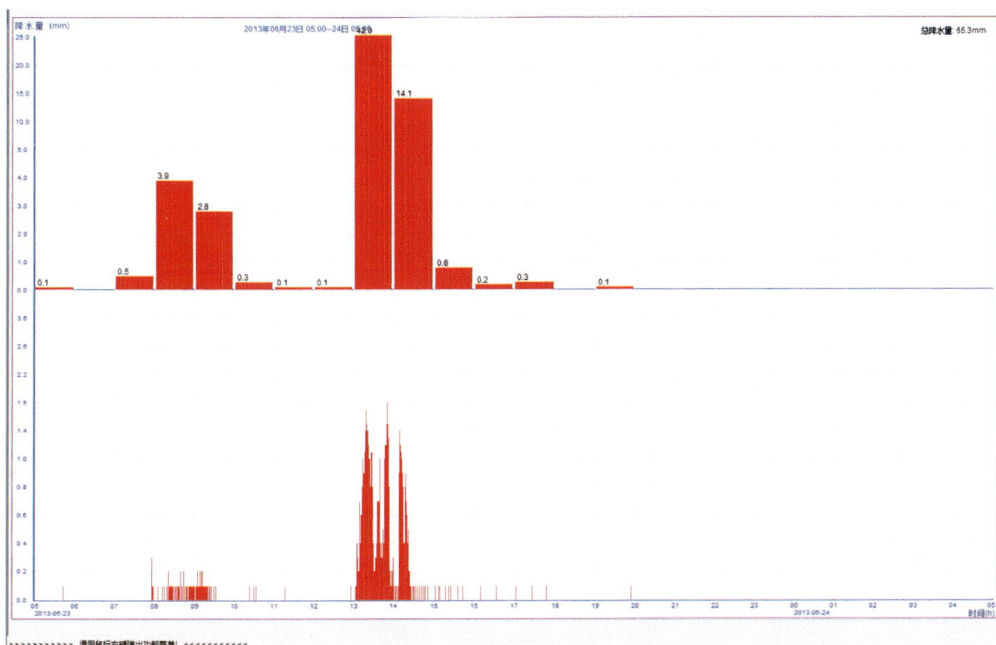

a. 1 h 雨量；　　　　　b. 1 min 雨量

图 3.64　2013 年 6 月 23 日至 6 月 24 日强降水过程雨强记录

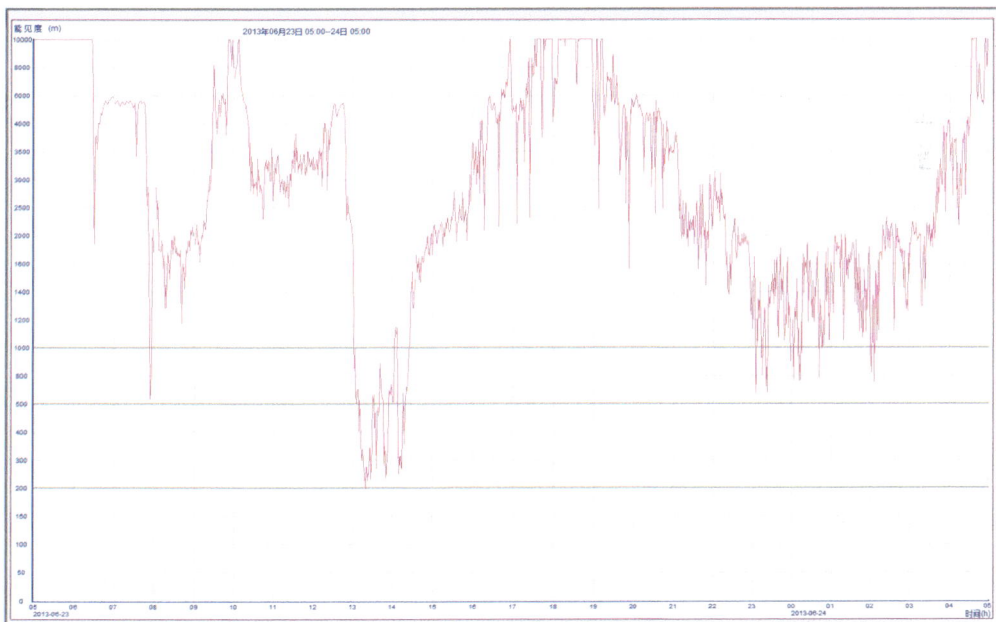

图 3.65　2013 年 6 月 23 日至 6 月 24 日强降水过程造成的低能见度演变特征

在 3 000~4 000 个，利用 Matlab cftool 工具箱对数据进行分析，研究逐分钟降水量 (P) 与能见度 (V) 之间的关系：

花桥站：$P = 2.846\exp(-3.388\times10^{-3}V) + 0.13\exp(-3.423\times10^{-5}V)$，

$R^2 = 0.673\ 1$，$\mathrm{RMSE} = 0.164\ 3$；

常州北：$P = 3.456\exp(-3.762 \times 10^{-3}\ V) + 0.2006\exp(-9.034 \times 10^{-5}\ V)$，$R^2 = 0.6793$，$\mathrm{RMSE} = 0.1608$；

汤山：$P = 2.04\exp(-1.455 \times 10^{-3}\ V) + 0.1484\exp(-1.579 \times 10^{-5}\ V)$，

$R^2 = 0.6016$，$\mathrm{RMSE} = 0.1553$。

通过计算 R^2（决定系数）和 RMSE（均方根误差），旨在得到模型的精度，3 个站点的决定系数均大于 0.6，均方根误差在 0.17 以下，说明模型的拟合效果较好。图 3.66 为上述 3 站分钟降水量与能见度变化曲线。图 3.66a 给出常州北站 6 月 17 日 02—06 时逐分钟雨强和能见度随时间的变化趋势。在 04 时之前有降水的存在，但雨量较小，持续时间较短，能见度出现较小的波动，但始终维持在 2 500~3 000 m 的范围内；在 04 时左右降水量逐渐增大且持续时间较长，能见度迅速降低至 500 m 左右，并在附近振荡（其中在 04 时 21 分降水量最大，达到 1.2 mm/min，能见度降到 410 m）。随着降水过程的结束，能见度逐渐上升，并达到 4 000 m 以上。在随后的 1 h 中，出现了 2 次短时强降水，在相应的时间内能见度亦有所减小。从图 3.66b 可以看到花桥站在逐分钟降水量较大的 3 个时刻（12 时、12 时 30 分、13 时），能见度相应也达到了谷值（在 12 时 34 分降水强度达到最大，为 0.8 mm/min，能见度为 596 m）。与常州北站有所不同的是，在 11 时至 11 时 30 分和 13 时 30 分至 14 时这段时间内分钟降水量相对上述 3 个时刻并不是很大，但由于其降水时间较为持续，所以也造成了能见度的下降。通过上面两个实例分析，说明了降水影响能见度主要是从短时强降水和降水持续性两个方面表现出来的。

从图 3.66 以及拟合结果来看，能见度的变化和降水强度有一定的对应关系，能见度与降水量呈负相关，即分钟降水量越大，则对应时刻的能见度就越小。由此可以看到，对于能见度的影响除了雾霾之外，降水也是造成能见度下降的一个重要因素。

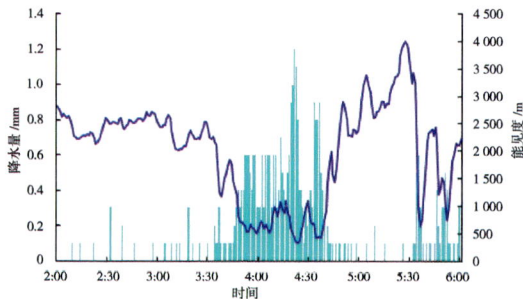

a

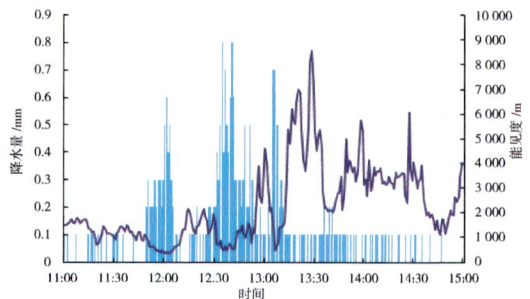

b

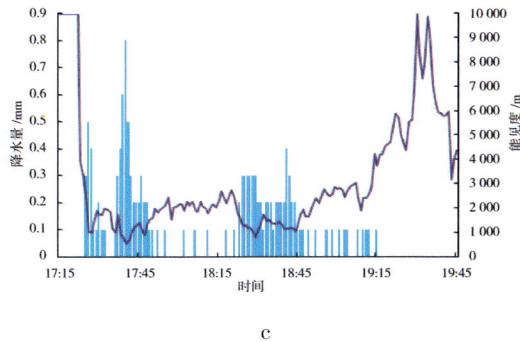

c

图 3.66　2011 年 6 月 17 日沪宁高速公路常州北站（a）、花桥站（b）、
汤山站（c）每分钟降水量（柱形图）和能见度（折线）

3.3　基于 WRF/chem 数值预报产品的能见度预报模型

WRF/chem 由美国 NCAR、PNNL、NOAA 共同开发的区域大气化学—动力耦合模式，可用来预测未来天气、空气质量、气溶胶辐射强迫等。其主要预报产品包含气象要素相对湿度、风、温、压、液态水、环境要素 PM2.5 质量浓度、PM10 质量浓度等。天津 WRF/chem，采用 3.4 版本，水平分辨率 15 km，每日定时运行 2 次，每次预报未来 72 h。在能见度预报方面，通过模式预报的相对湿度、PM2.5 和 PM10 质量浓度、液水含量，依据统计方程，对天津及交通沿线能见度进行中短期的预报，服务于交通气象。

统计 2009 年至 2011 年 8 月间天津边界层观测站能见度、相对湿度、降水、PM10 质量浓度、PM2.5 质量浓度数据，共计 22 519 次（逐小时），剔除降水日和有观测要素缺失的时刻，有效样本 16 481 个。统计显示，能见度低于 3 km 时，PM10 平均值 260μg/m³，由高到低排序，80% 集中在 145.9μg/m³ 以上，接近空气二级质量标准；PM2.5 平均值 155μg/m³，由高到低排序，80% 集中在 80μg/m³；风速均值 0.8 m/s，最大风速 4.7 m/s，由低到高排序，80% 集中在 1.3 m/s 以下，超过 95% 发生在 2 m/s 的低风速条件；相对湿度平均值 77%，但分布较广，由高到低排序，80% 集中在相对湿度 69% 以上，相对湿度低于 50% 出现 57 次，占不到 3%。

基于气溶胶、相对湿度和能见度三者关系，建立拟合方程。考虑水汽饱和后产生的消光影响明显有别于气溶胶吸湿增长产生的消光作用，首先剔除相对湿度大于 95% 的样本，其次参考 IMPROVE 公式，利用 PM10 和 PM2.5 质量浓度差的 0.6 倍表述大粒子的消光作用，利用 WMO 推荐的方法将能见度转化为消光系数（$\sigma = 3\,912/\mathrm{Vis}$，其中 σ 为大气消光系数；Vis 为能见度，单位：km），对公式进行拟合，得出拟合公式。

$$\sigma = 6.742 \times PM2.50.891 \times (1-RH) - 0.838RH + 0.6 \times (PM10-PM2.5)$$

$$\text{Vis} = 3\,912/\sigma$$

式中，PM2.5、PM10 分别为 PM2.5、PM10 质量浓度；RH 为相对湿度。

通过 2012 年 1—12 月观测数据对拟合方程进行检验：其中统计样本数 16 481 个，相关系数 0.895，统计样本与观测样本相对误差 28.9%；检验样本 5 411 个，相关系数 0.914，相对误差 22%（图 3.67）。

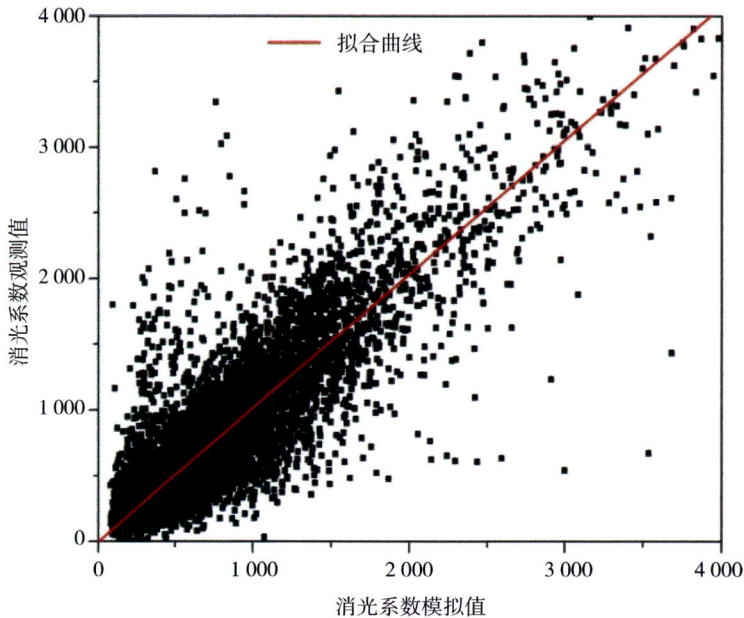

图 3.67 拟合的消光系数和实际的消光系数比较

将能见度等级划分如下：0~1 km 为 1 级，1~2 km 为 2 级，2~3 km 为 3 级，3~5 km 为 4 级，5~10 km 为 5 级，10 km 以上为 6 级。

基于拟合公式计算能见度与观测值同等级占所有样本的 65%，相差一个等级占 33.1%，仅有 0.37% 相差大于 2 个等级。由此显示，如果能很好地预报 PM2.5、PM10 质量浓度和相对湿度，并基于前期观测掌握当地气溶胶、相对湿度和能见度之间的关系，就能有效地进行非雾过程的能见度模拟和等级预报。

按照 PM2.5 质量浓度将样本划分为 10 档（每 20 μg/m³ 一档，图 3.68），其中横坐标为相对湿度，纵坐标为消光系数，由图显示，粒子吸湿增长的拐点发生在相对湿度 70%~80%，当相对湿度超过 80% 后，大气消光系数随着湿度的增加明显增长，而粒子浓度越高，消光系数越高。即可理解为当相对湿度超过 70%，大气 PM2.5 质量浓度超过 145 μg/m³ 时，低能见度（低于 3 km）将有较大可能发生；当相对湿度超过 80% 时，大气 PM2.5 质量浓度只要超过 100 μg/m³，能见度就有较大概率低于 3 km；当相对湿度超过 90%，PM2.5 只要超过 65 μg/m³，能见度将低于 3 km；当相对湿度达到 90% 左右，PM2.5 达到 200μg/m³ 左右。

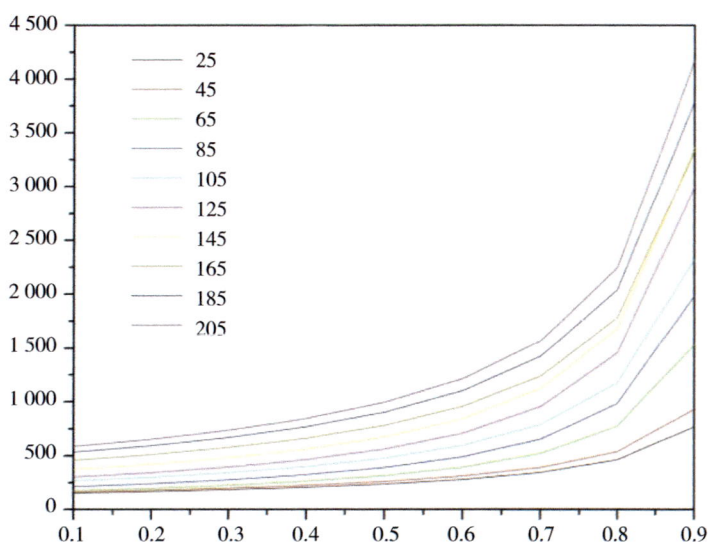

图 3.68　相对湿度、PM2.5 和消光系数的关系

　　通过气溶胶的吸湿增长也可以使得能见度低于 1 km，而不一定非要水汽过饱和后产生雾滴。这样的事件发生概率并不低，在 2009—2011 年，天津城区一共发生 131 h 能见度低于 1 km 的情况，其中相对湿度大于 95% 的仅 15 h，相对湿度在 91%～95% 的共有 41 h。另有大量观测显示，相对湿度不到 90%，仍然有低能见度形成，其关键一点就在于大气高负载气溶胶的吸湿增长，其中相对湿度低于 91% 的 74 h 样本中，PM10 平均浓度 467 μg/m³，PM2.5 282 μg/m³。但小于 500 m 的超低能见度，一般和水汽的饱和凝结密切相关，在三年的观测中，仅发生四次相对湿度不超过 91%，能见度低于 500 m 的情况，占所有低能见度事件（小于 500 m）的 16%。

　　使用 WRF/chem 大气化学模式，模拟天津城区 2010 年 10 月和 2011 年 1 月逐时的 PM2.5、PM10 和相对湿度。同时，基于相关公式进行能见度模拟，模拟结果和观测结果对比显示（图 3.69）：模拟值与观测值同等级占所有样本的 60.5%，相差 1 个等级占 30%，相差 2 个等级占 8.1%，2 个等级以上的占 1.4%。利用数值模式可以较好地进行能见度等级预报。在低能见度段，当观测值在 3 km 以下，模拟值在 3 km 以下的占 35%，3～5 km 的占 30%，超过 10 km 的占 3%。利用数值模式模拟低能见度仍有一定的误差，需要进一步的提高。

　　分析误差来源，一是来自拟合公式的误差，使用观测的气溶胶质量浓度资料和相对湿度资料进行模拟，92% 的数据模拟能见度和观测能见度等级相同，平均相差 0.14 级。二是来自相对湿度模拟的误差，利用观测的气溶胶质量浓度和模拟的相对湿度进行拟合，82% 的数据模拟能见度和观测能见度等级相同，平均相差 0.19 级，在进一步研究中，需要通过同化地基水汽观测来改进模式对相对湿度的预报能力。三是来自气溶胶模拟的误差，利用模式提供的相对湿度和气溶胶质量浓度进行拟合，模拟值与观测值同等级占所有样本的 60.5%，平均相差 0.5 级。对比气溶胶质

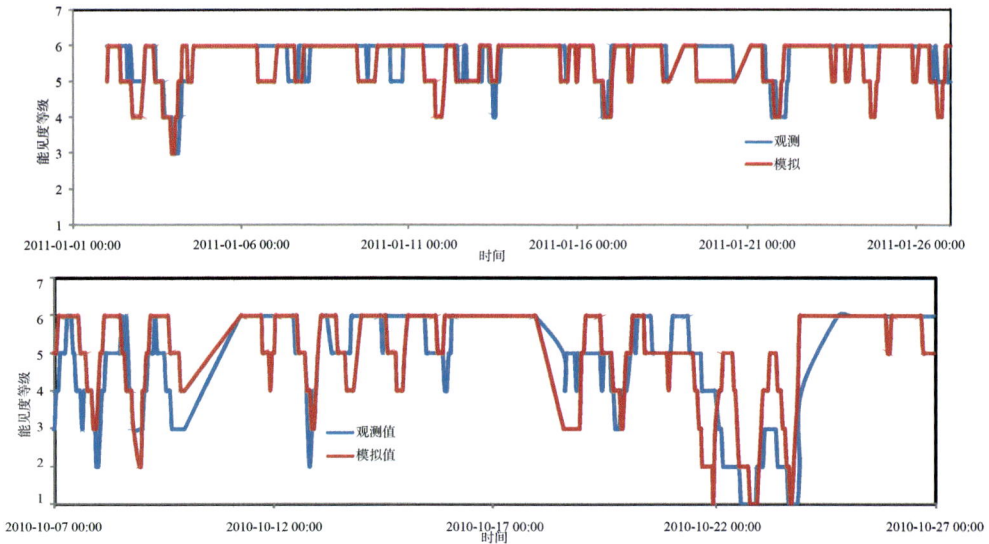

图 3.69 天津地区能见度等级数值模拟和观测值的比较

量浓度的观测值和模拟值，两者有较好的一致性，其中 PM2.5 相关系数 0.57，PM10 相关系数 0.48，样本数 1044。PM2.5 模拟均值 69 μg/m³ 与观测值 63 g/m³ 接近，PM10 模拟，由于忽略自然源的排放，模拟均值明显低于观测值，其分别为 91 μg/m³ 和 137 μg/m³，在进一步研究中，需要细调排放源提高气溶胶质量浓度模拟的精度，来提高能见度等级预报能力。

3.4 基于神经网络方法的天津地区能见度预报模型

3.4.1 天津港口大气能见度分级特征统计

采用 2009 年 7 月到 2013 年 5 月天津港口逐 10 min 的能见度观测资料来统计各级区间能见度出现的概率。按照 4—9 月（主要为春夏季节）、10 月至翌年 3 月（主要为秋冬季节）两时段，以及细分白天（08—17 时）、夜间（18 时至翌日 07 时）等时段来统计，考虑雾霾的定义均与 10 km 以内的能见度有关系，即 10 km 以内的能见度多是由雾霾天气引起的，故 10 km 以内分逐千米区间进行统计。而能见度大于 10 km 时，一般天气晴好，故仅用 10~15 km 和大于 15 km 两个区间来统计。

全年各级能见度出现的概率分布（图 3.70）可以看出，能见度大于等于 15 km 出现的概率最高，约为 27%，秋冬季节比春夏季节高出 7%；10~15 km 出现的概率次之，全年约为 11%，春夏季节比秋冬季节略高出 3%；全年 3~10 km 各区间能见度出现的概率由 7.7% 逐次递减到 3.5%，合计出现概率 38.7%，1~3 km 各季出现概率合计约 17%，其中小于 1 km 出现的概率和 1~2 km 的概率秋冬季节比春夏季节均高出 4.0%。从秋冬季和春夏季整体比较看出，低能见度（小于 3 km）和高能见度（大于 15 km）在秋冬季节比春夏季节出现概率大，而 4~15 km 的能见度值，在秋冬季节比春夏季节出现概率小。

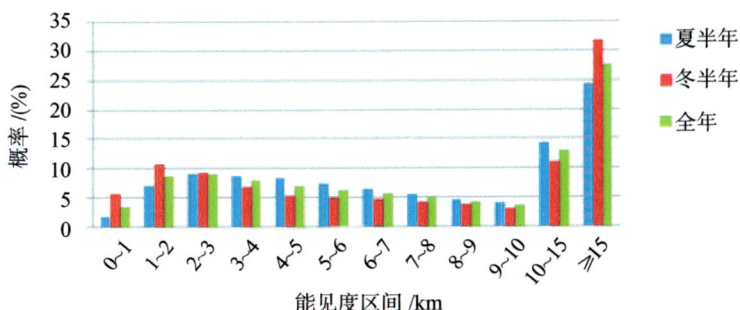

图 3.70 全年各级能见度分布概率

区分白天、夜间两个不同时段各级能见度的概率分布（图 3.71），可以看出，各季能见度 15 km 以下出现的概率夜间均高于白天。其中 0~4 km 夜间与白天概率差较大；4~15 km 白天和夜间出现的概率差别小；15 km 以上，白天出现的概率远大于夜间出现的概率。这与气温的日际变化导致相对湿度的日夜差异有关，相对湿度的日变化使得能见度一般具有夜间低白天高的特征。

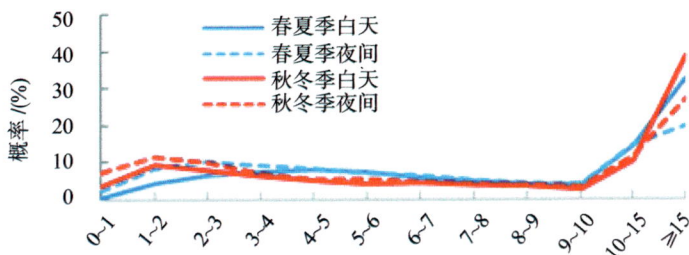

图 3.71 各级能见度在白天、夜间时段分布概率

3.4.2 低能见度成因分析及预报因子选取

为了实现能见度预报的客观化处理，必须将环流背景做量化处理，应用多个气象要素组成的物理量可以提取各种环流背景下的主要特征，方便量化预报因子，实现预报的客观化和自动化。采用了 2006—2010 年逐日 08 时的 AWS 资料和 NCEP 资料，采用本站的 AWS 实况资料，是因为检验发现，NCEP 中近地面资料与该站实况观测资料一致性较差，而低能见度对近地面要素是非常敏感的，例如风速 3 m/s 以上，就极少有低能见度发生。

用本站实况观测资料取代 NCEP 资料中的 2 m 的气象要素，计算出表征大气稳定度、水汽、气压场变化以及动力、热力作用的 40 个物理量，来量化环流背景的特征。如表征动力作用的有 1 000 hPa 垂直速度、10 m 风速、10 m 风分量、1 000 hPa风分量；表征气压场变化的有地面 24 h 变压；表征大气稳定度的有 925 hPa 与 1 000 hPa 位温差、1000 hPa 与地面的位温差；表征水汽条件的有地面温度露点差、1 000 hPa 温度平流、M 指数等。气溶胶因子在高湿条件下虽然对能见度的影响很大，但由于目前技术水平的限制，各种预报方法对气溶胶浓度的预报偏差较大，如果将一个不确定因子引入，反而会降低预报准确率，况且气溶胶浓度与气象条件有较大的相关关系，故仅考虑气象因子变化的影响。这样处理实际上是假定了建模资料期间某一气象条件下的气候平均值就是未来相似气象条件下的污染背景值。

将 40 个物理量因子与对应的大气能见度逐一作单因子相关分析，初步确定了 13 个相关系数超过 0.3 的高影响因子，如表 3.39，这些因子均通过了 $\alpha = 0.05$ 水平的相关显著性检验。

表 3.39 与能见度之间相关系数大于 0.3 的气象因子及能见度时的取值范围

影响因子	低能见度时的中位值	相关系数	低能见度时取值范围
$V_{surface}$	1	-0.5	0~3
$\theta_{925} - 1\,000$	-0.8	-0.5	-4.9~6.2
$\theta_{1000} - surface$	4	-0.4	-4.1~10
V_{925}	2.6	-0.4	-15~17
θ_{925}	2.5	-0.4	-18~19
低空 k 指数	-7.6	-0.3	-34~16
1 000 hPa 湿度平流	0	-0.3	-0.09~0.05
$(T-T_d)\,1000$	8.5	0.3	1.3~22.6
W_{925}	0.02	0.5	-0.6~0.6
$wind_{10}$	1	0.6	0~7
M 指数	-0.6	0.7	-1~1.8
$(T-T_d)_{surface}$	8.5	0.7	1~22
地面 24 变压	-1.8	0.5	-19~8

3.4.3 能见度分类建模和分步筛选的预报思路

3.4.3.1 能见度分类建模

考虑神经网络方法的优势是建立预报量与预报因子间不确定的非线性关系，本文采用 BP 神经网络方法，用以上 13 个影响因子进一步构建能见度与物理量因子之间的定量关系。实验表明，由于能见度数值分布的特殊性，低能见度数值出现概率偏低，无论采用哪种神经网络算法来建立预报模型，如果仅采用单层模型，其仿真效果都难对样本中的低概率事件具有高敏感性。而低能见度事件对交通和工农业生产有高影响，是检验预报模型性能特别关注的，因此，采用逐步筛选法，利用不同样本建立进行建模训练，是非常有必要的。

采用三步筛选法建模的思路如下：先选用 2006—2010 年 10 月至翌年 3 月逐日 08 时的能见度样本（758 个），通过训练建立粗分神经网络模型；再用该时间段内所有能见度小于 2 km 的个例组成样本库（99 个），通过训练建立低值网络模型；最后挑选出所有能见度在 1.5～3.5 km 的样本（228 个），通过训练建立中间网络模型。训练的过程是确定神经网络系数的过程，经反复试验确定出输入层、隐层的神经元和偏移量矩阵系数。训练前，由于各物理量单位不一致，因而须对数据进行 [0，1] 归一化处理。归一化方法采用线性函数转换，表达式如下：$y = (x - \mathrm{MinValue})/(\mathrm{MaxValue} - \mathrm{MinValue})$，其中 x、y 分别为各因子转换前后的值，MaxValue、MinValue 分别为样本的最大值和最小值。

经反复训练，第一层粗分网络隐层有 8 个神经元，进入模型的物理量有 8 个，分别是 9 25 hPa 垂直速度、10 m 风分量、925 hPa 风分量、地面 24 h 变压、925 hPa 位温、1 000 hPa 与地面位温差、低空 k 指数、1 000 hPa 温度露点差、地面温度露点差、M 指数。

第二层低值网络隐层有 9 个神经元，进入模型的物理量有 4 个，分别是 10 m 风速、1 000 hPa 与地面位温差、地面温度露点差、M 指数。

第三层中间值网络隐层有 13 个神经元，进入模型的物理量有 2 个，分别是 1 000 hPa 与地面位温差、地面温度露点差。

3.4.3.2　能见度业务分类预报思路

将 BP 神经网络训练的 3 层模型直接与 WRF 输出产品对接，对应建模中用到的 925 hPa、1 000 hPa 高度。分别取 WRF 中对应高度相应 sigma 层的预报值，直接计算 WRF 预报产品中各 sigma 层每个格点的以上 13 个物理量。WRF 业务模式每天运行 2 次，每次预报 72 h。针对 WRF 模式逐时地预报产品，按照神经网络训练好的三级模型，按图 3.72 步骤进行分级逐步计算，即，第一步：先用粗分网络对输入的预报因子进行预报，如果预报值在 3.5 km 以上，则采用这个网络得到的结果，否则进入第二步。第二步：对于粗分网络预报值在 3.5 km 以下的个例进一步用低值网络进行预报，如果预报值在（0，1.5 km）则采用此值，否则进入第三步。第三步：对于用低值网络预报值在 1.5 km 以上的个例，再次采用中间网络进行预报，得到最终预报值。

各级模型按照 $y = \mathrm{tansig}(LW(2) \times \mathrm{tansig}(IW(1) \times \mathrm{input} + B(1)) + B(2))$ 公式计算，得到每个格点的能见度预报值。式中，$IW(1)$ 是网络输入层神经元；$LW(2)$ 是网络隐层的神经元；$B(1)$ 为网络输入层偏移量；$B(2)$ 为网络隐层偏移量；input 为各层网络的输入量。

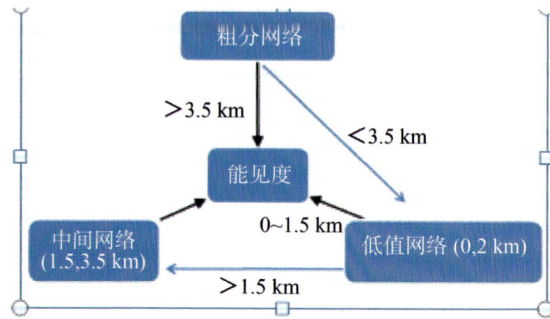

图 3.72　神经网络建模流程

3.4.4　释用预报与 WRF 模式预报结果对比分析

WRF 模式输出的能见度结果是 WRF 后处理中利用云水、云冰、雨雪、霰等水凝物的消光特性计算出来的，当有大雾、降水等凝结水现象出现时，水凝物消光作用，WRF 后处理计算得到的能见度值较低，无水凝物消光作用时，设定能见度最大默认值为 90 km。

根据前述能见度分级服务标准，将能见度预报检验划分为 4 个预报服务等级，分别进行检验，检验方法采用气象上常规的 TS 技巧评分，即针对某级别预报，如实况落在该级别内时，为预报正确，用 NA 表示，实况大于或小于该级别，为漏报或空报，即预报错误，用 NC 表示，见表 3.40。某级别 TS 评分公式如下：

$$TS_i = \sum NA_i / \sum (NC_{i1} + NC_{i2} + NC_{i3})$$

表 3.40　能见度预报分级 TS 检验

项目	0~<1	≥1~<3	≥3~<10	≥10
0~<1	NA	NC_{21}	NC_{31}	NC_{41}
≥1~<3	NC_{11}	NA	NC_{32}	NC_{42}
≥3~<10	NC_{12}	NC_{22}	NA	NC_{43}
≥10	NC_{13}	NC_{23}	NC_{33}	NA

该方法已在天津市气象科学研究所稳定业务运行。以 2013 年 1—3 月为对比检验时段，从图 3.73 可见，在 10 km 以内，BP 神经网络释用预报方法预报的各级能见度均比原 WRF 模式的预报技巧有大幅提高。其中，实况低于 1 km 的能见度，WRF 模式 TS 评分为 14%，数值释用方法提高到 48%；实况为 1~3 km 的能见度，多是由雾霾混合导致，WRF 模式 TS 评分仅为 4%，说明对雾霾混合导致的低能见度几乎无预报能力，BP 神经网络数值释用方法明显提高到 42%；实况为 3~10 km 的能见度，WRF 模式 TS 评分为 0，无预报能力，BP 神经网络数值释用方法提高到 28%；因为 WRF 后处理设定能见度最大默认值为 90 km，实际上实况大于 3 km 的能

见度，利用 WRF 模式目前后处理中能见度处理方案，是没有预报能力的。

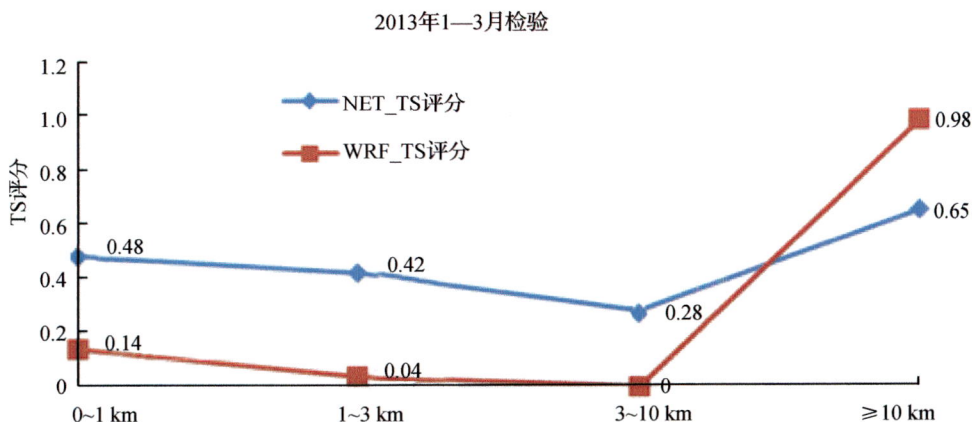

图 3.73　能见度总体分级预报 TS 评分检验

　　既然 WRF 模式输出的能见度结果是后处理中利用云水、云冰、雨雪、霰等水凝物的消光特性计算出来的，以上全样本总体检验表明该方法预报准确率较低，那么，当 WRF 预报有降水时，WRF 预报的能见度评分技巧是否优于 BP 释用预报方法？将 WRF 预报有降水的样本全部提取出来，并取与之相同时段的 BP 神经网络方法的释用预报产品进行统计检验比较（图 3.74），可以看到：在预报有降水的条件下，与总样本统计结果类似，在 10 km 以内，BP 神经网络释用预报方法预报的各级能见度均比原 WRF 模式的预报技巧有大幅提高，其中，实况低于 1 km 的能见度，WRF 模式 TS 评分为 0.23，数值释用方法提高到 0.65；实况为 1~3 km 的能见度，多是由雾霾混合导致的，WRF 模式 TS 评分为 0.11，BP 神经网络数值释用方法明显提高到 0.37；实况为 3~10 km 的能见度，WRF 模式的 TS 评分为 0.02，BP 神经网络数值释用方法提高到 0.25。可见，即便在预报有降水条件下，BP 神经网络数值释用方法预报仍然优于 WRF 模式产品的预报技巧，采用该 BP 神经网络进行能见度数值释用，预报准确率达到了国外同类预报水平。

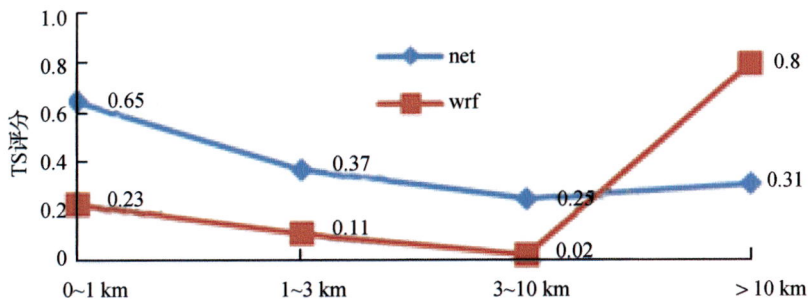

图 3.74　预报有降水条件下的能见度分级 TS 评分检验

4　路面转换模型研制

4.1　降水预报向道路湿滑状况预报的转换模型

降水是使路面状况及摩擦性能发生明显变化的最主要的自然因素，受雨雪等天气影响，路面覆盖水、雪、冰使摩擦系数减小。本章节研究了根据降水预报产品判别路面状态和湿滑等级的转换方法。

根据交通运输部公路科学研究院研究成果，对不同天气条件和路面状况下的路面摩擦系数分别进行实验室测试和路面实测，得到了干燥、潮湿、湿润、积雪和结冰等五种路面摩擦系数测试的统计结果，见表3.41。

表 3.41　不同路面摩擦系数测试的统计

类型	影响因素分析
干燥	温度导致路面结构层软化，温度升高导致摩擦系数下降
潮湿	微水膜现象填平路面微小坑洼，0.05 mm 作为潮湿与湿润分界点
湿润	水膜大于 0.05 mm，速度到达特定值产生滑水；泥土、沙粒影响
积雪	车胎不能够与路面接触；松散雪、压实雪、雪水混合物影响不同
结冰	车胎不能够与路面接触；最滑的一种状态；温度、沙粒影响

表3.42给出了湿滑指数的划分，是依据路面实际摩擦系数来划分的。充分考虑摩擦系数对交通事故的影响、典型路面状况的摩擦系数范围、路面养护技术水平等多方面因素确定不同指数对应的摩擦系数区间阈值。

表 3.42　不同路面摩擦系数测试的统计

路面湿滑指数	摩擦系数范围	路面抗滑性能	路面湿滑状况描述
1 级	$F \geqslant 0.5$	正常	干燥清洁路面
2 级	$0.35 \leqslant F < 0.5$	稍差	潮湿，降雨天气，积水
3 级	$0.2 \leqslant F < 0.35$	较差	松散雪，斑驳冰，霜
4 级	$F < 0.2$	很差	严寒季节，压实雪或冰层

根据上述要求，路面积水是换算路面摩擦系数的关键因子。为此，再把降水对路面干湿状况的影响归结为路面积水（水膜）的计算，为此提出路面积水量估算方

程如下：

$$\frac{\mathrm{d}W_l}{\mathrm{d}t}=P-E+\frac{R-G_l}{L_f}-r$$

式中，W_l 为估算的路面液态水量（即积水量）；P 为降水量；E 为蒸发量；G_l 为在公路模型第一层和第二层之间的向下的热通量；L_f 为水的融化热；R 为净辐射通量；第三项 $(R-G_l)/L_f$ 只有在 0 ℃才比较活跃，对于夏季因温度大于 0 ℃而可以忽略不计；r 为径流量，路面上水的径流量方程可通过 Sass 提出的方程计算；E 为蒸发量：

$$E=-\rho C_m |V_a|(q_a-q_s)$$

式中，ρ 为空气密度，近似取 1.29 kg/m³；V_a 为测量高度的风速；C_m 为曳力系数，表征下垫面和大气间物理量的湍流垂直输送的积分特征量，运用莫宁-奥布霍夫相似理论，使得 $Z=10$ m，粗糙长度 $z_0=10^{-4}$ m，对于一条平坦的公路，这是一个非常典型的数值，不稳定边界层的稳定函数 $f(R_i, Z/z_0)$ 主要取决于 Z/z_0 和理查森数 R_i。

$$C_m=\left[\frac{k}{\ln(Z/z_0)}\right]^2 f(R_i, \frac{Z}{z_0})$$

q_s 和 q_a 分别指路面和空气的比湿，T_{s0} 为路面温度，q_s 由路面湿度参数 W_s/W_c 决定：

$$q_s=\left|\frac{W_s}{W_c}\right|q_{sat}(T_{s0})+\left|1-\frac{W_s}{W_c}\right|q_a$$

这里 $W_c=0.5$ kg/m²，根据 Sass 的研究结果，W_s 与降水强度 P 有一定的关系，当 $P\leqslant0.5$ mm/h 时，采用方程 $W_s=P$；当 $P>0.5$ mm/h 时，$W_s=0.5$，根据湿度参数公式可以看出，此时 W_s/W_c 达到最大值 1。

通过简单的 Tetens 经验公式来计算路面温度为 T_{s0} 时的饱和水汽压 $e_s(T_{s0})$：

$$e_s(T_{s0})=6.1\exp\left[\frac{17.269\times T_{s0}}{T_{s0}+273.16-35.86}\right]$$

根据路面水汽压及比湿的关系，可以得到路面温度为 T_{s0} 时的饱和比湿 $q_{sat}(T_{s0})$：

$$q_{sat}(T_{s0})=0.622\times\frac{e_s(T_{s0})}{p_0-0.378e_s(T_{s0})}$$

式中，p_0 为地面气压；T_{s0} 为路面温度。

同理，根据上式可以求得气温在 T_a 时的饱和比湿 $q_{sat}(T_a)$，根据相对湿度的定义可以求得在该温度下的比湿 q_a。

利用高速公路上布设的交通气象实时监测资料，经上述路面积水（水膜）的计算（相关软件模块尚在编程和调试当中），可及时获得公路沿线上（监测站点）的路面状态（干燥、潮湿、积水）、水膜厚度，并开展了模型计算及效果验证。

例 1，图 3.75 中的 a 图为 2011 年 6 月 14—20 日沪宁高速公路花桥站逐分钟路面温度和降水量，从图中可以看到，在该段时间内有两次比较明显的降水过程，两次降水过程分别集中在 14 日和 18 日。在降水过程中，路面温度相对未降水时期温度较低。在两次降水过程中（14 日 08 时至 16 日 00 时，17 日 08 时至 19 日 08 时），均有短暂的停歇。在降水间歇期间，路面温度均有小幅度上升，但变化幅度不大。这主要是由于降水停止，路面积水量有所减小，路面温度随着气温的升高而升高，但由于降水停止的时间较短，路面未达到干燥状态，新的降水使得路面变得潮湿，使得路面温度未能迅速上升。而在图 3.75 的 b 图路面温度和积水量曲线上可以看到，在间歇期内，路面温度有所上升，路面积水量均有所下降，变化幅度不是很大。在分钟降水量达到极值的几个时刻之后几分钟内的积水量也达到了极值。通过上述可以看出路面积水量与路面温度、降水量有着良好的对应关系。

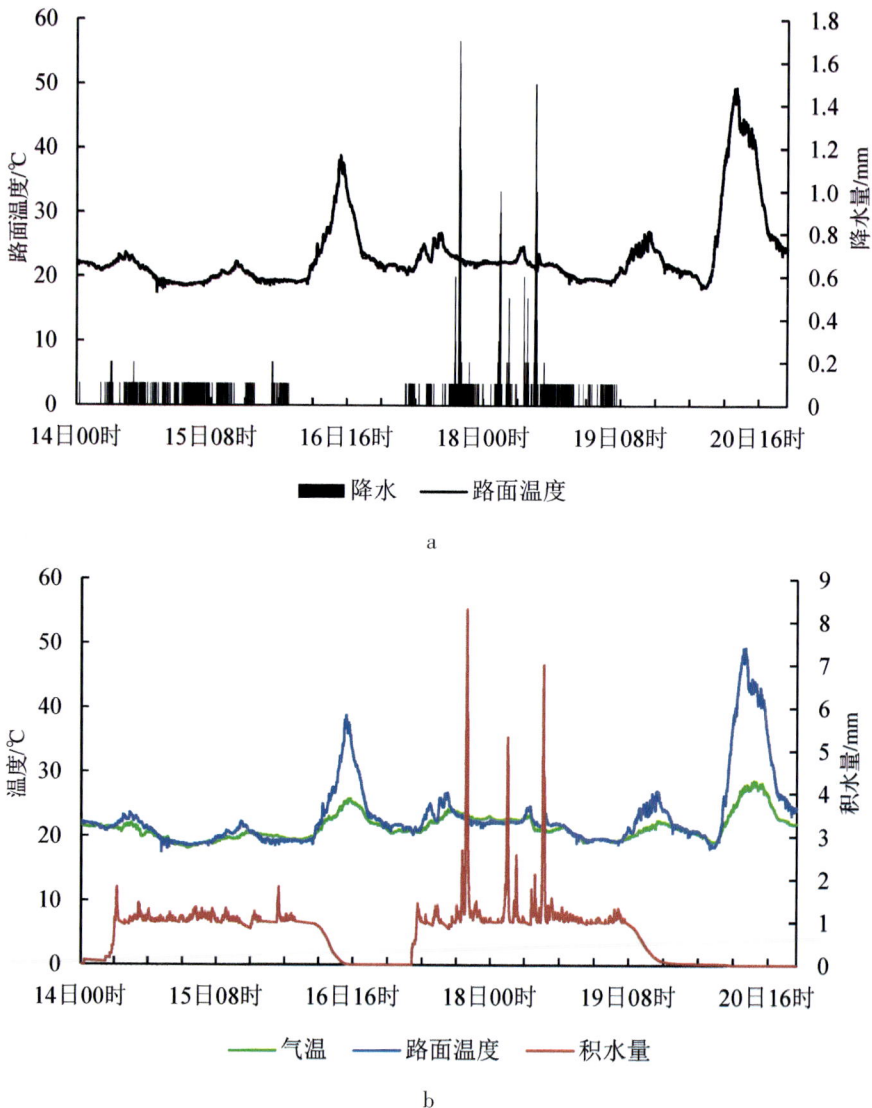

a

b

图 3.75　沪宁高速公路花桥站 2011 年 6 月 14—20 日逐分钟路面温度与降水量（a）与逐分钟气温、路面温度和积水量计算曲线（b）

　　在第一次降水过程结束后（16 日 03 时左右），由于云的保温作用，气温和路面温度没有明显的上升或下降，一直维持在 20 ℃左右。由于此时相对湿度维持在 95%左右，且温度相对不高，路面积水蒸发速率较慢，积水量变化缓慢。16 日 06 时左右，随着天气的转晴，相对湿度逐渐降低。由于辐射升温作用，空气温度逐渐上升，此时路面温度也开始逐渐上升，且其温度上升的速率远远高于空气温度。随着路面温度的不断升高，路面的积水量迅速下降，并逐渐减小至 0，路面处于干燥状态。第二次降水过程结束后（19 日 08 时），路面温度和气温逐渐上升，且路面温度逐渐高于气温。相对湿度逐渐下降，路面积水量逐渐下降，待路面温度和空气温度达到最高值时，路面已处于干燥状态。19 时之后，由于太阳落山，路面开始辐射降温，路面温度和气温逐渐下降。20 日 06 时左右，气温和路面温度达到最低值。之后随着太阳的上升，由于此时路面已处于干燥状态，路面温度迅速上升，其上升的速率要比前一天降水结束之后的路面温度上升速率要快很多。这主要是由于降水过后路面有积水的存在，积水在蒸发过程中吸收路面的热量，所以即使在降水结束之后，路面温度上升的速度比路面干燥、天气晴朗条件下路面温度上升的速度缓慢。从中可以看出相同的下垫面在不同的状态下，路面温度的变化是不同的。由此也可以看出模型所求出的路面积水量变化趋势与实际情况还是一致的，利用路面温度变化曲线来判断路面积水量变化趋势有一定的指导意义。

　　例 2，图 3.76 为沪宁高速公路花桥站 2011 年 6 月 14 日 00 时至 6 月 21 日 00 时逐小时降水量、路面温度与模型所求得的路面逐小时积水量的变化趋势图。从图上可以看到，逐小时积水量、降水量的变化趋势同逐分钟数据的变化趋势一致。在降水的时刻，水膜的厚度也相应有所增加。在 6 月 17 日 18 时、18 日 04 时、12 时降水量出现了 3 个极值，分别为 35.7 mm、16 mm 和 27.6 mm，而计算出来的相应的积水量分别达到了 4.06 mm、2.39 mm 和 3.34 mm 3 个极值。通过对比，逐分钟积水量与逐小时积水量在上述 3 个极值时刻积水量差距较大，在分钟降水量达到极值后几分钟内，分钟积水量分别达到了 8.11 mm、5.15 mm 和 6.82 mm。由于逐小时数据代表的是 1 h 内各个气象要素的平均状态（降水量除外），而逐分钟数据则是各要素在该时刻的瞬时状态。当逐分钟降水量较大，且降水时间持续时，短时间内路面积水未能及时通过径流以及蒸发的形式减小，造成路面积水量瞬间升高。而所得到的逐小时积水量反映的是该小时内积水量的平均状态，所以逐小时积水量的极大值在数值上要比逐分钟数据所求得的积水量极大值要小很多。

　　该模型在计算时没有考虑到公路上车辆的来回碾压加速了公路上水分的蒸发这一影响因子，并且由于山地丘陵的存在，公路在纵向上并不平坦。由于坡度的增加，径流量有所增加，路面上的积水量相应有所减少，这使得路面由潮湿到干燥所用时间有所减小。公式并未将此因素考虑在内，所以计算得到的路面从潮湿到干燥状态所用的时间与实际情况相比有些偏大。虽然与实际情况有些许差异，但是大体趋势基本上是一致的，这对于研究路面由积水到干燥这一过程所用的时间有一定的指导意义。

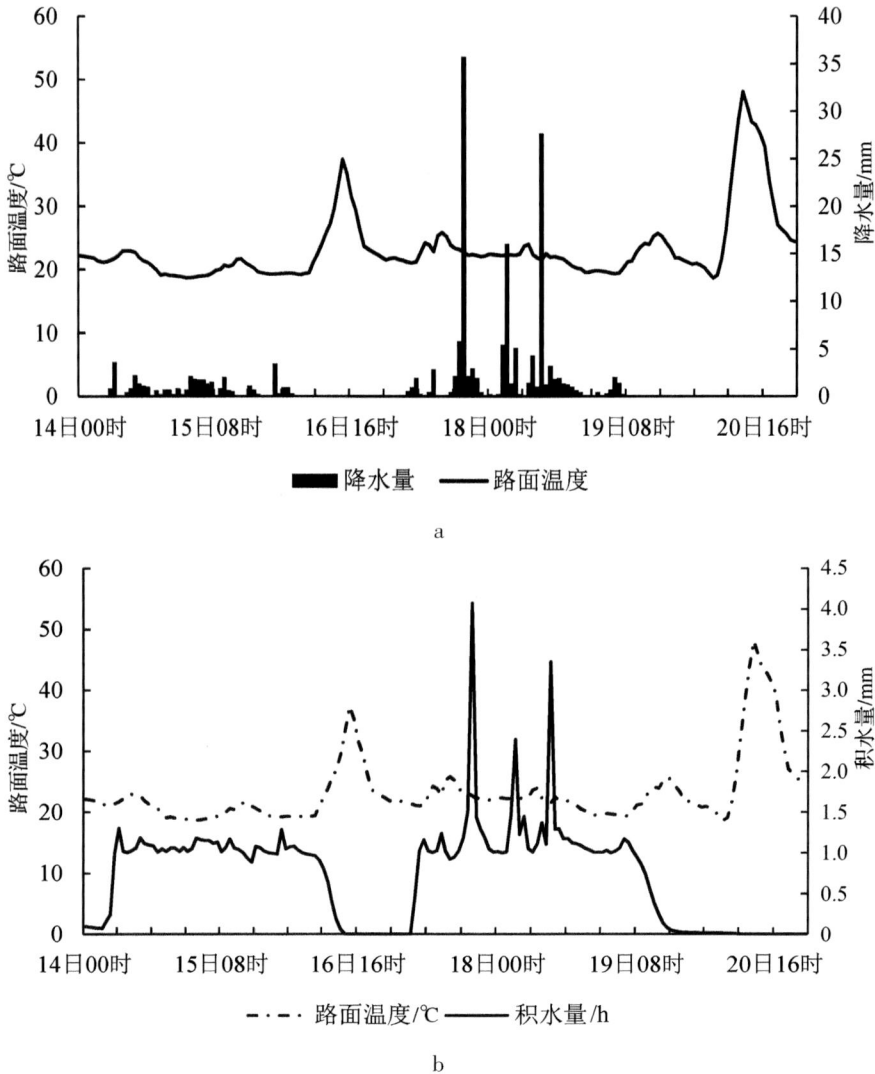

图 3.76　沪宁高速公路花桥站 2011 年 6 月 14—20 日逐小时路面温度与
降水量（a）与逐小时路面温度和积水量（b）

　　在对比试验的基础上，广大区域建立了不同相态降水预报转换为路面湿滑状况
的定量预报模型，包括路面状况（干燥、潮湿、积水、有雪、冰冻等）、路面摩擦
系数。

　　关于降水的摩擦系数等问题，并没有很大的地区差异，而且广东（华南地区）
并没有大范围的雨雪、结冰的天气，因此采用前人的摩擦系数和湿滑指数的映射关
系，直接计算路面湿滑状态，然后考察其可用性。

　　道路气象灾害和大多数的气象相关灾害具有类似的特点：既有瞬时值的影响，
也受统计值的左右。路面湿滑程度受降水影响尤其是降水相态的影响。而降水采用

N h 的（实况与预报之和）滑动累积量。夏天采用 4 h 滑动平均，冬季采用 6 h，见图 3.77。即当前的实况/预报加上过去（$N-1$）h 的预报或实况。降水相态则通过模式的释用获取。降水阈值通过问卷调查的时候统计初步设置。这样根据降水量、降水相态以及路面温度制定了适用于广东地区的路面湿滑指数，见表 3.43。

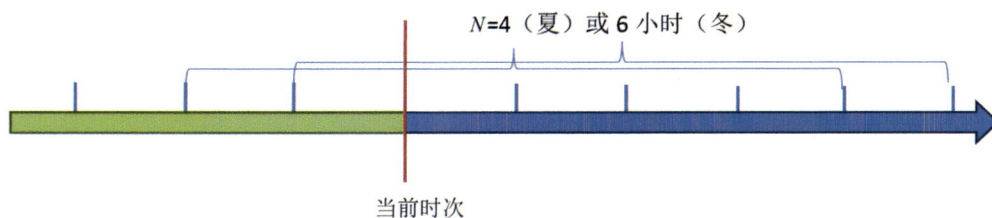

图 3.77　累积雨量计算时次示意图

表 3.43　湿滑指数估算对照

摩擦系数	0.0~0.3	0.3~0.4	0.4~0.5	0.5~1.0
路面描述	冰面有水或冰雪混合	降水	路面潮湿	路面干燥
湿滑程度	非常湿滑	比较湿滑	一般湿滑	干燥
路面状况	很差	较差	一般	良好
判别计算	$T_{SURFACE}<0\ ℃$；$R>5$ mm；Rstate$=1$	$R>50$ mm	$R>15$ mm	$R=0$

在广东地区的实际应用中，降水的定量预报通过广州中心气象台人机交互订正获得的定量降水估测和预报产品 QPF，见图 3.78。QPE 和 QPF 的初始值来自短临预报系统 SWAN 的前 3 h 预报和精细化预报系统 SAFEGUARD 的短期 3 d 预报，目前只是使用了 24 h 预报。QPF 的预报场进入交互订正平台 SAFEGUARD-GIFT，预报员通过人机交互，完成降水预报场的预报（水平分辨率为 5 km）。高速公路或者国道上的关键路段信息则通过插值或者地理信息的空间分析能力获得。

4.2　东北区域路面冰雪识别模型

路面温度主要受到路面状况、空气温度和太阳辐射影响，对于干燥路面，由于路面吸收大量太阳辐射，路面温度高于空气温度，对于冰雪路面，冰雪融化会吸收大量热量，路面温度会明显低于空气温度，因此可以将路面温度与空气温度之间关系作为识别路面是否存在积雪的依据，而日太阳辐射总量变化可由时间函数来解析，因此利用路面温度、空气温度、时刻（0—23 时）可以作为识别路面是否存在冰雪（0 为无积雪、1 为有积雪）的依据。使用具有输入层、隐层、输出层的多层感知器（MLP），输入层根据因子个数取 3 个节点，隐层取 8 个节点，输出层取 1 个节点，模型输入层同隐层之间的神经元联接和隐层同输出层之间神经元的联接均采

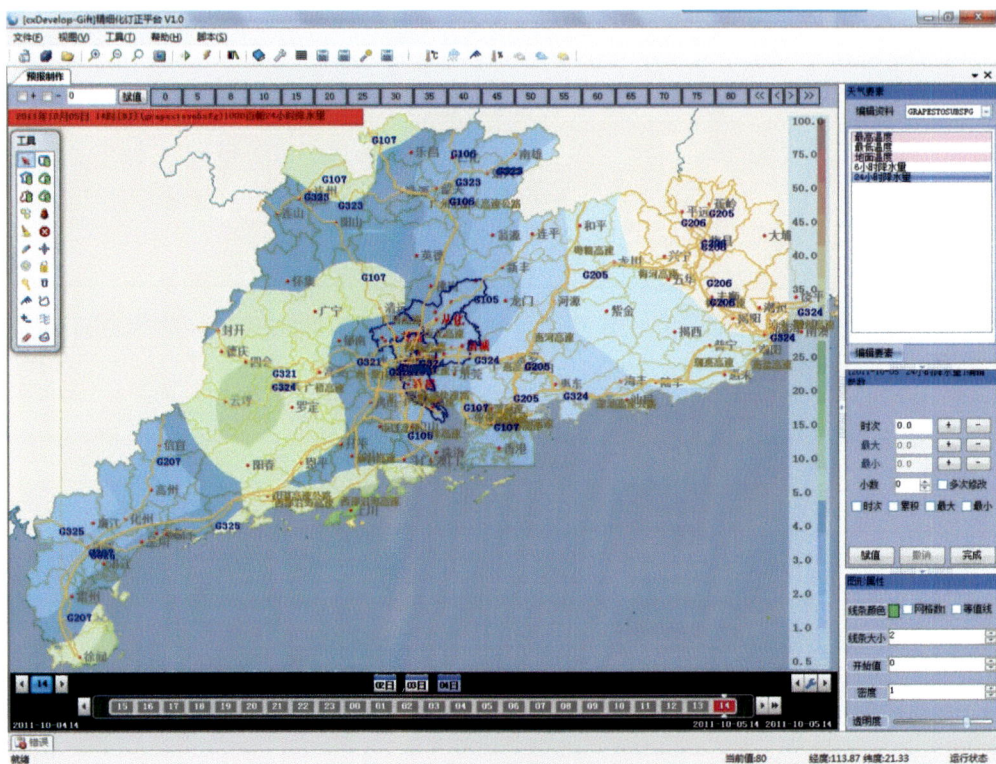

图 3.78 降水的网格化交互式订正

用可微的 Sigmoid 型单调递增训练结果准确率为 93.2%，检验结果准确率为 95%，因此模型可以很好地对路面是否存在冰雪进行识别，随机选择雪天与晴天各一天同时段对模型进行结果输出，见图 3.79，可以看出模型对晴天路面状况的识别率达 87.5%，对雪天路面状况识别率达 83.3%。训练结束后将所有节点的权值和阈值保存下可以进行预报，同时在样本变化以后可进行进一步的训练。

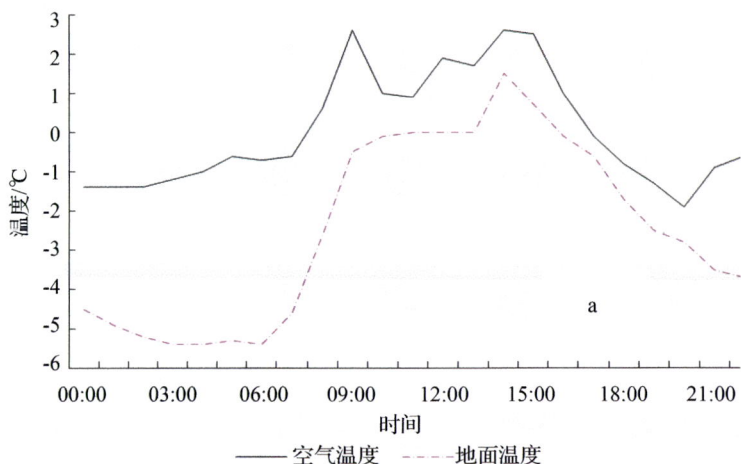

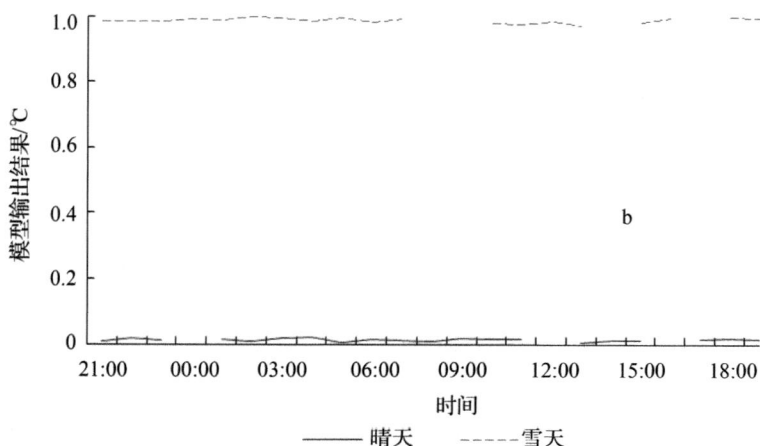

图 3.79 雪天空气温度与沥青路面温度日变化及 MLP 雪天、晴天输出结果

4.3 利用数值模式预报产品判断路面状况

依据研究结果，将路面的状况分为 7 种情况：干燥、潮湿、积水、冰、雪、冰雪混合和高温。通过收集相关观测数据，进行观测、试验与综合分析，形成了根据过去、当前、未来的不同天气状况、气象要素与不同的路面状况，分别考虑、综合判定未来路面状况的方法与流程，建立转换模型。

首先通过中尺度精细化数值预报系统，得到道路每一点未来 84 h 以内逐小时的气象要素预报数据，包括天气现象、路面温度、降水状况与相态等观测与预报数据。

然后考虑不同时间点路面状况的相互影响。路面温度是一个相对重要的判断指标：当路面温度较高不存在冰、雪现象时，不同时刻的路面状况影响可考虑仅在 6 h 以内有效；当路面温度连续处于较低数值时，则可判定为路面冰、雪在 24 h 内存续；当路面温度在 0 ℃ 附近波动时，路面状况会比较复杂，除高温外其他状况都可能出现。在做相互影响判断时按 3 h、6 h、12 h、24 h 做分段滚动判断处理。这里以 30 h 判断情况为例予以说明。

第一步：逐小时判断，见表 3.44。

表 3.44 逐小时路面状况判断

路面状况	干燥	潮湿	积水	冰	雪
判定条件	非其他状况	小雨	中雨或小雪或雨夹雪且地面温度>0 ℃	地温<0 ℃时降小雨或雨夹雪	降雪且地温<0 ℃

对于公路上任一点可依表 3.44 得到其 84 h 逐时的路面状况，假设道路上某一点 A 第 30 h 时没有任何降水发生，此时路面状况判定结果为干燥。

第二步：3 小时滚动判断，如表 3.45 所示。

表 3.45　3 h 滚动路面状况判断

3 h 内	干燥	潮湿	积水	冰	雪
当前干燥	干燥	干燥	潮湿	冰/积水	雪/积水
当前潮湿	潮湿	潮湿	潮湿	潮湿	冰雪混合
当前积水	积水	积水	积水	积水	积水
当前冰	冰	冰	冰	冰	冰
当前雪	雪	雪	冰雪混合	冰	雪

假设 A 点 30 h 前仅第 28 h 的路面状况判断为积水，其他时间为干燥，则 A 点第 30 h 路面状况依上表则应判断为潮湿。从表中可以看出，在当前出现积水、冰、雪等状况时，滚动判断结果以当前结果为主；当 3 h 内出现过冰、雪状况时，其产生的影响会影响到当前结果。因此在 3 h 以上的路面状况影响判断中将主要是对积水、冰和雪等状况进行的滚动判断。

第三步：6~24 h 滚动判断，具体如下：

积水至今 6 h 内无降水且地温大于 0 ℃，判断结果为干燥。

积水至今（24 h 内）地温平均温度小于 -8 ℃，判断结果为冰。

积水至今 6 h 内无降水且地温在 0~-8 ℃，判断结果为积水。

积水至今 12 h 内无降水且地温在 0~-8 ℃，判断结果为冰。

冰至今在 6 h 之内且平均地温大于 0 ℃，判断结果为积水。

冰至今在 6 h 之上且平均地温大于 0 ℃，判断结果为干燥。

冰至今在 12 h 之上且平均地温小于 0 ℃，判断结果为冰。

冰至今在 24 h 之上则不计冰影响。

雪至今在 12 h 之内且平均地温大于 0 ℃，判断结果为积水。

雪至今在 12 h 之内且连续有 3 h 平均地温大于 0 ℃，之后地温小于 0 ℃，判断结果为冰。

雪至今在 24 h 之上则不计雪影响。

假设 A 点在 7~26 h 的路面状况判断中第 20~24 h 路面状况为冰，且平均地面温度大于 0 ℃，其他时段路面状况为干燥，则 A 点第 30 h 路面状况判断为积水。

通过以上过程，可以确定每一个道路点上的干燥、潮湿等具体路面状况。要注意的是，以上判断过程中存在很多假设情况，当道路上有积水、冰和雪等特殊天气过程发生时，会伴有人为的清理及过往车辆碾压等情况，特别是在 6~24 h 的判断过程中，人为因素更会起主导作用。不过所有的判断均以 3 h 以内的判断结果为主，使路面状况判断结果仍具有可观的参考价值。

5　常规天气预报向道路专业天气预报数据转换系统

5.1　总体思路

常规天气预报向道路专业天气预报数据转换系统起到一个桥梁的作用，它将道路专业气象服务产品转换模型、数值预报模式、全国道路交通气象信息服务（示范）平台连接起来。系统中包含了全国道路交通数值预报基础数据及精细化数据的制作、最新的转换模式及最新的道路交通服务信息分类方法。该系统主要以东北区域中心数值预报模式产品为基础，使用了相关道路专业气象服务产品转换模型，获取全国道路专业气象服务产品基础数据。在转换过程中利用了多项转换模型的最新研究结果。

5.1.1　数据转换总体设计思路

以全国道路专业气象服务为目标。由于前期我国道路天气预报工作大部分还处在监测信息发布和常规气象预报方面，无论是道路交通气象预报信息发布内容与发布方式均有待加强。本设计强调并着眼于道路精细化的专用服务产品。为建立一个范围包括国内主要公路，集监测、预报与预警信息于一体的服务系统提供后台数据支持，考虑服务产品的全面性、时效性、多时段性、可用性、友好性等多方面。

在实际数据转换中，优先选取普适的转换方法或方案，获取大范围的普适数据后，再进行特定区域、特定方法的数据转换，并覆盖到指定区域。转换后的道路天气预报产品数据按模式输出格点给出，供显示平台数据库使用。

图3.80中数据转换（绿线框）区为本系统工作内容，图中"各种转换方法"部分是本系统最重要的内容，要在完成数据转换的同时，实现上述设计目标。

5.1.2　数据转换设计的主要特点

数据转换设计的主要目标为建立全国道路交通预报基数据。

主要特点有转换模型可移植性、模型中预报量模块化。

转换模型以东北区域中尺度数值预报系统提供的预报数据为基础。数据包括：全国范围水平分辨率27 km的数据；东北区域水平分辨率9 km的数据；江苏区域水平分辨率3 km的数据；天津区域水平分辨率1 km的数据。

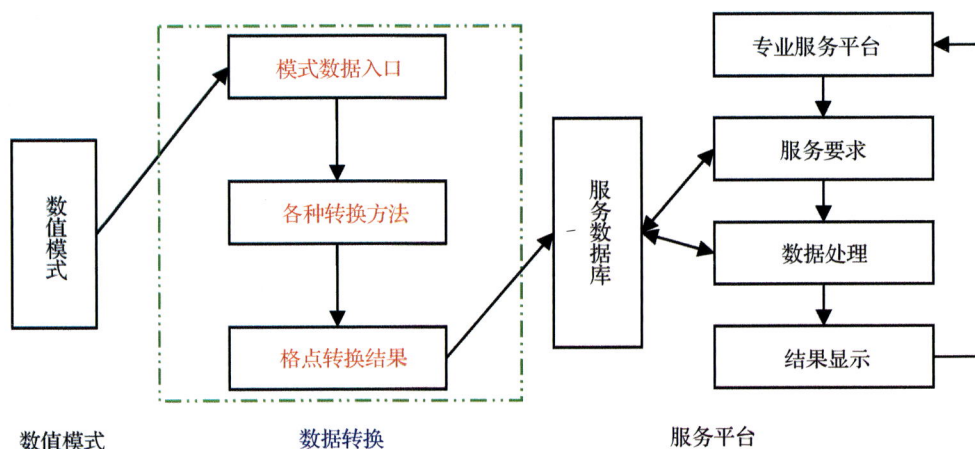

图 3.80　数据转换工作示意图

通过以下的步骤来获取全国道路交通气象信息服务（示范）平台上可以查询、显示的道路专业气象服务产品数据：

（1）基数据制作。首先以全国范围水平分辨率 27 km 的数据为基础，经转换得到全国范围的道路交通专业预报产品的基数据。该基数据作为道路交通预报的本底数据。

（2）不同区域产品定制。对提供了较高水平分辨率数值预报产品的区域，能够特殊定制该区域的新数据。利用该区域高分辨率的数值预报产品，经本模型数据转换后得到高分辨率的道路交通专业预报产品数据；该数据在相应区域内替代掉初始数据。

（3）特定区域产品定制。对于特殊地区专门研制的道路专业气象服务产品转换模型，本方法将进行特殊数据转换。转换后得到道路交通专业预报产品数据在相应区域内覆盖掉初始数据。

通过以上步骤，获取全国范围内任意一点国道的定点、定时、定量全国专业气象服务产品信息，做到全国道路交通专业预报产品无空隙。

本数据转换方法的移植性能：虽然本数据转换以东北区域气象中心的东北区域数值预报模式产品为基础，但不受任何限制，能够方便地移植到其他区域。对于本转换方法来说，只要提供相应的模式输出数据结构，包括数据网格位置（经、纬度）与预报产品，就能够很方便地应用本转换模式。

预报量转换模块化：本方法在具体预报量的转换设计中采用模块化设计，模块间调用仅作为域值判断，这样做的好处有两点：①能够十分方便地增减转换产品。如不需要辐射能量的结果，则直接将计算辐射能量模块屏蔽即可。②方便对转换结果调整。如在路面高温影响中有了新的研究结果，则直接在高温影响模块中进行修改，与该模块相互调用的模块无须改动就直接将路面高温影响结果纳入其计算过程之中。

5.1.3　数据转换的流程框架

数据转换框架分为 3 个部分：首先选择必要的模式输出结果，主要包括地面、2 m 高度、10 m 高度上的模式输出结果；第二要确立数据转换公式，这是数据转换系统的主体部分，实行分模块计算，如降水、雾、温度等在不同模块中进行计算，彼此不相互影响，而在需要联合进行判断时则又可以互相调用；最后为制作道路专业服务数据库部分，按照道路专业服务要求对转换后的数据进行处理，生成数据库产品。

图 3.81 是数据转换工作设计展示图，图中蓝色框线部分为数据转换模块化部分，红色框线为道路专业服务数据库部分。当服务数据有新的需求时，即在数据库中增加或减少报务内容，只需对应增加或减少数据转换部分中的转化关系公式即可，不会对其他服务内容造成影响。这样可以将研究成果随时在本转换系统中添加调整，以及在今后方便对系统的实时更新。

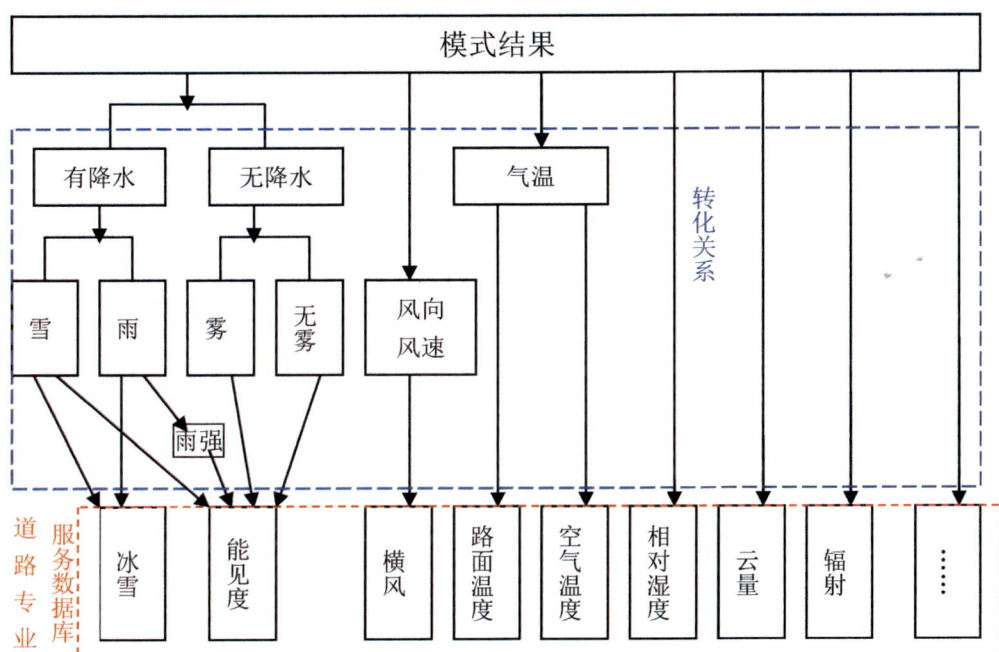

图 3.81　数据转换内容及相应关系

5.1.4　数据转换产品主要内容

数据转换产品以东北区域中心数值模式的全国区域产品作为基础数据，另有东北区域、天津区域和江苏区域 3 个较高分辨率数值模式结果提供更为精细的数据产品，还包括对已有的观测和分析数据进行转换。

全国范围数据的格点距离为 27 km（格点数 222×198），每天在北京时间 08 时和 20 时进行预报，每次预报时效为 84 h，输出产品为逐小时输出。东北区域数据格点距离为 9 km（格点数 240×264），起报时间、预报时效和输出间隔与全国数据相同。天津区域数据格点距离为 1 km（格点数 160×140），起报时间与全国数据相同，预报时效为 72 h，输出产品为逐小时输出。江苏区域数据格点距离为 3 km（格点数 222×198），起报时间与全国数据相同，预报时效为 36 h，输出产品为逐小时输出。

东北区域的输出数据文件为 8 个，见表 3.46。前两个文件为逐小时转换后的产品输出文件，后面 6 个文件中为以逐小时数据基础判断后的数据产品，daolu_data_3 中存放 3 h 降水及降水等级数据，daolu_data_12 中存放 12 h 降水及降水等级数据，daolu_data_4 中存放 4 h 后的路面状况数据。天津与江苏的输出文件分别放在天津和江苏的数据目录下，文件名与全国数据的文件命名方式一致，各为 4 个文件。

表 3.46　东北区域输出数据文件名及包含数据内容

文件名（???? _?? _?? 代表年月日）	数据内容
daolu_data_1_???? _?? _??	27 km 每 1 h 后输出量文件
daolu_data_2_???? _?? _??	9 km 每 1 h 后输出量文件
daolu_data_3_1_???? _?? _??	27 km 每 3 h 后输出量文件
daolu_data_3_2_???? _?? _??	9 km 每 3 h 后输出量文件
daolu_data_4_1_???? _?? _??	27 km 每 4 h 后输出量文件
daolu_data_4_2_???? _?? _??	9 km 每 4 h 后输出量文件
daolu_data_12_1_???? _?? _??	27 km 每 12 h 后输出量文件
daolu_data_12_2_???? _?? _??	9 km 每 12 h 后输出量文件

除了上述预报产品，数据转换系统还提供了对分析数据和观测数据的转换产品。这部分数据根据东北区域逐小时分析系统产品进行数据转换，分析产品比以上三个数值模式的数据输出产品少很多，目前这部分转换产品只包括了风、气温、气压、湿度。降水用的是国家气象信息中心提供的中国区域逐小时降水融合产品进行的数据转换，该数据在 2014 年 1 月 29 日开始通过中国气象局业务内网（CMACast）实时发布，现转换中使用的是"中国地面与 FY2 融合逐小时降水产品（V1.0）"产品。该数据为网格数据，分辨率为 0.1°，东西向 700 个网格点，南北方面 440 个网格点。分析和观测数据的转换产品为每小时转换 1 次，输出产品放在观测数据转换目录下，文件名称为 daolu_data_1_年_月_日_时。

上述文件中数据转换后的产品可分为两类：常规道路天气预报数据转换产品、管理数据转换产品。下面分别介绍这些数据的内容。

5.1.4.1　常规道路天气预报数据转换产品

常规道路天气预报数据转换需求以数值和等级两种形式给出。有的产品以数值形式给出，如能见度最低为多少米；有的产品以等级形式给出，如风速分为 12 个等级；有的产品则分别用以上两种形式给出，如降水量即按等级给出大雨、小雨，并同时以数据形势给出多少毫米。

转换产品以数值形势给出的包括小时降水量、小时降雨量、12 h 降水量、12 h 降雪量、积雪深度、风速、风向、湿度、气温、路面温度、能见度、辐射量。

转换产品以等级形势给出的包括有无积雪、降水性质、有无横风、风等级、路面高温等级、云量、显著天气现象、雾等级、小时降水等级、3 h 降水等级、12 h 降水等级、小时降雪等级、12 h 降雪等级、能见度等级、安全行车等级、路面状况分类、风速影响等级。

表 3.47 给出转换输出数据产品的全部内容，其中第一项经纬度作为显示平台定位时使用，不进行显示，其他各量均可在平台中进行显示。

表 3.47　道路天气预报数据转换产品

文件名	代表量	文件名	代表量	文件名	代表量
latlon	经纬度	tht	风向	rank_r	1 h 降水分级
r	1 h 降水量	rh2	湿度	rank_r3	3 h 降水分级
r12	12 h 降水量	t2	气温	rnak_r12	12 h 降水分级
rain	1 h 降雨量	tsk	路面温度	rank_s	1 h 降雪分级
sn12	12 h 降雪量	thigh	路面高温分类	rank_s12	12 h 降雪分级
snow	有无积雪	tcc	云量	rank_v	能见度分级
snowh	积雪深度	vis	能见度	rank_dsc	安全行车等级
mix	降水性质	phnn	显著天气现象	rank_rsi	路面状况分类
mxu	横风风速	rad	辐射	rank_uv	风速影响分级
uv&	12 级风分类	rank_f	雾分级		

5.1.4.2　管理数据转换产品

管理数据产品按公路所提供的路段安全管理决策准则进行划分，具体可分为主线控制对策和收费站控制对策。表 3.48 给出相应对策名称。这一部分产品均每小时 1 次数据输出。

表中的车距控制产品是以数据表形势给出，要根据当时道路上的车流量再查表得出实际的控制距离，其他产品均以执行等级形势给出。如收费站或高速路线上的能见度小于 50 m 或积雪深度已达 10 cm 以上时，主线对策中的车道关闭执行关闭，收费站对策中的入口封闭执行封闭；天气晴好时，主线对策中的车道关闭执行不关闭，收费站对策中的入口封闭执行不封闭。

表 3.48　主线控制对策和收费站控制对策

主线控制对策		收费站控制对策
车道关闭	车速控制	入口封闭
主线关闭	禁止超车	入口限流
专用车道	出口强制分流	车型控制
对向车道变向使用	建议避免急刹车或突然减速	
车距控制		

5.1.5　系统运行与控制

东北区域数值模式同时运行有一套备份模式,其与业务模式的所有设置相同,只是分别运行在两台不同的大型计算机上。因此道路数据转换系统与在两台机器上同时运行,针对各自的输出结果进行计算,以避免一台机器出现事故时,没有道路平台数据结果输出。转换系统每次运行时间 40 min 左右。

数值预报数据转换系统每天两次针对北京时间 08 时和 20 时两个时次的预报结果进行计算,计算分全国和东北两个层次分别进行。控制代码如下:

```
for domain in 2_ 1_ !!! 2 代表东北区域,1 代表全国区域
do
    while read data!!! 读取 WRF 输出文件
    do
        postwrf. exe ＄data!!! 将 WRF 中所需变量放入到新文件中
        daolu. exe ＄domain!!! 道路数据处理
    done < list!!! list 中存放 WRF 输出的文件路径与名称
done
```

分析与观测数据转换系统每小时运行 1 次。其结果与两个模式预报数据转换结果上传到同一服务器上,供显示平台数据库调用。调用时如主模式数据转换结果存在,则本次备份模式数据转换结果将不被使用。

另天津与江苏数值模式的数据转换系统分别各自运行,转换结果上传至辽宁省公服服务器。

5.2　数值天气预报产品向道路专业气象预报转换

本部分内容详细介绍了常规气象数据产品向专业道路气象预报产品转换的方法。转换后的输出数据作为平台显示的输入,这些数据可分为两类:一类为实际数值,如降水为 10.5 mm,数值即为 10.5;另一类为分级数据,以整数形式表示。分级数据又包括两种,一种与色标有关,一种与色标无关。与色标有关的,如降水性

质有 4 个分类，为无降水、雨、雨夹雪、雪，对应数值为 0、2、5、6，这主要是为了方便平台显示色标一致，修改转换程序时要注意相应变化。与色标无关的有云量、风等分级，如云量分为 4 个等级，对应数值是 1 到 4 共 4 个数字。

5.2.1　路面温度转换

在数据的转换工作中，路面温度是一个非常重要的量，它常常作为判断量出现在很多转换量的确定等级过程中，因此必须考虑其预报准确度的影响。

路面温度转换利用了第 2 章中的 2.2 节温度预报方法。

对于高速公路上任一地点，模式输出了该点预报的地面温度（T_1（K））、接收到的短波辐射能量（Q_s）及该点土地利用类型，由该点土地利用类型可得到该点对应的反照率（α_1）和长波发射率（β_1）常数；公路路面的反照率（α_2）及长波辐射发射率（β_2）是已知的常数。则转换后的路面温度（T_2（K））可由下式求得：

$$T_2 = \sqrt[4]{\left[(1+\beta_1) \cdot T_1^4 + (\alpha_2-\alpha_1) \cdot Q_s/\sigma\right]/(1+\beta_2)},$$

其值将作为其他转换的判断量使用。

5.2.2　降水相态

降水性质与路面温度是进行道路数据转换公式中常用的重要参数。降水性质主要是根据降水粒子中固态粒子和液态粒子的比值进行判定，理论上当降水粒子全部为固态时为降雪，降水粒子全部为液态时为降雨，降水粒子为固、液态混合时为雨夹雪。在数值模式计算中粒子数量是作为计算结果进行输出的，因此在进行数据转换时可直接读取进行固、液态混合比计算。

在模式结果与实况对比中发现，当固态粒子达到降水粒子总数的 85% 时，实际情况是降雪天气。因此设固态粒子占比数为 snf，当 snf 等于 0 即降水粒子全部为液态粒子，这时的降水为雨；snf 大于 0.85 时即固态粒子占比达到 85% 以上，这时的降水为雪；snf 介于 0 到 0.85 之间时，这时的降水为雨夹雪。具体判定可总结为表 3.49。

表 3.49　降水相态判定

判定条件		判定结果
	$snf \geqslant 0.85$	降雪
当存在降水时	$0.85 > snf > 0$	雨夹雪
	$snf = 0$	雨

5.2.3　雨雪量及等级

判断完降水性质后，转换结果中给出具体降雨和降雪的量值，还分别针对降雨和降雪按气象标准进行了等级划分，等级部分按不同时间长度总共包括 5 组数据

（表 3.50）。降水等级输出数据与色标对应的数字相一致，降雨时 2 表示小雨，9 表示特大暴雨；降雪时 1 表示小雪，4 表示暴雪。表 3.51 给出降雨的分级判断标准和每个级别对应的分级数值，表 3.51 给出了降雪的分级判断标准和每个级别对应的分级数值。

表 3.50　降雨级别判定标准及分级

时长	小雨/mm	中雨/mm	大雨/mm	暴雨/mm	大暴雨/mm	特大暴雨/mm
1 h	≤2.5	≤8	≤16	>16	—	—
3 h	≤3	≤10	≤20	≤40	≤75	>75
12 h	≤5	≤15	≤30	≤70	≤140	>140
分级	2	3	4	7	8	9

表 3.51　降雪级别判定标准及分级数值

时长	小雪/mm	中雪/mm	大雪/mm	暴雪/mm
1 h	≤0.1	≤0.5	≤1	>1
12 h	≤1	≤3	≤6	>6
分级	1	2	3	4

在降水这部分转换数据中，既给出了降水的等级同时也给出了具体的降水量值，在用户使用平台时可以更方便查看、应用。

5.2.4　云量分级

模式计算云量为云在天空的覆盖程度，0 为天空中无云，10 为天空中布满了云。转换后的云量分为晴、少云、多云和阴 4 个等级，以云量覆盖度的多少区分，两者对应关系如表 3.52 所示：

表 3.52　云量等级与云量覆盖对应关系

云量覆盖	0~1	2~4	5~8	9~10
云量等级	晴（1）	少云（2）	多云（3）	阴（4）

云量等级输出数据为 1 到 4 共 4 个数值，1 表示晴，4 表示阴。

5.2.5　风力分级

风的转换分为 3 部分，一是风速大小，以数值形式给出；二是风向以角度的数值大小形式给出；三是风力分级形式给出风力等级，以 0~12 整数数字形式给出。其中风向数据是以正北方向到风矢量的顺时针夹角数值形式给出，其值大小为

[0，360]。风力等级则按气象等级划分为十二级，以风速的大小为判断标准，风速与风力等级的对应关系可参见表3.53。

表 3.53　风力分级与风速关系

风力等级	风速/（m/s）	风力等级	风速/（m/s）	风力等级	风速/（m/s）
0	0~0.2	5	8~10.7	10	24.5~28.4
1	0.3~1.5	6	10.8~13.8	11	28.5~32.6
2	1.6~3.3	7	13.9~17.1	12	≥32.7~
3	3.4~5.4	8	17.2~20.7		
4	5.5~7.9	9	20.8~24.4		

5.2.6　横风影响

横风影响主要体现在高速公路上，当风速达到15 m/s以上时，会对高速公路上高速行驶的车辆产生影响。转换模块依据风速大小作判断，将风速大于15 m/s的地方横风影响值输出为1，表示行经此处的车辆可能会受到横风影响，应当做出相应处置；其他区域输出值为0，表示此处行车不受横风影响。

5.2.7　大风影响

当风力比较大时，会对道路上行驶的车辆产生影响。风速8 m/s以下时基本没有影响，风速8 m/s以上时，影响分为4个等级，稍有影响、有一定影响、有较大影响和有严重影响。大风影响等级与风速关系相应转换关系见表3.54。

表 3.54　大风影响等级与风速关系

大风影响等级	稍有影响	有一定影响	有较大影响	有严重影响
风速/（m/s）	8~13.8	13.9~17.1	17.2~20.7	20.8~

大风影响输出数据为1~4这4个数字，1为稍有影响，4为有严重影响。

5.2.8　道路高温影响

道路高温主要考虑对道路路面的影响，当路面温度达到55℃以上时，按温度由低到高转换得到对路面有影响的4个等级，表3.55为路面温度与道路高温影响等级间的对应关系。

表 3.55　道路高温影响与路面温度关系

道路高温影响	稍有影响	有一定影响	有较大影响	有严重影响
路面温度/℃	55~62	62~68	68~72	≥72

道路高温影响输出数据为 1~4 这 4 个数字，1 为稍有影响，2 为有一定影响，3 为有较大影响，4 为有严重影响。

5.2.9 雾等级

雾的分级是按由雾引起的能见度大小进行划分，可分为 6 个等级。表 3.56 中给出了雾的等级和分级的判定条件。

表 3.56 雾等级和分级条件

雾等级	浓雾	大雾	中雾	轻雾	薄雾	无雾
能见度/km	0~0.05	0.05~0.2	0.2~0.5	0.5~1	1~10	≥10

雾等级输出数据为 0~5 共 6 个数字，分别是 0 代表无雾，1 代表薄雾，2 代表轻雾，3 代表中雾，4 代表大雾，5 代表浓雾。

5.2.10 能见度等级

道路能见度等级考虑的是针对公路交通产生影响的低能见度的分级，主要对能见度 500 m 以内的情况进行分级，如表 3.57 将道路能见度分为 5 个等级：

表 3.57 能见度分级和分级条件

分级	五级	四级	三级	二级	一级
能见度/m	0~50	50~100	100~200	200~500	≥500

能见度分级输出数据为 1~5 共 5 个数字，对应的为一级到五级，一级为能见度在 500 m 以上，五级为能见度在 0~50 m 之间，对交通影响最为严重。

5.2.11 天气现象

天气现象以最直观的方式给出某一路段中影响最大的天气现象，数据来源为以上各个数据转换结果。所选天气现象为对道路交通影响最为显著的现象，且各现象间主次关系因这一现象对道路交通的影响程度而定，按降水影响最大，其次为低能见度，再次为大风，最后为极端高温等情况进行划分。表 3.58 具体给出了每种天气现象的判定条件。

表 3.58 天气现象判断

天气现象	判定条件
降雪	降雪量>0 mm
降雨	降雨量>0 mm

续表

天气现象	判定条件
低能见度	能见度<500 m
大风	风速>17.2 m（6级）
极端温度	气温>40 ℃或气温<-30 ℃

天气现象输出数据为0~5共6个数字，0代表没有对道路有影响的特殊天气现象，1~5分别对应天气现象列表中从降雪到极端温度，如有降雪并伴有极低温度时，首选显示此路段有降雪。

5.2.12　路面状况

路面的状况分为七种情况：干燥、潮湿、积水、冰、雪、冰雪混合和高温。具体判断过程分为如下几步：

第一步：逐小时判断，得到干燥、潮湿、积水、冰、雪5种路面状况。判定条件只考虑降水情况与路面的温度，具体判定条件如表3.59所示。

表3.59　逐小时路面状况

路面状况	干燥	潮湿	积水	冰	雪
判定条件	非其他状况	小雨	中雨或小雪或雨夹雪且路面温度>0 ℃	路面温度<0 ℃时降小雨或雨夹雪	降雪且路面温度<0 ℃

第二步：3 h滚动判断。在完成逐小时判断后，还要考虑前面时段对现在的影响，这是进行3 h内的影响判断，共会得到6种路面状况，具体判定如表3.60所示。

表3.60　3 h滚动路面状况

3 h前	干燥	潮湿	积水	冰	雪
当前干燥	干燥	干燥	潮湿	冰/积水	雪/积水
当前潮湿	潮湿	潮湿	潮湿	潮湿	冰雪混合
当前积水	积水	积水	积水	积水	积水
当前冰	冰	冰	冰	冰	冰
当前雪	雪	雪	冰雪混合	冰	雪

第三步：6~24 h滚动判断。冰和雪在路面的存在时间相对会较长，因此这一步主要考虑冰和雪对路面状况的影响，相应的判定具体如下：

积水至今6 h内无降水且地温大于0 ℃，判断结果为干燥。

积水至今（24 h 内）地温平均温度小于−8 ℃，判断结果为冰。

积水至今 6 h 内无降水且地温在 0~−8 ℃，判断结果为积水。

积水至今 12 h 内无降水且地温在 0~−8 ℃，判断结果为冰。

冰至今在 6 h 之内且平均地温大于 0 ℃，判断结果为积水。

冰至今在 6 h 之上且平均地温大于 0 ℃，判断结果为干燥。

冰至今在 12 h 之上且平均地温小于 0 ℃，判断结果为冰。

冰至今在 24 h 之上则不计冰影响。

雪至今在 12 h 之内且平均地温大于 0 ℃，判断结果为积水。

雪至今在 12 h 之内且连续有 3 h 平均地温大于 0 ℃，之后地温小于 0 ℃，判断结果为冰。

雪至今在 24 h 之上则不计雪影响。

第二步与第三步中需要用到提前时次的判定结果，具体处理方法为：每次模式运行前 24 h 内的路面状况判定结果单独做一次输出，作为 24 h 后另一次模式运行的输入数据，如此便可满足第二步与第三步中的滚动判断要求。

在不出现上述 6 种状况时再查看是否有路面高温的情况。路面状况输出数据为 0~6 共 7 个数字，0 代表干燥，1 代表潮湿，2 代表积水，3 代表冰，4 代表雪，5 代表冰雪混合，6 代表高温。网站最终显示为干燥、潮湿等具体状况。

5.2.13 路滑等级

路滑等级主要与路面状况有关，因此采用路面状况分类作为判定依据。路滑等级分为四个等级，具体判定条件见表 3.61。

表 3.61 路滑等级及判定条件

路滑等级	不滑	稍滑	较滑	滑
判定条件	路面状况为干燥和高温	路面状况为潮湿	路面状况为积水	路面状况为冰、雪、冰雪混合

路滑等级输出数据为 0~3 共 4 个数字，0 为不滑，1 为稍滑，2 为较滑，3 为滑。

5.2.14 道路行车安全等级

行车安全等级根据各种天气条件组合进行等级划分，判定条件包括降水、能见度、风速和温度。具体判定见表 3.62。

表 3.62　道路行车安全等级

道路行车安全等级	判定条件
安全	无其他不安全因素
较安全	能见度在 1~10 km 或风速在 3.3~7.9 m/s 或气温在 2~37 ℃之间
基本安全	能见度在 500~1000 m 之间或降小雨或风速大于 7.9 m/s 或气温大于 37 ℃
不太安全	能见度在 50~500 m 之间或 8 mm 以上降雨或有雨夹雪或降雪
不安全	能见度小于 50 m

行车安全等级输出数据为 0~4 共 5 个数字，0 表示安全，1 表示较安全，2 表示基本安全，3 表示不太安全，4 表示不安全。

5.3　数值天气预报产品制作道路专业安全管理决策服务数据

常规气象数值预报向一般路段安全管理决策准则转换系统将数值模式预报及诊断预报出的温度、降水、降水性质、降水级别、能见度、积雪厚度作为判断依据，结合公路所的"恶劣天气条件下一般路段安全管理决策准则"表实现转换功能。（"决策准则"表见公路所报告）

首先要确定任一路段的恶劣气象条件等级，主要依靠雾、雨、雪条件来判断，等级和断定如表 3.63 所示：

表 3.63　恶劣气象条件等级划分准则

气象因素	雾	雨	雪
	能见度/m	水膜厚度/cm	积雪厚度/cm
一级	≤50	≥10	≥10
二级	50~100	5~10	5~10
三级	100~200	2.5~5	2~5
四级	200~500	<2.5	<2

表中能见度和积雪厚度可从模式结果中得到，水膜厚度可由小时降水强度来确定，再结合积雪厚度和能见度便可得出相应的恶劣气象条件等级。恶劣气象等级在转换程度中以 rank_elie 为变量名进行存储，输出数据为 0~4 共 5 个数值，0 为无恶劣气象等级，1 为一级恶劣气象等级，2 为二级恶劣气象等级，3 为三级恶劣气象等级，4 为四级恶劣气象等级。

5.3.1　高速公路主线安全管理决策服务数据转换

利用恶劣气象等级数据结合"恶劣天气条件下一般路段安全管理决策准则"表

可得到全国高速公路的主线安全管理决策服务数据信息。

转换得到的主线控制方案数据，分别以 elie_A1 至 elie_A9 和 elie_A55 十组数据名进行存储。其中 elie_A1 至 A9 代表 9 种主线控制对策，因为车速控制方案中需要车流量数据做再次判断，所以 elie_A55 中记录的是车速流率与限速值对应关系表。主线对策与转换变量名对应关系如表 3.64 所示。

表 3.64　主线控制对策名称与对应变量名表

对策名称	对应变量名称	对策名称	对应变量名称
车道关闭	elie_A1	建议避免急刹车或突然减速	elie_A6
主线关闭	elie_A2	车距控制	elie_A7
专用车道	elie_A3	禁止超车	elie_A8
对向车道变向使用	elie_A4	出口强制分流	elie_A9
车速控制	elie_A5	车速控制表	elie_A55

5.3.2　收费站安全管理决策服务数据转换

利用恶劣气象等级数据结合"恶劣天气条件下一般路段安全管理决策准则"表可得到全国高速公路的收费站安全管理决策服务数据信息。收费站控制的决策名称包括入口封闭和入口限流两种，数值记录在 elie_B1 和 elie_B2 变量中。

5.3.3　数据说明

（1）rank_elie 数据为 0~4 共 5 个数据，0 表示无恶劣天气，1~4 表示 1~4 级恶劣气象等级。

（2）主线控制方案中数据分为两类：一类是决策表单，如 elie_A55 数据；其他属于另一类，直接给出决策方案数据。

（3）elie_A55 数据还要根据当时具体道路流率确定最终决策方案，如高速公路某一主线路段能见度为 170 m，因雾引起的 rank_elie 值为 4 时，elie_A55 给出在表 3.65 中的信息（部分）。

表 3.65　车速控制简化示意表

流率	200	600	1200	……
速度上限	100	90	80	……

如现流率为 1 200，则该路段车速应控制在 80 km/h 以下。

对于不同的 rank_elie 值 elie_A55 中给出不同的流率与速度上限对应信息，管理人员可依据当时的流率信息快速得出速度控制决策管理方案。

（4）elie_A7 数据给出的是车距控制数值，如因降雨引起的 rank_elie 值为 3 时，

elie_A7 值为 70，表明两车应至少保持 70 m 距离。

（5）其他 elie_A 和 elie_B 开头的数据均记录为 0~4 共 5 个数字，表示结果见表 3.66。

表 3.66　输出数值与决策方案对应关系

数值	0	1	2	3	4
决策方案	×	●	N	D	Q

符号代表意义可以在网上查到。

5.4　其他数值预报产品转换接入

数据转换系统可针对任何包括上述数据的数值模式产品进行转换，目前为显示平台提供的产品中除了基础数据部分，还包括了一套分析场数据转换结果、一套降水观测资料转换结果和天津市、江苏省数值模式转换结果。下面分别对这几种产品转换进行介绍。

5.4.1　常规数值预报分析场数据转换

中国气象局沈阳大气环境研究所有每小时 1 次的观测数据结合数值模式制作的数值分析产品，利用数据转换系统对这一产品进行转换，整个处理流程与常规数值预报转换流程一致。由于分析场产品中只包含转换所需的经纬度、相对湿度、气温、风速等量，因此转换只对这些量进行。为方便显示平台数据库录入数据，针对分析场的转换产品也采用标准的输出格式，没有值的输出量被负空值。

分析场转换输出产品仅包括 1 个时次的数据，因此数据量比较小。27 km 和 9 km 输出产品名称都为：daolu_data，分别放置在 1 h 目录的 d1 和 d2 目录中。d1 目录中数据大小是 7.6 M，d2 目录中数据大小是 11 M。数据会打包传输到指定服务器，打包文件命名为：

年－月－日_时_d1. tar 和年－月－日_时_d2. tar。

因观测数据收集的原因，分析产品要延迟 1 h 才发布，最终完成的分析场数据转换产品一般要再延后 13 min。如：2014 年 5 月 1 日 8 时的分析场数据转换产品发布时间是 2014 年 5 月 1 日 9 时 13 分。图 3.82 是以 1 d 为例，24 个时次生成文件名及生成时间，文件生成时间为系统时间北京时，文件名时间为世界时。

5.4.2　降水观测数据的应用

转换系统可以将包含有经纬度信息的降水观测转换成为网站所需的数据。目前转换系统所使用的降水观测资料是将国家气象信息中心在 2014 年 1 月 29 日起实

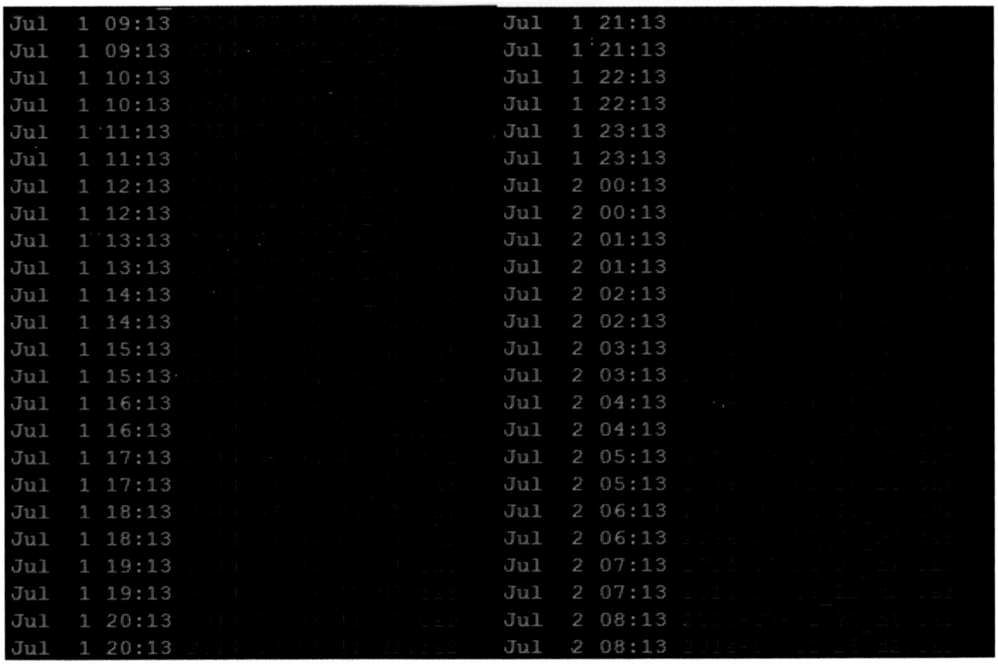

图 3.82 逐时分析转换产品列表

时下发的中国地面与 FY2 融合逐小时降水产品（V1.0）数据产品。转换的方法与常规数值预报转换产品方法一致。

国家气象信息中心下发这一产品为经纬度网格数据产品，文件名为 SEVP_CLI_CHN_MERGE_FY2_PRE_HOUR_GRID_0.10-年月日时 .grd；每小时 1 次，数据分辨率为 0.1°；每次产品包括 700×440 个格点的降水数据，跨 70 个经度，44 个纬度。

得到降水观测数据的时间与得到 4.1 节分析场数据时间基本一致，且分析场中没有降水的观测资料，因此将转换后的降水数据输入到分析场所输出的 daolu_data 文件中。

5.4.3 天津数值模式产品转换

天津数值模式产品分辨率为 1 km，预报时长为 72 h，将其产品转换后纳入显示平台，必会在一定程度上提高预报产品的准确率。图 3.83 为天津数值模式预报全部区域，考虑到数据传输等方面的问题，只取了其中一部分的转换产品进行传输，即为图中黑线所框的部分。除传输问题外，另尽量使所选区域与东北第二层区域交叉范围小，并能向西、向南包括更大区域；所选区域处在预报区域的中心部分，预报及转换的效果会比较好。

天津数值产品在后处理阶段通过 RIP 将数值处理成按变量和时间命名的数据文件组，因此在转换过程中只选取所需要的数据文件进行读取，数据读入的时间大大

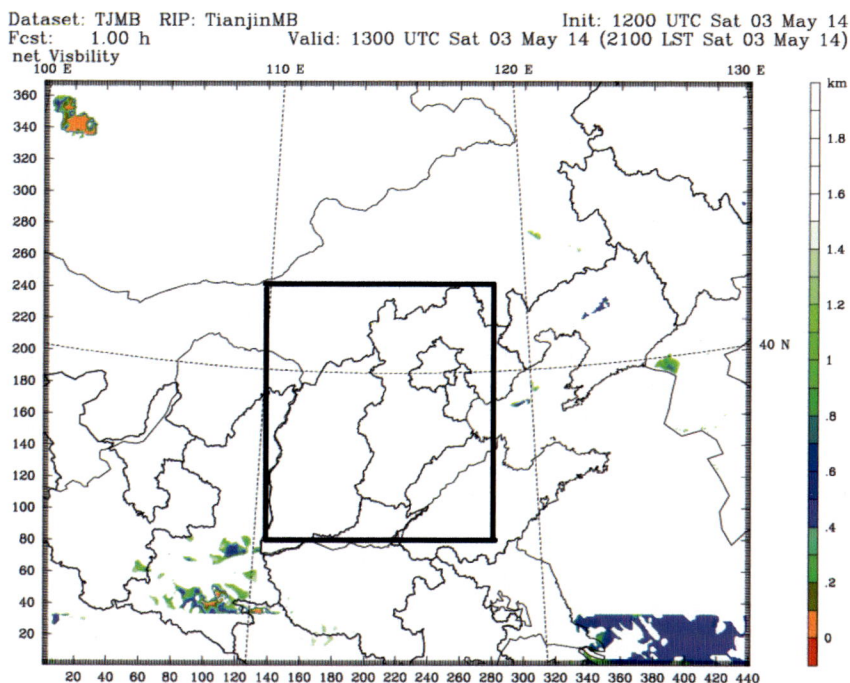

图 3.83　天津数值产品转换输出范围

缩短。转换程序变动较大处主要是文件读入部分，其次为对选取区域数据输出的控制部分。

输入文件名部分：

```
do n=1, forcasttime    ! (72)
    filename='TJMB_00'//n//'.00000_变量名'
    open（1, file=filename, ……）
    ……
Enddo
```

数据输出控制部分：

```
do i=80, 240
  do j=140, 280
     write（2, 282）变量名列表
  enddo
enddo
```

其中的 i 和 j 的范围值可根据需要进行调整，每一组的差值越大，即转换区域选取的网格点数越多，生成的数据也就越大。

转换系统移植到天津后，每天两次对天津 00（UTC）和 12 时起报的模式结果进行转换，转换后的结果于当日 09 时（UTC）和 21 时前上传到辽宁公服的服务器上。

5.4.4 江苏南京数值模式产品转换

模式预报区域见图 3.84。模式分辨率为 3 km，预报时长 36 h。转换系统移植到江苏后，将每天对 00 时（UTC）和 12 时两次预报结果进行数据转换，并于当日 09 时（UTC）和 21 时前上传到辽宁公服的服务器上。

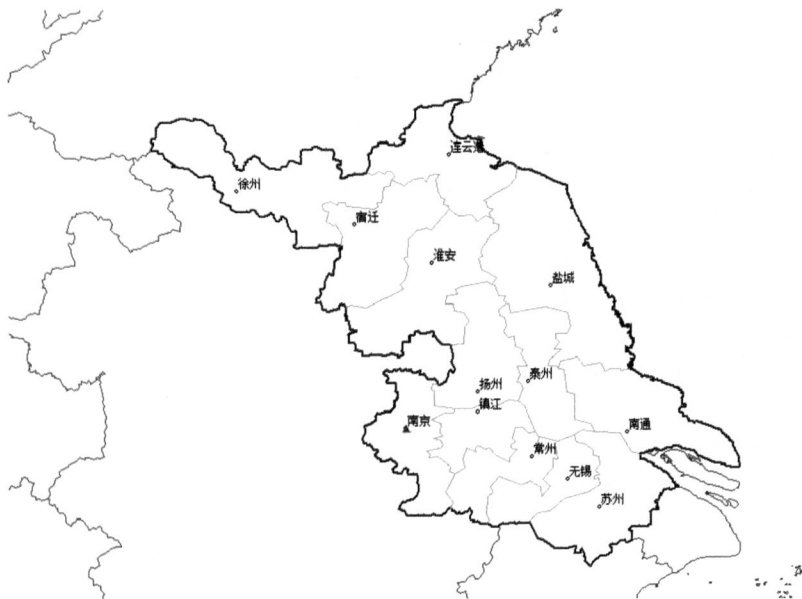

图 3.84　江苏数值模式预报输出范围

江苏数值模式输出结果为每小时 1 次，共计 37 个文件，因此做如下文件链接后进行计算：

```
ls $ ｛run_time｝_3 km/ *.dat > list1    !!! run_time 为每次的起报时间
ni = 0                  !!! 文件序列控制
innum = （00 01 02 03 04 05 06 07 08 09 \
      10 11 12 13 14 15 16 17 18 19 \
      20 21 22 23 24 25 26 27 28 29 \
    30 31 32 33 34 35 36）
while read nname
do
ln −sf $ nname fort. 1 $ ｛innum［$ ni］｝    !!! 建立文件链接
（（++ni））
done < list1    !!! list1 中存放 37 个文件路径与名称
```

5.5　转换模型中分类依据

数据转换中以分级、分类方式给出结果的转换依据主要来源于 3 个方面，一是气象系统应用的分级、分类方法；二是本项工作中的研究成果；三是该平台设计会议交流确定的分级依据。

数据转换中的分级、分类在第二部分中以表格方式给出。

其中按气象系统分级、分类的有降雨量分级、降雪量分级、云量分级、风等级分级、雾分级。

其中按研究成果给出的分级有降水性质分类、大风影响分级、路面高温影响分级、路滑影响分级、天气现象分类、路面状况分类、道路行车安全等级分类。

其中会议讨论确定的为能见度影响等级分类。

第四篇　典型天气下道路管理策略研究

1　典型天气事件对交通运行和安全的影响

本章分析了雨、雪、雾等典型天气事件对交通安全、车速和延误、交通运营和养护作业等的影响；并搜集了辽宁、湖北等省多条高速公路近 3 a 的气象、车检器和交通事故数据，提取有效数据，进行数据关联匹配，从事故时间特性、事故特征和事故类型等多个角度对交通事故进行了细致分析，研究了能见度变化下运行速度特性，建立了能见度变化下流量与运行速度关系模型，对典型天气事件对交通运行和安全的影响进行了定性和定量分析。

1.1　典型天气事件对公路交通影响机理

公路交通运输属于对气象具有高度敏感的行业，我们将典型天气事件对公路的影响归并为以下 3 类：

（1）对道路本身的影响，主要是道路沿线行车环境、路面状况、基础设施；

（2）对交通流的影响，主要表现在车速、通行能力等交通流描述参数以及交通事故；

（3）对交通运营的影响，主要体现在交通控制、养护作业、紧急事件管理等方面。

表 4.1 给出的是主要天气因素对道路交通的影响，重点介绍对交通流和道路运营的影响，其中对交通流的影响主要针对交通安全与车速（延误），对道路运营的影响主要针对交通控制与道路养护，尤其是冬季冰雪条件下的养护。

表 4.1　天气因素对道路交通的影响

天气因素	对道路	对交通流	对道路运营
气温与湿度	无	无	道路养护（如冰、雪控制）
风速	能见度（由于风吹雪、浮沉） 车道阻断（风吹雪或其他堆积在车道上的废物）	车速 旅行时间延误 事故风险（如大的横风）	车辆性能（如稳定性） 通行控制（如限制车型、关闭道路） 紧急疏散管理（台风）
降水（类型、强度、起止时间）	能见度 路面摩擦系数 车道阻断	通行能力 车速 旅行时间延误 事故风险	车辆性能（如牵引力） 驾驶员能力与行为 道路养护 限速控制 紧急疏散管理（洪水）

续表

天气因素	对道路	对交通流	对道路运营
雾	能见度	车速 车速差 旅行时间延误 事故风险	驾驶员能力与行为 道路养护 通行控制 限速控制
路面温度	基础设施的破坏	无	道路养护
路面状况	路面摩擦力 基础设施的损坏	通行能力 车速 旅行时间延误 事故风险	车辆性能 驾驶员能力与行为（如路径选择） 道路养护 交通信号配时 限速控制
水位	车道淹没，水毁	车速 旅行时间延误 事故风险	通行控制 紧急疏散管理（洪水）

1.1.1 典型天气事件对交通安全的影响

1.1.1.1 公路交通事故一般成因分析

高速公路引发交通事故的原因涉及人、车、路、环境及管理等五大因素，驾驶员疏忽、车况不良、道路线形及路面状况差、天气恶劣、管理不完善等原因对高速公路行车安全造成极大影响。通过对高速公路交通事故特点的分析，归纳出影响高速公路行车安全的主要因素，如表4.2所示。

表4.2 影响高速公路行车安全的主要因素

人的因素	驾驶员安全意识淡薄 驾驶员缺乏高速公路行驶经验 违章、违规操作
车辆的因素	车辆超限、超载 汽车制定性能欠佳 汽车轮胎状况不佳 汽车灯光存在故障
道路因素	道路规划设计不合理 标志、标线等安全设施不完善 路面养护不及时
气候与环境因素	缺乏对恶劣天气进行预报和预警 未对积雪、结冰、大风、多浓雾等路段采取保障措施 不良天气条件下的紧急救助措施不到位

续表

管理因素	高速公路运输法规不健全
	高速公路交通安全知识普及率差
	交通管理信息化手段落后

事实上，上述影响高速公路安全的五方面因素是综合发挥作用的，我们在对高速公路进行安全管理时，应采取综合性的措施。

1.1.1.2　不利天气对交通安全的影响

典型天气事件对车辆行驶的影响主要是由于雾、雨、雪等不利天气导致能见度降低和路面冻结、湿润造成路面附着系数降低产生打滑现象等原因造成的。可以总结出其与交通安全要素的关系，见表 4.3，通过分析交通安全要素，更有效地保障公路交通气象安全。

表 4.3　典型天气事件与交通安全要素的关系

典型天气事件	交通安全要素（按影响程度由大到小排列）
暴雨	摩擦系数
	能见度
雾	能见度
	摩擦系数
大雪	摩擦系数
	能见度
	路面温度

1.1.2　典型天气事件对车速与延误的影响

造成高速公路交通拥挤或中断的原因主要分为两类：一类是常发性的，主要是由于交通运输需求接近甚至超过道路实际的通行能力所致；另一类是偶发性的，主要是由偶发性的交通事件（车辆故障、散落物、勤务）、事故、恶劣天气所致，其中典型天气事件的影响与交通事件、事故相比，影响波及面更广，持续时间也往往更长，如高速公路上为避免异常天气或自然灾害对高速公路的安全运营造成更大影响而关闭某个车道或全部车道。

在能见度低、道路结冰、积水等不利天气条件下，通常最为直接的影响体现在车辆的运行速度上，面对不利的行车状况，为确保行车安全，驾驶员通常不得不降低行驶速度，交通管理部门也会采取必要的限速措施如调低限速来控制车速，由于车速的降低，会导致车速达不到道路设计速度，道路实际通行能力下降，车辆的延误和行程时间增大，道路服务水平下降，交通出现拥堵甚至阻塞。例如，洪水导致的车道淹没，积雪或其他风吹堆积物导致的车道阻塞均导致道路通行能力的下降，特别是如果发生在交通需求高峰期间，由于在危险的天气条件下（如大风可能导致卡车侧翻），采取的道路封闭或通行控制也会造成通行能力的下降。

影响行车速度的因素除能见度外，路面摩擦力状况的影响也很大，高速公路通行控制应根据能见度和当时的路面摩擦系数共同确定，表4.4 给出的是由上述原理推荐的高速公路关闭的能见度条件。

表4.4 高速公路关闭的能见度条件

摩擦系数		0.3	0.4	0.5	0.6	0.7
设计速度 /（km/h）	60	50	50	40	40	40
	80	60	50	50	50	50
	100	70	60	60	60	50
	120	80	70	70	60	60

1.2 典型天气事件对交通事故的影响

1.2.1 数据预处理

1.2.1.1 数据来源

研究对象为京港澳高速湖北南段（武汉南互通至鄂湘省界，该路段为双向四车道高速公路），建模所用的数据来自 2012 年 4 月至 2013 年 7 月京港澳高速湖北段沿线 6 个气象站采集的气象数据以及与气象站对应的 6 个车辆检测器采集的断面交通流数据。为保障公路沿线气象站数据的代表性，选择距离公路气象站最近的车检器的数据与气象数据进行时间上的匹配。气象数据包括能见度、温度、湿度、风速、降雨量等信息，交通流数据包括车型、速度、交通量等信息。本项目中，对大雾典型天气事件对交通运行和安全的定量影响进行分析。

1.2.1.2 数据质量控制与关联匹配

（1）能见度数据预处理（提取、筛选、剔除）

①根据能见度值分为小于 50 m、50~100 m、100~200 m、200~500 m、大于 500 m 共 5 个等级。

②剔除降雨天气。本研究仅单纯考虑由雾造成的低能见度情况对于交通运行的影响，由于降雨除对能见度有影响外，还对路面状况产生影响，有别于能见度影响机理，故剔除有降雨的数据记录。

（2）车检器数据预处理（提取、筛选、剔除）

①剔除流量和速度数值都为 0 的记录；剔除存在车速高于 150 km/h 的记录。

②剔除连续 15 min 内数据不完整的记录，即任何每小时的 1~15 min、16~30 min、31~45 min、46~00 min 时间段，存在不完整的，要剔除该 15 min 时间段的其他

记录。

③不同车型分开考虑。由于微波车检器对车型分类仅根据车长，并不能够十分精确地区分车型。据调查，微型车全是小客，小型车中小客和小货都有，特大型全是特大型货车。根据长度特征，对记录中5种车型进行归并，微型与小型归为小车，中型、大型与特大型归为中大型车。

④交通量换算，在进行通行能力分析，以及其他与流量相关的分析中，一般采用自然车辆数折算后的标准车型，即标准小客车 PCU。本研究中，折算系数为：微型与小型采用 1.0，中型、大型、特大型分别采用 1.5、2.0 和 3.0。

（3）数据关联匹配

①划分时间单元。上述两个步骤分别对能见度数据和车检器数据进行预处理后，采用时间关联法对能见度数据和车检器数据进行匹配，在划分时间单元时，将每小时划分为 1~15 min、16~30 min、31~45 min、46~60 min 共 4 个单元。

②气象数据汇聚。气象数据每分钟采集并记录 1 次，以每个时间单元（即15 min 内）所有有效能见度值的平均值作为当前时间单元的能见度值。

③车检器数据汇聚。车检器数据每 5 min 采集并记录 1 次，以每个时间单元（即 15 min 内）内 3 条有效记录之和或加权平均值作为当前时间单元对应的速度或流量值。交通量在汇聚时采用简单累计之和，速度采用加权平均算法，即速度与流量成绩之和与流量之和的比值。

（4）有效样本数据获取。经过对能见度数据和车检器数据进行数据提取、质量控制和关联匹配后，得到建模分析所用的数据，共得到有效样本数据 3 467 条，如表 4.5 所示。其中，Q_A、Q_S、Q_{ML} 分别代表当前时间单元（15 min）的总交通量、小型车交通量和中大型车交通量（均已换算成小客车标准车型，且换算成小时交通量，单位为 pcu/h）；V_A、V_S、V_{ML} 分别代表当前时间单元（15 min）的总平均速度、小型车平均速度和中大型车平均速度；S、S_L 分别代表当前时间单元（15 min）的能见度和能见度水平（等级）。部分参数的计算方法如下：

$$Q_S = 4(Q_1 + Q_2)$$
$$Q_{ML} = 4(Q_3 + Q_4 + Q_5)$$
$$Q_A = Q_S + Q_{ML}$$
$$V_A = \frac{\sum (q_i \cdot v_i)}{\sum q_i}$$
$$S = \frac{1}{n} \sum_{i=1}^{n} S_i$$

其中：$Q_1 \sim Q_5$ 分别代表当前时间单元（15 min）的微型、小型、中型、大型、特大型车数（均已换算成小客车标准车型），$q_1 \sim q_5$ 表示换算前的交通量，$v_1 \sim v_5$ 表示车检器 5 种车型的速度；S_i 代表当前时间单元（15 min）内气象站采集到的第 i 个能见度值和能见度值的有效个数。

表 4.5 关联匹配数据

ID	DETECTORID	Q_A	V_A	Q_S	V_S	Q_{ML}	V_{ML}	S	S_L
144	31	412	96	124	100	288	93	451	200~500
135	11	268	99	52	99	216	99	406	200~500
135	31	292	97	76	97	216	97	406	200~500
135	11	192	96	56	95	136	97	450	200~500
135	31	348	94	76	95	272	94	450	200~500
148	31	204	104	92	100	112	110	475	200~500
148	31	72	101	24	98	48	105	314	200~500
144	31	328	101	152	101	176	100	481	200~500
144	11	312	93	48	92	264	94	481	200~500

注：①ID 字段表示车检器编号。②DETECTORID 字段表示车道方向，其中 11 表示上行，31 表示下行。

1.2.2 能见度变化下运行速度特性研究

为了能更好地分析能见度变化下车速的变化趋势特性，选取对安全运行车速影响明显的能见度区间进行分析，相关研究认为能见度不大于 500 m 时为能见度较差，尤其是当能见度低于 200 m 对交通运行有较大影响。为了研究运行速度的特性与能见度之间的关系，借助平均速度、中位速度、下四分位速度、中位速度、上四分位速度、15%位车速和 85%位车速与能见度关系的线柱状图来表示二者之间的内在关联，京港澳高速湖北段运行车速与能见度值的处理结果见表 4.6，并运用 Excel 软件对调查车速进行初步统计分析，分析结果如图 4.1~图 4.4 所示。

表 4.6 小型车和大中型车的运行速度的特征值

车型	能见度 /m	样本数/个	最小速度 /(km/h)	下四分位速度 /(km/h)	中位速度 /(km/h)	上四分位速度 /(km/h)	最大速度 /(km/h)	平均速度 /(km/h)	15%位车速 /(km/h)	85%位车速 /(km/h)	标准差
全部车辆	$0 \leqslant S < 50$	54	15	40.3	49	60.5	77	49.5	37	66	15
	$50 \leqslant S < 100$	621	5	42	53	65	104	52.5	37	67	16
	$100 \leqslant S < 200$	843	7	41	51	64	107	52.0	36	65	17.2
	$200 \leqslant S < 500$	1 949	4	44	55	65	139	55.6	39	70	17.9
	$\geqslant 500$	2 415	31	61	88	96	118	79.8	54	99	20.4
小型车	$0 \leqslant S < 50$	51	17	42	50	63	86	51.9	40	68	14.6
	$50 \leqslant S < 100$	606	14	45	54	65	104	54.7	40	69	14.5
	$100 \leqslant S < 200$	815	10	44	53	65	107	54	39	65	16
	$200 \leqslant S < 500$	1902	11	46	56	65	139	57.1	41	71	17
	$\geqslant 500$	2 415	29	62	86	97	120	80.1	54	101	20.7

续表

车型	能见度/m	样本数/个	最小速度/(km/h)	下四分位速度/(km/h)	中位速度/(km/h)	上四分位速度/(km/h)	最大速度/(km/h)	平均速度/(km/h)	15%位车速/(km/h)	85%位车速/(km/h)	标准差
中大型车	0≤S<50	52	9	39.75	47.5	59.75	83	48.4	36	65	15.6
	50≤S<100	584	5	41	52	62	98	51	37	65	16.0
	100≤S<200	812	7	40	50	64	109	50.5	34	65	17.3
	200≤S<500	1 864	4	43	53	64.25	112	54.2	38	69	18.1
	≥500	2414	30	60	87	97	122	79.4	53	100	21.3

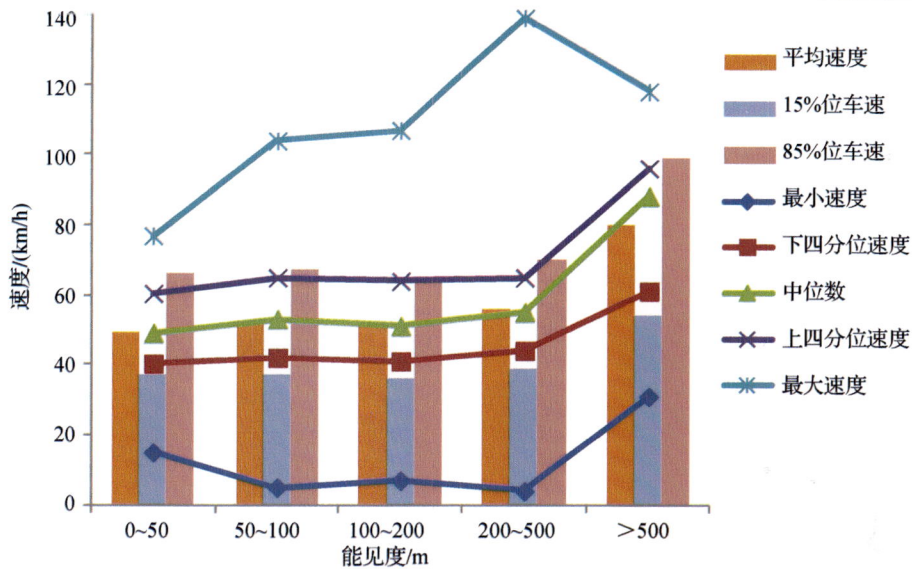

图 4.1　全部车辆速度与能见度关系

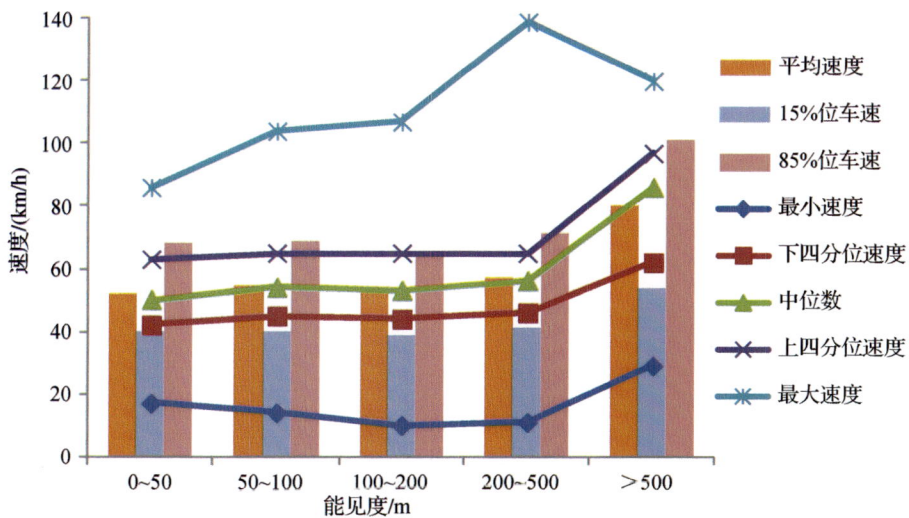

图 4.2　小型车辆速度与能见度关系

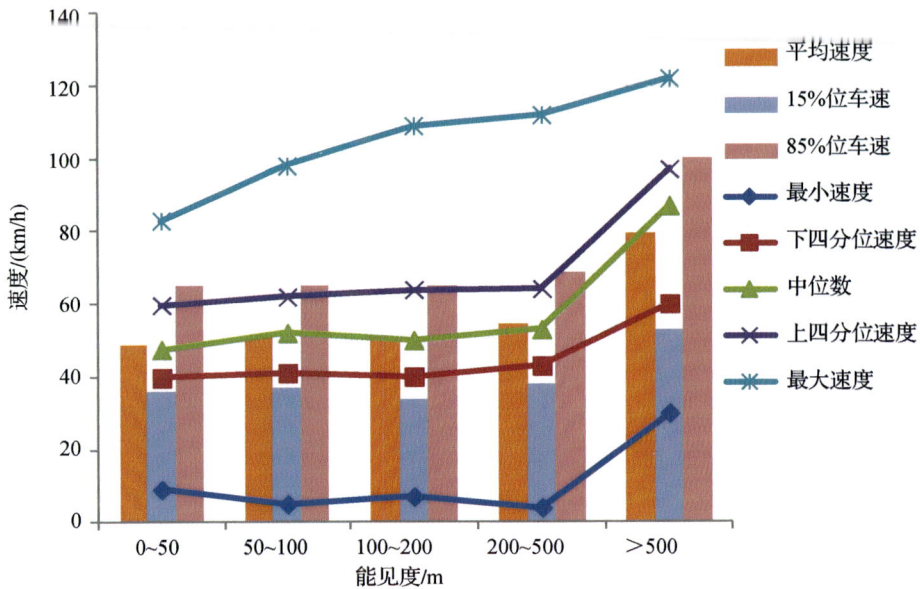

图 4.3　大中型车辆速度与能见度关系图

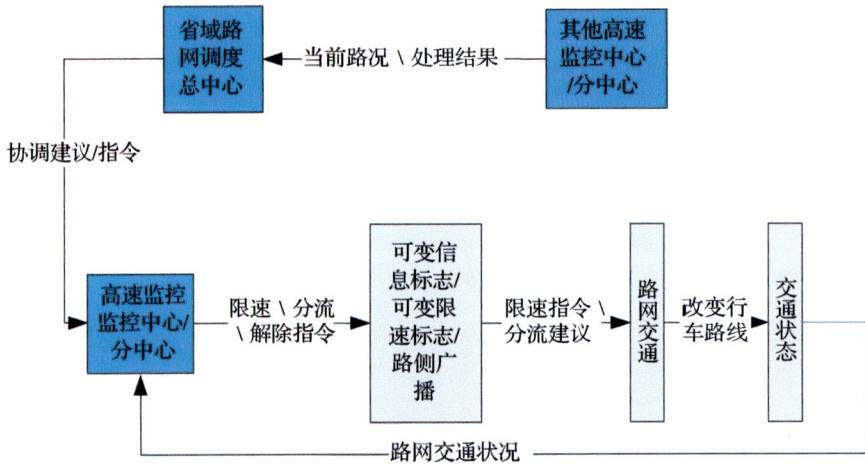

图 4.4　车辆速度标准差与能见度关系图

从图 4.1～4.4 中可以得出以下结论：

（1）当能见度小于 500 m 时，大中型车和小型车的运行速度都相对较低，整体运行速度（以 85% 位车速为参考值）不超过 70 km/h；当能见度超过 500 m 时，行车速度出现跳跃性上升，整体运行速度接近 100 km/h（该路段设计速度为 100 km/h，部分路段为 120 km/h），与设计速度相当。

（2）能见度小于 200 m 时，由于受到浓雾天气影响，大中型车和小型车的车速运行较慢，小型车平均速度在 50～55 km/h；大中型车平均速度在 45～50 km/h。原因可能是在低能见度下，驾驶员视线受到严重影响，操作紧张程度大幅增加，驾驶生心理负荷较大，通常会保守谨慎选择低速安全行驶。

（3）从能见度与车辆行驶速度标准差关系图中可以看出，能见度大于 500 m 时，速度标准差较大，在 20 km/h 以上，且明显大于能见度小于 500 m 以下时的标准差；能见度小于 500 m 时，速度标准差明显减少，在 15~18 km/h。原因可能是能见度较低时，驾驶员低速谨慎驾驶，速度均一性较好，而当能见度明显好转时，能见度对车辆行驶速度影响变小、很弱或无影响，此时，驾驶员对于速度选择的自由度更大，且加之不同类型车辆间技术性能差异，使得速度的离散型更大。

1.2.3 能见度变化下流量与运行速度关系模型

行驶速度–流量关系可以利用格林希尔茨（Greenshields）的速度–流量抛物线模型表示，该模型是在 Greenshields 速度–密度线性模型基础上得到的，其速度–流量模型的公式为：

$$Q = K_j \left(V - \frac{V^2}{V_f} \right)$$

式中，Q 表示平均流量；K_j 表示阻塞密度，即车流密集到车辆无法移动时的密度；V 表示车辆运行速度；V_f 表示畅行速度，即车流密度趋于零，车辆可以畅行无阻时的平均速度。

通过对不同能见度下车速运行特性的研究可以发现，能见度较低时，交通流运行的速度变化较剧烈，波动较大。交通流三参数—速度、流量和密度是相互制约和相互影响的，所以，当能见度较低时，交通流三参数之间的关系是否会完全遵循交通工程学里所讲的规律，还需通过实验数据进一步验证，下面将用 Excel 对京港澳高速公路湖北段的交通流数据拟合生成低能见度下速度–流量之间的关系（见图 4.5、图 4.6）。

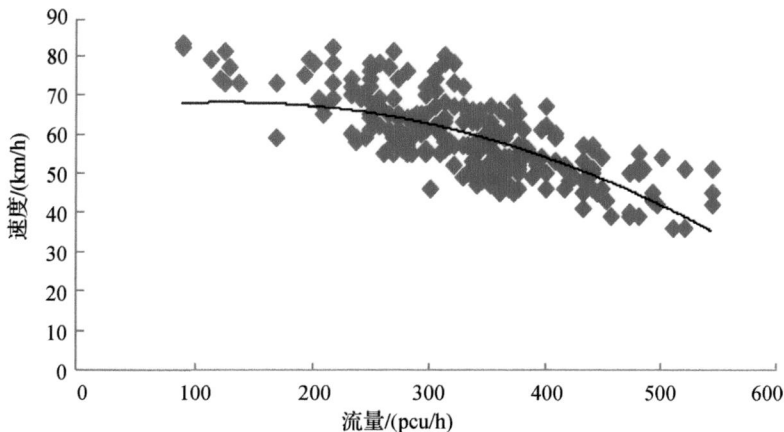

图 4.5　能见度在 0~50 m 时车辆速度与流量之间的关系

通过上节对速度–能见度数据的初步统计分析可以发现，能见度在 500 m 以上时，对交通运行和车辆行驶速度的影响很小，因此，在建立流量与速度之间的关系

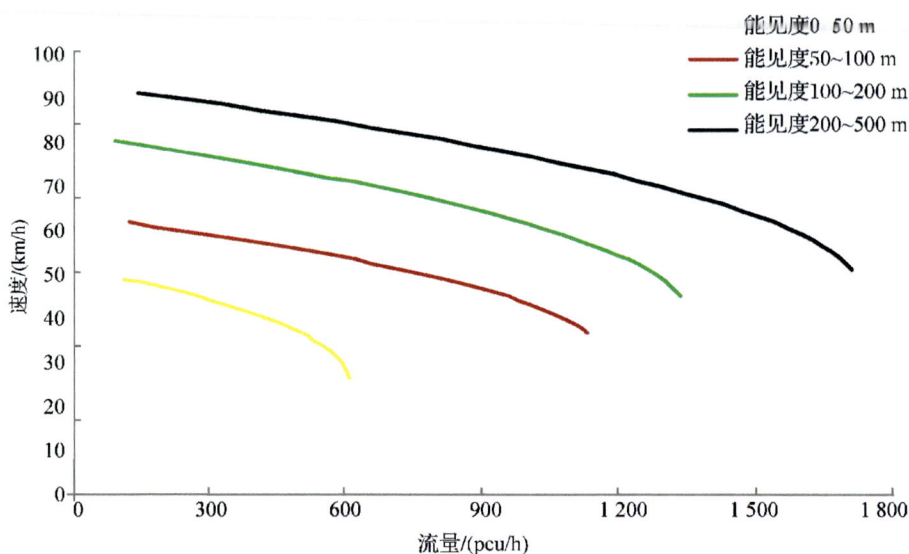

图 4.6 不同能见度范围条件下速度与流量之间的关系对比图

模型时，仅考虑能见度在 500 m 以下的情况。利用样本数据生成速度－流量数据散点图，采用抛物线函数拟合得到运行速度与流量影响关系模型，用决定系数 R^2 来检验曲线的拟合优度。

（1）在较低能见度条件下，即能见度在 500 m 以下时，速度－流量之间的关系是可以用抛物线函数来拟合的，表明速度－流量之间的关系遵循 Greenshields 速度－流量模型的基本规律，不同能见度范围下的速度－流量函数关系如下：

①能见度在 0~50 m 时，速度－流量函数关系为：

$$Q = 39.226V - 0.633V^2$$

②能见度在 50~100 m 时，速度－流量函数关系为：

$$Q = 61.053V - 0.803V^2$$

③能见度在 100~200 m 时，速度－流量函数关系为：

$$Q = 55.02V - 0.561V^2$$

④能见度在 200~500 m 时，速度－流量函数关系为：

$$Q = 61.58V - 0.55V^2$$

（2）根据交通流理论的基本原理和 Greenshields 速度－流量－密度关系模型，可以得到在不同能见度范围条件下交通流特性的特征参数：自由流速度（畅行速度）V_f、阻塞密度 K_j，以及最大流量 Q_m，见表 4.7。

表 4.7 不同能见度范围条件下交通流特征参数

能见度范围/m	自由流速度 V_f/（km/h）	阻塞密度 K_j/（puc/km）	最大流量 Q_m/（puc/h）
0~50	62	39	600
50~100	76	61	1 150

续表

能见度范围/m	自由流速度 V_f/（km/h）	阻塞密度 K_j/（puc /km）	最大流量 Q_m/（puc/h）
100~200	98	55	1 350
200~500	112	61	1 700

注：上表中最大流量 Q_m 取 50 的整数倍。

（3）在相同能见度范围条件下，车流处于相对不拥挤的运行状态时，随着车流量的增加，速度随之减小，减小的幅度也逐渐增大，与通行能力手册中速度-流量曲线的基本特征是相似的。当交通流达到峰值时，车流速度也达到了临界速度，即达到了当前能见度条件下的实际通行能力。

（4）在相同交通流的情况下，随着可视能见度范围的增大，速度相应增大。从自由流速度的增幅来看，能见度由小于 50 m 增加到 200~500 m 区间时，自由流速度分别为 62 km/h、76 km/h、98 km/h 和 112 km/h，自由流速度的增幅分别为 14 km/h、22 km/h 和 14 km/h，表明能见度在 100 m 以下时，对交通运行的影响最大，自由流速度不超过 80 km/h；而当能见度超过 100 m 后，车速呈现跳跃性增长，增幅达到 22 km/h，表明此范围下的能见度对驾驶员的影响开始降低，但是由于能见度相对仍较低，自由流速度不超过 100 km/h；能见度超过 200 m 后，自由流速度已超过 110 km/h，接近双向四车道高速公里的设计速度，说明驾驶员基本不受能见度的影响，根据公安部和气象部门的能见度分级标准，能见度在 200~500 m 属于轻、薄雾，驾驶员的视野范围、反应时间等受到薄雾的影响很小，这与实际情况相符。

（5）能见度在 50 m 以下时，交通流量非常小，最大流量在 600 pcu/h 左右，而能见度超过 50 m 后，交通量有陡增的趋势。主要原因是能见度小于 50 m 时，大部分高速公路已经采取封闭等交通管制措施，只有已经进入高速公路的车辆经过检测器，使得 50 m 以下时难以观测到交通流量接近通行能力的数值，因此，能见度低于 50 m 时的最大交通流量即通行能力有待进一步分析。

2 典型天气事件下交通管理策略与技术

本节研究了适宜于典型天气事件下的建议、控制和处置交通管理策略。针对建议策略，研究了路段和路网级信息联动发布策略，并对路网级进行了群体和个体诱导流程的细化，形成了建议信息发布模板。针对控制信息，重点研究天气事件下的速度控制策略，研究综合路面、交通、天气环境等多重因素的推荐限速值确定方法。并考虑到目前我国高速公路监控基础设施以及运行管理的体制与状况，结合多数高速公路运行管理部门典型天气事件条件下的有关运行管理规定和实践经验，形成了恶劣天气条件下一般路段安全管理决策准则，最终形成典型天气事件条件下交通管理综合策略。本研究将各种天气事件的交通管理运行策略分为建议、控制和处置策略三类，针对典型天气事件条件下路网的信息发布和速度管控。建议策略通过可变信息标志、高速公路建议广播以及网络等方式直接向公众播送各种通知，其目的是提醒出行者采取具体行动来应对由不利路况或天气情况造成的危险状况。控制策略通过可变信息标志或可变限速标志降低高速公路的限速。

2.1 典型天气事件下建议策略

本节对路段级和路网级的信息联动发布策略进行了研究，并对路网级进行了群体和个体诱导流程的细化，最终形成了信息联动发布的模板。

2.1.1 典型天气事件下建议策略

2.1.1.1 信息发布内容

建议信息是向驾驶员发布有利于驾驶的信息，一般在事件情况下，道路交通受到影响时，会发布建议信息。建议信息能够帮助驾驶员节省行车时间、提高安全性等，如建议行车路线、建议行驶速度、建议驾驶行为等，表4.8给出建议模板的样例。如果驾驶员不遵照建议，也并不产生十分严重的后果。建议信息是多级信息发布模式的中间级别，在重大事件条件下，建议信息一般发布在不太远的路段，驾驶员可以自己选择是否改变行车路线。如果重大事件下驾驶员不按照建议的路线行驶，那么在后一级别的信息发布中，将必须服从强制信息的诱导。建议信息发布时，应简要描述情况，同时给出具体的行车建议，行车建议由决策管理系统制定的管理对策制定。

表 4.8　建议信息

序号	名称	序号	名称
1	时速（　　）km，车距大于(　　)m	2	夜间疲劳，请到服务区休息
3	前方事故，请从（　　）下高速	4	前方事故，请从（　　）绕行
5	大雾，请到前方服务区暂避	6	大雾，请绕道行驶
7	大雾，请从（　　）绕行	8	大暴雪，请到服务区暂避
9	大雨，请到前方服务区暂避		

2.1.1.2　路段级信息联动发布策略

当路网中发生典型天气事件后，监控管理系统能够根据实时交通、道路与环境信息，对事件影响及其态势进行智能分析，并在此基础上，通过特定的规则、算法实现事件影响区域内可变情报板信息的系统、一致、（半）自动发布。

本节以雾天为例，介绍信息联动发布策略。

（1）总体发布策略见图 4.7。

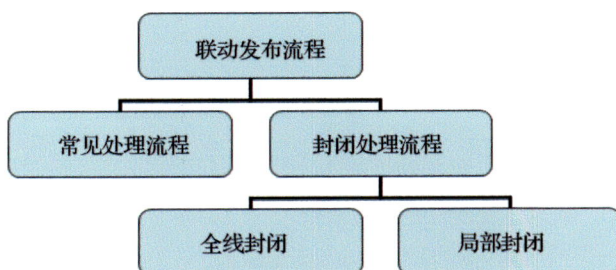

图 4.7　信息联动总体发布策略

（2）常态联动发布策略。将可变信息标志按照地理位置分为主线可变信息标志（Z）、服务区可变信息标志（F，位于服务区进入主线的渐变段上）、收费站入口可变信息标志（S，位于收费站进入主线收费广场前）3 类（图 4.8）。

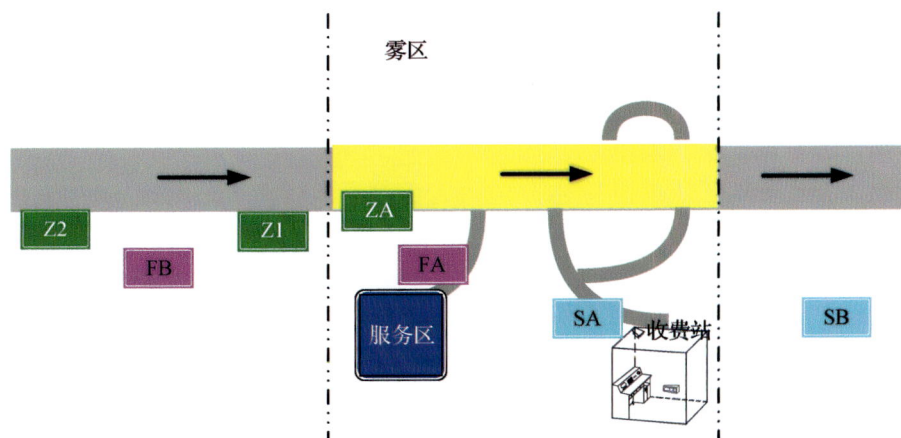

图 4.8　常态联动发布策略下可变信息标志分类示意图

对信息内容进行分类，根据不同类别可变信息标志对信息内容的需求不同将信息分成以下 5 类：①雾况描述信息。②能见度值信息。③雾天行车提示信息。④距离信息。⑤限速信息。最后是制定雾天高速公路信息联动发布信息生成规则。具体规则见图 4.9。其余可变信息标志（除约定情报板外）仍采用原有信息发布方式。

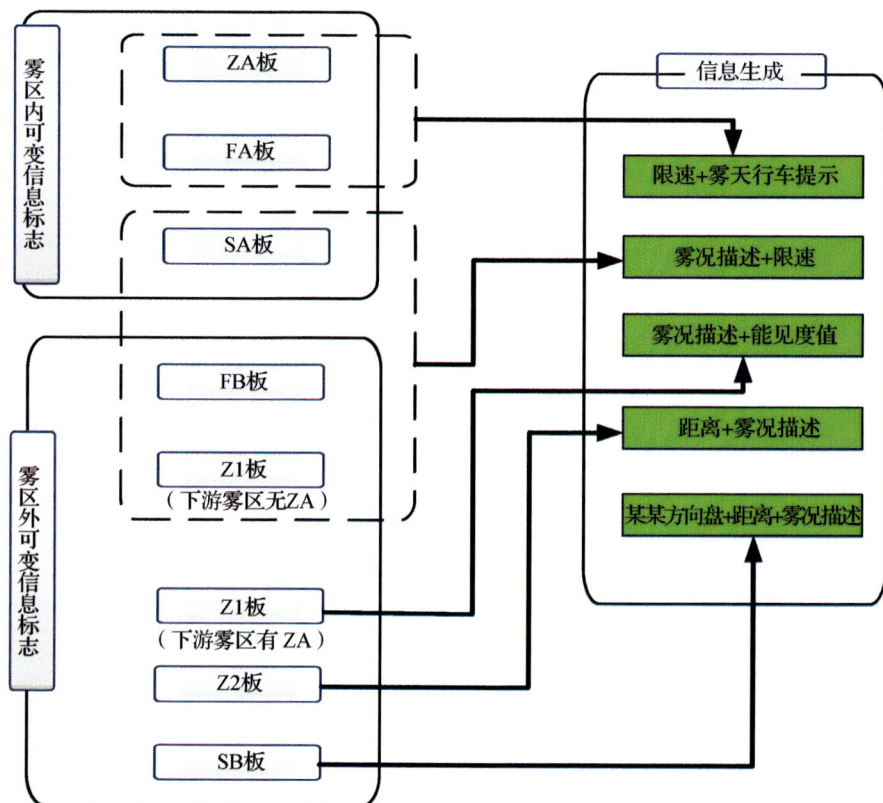

图 4.9　常态联动发布策略信息生成规则

（3）全线封闭信息联动发布策略。全线封闭路段信息联动发布策略相对比较简单，基本思路是：首先按照可变信息标志的地理位置将其分成主线上的可变信息标志（Z 板），服务区内的可变信息标志（F 板），收费站入口可变信息标志（S 板），然后按照图 4.10 所示规则对各类信息标志自动生成联动发布信息。

（4）局部路段封闭信息联动发布策略。首先由人工录入封闭路段起止点信息，然后再按地理位置将可变信息标志分成可变信息标志（Z 板）、服务区内的可变信息标志（F 板）、收费站入口可变信息标志（S 板）三类板的基础上，再根据针对封闭路段制定的搜索原则确定需要联动的可变信息标志，并对搜索到的可变信息标志的类别根据其相对封闭路段的位置（位于封闭路段内、外及上下游）进一步细分。其中搜索规则为封闭路段内主线板（ZA′板）、服务区板（FA′板）和封路路段上游逆交通流方向的第一、二块主线板（ZS1 板，ZS2 板）、封闭路段上游其余与雾区（有雾但没有封闭的路段）相关的主线板（ZSX）、封闭路段上游其余与雾区无关的

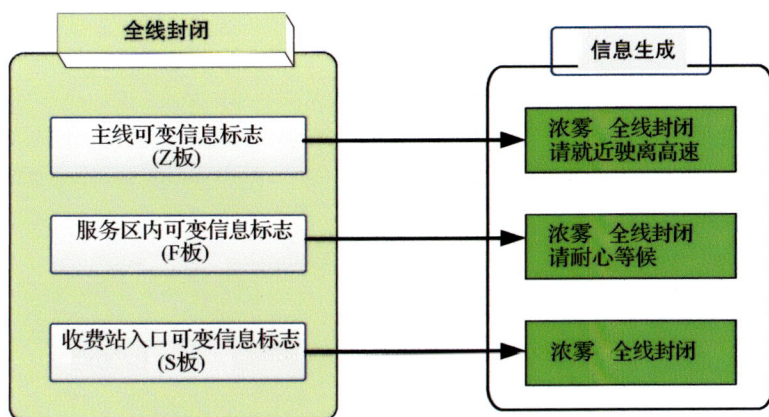

图4.10　全线封闭联动发布策略信息生成规则

主线板（ZSW）、封闭路段下游主线板（ZX）；封闭路段上游与雾区相关的服务区板（FSX）、封闭路段上游与雾区无关的服务区板（FSW）、封闭路段下游所有服务区板（FX）。各板的位置关系如图4.11所示。然后按图4.12所示的规则自动生成信息联动发布方案。

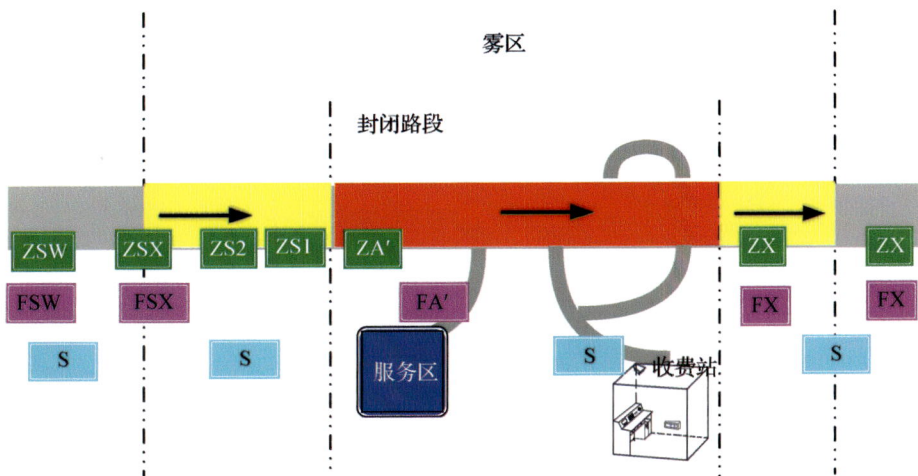

图4.11　局部路段封闭联动发布策略下可变信息标志分类

2.1.1.3　路网级信息联动发布策略

　　当路网内发生事件后，交通管理者将对路网事件做出及时反应，根据事件的严重程度估计事件路段的剩余通行能力、车辆通过事件路段的行程时间，以此确定相应的分流策略，并及时通过多种途径发布诱导信息，诱导驾驶员分流到最短绕行路径上，使驾驶员的交通延误达到最小。因此，实时的交通信息可以分流事故路段上游的交通流量，可以有效地缓解事件路段的交通拥挤，从而提高整个路网的运行效率。

　　诱导信息发布根据信息接收者的不同，分为面向个体和面向群体两种：

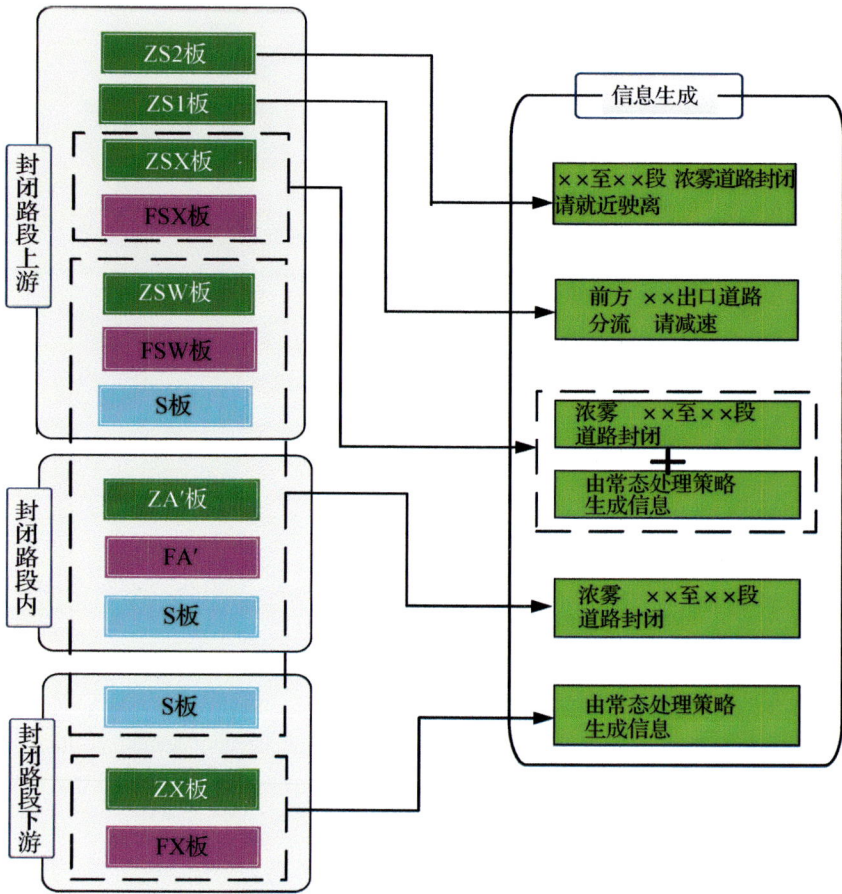

图 4.12　局部路段封闭联动发布策略下信息生成规则

　　面向个体的诱导信息发布方式一般通过驾驶员的车载设备进行接收，车载设备应包括 GPS 定位装置、车载广播等。信息发布系统根据车辆的位置、行驶方向和目的地等信息，结合动态的交通信息，为驾驶员提供必需的、与行车路线有关的诱导信息。

　　面向群体的诱导信息发布方式较多，可以通过可变情报板、无线广播、因特网、短信、电话查询等发布诱导信息。目前常用的是安装在高速公路上的可变情报板，根据情报板下游的交通状况来生成诱导信息，利用可变情报板向外发布，来诱导司机改变行车路线，从而达到均衡交通流分布、改善交通状况的目的。图 4.13 显示路网内某路程突发事件下的信息发布流程。

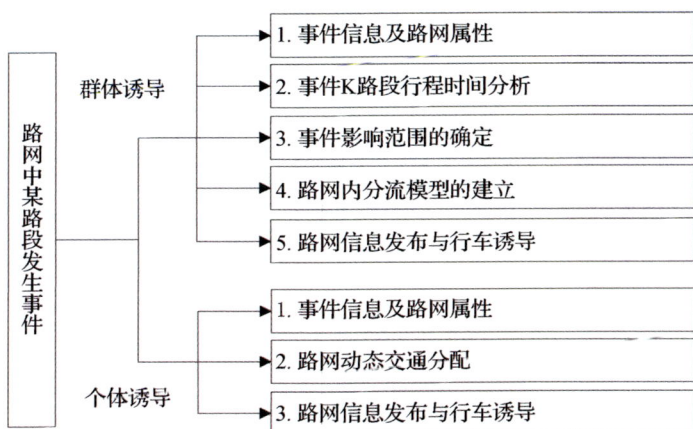

图 4.13　突发事件下的信息发布流程

目前，区域路网信息联动发布多采用面向群体的信息发布方式，但交通诱导与信息发布系统的发展趋势是面向个体的信息发布方式。

2.1.2　典型天气事件的诱导流程

2.1.2.1　群体诱导流程

突发事件下的群体诱导策略涉及群体诱导流程、路网事件简化模型、事件路段行程时间分析、分流路径模型建立几方面的关键内容。

（1）群体诱导流程。在突发事件下，省域路网信息发布系统通过图 4.14 的运行机制来影响车辆驾驶员的行为：

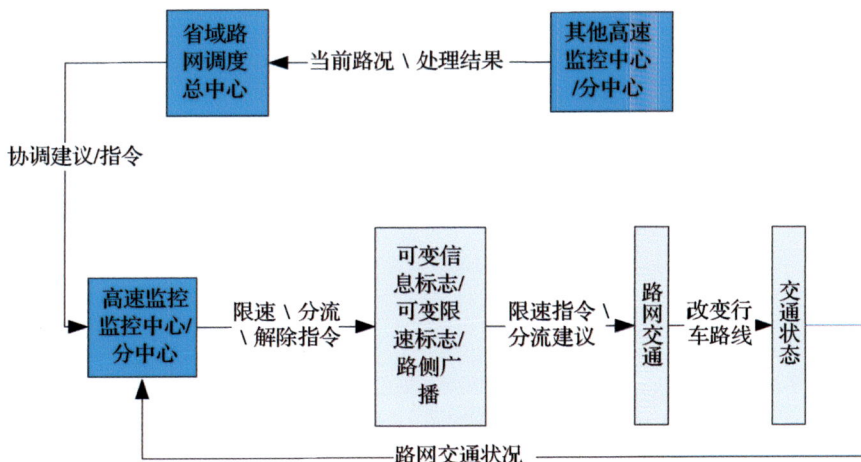

图 4.14　典型天气事件下群体交通诱导流程

（2）路网事件简化模型。为了方便分析路网事件对路网交通运行造成的影响，将路网事件以图 4.15 所示的模型来表征。假设在 t_0 时刻，路段 AB 上发生交通事件，造成事件点附近通行能力下降，形成瓶颈，此时通行能力下降为 C_d；设瓶颈起

点 F 距离路段起点 A 的距离为 L_1，瓶颈段长为 L_d，瓶颈段终点 G 距离路段终点 R 的距离为 L_2。

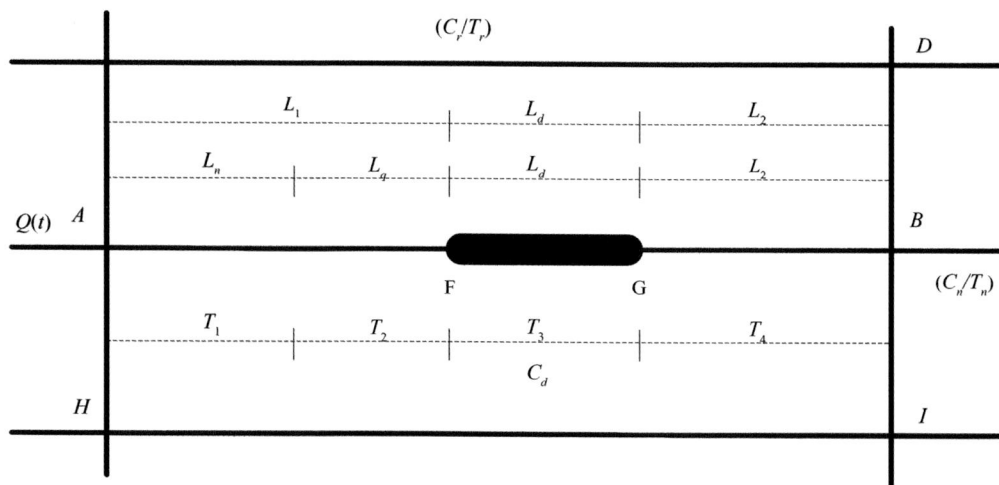

图 4.15　路网事件的简化模型

根据上述的路网事件简化模型，设计路网事件的流程如图 4.16 所示。

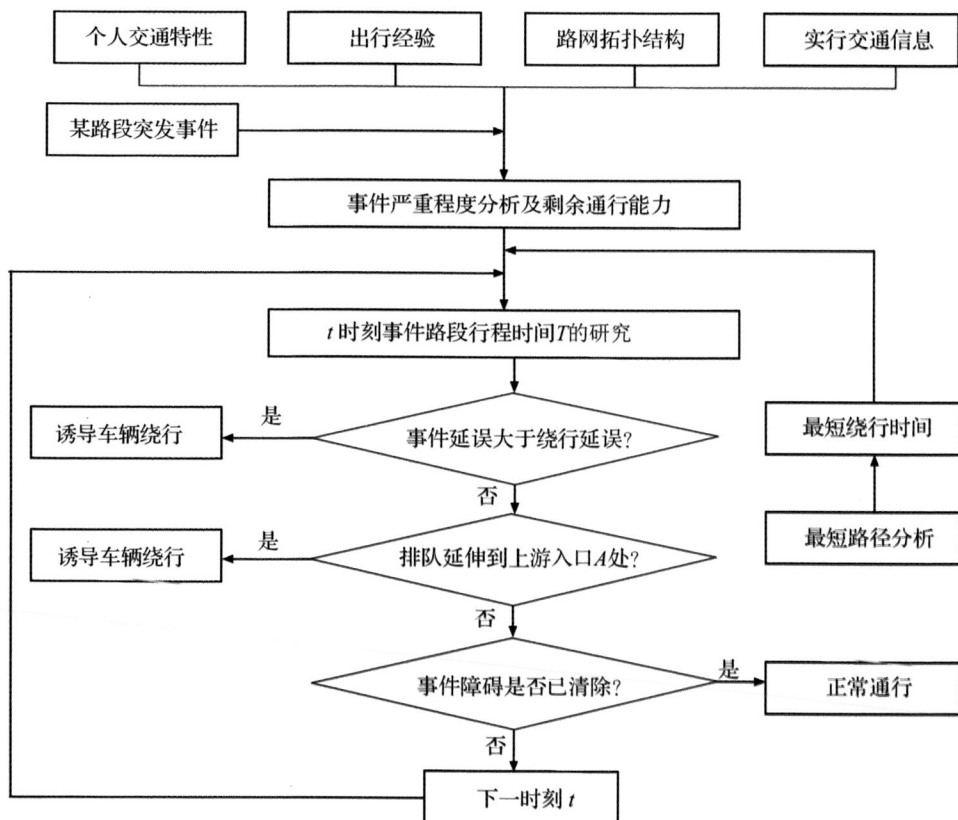

图 4.16　路网事件流程

（3）事件路段行程时间分析。根据事件路段剩余通行能力 C_d 与 t 时刻上游的交通需求之间的关系来计算事件路段的行程时间：

①若事件路段完全堵塞，即 $C_d=0$，则车辆在事件路段上的行程时间为：

$$T=T'+\frac{L}{v_t}，其中 L=L_1+L_d+L_2$$

式中，V_t 表示 t 时刻路段恢复正常时的行车速度；T' 表示事件清除所用的时间。

②若交通事件没有占用整个路宽，即 $C_d>0$，交通管理者应根据事件占用道路的情况，及时估计事件地点的剩余通行能力 C_d，交通事件越严重，C_d 越小。此时行程时间与事件点上游的交通需求 $Q(t)$ 有关：

当 $Q(t)<C_d$，如图 4.17 所示，由于瓶颈点的通行能力降低，当上游的流量达到瓶颈处，密度增大，车速降低，行程时间相应增加，驾驶事件引起的瓶颈路段长度为 L_d，则通过事件路段的行程时间为：

$$T=\frac{L_1+L_2}{V_t}+\frac{L_d}{V_d}$$

式中，T 表示 t 时刻车辆通过事件路段的行程时间；V_t 表示 t 时刻正常路段的行车速度；V_d 表示 t 时刻瓶颈路段的行车速度。

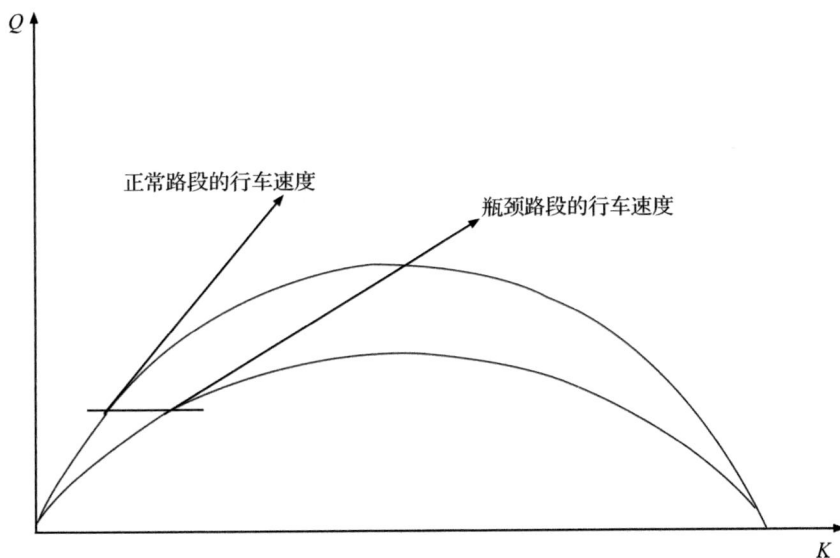

图 4.17　瓶颈路段的流量-密度曲线变化

当 $Q(t)>C_d$，上游交通需求大于时间路段剩余通行能力，在事件点处就会产生排队并向上游延伸，路段长度 L_1 将分为 AE 和 EF，即拥挤排队长队 $L_q(t)$ 和正常交通长度 $L_n(t)$，随着时刻 t 的延长，排队长度 $L_q(t)$ 将不断延长而正常交通长度 $L_n(t)$ 逐渐变短。

假设在 t 时刻，A 点的某一车辆 K 通过整个事件路段 L 的行程时间由 4 部分构成，分别计算如下：

a. 车辆在排队长度上游的长度为 $L_n(t)$，行驶时间为 T_1。在 t 时刻，车辆到达 A 点，在排队路段上游正常行驶，行程时间 T_1 可用排队路段上游的正常行驶长度为 $L_n(t+T_1)$ 与实测到的路段正常行驶车速 V_t 的比值来计算。

$$T_1 = \frac{L_n(t+T_1)}{V_t} = \frac{L_1 - L_q(t+T_1)}{V_t}$$

在 $t+T_1$ 时刻，车辆 K 行驶到 E 点，此时车辆 K 下游的排队长度 $L_q(t+T_1)$ 为：

$$L_q(t+T_1) = L_e(t+T_1-t_0) \cdot (Q-C_d)$$

计算得 T_1：

$$T_1 = \frac{L_1 - L_e(t-t_0) \cdot (\overline{Q}-C_d)}{V_t + L_e \cdot (\overline{Q}-C_d)}$$

式中，$L_n(t+T_1)$ 和 $L_q(t+T_1)$ 分别为 $t+T_1$ 时刻车辆的上游正常路段长度和下游排队路段长度；$\overline{Q}$ 为 $t_0 \sim t+T_1$ 时段内瓶颈路段上游平均交通需求，为在该时段内上游车辆检测器实测到的车辆数与时间 $(t+T_1-t_0)$ 的比值；L_e 为排队路段的车辆有效车头间距，一般取 $5\ m$。

b. 在瓶颈段前的排队长队为 $L_q(t)$，排队等待时间为 T_2。

在 $t+T_1$ 时刻，车辆 K 已经行驶到 E 点。此时车辆 K 前面的排队车辆数为 $(t+T_1-t_0) \cdot (\overline{Q}-C_d)$，且以瓶颈路段的通行能力 C_d 的速度疏散，车辆 K 通过排队路段的时间 T_2 为：

$$T_2 = \frac{(t+T_2-t_0)(\overline{Q}-C_d)}{C_d} = \frac{(L_1 + V_{t'}(t-t_0)) \cdot (\overline{Q}-C_d)}{(V_t + L_e) \cdot (\overline{Q}-C_d) \cdot C_d}$$

c. 瓶颈路段的长度为 L_d，通过瓶颈段的时间为 T_3。

在 $t+T_1+T_3+T_3$ 时刻，车辆 K 到达瓶颈路段 F 点，瓶颈路段的通行能力 C_d，车道占用率达到饱和，车辆 K 通过瓶颈路段的时间 T_3：

$$T_3 = \frac{L_d/L'_e}{C_d} = \frac{L_d}{L' \cdot C_d}$$

式中：L'_e 为车辆 K 慢速地通过瓶颈路段时，有效车头间距可取 $8 \sim 10\ m$。

d. 瓶颈段下游的长度为 L_2，行驶时间为 T_4。

在 $t+T_1+T_3+T_3$ 时刻，车辆 K 到达瓶颈路段 G 点，车辆在瓶颈下游将以自由流速度 V_f 流出，则行程时间为

$$T_4 = \frac{L_2}{V_f}$$

式中，V_f 为自由流速度，可取设计车速 V_s。

e. 通过整个事件路段的时间为 T。

最后，在 $t+T_1+T_3+T_3+T_4$ 时刻，车辆 K 到达事件路段的终点 B 点，车辆 K 在整

个事件路段 AB 的全程时间为：

$$T = T_1 + T_2 + T_3 + T_4$$

（4）分流路径模型的建立。当路网中某路段发生交通事件后，必然会在该路段产生交通延误，如果产生的延误大于改变路径所增加的延误 $T' = T_r - T_n$ 时，此时监控部门就会发布诱导信息，诱导影响范围内的车辆均使用最短路径，并且分流到最短路径上的车辆不会增加该路径的交通延误，即 $Q(t) - C_d \leq C_r$（最短分流路径的通行能力）。

现针对事件路段的剩余通行能力 C_d 与上游的交通需求 $Q(t)$ 的关系，讨论如下：

①若 $C_d = 0$，此时事件路段完全堵塞，应该在事件路段上游发布诱导信息，诱导分流的交通量为：$Q_r(t) = Q(t)$，$Q(t)$ 为正常状态下 t 时刻的交通需求。

②若 $Q(t) < C_d$，此时事件点上游的交通需求 $Q(t) < C_d$，将以较低的速度通过瓶颈路段，不会形成排队，此时无须诱导车辆分流，分流交通量为 $Q_r(t) = 0$。

③若 $Q(t) > C_d$，如上游的交通需求 $Q(t)$ 大于 C_d，就会在事件点处产生排队并向上游延伸，发生交通拥挤，实时计算事件路段的行程时间 T 值；当由事件引起的交通延误 $T - T_n$ 超过绕行路径所增加的延误 $T' = T_r - T_n$ 时，就应将 AB 路径上的流入量减少到瓶颈路段的通行能力 C_d，这样可以保证 AB 路径上的延误不会超过 T'，说明只要经过 AB 上的车辆延误超过 T'，就会诱导上游车辆分流，持续一段时间 T' 后，当交通事件被排除时，AB 路径上的流入量再恢复到 $Q(t)$。此时，事件地点上游车辆累积数变化如图 4.18 所示。

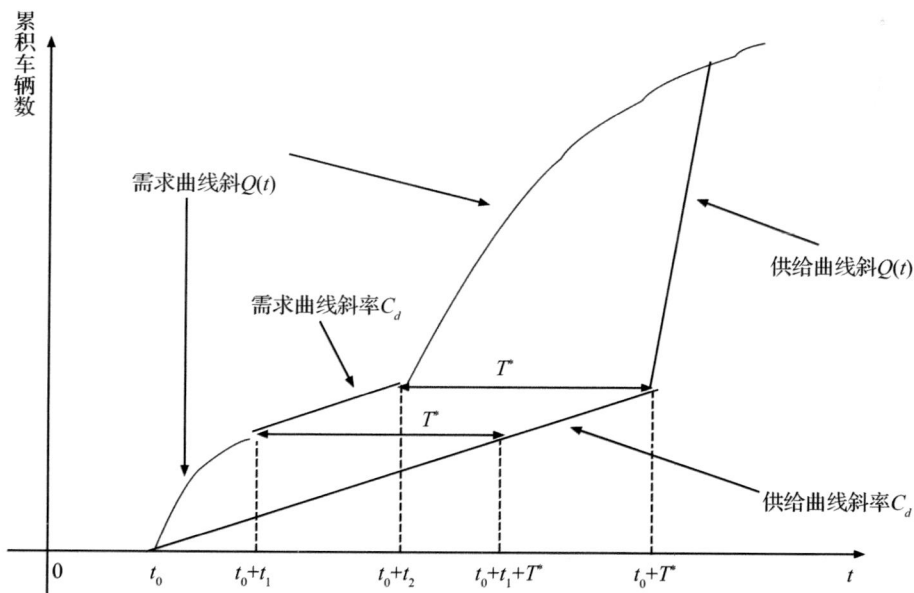

图 4.18 事件路段上游车辆累积变化图

在图 4.18 中，t_1 表示当由事件引起的交通延误（$T - T_n$）达到绕行路径所增加的延误（$T_r - T_n$）的时刻，即事件路段上游开始分流的时刻，当 t 时刻计算所得的事

件路段行程时间 T 与分流路径的行程时间 T_r 相等的时刻即为 t_1。

t_2 表示据清除事件障碍的时间与绕行路径所增加的延误（T_r-T_n）相等的时刻，即事件路段结束分流的时刻，$t_2=T'-T^*$，其中 $T^*=T_r-T_n$ 为分流到最短绕行路径所增加的交通延误，T' 为交通事故的持续时间，有 $T'>T^*$，否则，不存在分流现象。

故当 $Q(t)>C_d$ 时，从 t_1 时刻开始，对事件路段上游的交通流进行分流，允许以 C_d 的流量进入事件路段，其余流量在事件路段上游诱导分流，分流交通量为 $Q_r(t)=Q(t)-C_d$，一直到 t_2 时刻，分流结束，停止发布分流信息。

前面假设分流交通量 $Q(t)-C_d$ 小于最短分流路径 ACDB 上的剩余通行能力 C_r，如果该假设不能满足时，就会在最短分流路径 ACDB 上引发新的交通拥挤，此时就要考虑次最短分流路径；如果还不行，就分流到第三最短分流路径，直到分流交通量 $Q(t)-C_d$ 能够被全部分流。

2.1.2.2 个体诱导流程

面向个体的诱导信息一般通过驾驶员的车载设备进行接收，车载设备中应包括 GPS 定位装置、车载广播等。信息发布系统根据车辆的位置、行驶方向和目的地等信息，结合动态的交通信息，为驾驶员提供必需的、与行车路线有关的诱导信息。

省域路网中某路段发生突发事件时，通过该路段的车辆检测器检测的异常数据判断发生交通事件，这时监控中心会根据最新的交通需求和路网事件的严重程度实时地计算所有路径的拥堵度，根据实时动态的交通需求和拥堵度动态地进行交通分配，监控中心将分配的结果经过处理得出控制或诱导指令，通过 GPS 设备发送到车载诱导屏上，诱导路网内的车辆避开拥挤，快速地到达目的地。个体的动态交通诱导流程如图 4.19 所示。

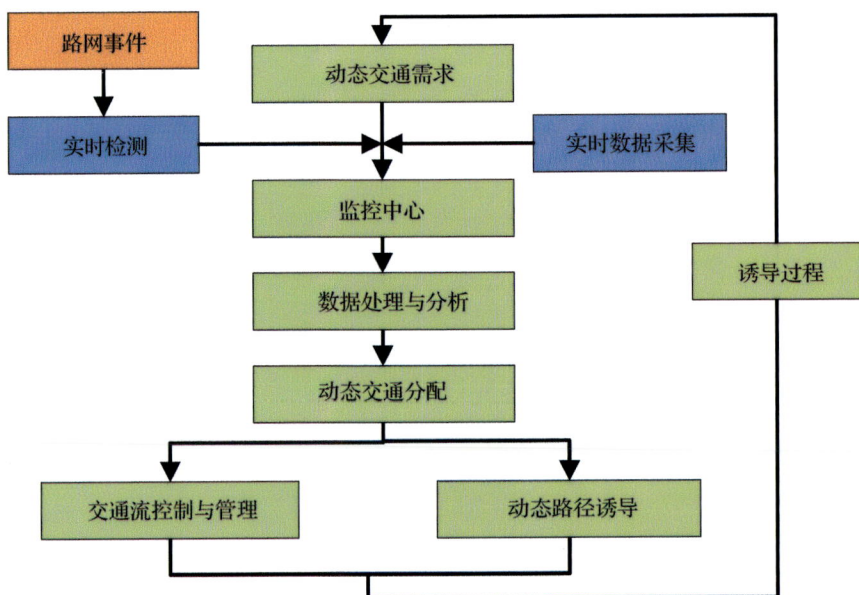

图 4.19 典型天气事件下个体交通诱导流程

图 4.19 为当发生突发事件后，个体的动态交通诱导流程。

（1）路网内出现突发事件后，事件路段的通行能力下降，拥挤将从该事件点向路段上游扩散，从而整个路网的交通平衡状况出现破坏。

（2）通过路网内检测系统实时检测到的数据信息实时地计算路网内各条路段的拥堵度。

（3）监控中心实时地接收到的所有个体车辆发来的导行咨询请求，计算出实时的路网交通需求。

（4）根据路网交通需求及拥堵度进行动态交通分配。

（5）将分配得到的结果经处理后发布到车辆内设置的车载设备上，驾驶员根据车载设备上显示的导行信息驶出拥挤路网。

2.1.3　建议信息发布模板

为实现情报板发布信息的辅助生成，将情报板分为两类：主线情报板和收费站入口前的情报板。情报板信息发布优先原则如下：

2.1.3.1　核心控制区（强制性信息）

①主线情报板

主线情报板发布封闭（主线站封闭、交通中断、强制分流）事件，其他事件信息。

②收费站入口前情报板

收费站入口前情报板发布入口封闭信息（给出封闭原因）、入口限制信息（给出限制原因）和其他事件信息。

2.1.3.2　毗邻控制区（建议性信息）

①主线情报板

主线情报板发布封闭事件及诱导建议和其他事件信息。

②收费站入口前情报板

收费站入口前情报板发布事件信息。

2.1.3.3　外围控制区（提示性信息）

①主线情报板

主线情报板发布封闭事件和其他事件信息。

②收费站入口前情报板

收费站入口前情报板发布事件信息。

通过上述分析，在表 4.9 中给出了建议信息发布模板。

表 4.9 典型天气事件下交通运行建议信息发布模板

事件类型	情报板位置	情报板分类	信息内容
封闭类	核心控制区	主线情报板	因 [ ] 天气，[至 段 | 全线] 道路封闭，[请就近驶离高速， 口正采取强制分流]。
		收费站入口前情报板	因 天气， 收费站封闭。或因恶劣天气，大客车、大型货车、危险品运输车辆、超限车辆禁止驶入高速公路。
	毗邻控制区	主线情报板	因 [ ] 天气，[至 段 | 全线] 道路封闭，[请就近驶离高速 | 口正采取强制分流]。
		收费站入口前情报板	方向+K 处 [因 事件] 道路中断，[路段 | K ~K] 车辆行驶缓慢
	外围控制区	主线情报板	[前方 km 处 | K 处]+发生 [事件] 道路中断，[预计持续 小时 | 预计 时恢复]。
		收费站入口前情报板	方向+K 处 [因 事件] 道路中断。
拥堵类	核心控制区	主线情报板	[前方 km 处 | K 处]+发生 [事件]，车辆行驶缓慢。或，[前方 km 处 | K 处]+发生 [事件]，交通拥堵，[预计 时恢复]。或，[前方 km 处 | K 处]+发生 [事件]，交通拥堵，[前往 AA 的车辆可绕行 BB 由 CC 口上高速]。
		收费站入口前情报板	方向+[K 处发生 事件]，[路段 | K ~K] 车辆行驶缓慢
	毗邻控制区	主线情报板	[前方 km 处 | K 处]+发生 [事件]，[路段 | K ~K] 车辆行驶缓慢。或 [前方 km 处 | K 处]+发生 [事件]，交通拥堵，[前往 AA 的车辆可绕行 BB 由 CC 口上高速]。
		收费站入口前情报板	方向+ [K 处发生 事件]，[路段 | K ~K] 车辆行驶缓慢
	外围控制区	主线情报板	[前方 km 处 | K 处]+发生 [事件]，[路段 | K ~K] 车辆行驶缓慢，[预计 时恢复]
		收费站入口前情报板	可以不纳入联动发布范围。

注：①如果发生封闭类事件或拥堵类事件，则搜索事件所处路段（两个互通间）上游的控制区内的所有相关情报板。

②核心控制区内的情报板发布内容中一旦确定，毗邻和外围控制区内的情报板发布内容中需要人工确定的将自动补上（减少人工输入量）。

③AA 建议指远端城市名，BB 指临近的绕行路径，CC 一般指绕行至拥堵下游路段的收费站入口。

2.2 典型天气事件下控制策略

2.2.1 典型天气事件下限制值确定方法

本节给出在典型天气事件下的适合限制速度的确定方法，并针对大雾、路面冰雪等典型天气事件给出速度控制标准以及相应的适合限制速度的算例。

2.2.1.1 典型天气事件下适合限制速度的确定方法

速度管理是高速公路交通控制的最为常见的手段之一，合理的控制交通流量和流率，对保障道路运行的安全和通畅有重要意义，尤其是在不利气象条件、湿滑路面状况或出现其他交通事件的情况下，更需要依据实时的道路、交通和环境条件通过可变限速标志来合理调节车速，引导驾驶员安全行驶，同时起到平滑交通流的作用。

（1）基于通行能力及能见度与路面状况双重约束条件的适合限制速度

本节提出了一种基于能见度和路面湿滑状态确定典型天气事件条件下适合车速的复合方法，能够将理论分析与实证研究成果有机地结合起来。实现思路如图 4.20 所示。

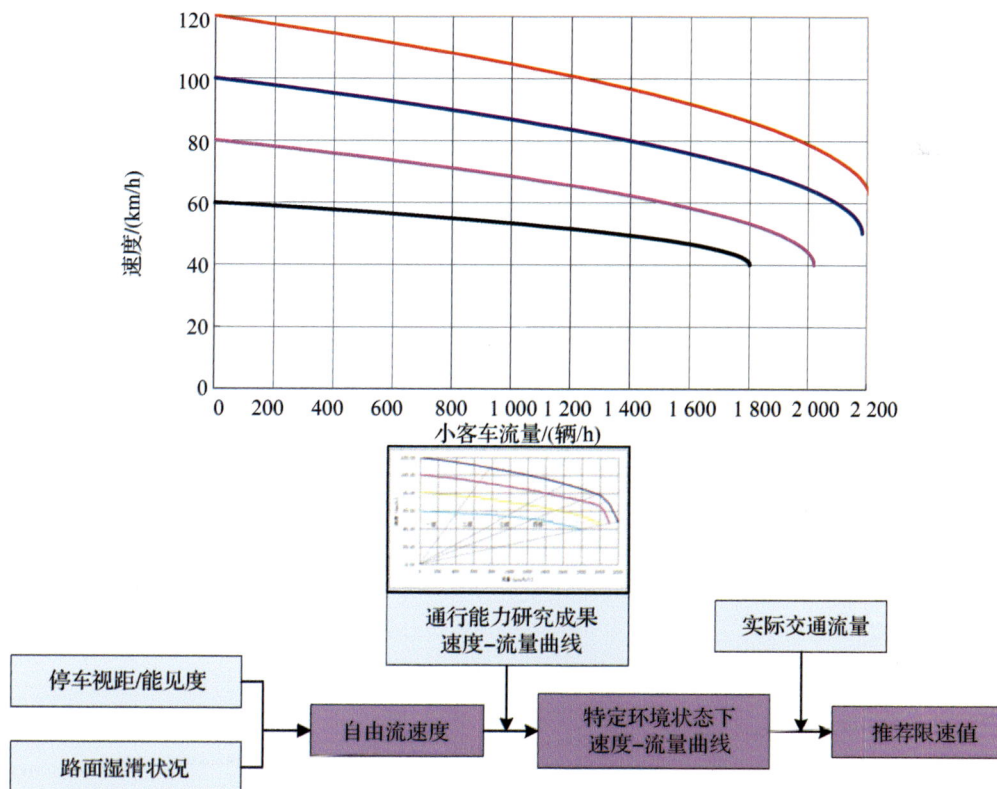

图 4.20 限制速度值确定方法流程图

推荐限速值的确定包括 3 个核心步骤：

①确定当前道路和环境下的自由流速度。通过基本停车视距将能见度和路面摩擦系数这两个不利气象条件下对交通影响最为突出的参数纳入进来，同时考虑高速公路几何设计对停车视距的约束，以及在路面湿滑条件下弯道侧滑风险，从理论分析的角度，确定在当前典型天气事件下的自由流速度。

②利用通行能力研究成果来确定当前道路和环境下的速度-流量曲线。通行能力中速度-流量曲线基于大量观测资料，是反映交通流规律的最为客观和权威的成果，自由流速度确定后，可通过插值方法确定当前道路和环境下所对应速度-流量曲线。

自由流速度可以看作是在交通密度很低的情况下，当前路况所能满足的最大的安全车速，随着流量和密度的增加，交通速度会逐步减低。除通行能力外，同一流量会对应着高速度、低密度和低速度、高密度两者状态，在确保安全的前提下，应使交通流尽可能处于高速度、低密度状态，以提供更高的服务水平，这恰恰是利用通行能力研究成果来确定不同流率下车速的依据和目的所在。

③确定当前流量条件下的推荐限速值。通过查表或根据当期实际流量在速度-流量曲线上找到对应点，便可确定实时道路、交通和环境下推荐限速值。

（2）自由流车速的确定

①摩擦系数与停车视距。车辆在高速公路上行驶，驾驶员应能随时看到车辆前方路面上一定距离处的障碍物，车辆与障碍物之间的距离应至少能满足驾驶员采取停车措施，避免相撞所需的距离。从驾驶员发现前方路面有障碍物时起，到车辆在障碍物前完全停止，这一必需的最短安全距离，称为停车视距。停车视距的基本公式为：

$$s = v(t_1 + t_2)/3.6/v^2/254(\phi \pm i) + s_{安}$$

式中，第一部分为反应时间内行驶的距离，主要决定于行车速度和总反应时间，总反应时间包括判断时间（t_1 可取 1.5 s）和做出制动动作的时间（t_2 可取 1.0 s），一般取 2.5 s；第二部分为制动距离，是驾驶员开始制动到汽车完全停止时间内行驶的距离，主要取决于由地面制动力（路面摩擦系数 ϕ），以及高速公路的路段纵向坡度 i（%）；第三部分为安全距离，是汽车停止后，距障碍物的距离，一般为 5~10 m。

表 4.10 是我国公路工程技术标准中给出的不同设计速度下的停车视距。制动停车距离随纵坡不同而变化，表中停车视距是采用纵坡为零时的平坦路面而求得的，理论上下坡路段是危险的，上坡则比较有保障。但因采用值尚较富裕，当属安全。

表 4.10　高速公路、一级公路停车视距

设计速度/（km/h）	120	100	80	60
停车视距 s/m	210	160	110	75

对于停车视距的基本公式，总反应时间取 2.5 s，路面摩擦系数取 0.50，最小安全距离取 5 m，对不同速度进行计算并取整数得到表 4.11 中各值。

表 4.11 中，$s_安$，ϕ，T 分别取 5.0、0.50、2.5 时的停车视距计算值。

表 4.11　停车视距（$s_安 = 5.0$，$\phi = 0.5$，$T = 2.5$）

设计速度/（km/h）	停车视距/m	计算得到/m
120	210	202
100	160	153
80	110	111
60	75	75
40	40	45
30	30	33
20	20	22

由表 4.11 可知，标准中给出的停车视距大体上是采用路面摩擦系数为 0.50 左右时的计算值。通常情况下，高速公路干燥路面的摩擦系数为 0.7；雾天由于空气湿度大，道路潮湿，路面摩擦系数不足 0.6；雨天路面摩擦系数只有 0.3~0.4；雪天路面和结冰路面的摩擦系数则在 0.2 以下。由此可见，计算停车视距采用 0.50 摩擦系数值，主要考虑的是天气和路面状况良好的条件。此外，潮湿路面条件通常也能够满足标准规定的停车视距要求。

摩擦系数不但影响停车视距，也将直接影响到车辆横向稳定性。当车辆高速通过小半径平曲线时，如果横向力系数过大有可能发生侧滑翻车事故。因此，设计标准规定了不同设计速度下的平曲线半径最小值。圆曲线最小半径的实质是汽车行驶在公路曲线部分时，所产生的离心力等横向力不超过轮胎与路面的摩阻力所允许的界限。大量观测表明，路段的极限横向摩阻系数通常都大于 0.30，而设计用的横向力系数 0.10~0.17 占极限横向摩阻系数的比例很小，安全度较高。从这个角度讲，即便是在线形条件最差的圆曲线处，在路面湿润的情况下，车辆仍能以设计速度安全通过曲线，除非是在冰雪打滑的路面条件下。

②自由流速度与视距和摩擦系数。停车视距是特定条件下的确定计算值，为使停车视距基本公式更具一般意义，可用视距来替换停车视距，实际视距受公路设计标准和大气能见度的限制，一般取公路设计标准所决定的停车视距和大气能见度两者中的较小值。如果将视距 s 和路面摩擦系数视为约束条件，那么速度 v 就是它们的函数，可以表述为 $v = f(s, \phi)$。综合上节分析可知，v 实际上是特定设计标准的高速公路、在特定的视距和路面抗滑性能下，所允许的最高安全车速。根据交通流理论，在达到通行能力之前，随着流量和密度的增加，车速逐渐下降，因此，v 实际上也表征了流量和密度很低（自由流）条件下的车速。总反应时间取 2.5 s，最小

安全距离取 5 m，则有，

$$v=\frac{\sqrt{635^2\phi^2+13\,167.3\phi(s-5)}-635\phi}{7.2}$$

由上式可知，当视距不变时，路面摩擦系数越大，公路所允许的最高车速越高；同样，当路面摩擦系数不变时，视距越大，公路所允许的最高车速越高。

典型天气事件会给行车安全带来不利影响，除对车辆本身和人的生理心理影响外，典型天气事件对行车安全的不利影响更主要体现在环境能见度和湿滑路面状况。当前标准中给出的是天气和路面状况良好条件下的停车视距，而在典型天气事件下，停车视距会增加，然而考虑到道路条件本身限制（所能提供的视距有限），因此，需要考虑控制车速来适应典型天气事件。考虑到典型天气事件会对驾驶员生理、心理产生影响，驾驶员的反应时间会有所增加，为确保安全，将总反应时间增加至 3.0 s，同时采用 10 m 的安全距离，则公路所允许的最高车速 v 按下式计算：

$$v=\frac{\sqrt{254^2\phi^2+1\,463.04\phi(s-10)}-254\phi}{2.4}$$

如果能见度 S_v 小于设计速度对应的停车视距时，则车辆在高速公路上行驶时的实际停车视距由能见度决定。表 4.12 是根据不同能见度和不同路面摩擦系数计算取整后得到的公路所允许的最高车速 v，这一速度可以近似看作是在不利能见度和路面状况下的自由流车速值，记做 v_F。对于设计速度 120 km/h 的高速公路，当能见度低于 210 m 时，对 v_F 将产生显著影响。类似的，设计速度 100 km/h 和 80 km/h 的高速公路，当能见度分别低于 160 m 和 110 m 时，认为对 v_F 将产生显著影响。从表 4.12 中可以发现，在不同路面摩擦系数条件下，能见度越高，对 v_F 的影响越显著。当能见度在 160～210 m 时，路面摩擦系数 0.50 和 0.20 条件下的平均差值是 30 km/h，当能见度在 110～160 m 时，v_F 平均差值是 22 km/h，当能见度在 40～110 m 时，v_F 平均差值是 12 km/h。

表 4.12 不同能见度和路面摩擦系数下自由流车速值

能见度 S_v/m	自由流车速 v_F/（km/h）			0.50 与 0.20 列差值
	0.50	0.35	0.20	
40	28	27	23	5
50	36	33	29	7
60	43	39	33	10
70	49	45	38	11
80	55	50	42	13
90	61	55	46	15
100	66	60	50	16
110	72	64	53	19

续表

| 能见度 S_v/m | 自由流车速 v_F/（km/h） | | | 0.50 与 0.20 列差值 |
	0.50	0.35	0.20	
120	77	69	57	20
130	81	73	60	21
140	86	77	63	23
150	91	81	66	25
160	95	84	69	26
170	99	88	71	28
180	103	91	74	29
190	107	95	77	30
200	111	98	79	32
210	115	101	82	33

图 4.21 给出不同路面摩擦系数下能见度—自由流速度曲线。

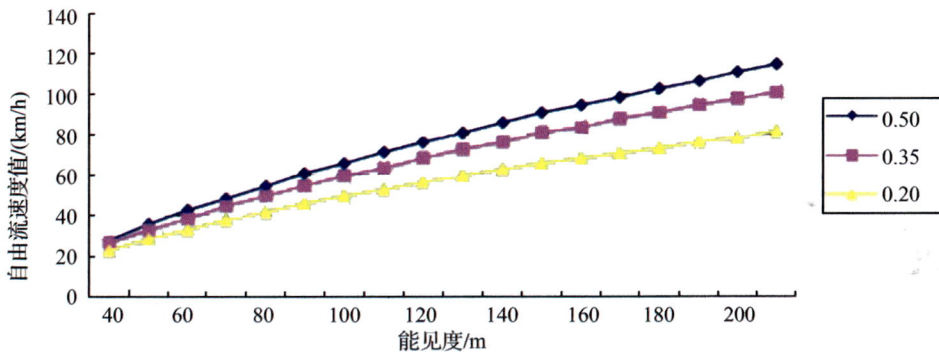

图 4.21　不同路面摩擦系数下能见度—自由流速度曲线

（3）不同交通量下推荐限速值的确定

①计算原理及步骤。依据交通流理论建立数学模型计算高速公路的实际限速值是通过研究交通流三要素（流速、密度、流量）的相互关系，并结合现有的交通检测手段，达到预测交通流速度的目的。为使研究结果具有较好的适用性，考虑到我国的《公路通行能力手册》是在对我国多个城市地区进行调查分析的基础上得到的研究成果，适用于我国大部分地区，这里给出基于现有国内通行能力的相关研究成果，通过作图来确定高速公路在不同能见度、不同路面状况、不同流量条件下的适合限速值的方法。

通过作图法来确定速度需要确定自由流速度和小客车当量交通量。如果天气和路面状况良好，一般可以设计速度作为自由流速度；如果出现恶劣气象条件或湿滑路面状况，需要按照停车视距计算公式依据实际能见度和路面摩擦系数确定，能见度和天气条件可利用公路气象站实时获得，路面摩擦系数可通过实测，或依据已有研究成果针对天气现象和路面状况来大致确定范围。自由流速度确定后，就可以通过插值方法确定一条速度–流量曲线，利用此曲线，根据小客车当量交通量便可以确定车速（推荐限速值）。小客车当量交通量可通过车检器实时获得交通量，再通过车型换算系数进行换算得到。

根据当前实际天气和路面状况确定自由流速度的方法见上节，本部分重点介绍小客车当量交通量（流率）的计算和推荐限速值的确定方法。

②小客车当量交通量的计算。根据实测单方向小时交通量，按照下式计算实际道路、交通条件下的小时服务交通量。

$$MSF = SF/(f_{HV} \times f_N \times f_p \times N)$$

式中，f_{HV} 为交通组成修正系数，下式所示；f_v 为 6 车道及其以上高速公路的车道数修正系数，取 0.98~0.99（此项研究中取 0.98）；f_p 为驾驶员总体特征修正系数，通常取 0.95~1.00（此项研究中取 0.95）；N 为高速公路单向车道数。

$$f_{HV} = \frac{1}{1 + \sum p_i(E_i - 1)}$$

式中，P_i 为车型 i 的交通量占总交通量的百分比；E_i 为车型 i 的车辆折算系数，高速公路中车型 i 包括中型车、大型车和拖挂车，取值见表 4.13 所示。根据有关调查结果，我国高速公路中型车比例大部分在 20%~30%，大型车比例在 5%~15%，拖挂车比例在 10%以下。

在缺乏具体分车型交通量和速度数据的情况下，中型车速度取 100 km/h，大型车和拖挂车速度取 80 km/h。中型车比例取 20%，大型车比例取 5%，拖挂车比例取 5%。考虑通常情况下中型车、大型车和拖挂车每车道小时交通量不超过 500，由此可以确定上述三类车的折算系数分别是 2、3 和 6，按上式可求得为 0.645。

表 4.13 高速公路通行能力分析车辆折算系数（小客车当量）

车型	交通量/veh·h⁻¹·ln⁻¹)	实际行驶速度/（km/h）			
		120	100	80	60
中型车	≤500	1.5	2	3	3
	500~1 000	2	3	4	5
	1000~1 500	3	4	5	6
	≥1 500	1.5	2	3	4
大型车	≤500	2	2	3	3
	500~1 000	4	5	6	7
	1 000~1 500	5	6	7	8
	≥1 500	2	3	4	5

续表

车型	交通量/veh·h⁻¹·ln⁻¹)	实际行驶速度/（km/h）			
		120	100	80	60
拖挂车	≤500	3	4	6	7
	500~1 000	5	6	8	10
	1 000~1 500	6	7	10	12
	≥1 500	3	4	5	6

③不同流率下车速值的确定。由于交通流的速度、密度和流率相互作用，导致交通流动态特性发生显著变化。密度由零增加时，道路中行驶的车辆逐渐增多，流率也相应增加，此时，由于车辆间的相互干扰，速度开始下降。当密度持续增加到某一临界值时，交通流的速度会急剧下降。直到密度增加和速度下降导致流率开始减少，这时流率达到最大值，也就是通行能力值。当密度和流率较小时，同向交通流之间的相互影响较小，密度和流率的增加引起的速度降低并不十分显著。

图4.22为速度-流量曲线。

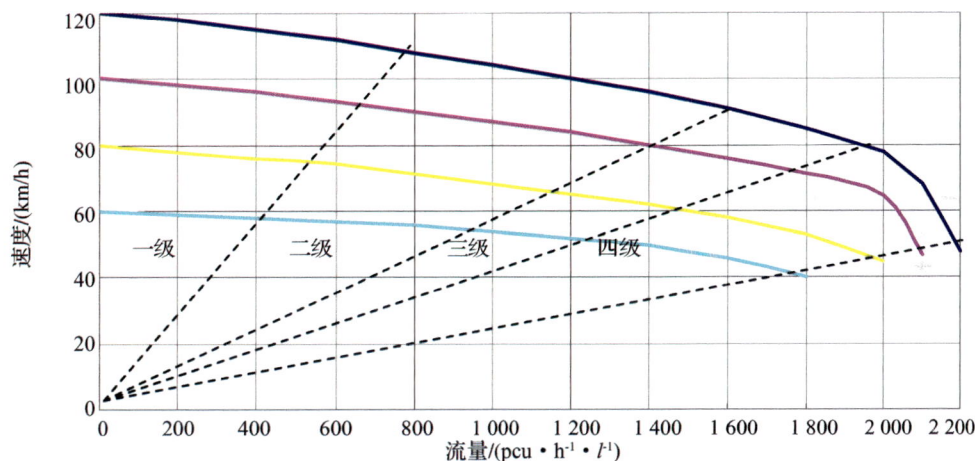

图4.22　速度-流量曲线

当接近通行能力时，交通流中的可利用间隙很少；而达到通行能力时，交通流中不再有可利用的间隙，因此，交通流中发生微小的扰动（包括车辆换道、汇入、驶出以及交通流内部的随机影响）都可能导致严重的交通阻塞。当交通流在达到或接近通行能力状况时，交通流很难长时间保持稳定状态，演变成强制流或阻塞流。除通行能力外，任何流率都对应着两种不同的交通状况。一种是高速度和低密度，另一种是高密度和低速度，速度-流率曲线在整个高密度、低速度的部分是不稳定的，它代表强制流或阻塞流；在低密度、高速度的部分是稳定流范围，代表自由流、稳定流，对应着一级到三级以及四级服务水平的上半部分；而四级服务水平的下半部分则对应着强制流或阻塞流的部分。

从交通管理的角度而言,在同样流率的情况下,应尽可能是交通流处于高速度、低密度状况,使服务水平处于较高的水平。因此,在流率为达到通行能力以前,采用作图法确定的值,就可以作为当前道路、交通和环境条件下的推荐限速值。如果车辆能够较好按值行驶,那么将从安全和机动性双方面获得最优。如果流率接近或达到甚至超过通行能力,流量、速度、密度间不存在确定规律,由于此时交通流处于紊乱状态,此时的推荐限速值可采用交通流率达到通行能力时临界速度,而不必考虑交通流的大小,主要基于两方面的考虑:一是临界速度都低于50 km/h。另外,由于高密度的交通状况,车辆行驶速度也不可能太高,总体事故风险不大;二是从尽快恢复交通、提高通行效率的角度,此时可不考虑流率、密度对速度的影响,以临界速度值作为推荐限速值引导车辆通行。

通行能力研究成果中,给出了设计速度(自由流速度)分别是 120 km/h、100 km/h、80 km/h 和 60 km/h 时的速度-流量曲线,对于其他值的自由流速度,可通过差值法确定其相应的速度-流量曲线。以小客车当量交通量 200 为增量单位,各当量交通量下的速度值按下式计算:

$$v_s = v_1 + \frac{v_F - v_1}{20}(v_2 - v_1)$$

式中,v_1、$v_2 \in$ (120,100,80,60),且 $v_1 < v_F < v_2$。

表 4.14 给出 v_F 以 5 为增量单位,小客车当量交通量 MSF 以 200 为增量单位下,各种自由流速度和小客车当量交通量下的 v_s 值。

表 4.14 不同服务流率下的 v_s 值

MSF	$V_F/$ (km/h)												
	120	115	110	105	100	95	90	85	80	75	70	65	60
0	120	115	110	105	100	95	90	85	80	75	70	65	60
200	118	113	108	103	98	93	88	83	78	73	69	64	59
400	115	110	106	101	96	91	86	81	76	72	67	63	58
600	112	107	103	98	93	88	84	79	74	70	66	61	57
800	108	104	99	95	90	85	81	76	71	67	64	60	56
1 000	104	100	96	91	87	82	78	73	68	65	61	58	54
1 200	100	96	92	88	84	79	75	70	65	62	59	55	52
1 400	96	92	88	84	80	76	71	67	62	59	56	53	50
1 600	91	87	84	80	76	72	67	63	58	55	52	49	46
1 800	85	82	78	75	71	67	62	58	53	50	47	43	40
2 000	78	75	72	68	65	60	55	50	45	—	—	—	—
2 200	48	—	—	—	—	—	—	—	—	—	—	—	—

下面给出一个简单算例：

某高速公路单方向小时交通量 2 000 vel/h，双向四车道，当前能见度 170 m，路面状况良好，试确定当前推荐限速值。

a. 确定小时服务交通量 MSF：

MSF＝SF/(f_{HV}×f_N×f_p×N) 2 000/(0.645×1×0.95×2)＝1 632

b. 确定自由流速度 v_F：

能见度 170 m，路面状况良好取摩擦系数 0.50，查表得 v_F＝99。

C. 确定推荐限速值 v_s

令 MSF＝1 600，v_F＝100，查表得 v_s＝76，四舍五入取 10 得整数倍，最终得到推荐限速值 v_s＝80 km/h。

2.2.1.2　典型天气事件下的速度控制标准与算例

（1）典型天气事件下的速度控制标准。为方便查表操作，将不同能见度和路面摩擦系数条件下的自由流速度近似到 5 的倍数，见表 4.15。考虑到实际中采用的限速值都为 10 的整数倍，因此，将不同流率、不同自由流速度下的推荐限速值四舍五入到 10 的整数倍，见表 4.16。

表 4.15　不同能见度和路面摩擦系数条件下的自由流速度 v_F

能见度 S_v/m	自由流速度 v_F/（km/h）		
	0.50	0.35	0.20
200	110	100	80
190	105	95	75
180	105	90	75
170	100	90	70
160	95	85	70
150	90	80	65
140	85	75	65
130	80	75	60
120	75	70	55
110	70	65	55
100	65	60	50
90	60	55	45
80	55	50	40
70	50	45	40
60	45	40	35
50	35	35	30

表 4.16　不同流率不同自由流速度下的推荐限速值

MSF	$V_F/$ (km/h)												
	120	115	110	105	100	95	90	85	80	75	70	65	60
400	120	110	110	100	100	90	90	80	80	70	70	60	60
600	110	110	100	100	90	90	80	80	70	70	70	60	60
800	110	100	100	100	90	90	80	80	70	70	60	60	60
1 000	100	100	100	90	90	80	80	70	70	70	60	60	50
1 200	100	100	90	90	80	80	80	70	70	60	60	60	50
1 400	100	90	90	80	80	80	70	70	60	60	60	50	50
1 600	90	90	80	80	80	70	70	60	60	60	50	50	50
1 800	90	80	80	80	70	70	60	60	50	50	50	40	40
2 000	80	80	70	70	70	60	60	50	50	—	—	—	—
2 200	50	—	—	—	—	—	—	—	—	—	—	—	—

对于自由流低于 60 km/h 时的推荐限速值 v_s 的确定分以下几种情况：$v_F<60$，当服务交通流率不大于 1 000 时，取 50 km/h，当流率大于 1 000 时，v_s 取 40 km/h。$v_F<50$，当服务交通流率不大于 1 000 时，v_s 取 40 km/h，当流率大于 1 000 时，v_s 取 30 km/h；$v_F<40$，不考虑交通流率的大小，v_s 统一取 30 km/h。

综合表 4.15、表 4.16 的结果，最终得到典型天气和路面状况下的速度控制标准，见表 4.17、表 4.18 和表 4.19。

①雾天速度控制标准，详见表 4.17。

表 4.17　不同流率、不同能见度下的速度控制标准（摩擦系数取值 0.50）

能见度/m	流率											
	200	400	600	800	1 000	1 200	1 400	1 600	1 800	2 000	2 200	>2 200
200	110	110	100	100	100	90	90	80	80	70	50	50
190	100	100	100	100	90	90	80	80	80	70	50	50
180	100	100	100	100	90	90	80	80	80	70	50	50
170	100	100	90	90	90	80	80	80	70	70	50	50
160	90	90	90	90	80	80	80	70	70	60	50	50
150	90	90	80	80	80	80	70	70	60	60	50	50
140	80	80	80	80	70	70	70	60	60	50	50	50
130	80	80	70	70	70	70	60	60	50	50	50	50
120	70	70	70	70	70	60	60	60	50	40	40	40

续表

能见度/m	流率											
	200	400	600	800	1 000	1 200	1 400	1 600	1 800	2 000	2 200	>2 200
110	70	70	70	60	60	60	60	50	50	40	40	40
100	60	60	60	60	60	60	50	50	40	40	40	40
90	60	60	60	60	50	50	50	50	40	40	40	40
80	50	50	50	50	50	40	40	40	40	40	40	40
70	50	50	50	50	50	40	40	40	40	40	40	40
60	40	40	40	40	40	30	30	30	30	30	30	30
50	30	30	30	30	30	30	30	30	30	30	30	30

②降雨时速度控制标准详见表 4.18。

表 4.18　不同流率、不同能见度下的速度控制标准（摩擦系数取值 0.35）

能见度/m	流率											
	200	400	600	800	1 000	1 200	1 400	1 600	1 800	2 000	2 200	>2 200
200	100	100	90	90	90	80	80	80	70	70	50	50
190	90	90	90	90	80	80	80	70	70	60	60	50
180	90	90	80	80	80	80	70	70	60	60	50	50
170	90	90	80	80	80	80	70	70	60	60	50	50
160	80	80	80	80	70	70	70	60	60	50	50	50
150	80	80	70	70	70	70	60	60	50	50	50	50
140	70	70	70	70	70	60	60	60	50	40	40	40
130	70	70	70	70	70	60	60	60	50	40	40	40
120	70	70	70	60	60	60	60	50	50	40	40	40
110	60	60	60	60	60	60	50	50	40	40	40	40
100	60	60	60	60	50	50	50	50	40	40	40	40
90	50	50	50	50	50	40	40	40	40	40	40	40
80	50	50	50	50	50	40	40	40	40	40	40	40
70	40	40	40	40	40	30	30	30	30	30	30	30
60	40	40	40	40	40	30	30	30	30	30	30	30
50	30	30	30	30	30	30	30	30	30	30	30	30

③降雪时的速度控制标准详见表 4.19。

表 4.19 不同流率、不同能见度下的速度控制标准 (摩擦系数取值 0.20)

能见度/m	流率											
	200	400	600	800	1 000	1 200	1 400	1 600	1 800	2 000	2 200	>2 200
200	80	80	70	70	70	70	60	60	50	50	50	50
190	70	70	70	70	70	60	60	60	50	40	40	40
180	70	70	70	70	70	60	60	60	50	40	40	40
170	70	70	60	60	60	60	50	50	40	40	40	40
160	70	70	70	60	60	60	60	50	50	40	40	40
150	60	60	60	60	60	60	50	50	40	40	40	40
140	60	60	60	60	60	60	50	50	40	40	40	40
130	60	60	60	60	50	50	50	50	40	40	40	40
120	50	50	50	50	50	40	40	40	40	40	40	40
110	50	50	50	50	50	40	40	40	40	40	40	40
100	50	50	50	50	50	40	40	40	40	40	40	40
90	40	40	40	40	40	30	30	30	30	30	30	30
80	40	40	40	40	40	30	30	30	30	30	30	30
70	40	40	40	40	40	30	30	30	30	30	30	30
60	30	30	30	30	30	30	30	30	30	30	30	30
50	30	30	30	30	30	30	30	30	30	30	30	30

(2) 算例。

①算例 1。某高速公路单方向小时交通量 3 500 vel/h，双向八车道，大雾，当前能见度 140 m，路面状况良好，试确定当前推荐限速值。

a. 确定小时服务交通量 MSF。

$$\text{MSF} = \text{SF}/(f_{HV} \cdot f_N \cdot f_p \cdot N) = 3\,500/(0.645 \times 1 \times 0.95 \times 4) = 1\,428$$

b. 确定推荐限速值 v_s。

当前天气为大雾，确定查表 4.17，得到推荐限速值 $v_s = 70$ km/h。

②算例 2。某高速公路单方向小时交通量 1 600 vel/h，双向四车道，小雨，当前能见度 400 m，中型车、大型车和拖挂车比例分别为 25%、4%、2%，试确定当前推荐限速值。

a. 确定小时服务交通量 MSF

中型车、大型车和拖挂车的折算系数分别取 2、3 和 6，则

$$f_{HV} = \frac{1}{1 + \sum P_i \cdot (E_i - 1)} = 0.70$$

$$\text{MSF} = \text{SF}/(f_{HV} \cdot f_N \cdot f_p \cdot N) = 1\,600/(0.70 \times 1 \times 0.95 \times 2) = 1\,428$$

b. 确定推荐限速值 v_s

当前天气为小雨，确定查表 2.11。能见度>200 m，查表时取能见度 200 m。得到推荐限速值 v_s = 80 km/h。

③算例 3。某高速公路单方向小时交通量 2 300 vel/h，双向四车道，中雪，当前能见度 350 m，试确定当前推荐限速值。

a. 确定小时服务交通量 MSF

MSF = SF/(f_{HV} · f_N · f_p · N) = 2 300/(0.645×1×0.95×2) = 1 877

b. 确定推荐限速值 v_s

当前天气为中雪，确定查表 4.19。能见度>200 m，查表时取能见度 200 m。得到推荐限速值 v_s = 50 km/h。

2.2.2　大雾典型事件点上游速度控制技术

当高速公路上遭遇恶劣天气，并同时伴随交通事故或者施工区等状况出现，高速公路管理者需要及时对车流就近疏导分流，并根据实际情况关闭部分车道。由于此时事件发生对交通流的影响是向上游逐步扩散，采取这些措施时都需要对事件上游路段的速度缓冲区进行合理限速。速度缓冲区定义为发生事件时的上游路段。如何在这个上游路段进行有效速度控制决策，可以避免事故以及二次事故的发生，同时让路网的通行能力得到高效发挥。本节就通过 VISSIM 仿真模拟大雾典型事件条件下两种典型处置措施的情形，以研究并给出这两种典型措施下的速度缓冲区的推荐限速组合，以便为道路使用者、高速公路管理者提供更加准确的决策理论支持。

2.2.2.1　仿真方案设计

（1）仿真目的。通过对大雾典型事件条件下突发事件的典型处置措施，在设定的某交通需求条件下，通过对事件点上游速度缓冲区的限速组合仿真，对比分析限速措施实施效果，并总结各措施特点及实施条件，从而为速度缓冲区的限速值以及位置正确选取提供理论依据。本仿真共模拟 3 种典型疏导措施的速度缓冲区的限速组合。

（2）仿真对象。某段四车道（单向双车道）高速公路，根据不同措施实施的实际道路条件的差别，两种典型疏导措施适用的仿真路段如图 3.23 所示。事件发生路段总长度为 7 km，主线车道宽度为 3.75 m，小汽车比例为 60%，货车比例为 40%。本研究将雾天能见度推荐限速值作为仿真情景，限定小汽车期望速度区间为 [60 km/h，80 km/h]，货车期望速度区间为 [50 km/h，70 km/h]。根据通州国道 G103 实际调研结果，驾驶员驾驶行为遵从率为 63%，即有 37% 的驾驶员将不遵守限速规则而依旧以原有速度意愿行驶。

（3）仿真交通条件。依据《公路通行能力手册》分三级仿真交通状态：饱和流（交通需求设定为 3 700 辆/h）、稳定流（交通需求设定为 2 600 辆/h）、自由流（交通需求设定为 900 辆/h）。

（4）仿真时间。仿真总时间 4 500 s，均为事件持续时间。

（5）仿真事件。疏导分流、内侧车道关闭。

图 4.23 中，实心四边形代表事件发生区域，三角形代表道路隔离设施。

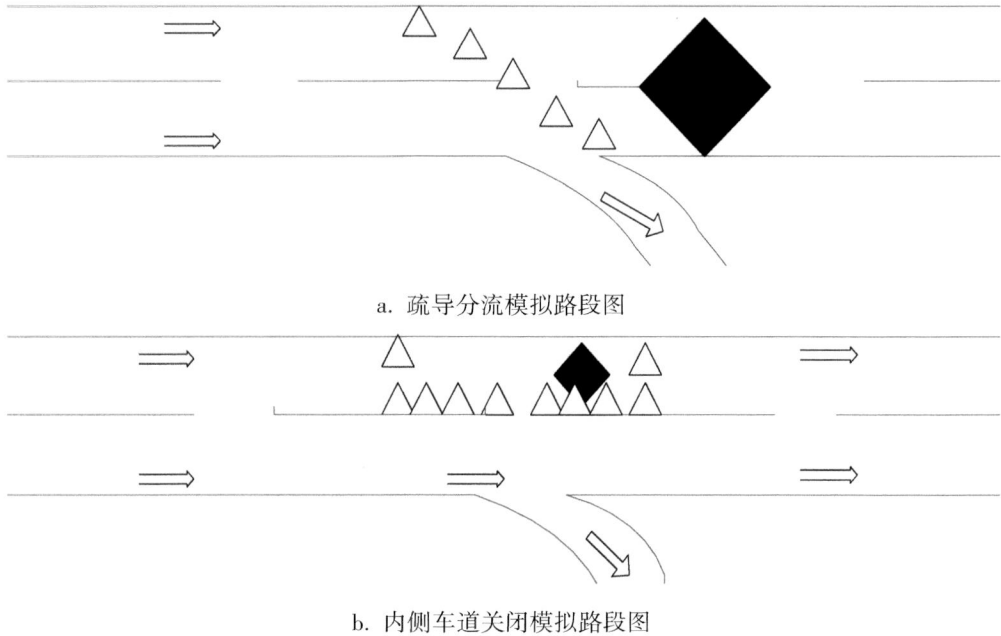

a. 疏导分流模拟路段图

b. 内侧车道关闭模拟路段图

图 4.23　每组典型处置措施限速方案

（6）仿真方案组合。对于两种典型处置措施，分别在三级交通流条件下，对两个限速组合进行交通仿真，限速组合 1：事件点上游 2 km 处限速 40 km/h 以及 4 km 处限速 60 km/h；限速组合 2：事件点上游 3 km 处限速 40 km/h；限速组合 3：不采取任何限速措施。因而每种典型处置措施均有 9 个方案，具体方案编号见表 4.20。

表 4.20　限速方案细表

限速方案	限速标志个数	第一限速值	第二限速值	交通流条件
A1	2	60	40	900
A2	1	40	—	900
A3	0	—	—	900
B1	2	60	40	2 600
B2	1	40	—	2 600
B3	0	—	—	2 600
C1	2	60	40	3 700
C2	1	40	—	3 700
C3	0	—	—	3 700

为了对相应的指标采集进行后续仿真评价，在 VISSIM 仿真设置里，在仿真对象道路上设置了 10 个数据检测点，形成 5 个相隔 1 km 的数据检测断面，分别位于路段 2.5 km、3.5 km、4.5 km、5.5 km 以及 6.5 km 处，方便采集断面及路段的速度、流量、行程时间等指标。具体数据检测断面设置位置如图 4.24 所示。

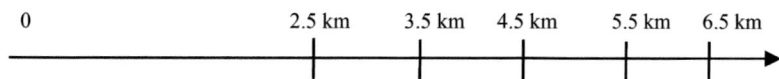

图 4.24　数据检测断面布设

2.2.2.2　仿真结果分析

对仿真结果的分析主要建立在对各项评价指标的定性分析与定量分析基础之上。根据交通流特性，本研究将各项评价指标划分为两类：点评价指标和线评价指标。指标分类如图 4.25 所示。

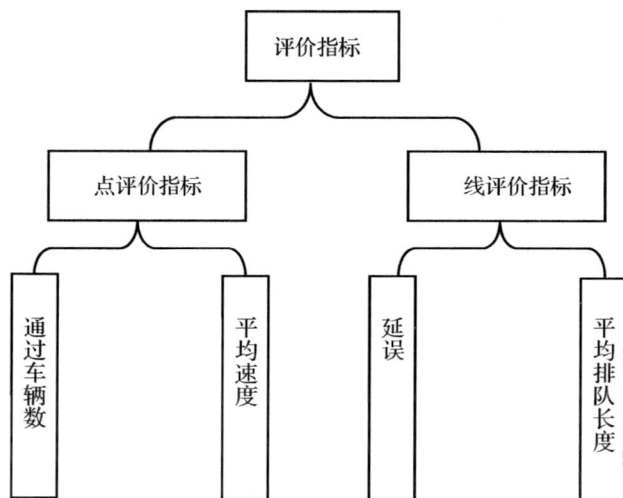

图 4.25　评价指标

考虑到仿真中的路网预热过程，四个评价指标都是以 300 s 的间隔从第 900 s 仿真时间开始记录数据直至第 4 500 s 仿真结束，作为评价各方案的限速效果的基础数据。对于线评价指标，在路段 7 km 处即采取措施的事件点处设置排队长度计数器，用来检测整个事件过程中，上游车辆的排队长度以及延误。对于线评价指标，通过前述数据检测断面设置得出所需断面速度值，以及通过车辆数。

（1）定性分析。对大雾典型事件条件下的两种典型事件处理措施的速度缓冲区限速指标分别进行定性分析。

①疏导分流措施

在 3 种交通流状况下的 9 种限速方案的各评价指标的仿真结果，如图 4.26~图 4.29 所示。

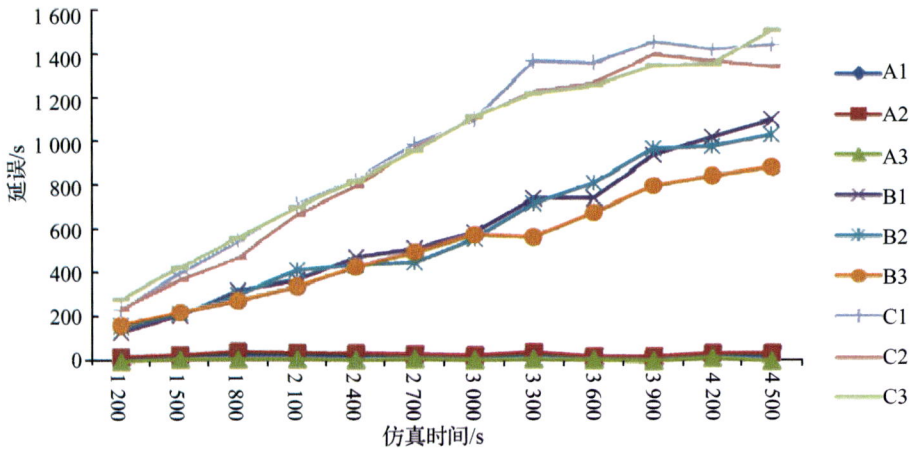

图 4.26 疏导分流措施下仿真方案延误

从延误的仿真结果可以看出，在自由流交通条件下，3 个限速方案的延误随时间变化不大；稳定流与饱和流交通条件下，延误均有较大增长。在稳定流情况下，B1、B2、B3 延误增长的比率基本一致，延误值变化波动不大；在饱和流情况下，C1、C2、C3 方案延误值在 3 300 s 后增长速度逐渐减缓。

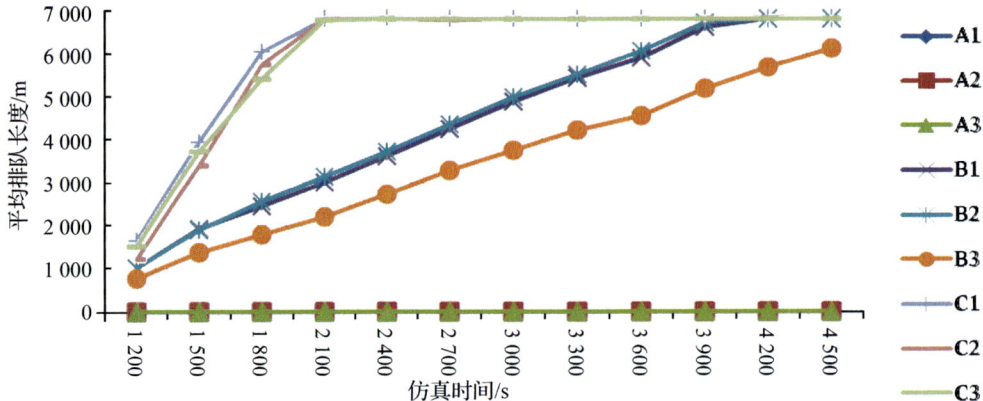

图 4.27 疏导分流措施下仿真方案平均排队长度

从平均排队长度的仿真结果可看出，自由流交通条件下，在各时间段基本上不存在排队情况；稳定流情况下，B3、B2、B1 方案达到同一数量级排队长度所需时间基本一致；在饱和流条件下，平均排队长度在 1 200~2 100 s 快速上升至最高点，2 100 s 至仿真时间结束其排队长度值并无明显波动。

从疏导分流措施下各仿真方案的速度变化线形组图 4.28 可以对平均速度变化总结如下：在距离事件点最近的断面 5 处，路段 6.5 km 处，3 种交通流条件下的各方案的速度变化线形较为平滑，这是由于事件点上游不同位置的限速措施的在断面 5 处产生效果以及车辆在临近事件点的持续排队；在断面 4，在路段 5.5 km 处，除过

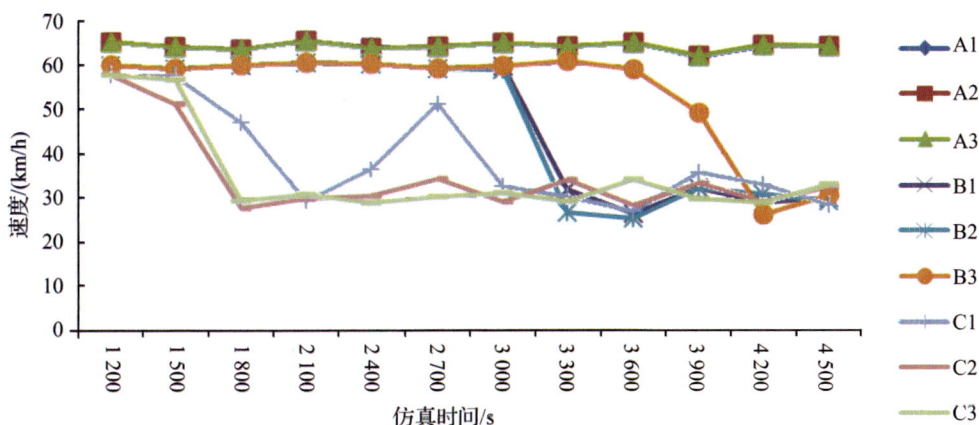

a. 断面 1：路段 2.5 km 处

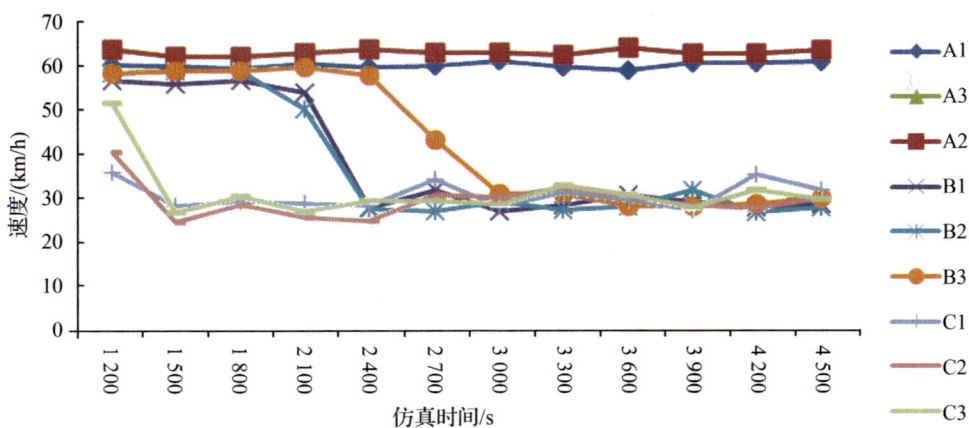

b. 断面 3：路段 4.5 km 处

图 4.28　疏导分流措施下仿真方案平均速度

稳定流条件下 B1 限速方案的速度值在前 1 800 s 仿真时间内有较大降低，这是由于该断面受到方案 B1 第二限速 40 km/h 的影响；断面 3 中，在路段 4.5 km 处，除过自由流条件下限速方案的速度变化线形较为平缓，稳定流下的速度变化在前1 800~2 400 s仿真时间内有较大波动，饱和流下的速度变化在 1 200~1 500 s 有较大波动；断面 2 中，在路段 3.5 km 处，自由流条件以及饱和流条件下限速方案的速度变化线形较为平缓，稳定流下的速度变化在 1 800~3 000 s 仿真时间内有较大波动；断面 1 中，自由流下的速度变化线形较为平滑，稳定流条件下速度变化在 3 000~3 300 s仿真时间内有较大波动，饱和流下速度波动较大。

　　从疏导分流措施下各仿真方案的通过车辆数变化线形组图 4.29 可以对通过车辆数变化总结如下：在距离事件点最近的断面 5 处，路段 6.5 km 处，3 种交通流条件下的各方案的通过车辆数变化线形较为平滑；在断面 4，在路段 5.5 km 处，稳定流条件下 B1 限速方案的通过车辆数值在前 1 800 s 仿真时间内有较大降低；断面 3 中，

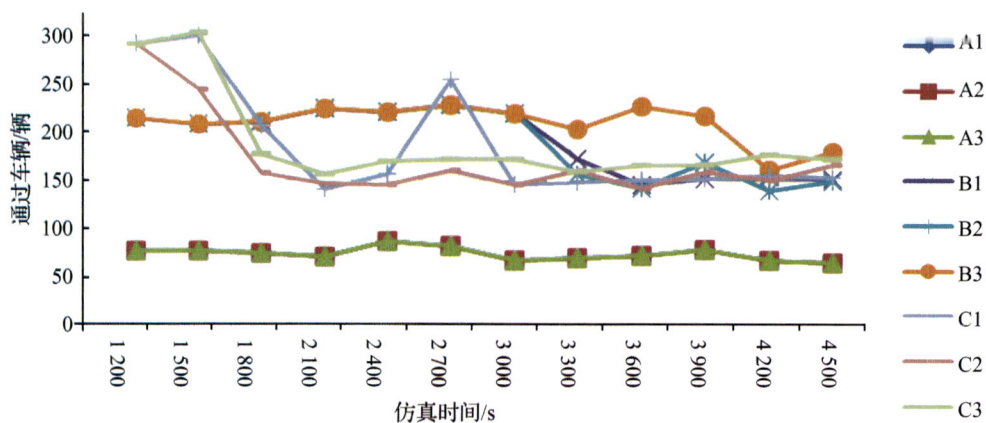

a. 断面 1：路段 2.5 km 处

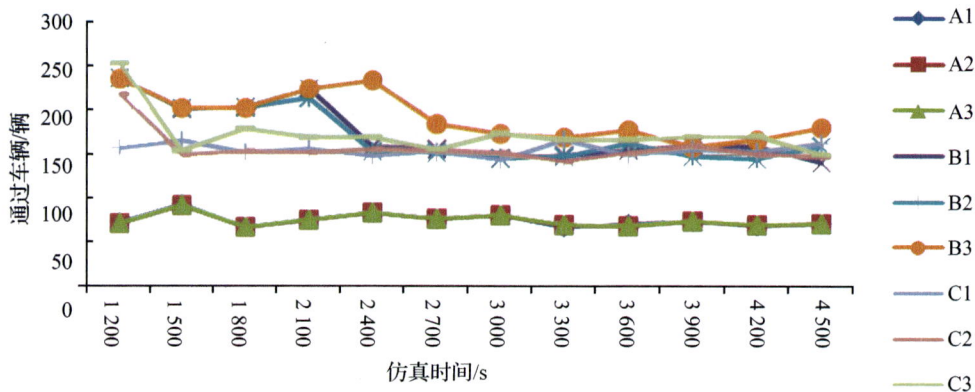

b. 断面 3：路段 4.5 km 处

图 4.29 疏导分流措施下仿真方案通过车辆数

在路段 4.5 km 处，除过自由流条件下限速方案的通过车辆数变化线形较为平缓，稳定流下的通过车辆数总体呈减少趋势，在 2 100~2 400 s 仿真时间内有较大波动，饱和流下的通过车辆数变化在 1 200~1 500 s 有较大波动；断面 2 中，在路段 3.5 km 处，自由流条件以及稳定流条件下限速方案的通过车辆数变化线形较为平缓，饱和流下的通过车辆数变化在 1 200~1 500 s 仿真时间内有较大波动；断面 1 中，自由流条件以及稳定流条件下限速方案的通过车辆数变化线形较为平缓，饱和流条件下 C1 方案的通过车辆数变化有较大波动。

②内侧车道关闭。在 3 种交通流状况下的 9 种限速方案的仿真结果，如图 4.30~图 4.33 所示。

从延误的仿真结果可以看出，在 3 种交通流条件下，各个限速方案的延误并无太大波动。饱和流的延误增长速率最高。

从排队长度的仿真结果可看出，自由流交通条件下，在各时间段基本上不存在排队情况；稳定流情况下，在 3 600 s，排队长度 B2、B1 两个方案平均排队长度变化线形趋于平缓，且排队长度值相差无几；在饱和流条件下，C1、C2、C3 方案在

2 100 s已达到排队长度峰值。

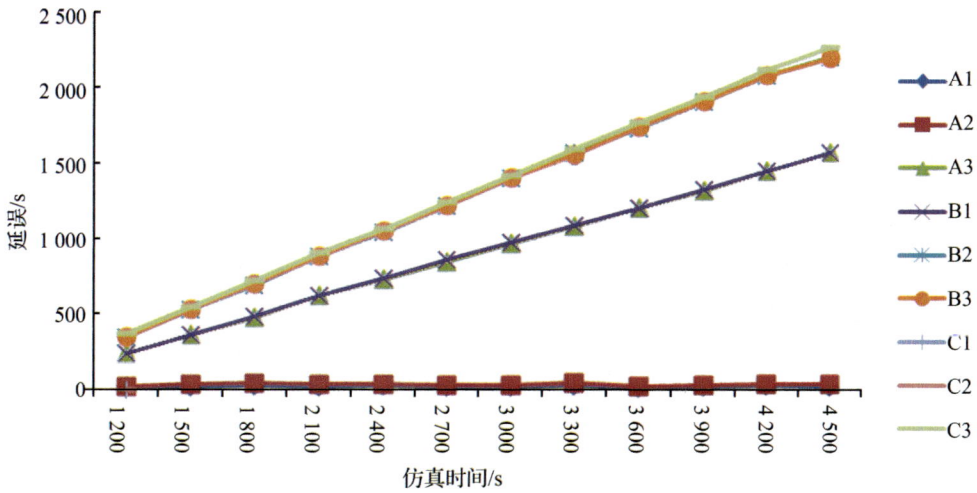

图 4.30 内侧车道关闭措施下仿真方案延误

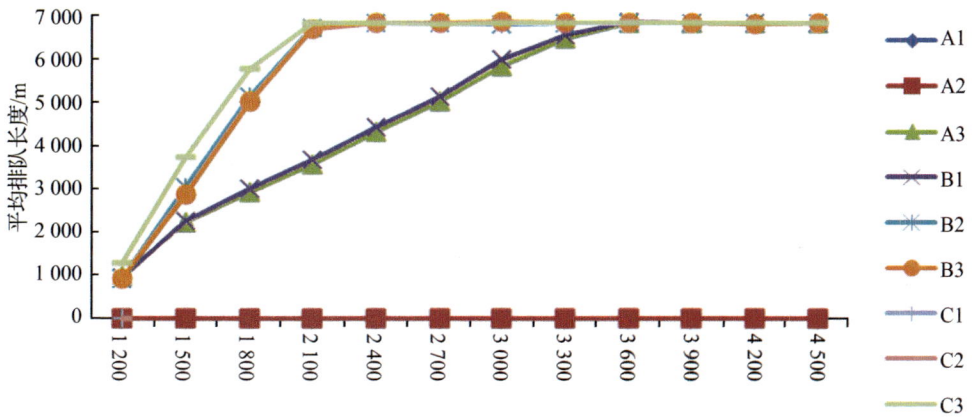

图 4.31 内侧车道关闭措施下仿真方案平均排队长度

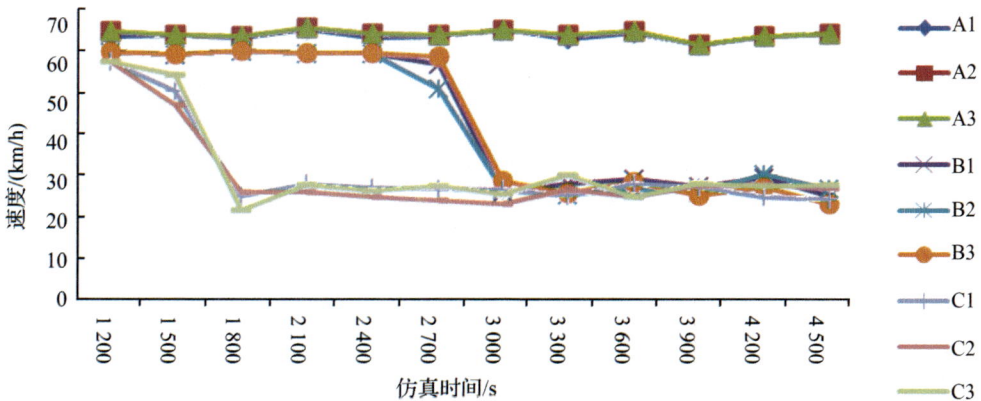

断面 1：路段 2.5 km 处

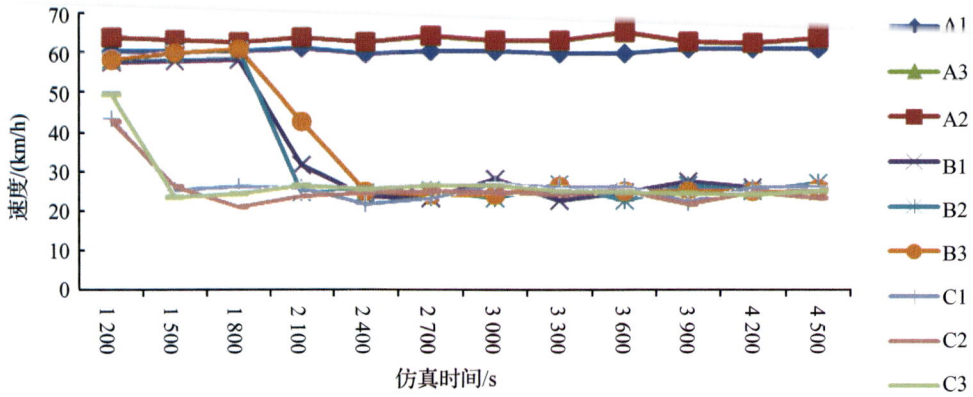

断面 3：路段 4.5 km 处

图 4.32 内侧车道关闭措施下仿真方案平均速度

从内侧车道关闭措施下各仿真方案的速度变化线形可以看出：在距离事件点最近的断面 5 处，路段 6.5 km 处，3 种交通流条件下的各方案的速度变化线形较为平滑，这是由于事件点上游不同位置的限速措施的在断面 5 处产生效果和以及车辆在临近事件点的持续排队；在断面 4，在路段 5.5 km 处，自由流、饱和流条件下限速方案的速度变化线形较为平缓，稳定流条件下 B1 限速方案的速度值在前 1 800 s 仿真时间内有较大降低，这是由于该断面受到方案 B1 第二限速 40 km/h 的影响；断面 3 中，在路段 4.5 km 处，自由流条件下限速方案的速度变化线形较为平缓，稳定流下的速度变化在前 1 800~2 100 s 仿真时间内有较大波动，饱和流下的速度变化在 1 200~1 500 s 有较大波动；断面 2 中，在路段 3.5 km 处，自由流条件下限速方案的速度变化线形较为平缓，稳定流下的速度变化在 1 800~2 700 s 仿真时间内有较大波动；断面 1 中，自由流下的速度变化线形较为平滑，稳定流条件下速度变化在 2 700~3 000 s 仿真时间内有较大波动，饱和流下速度在 1 200~1 800 s 内波动较大。

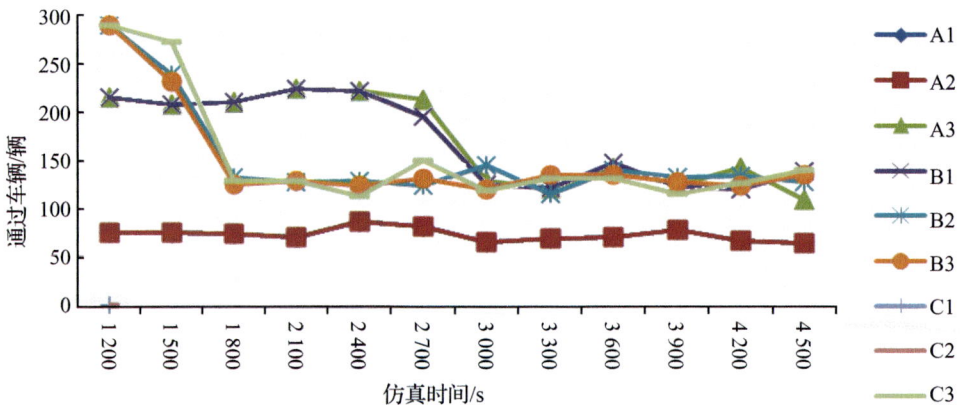

断面 1：路段 2.5 km 处

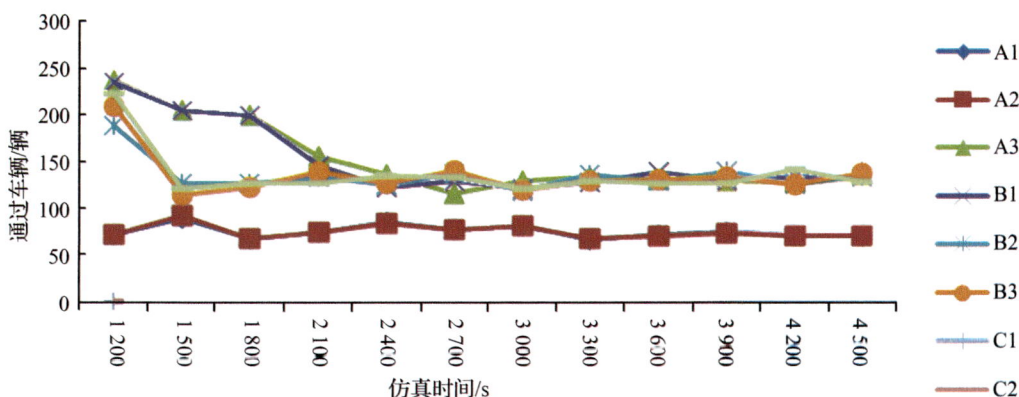

断面 3：路段 4.5 km 处

图 4.33 内侧车道关闭措施下仿真方案通过车辆数

从内侧车道封闭措施下各仿真方案的通过车辆数变化线形可以看出：在距离事件点最近的断面 5 处，路段 6.5 km 处，3 种交通流条件下的各方案的通过车辆数变化线形较为平滑；在断面 4，在路段 5.5 km 处，自由流条件以及饱和流条件下限速方案的通过车辆数变化线形较为平缓，稳定流下的通过车辆数变化在 1 200~1 800 s 内有较大波动；断面 3 中，在路段 4.5 km 处，自由流条件下限速方案的通过车辆数变化线形较为平缓，稳定流下的通过车辆数在 1 200~2 700 s 仿真时间内有较大波动，总体呈减少趋势，饱和流下的通过车辆数变化在 1 200~1 500 s 内有较大波动；断面 2 中，在路段 3.5 km 处，自由流条件下限速方案的通过车辆数变化线形较为平缓，稳定流下的通过车辆数变化在 1 200~2 700 s 内有较大波动，饱和流下的通过车辆数变化在 1 200~1 500 s 仿真时间内有较大波动；断面 1 中，自由流条件下限速方案的通过车辆数变化线形较为平缓，稳定流下的通过车辆数变化在 1 200~2 700 s 内有较大波动，饱和流下的通过车辆数变化在 1 200~1 500 s 仿真时间内有较大波动。

（2）定量分析。从对各评价指标的定性分析不能对限速方案进行比对，因此需要对点线评价指标分别进行统计以及归一化处理，得出如表 4.21~表 4.23 所示：

表 4.21 评价指标统计结果

限速方案	疏导分流措施		内侧车道关闭	
	延误	平均排队长度/m	延误	平均排队长度/m
A1	24.2	0.083 33	24	0
A2	35.2	0.083 33	33.5	0
A3	11.2	0	11	0
B1	597.4	4 387.92	908.6	4 877
B2	587.8	4 462.75	913.1	4 933
B3	526.6	3 471.83	927.5	4 773.42

续表

限速方案	疏导分流措施		内侧车道关闭	
	延误	平均排队长度/m	延误	平均排队长度/m
C1	989.4	6 070.83	1 303	5 863.58
C2	938.2	5 958.75	1 305.5	5 836.08
C3	968.4	5 982.83	1 336.3	6 011.08

各仿真方案的点评价指标中的断面平均速度以及通过车辆数原始数据均由 5 个断面的数值构成，原始数据在此不做阐述。

为了衡量每个数据采集断面受下游事故点影响的大小，采用了采集断面与事故点的距离的倒数作为权重，对各断面点评价指标进行加权的方法。该方法基于以下思路：离事故点越近的断面，受到事故点影响越大，其反映出的交通运行性能对整个路网的综合交通运行性能贡献越大。

$$S_i = \sum_{j=1}^{5} S_j \cdot a_j$$

$$Q_i = \sum_{j=1}^{5} Q_j \cdot a_j$$

$$a_j = 1/d_j / \sum_{j=1}^{5} (1/d_j)$$

以上式中，S_i 为第 i 方案归一化后的平均速度；S_j 为第 j 断面归一化后的平均速度；a_j 为第 j 断面的归一化重要度系数；Q_i 为第 i 方案的归一化后的通过车辆数；Q_j 为第 j 断面归一化后的通过车辆数；d_j 为数据检测面与事故点的距离；i 为仿真方案序号；j 为断面序号。

应用上式对速度以及通过车辆数进行归一化处理，经过归一化后的平均速度以及通过车辆数如表 4.22 所示。

表 4.22 归一化点评价指标

限速方案	疏导分流措施		内侧车道关闭	
	Q_i 通过车辆数/ (v/h)	S_i 平均速度/ (km/h)	Q_i 通过车辆数/ (v/h)	S_i 平均速度/ (km/h)
A1	901	49.88	901	51.10
A2	899	47.29	897	47.83
A3	901	62.91	900	63.24
B1	1 951	37.96	1 672	25.01
B2	1 950	36.86	1 674	24.24
B3	2 144	46.64	1 681	25.61
C1	1 871	31.59	1 589	20.87

续表

限速方案	疏导分流措施		内侧车道关闭	
	Q_i 通过车辆数/（v/h）	S_i 平均速度/（km/h）	Q_i 通过车辆数/（v/h）	S_i 平均速度/（km/h）
C2	1 873	33.88	1 586	20.46
C3	2 048	41.17	1 587	21.03

将量化完毕的点评价指标与线评价指标汇总如表4.23所示。

表4.23 经过量化的评价指标
疏导分流措施

限速方案	线评价指标		点评价指标	
	平均延误/s	平均排队长度/m	通过车辆数/（v/h）	平均速度/（km/h）
A1	24.2	0.083 3 33	901	49.88
A2	35.2	0.083 3 33	899	47.29
A3	11.2	0	901	62.91
B1	597.4	4 387.917	1 951	37.96
B2	587.8	4 462.75	1 950	36.86
B3	526.6	3 471.833	2 144	46.64
C1	989.4	6 070.833	1 871	31.59
C2	938.2	5 958.75	1 873	33.88
C3	968.4	5 982.833	2 048	41.17

侧车道关闭

限速方案	疏导分流措施		内侧车道关闭	
	Q_i 通过车辆数/（v/h）	S_i 平均速度/（km/h）	Q_i 通过车辆数/（v/h）	S_i 平均速度/（km/h）
A1	24	0	901	51.10
A2	33.5	0	897	47.83
A3	11	0	900	63.24
B1	908.6	4 877	1 672	25.01
B2	913.1	4 933	1 674	24.24
B3	927.5	4 773.417	1 681	25.61
C1	1 303	5 863.583	1 589	20.87
C2	1 305.5	5 836.083	1 586	20.46
C3	1 336.3	6 011.083	1 587	21.03

2.2.2.3 措施决策

基于上面的仿真结果，进行最优措施的决策，决策过程主要包括量纲换算、确定目标权数、综合评价与决策 3 个步骤。

（1）量纲换算。一般来说，决策问题的多个目标总是具有不同的量纲，要进行方案评价，首先必须进行量纲换算。通过无量纲加权总和法对表 4.23 中的各评价指标数据进行量纲换算，经换算后的各值如表 4.24 所示。

表 4.24　无量纲换算

疏导分流措施

限速方案	线评价指标		点评价指标	
	平均延误/s	平均排队长度/m	通过车辆数/（v/h）	平均速度/（km/h）
A1	0.462 810	0	0.999 628	0.792 798
A2	0.318 182	0	0.997 104	0.751 654
A3	1	1	1	1
B1	0.881 486	0.791 226	0.909 889	0.813 735
B2	0.895 883	0.777 958	0.909 503	0.790 283
B3	1	1	1	1
C1	0.948 251	0.9815 37	0.9136 53	0.7672 56
C2	1	1	0.914 989	0.822 870
C3	0.968815	0.995975	1	1

侧车道关闭

限速方案	疏导分流措施		内侧车道关闭	
	Q_i 通过车辆数/（v/h）	S_i 平均速度/（km/h）	Q_i 通过车辆数/（v/h）	S_i 平均速度/（km/h）
A1	0.458 333	0	1	0.808 061
A2	0.328 358	0	0.995 486	0.756 377
A3	1	1	0.999 006	1
B1	1	0.978 761	0.994 441	0.976 323
B2	0.995 072	0.967 650	0.995 480	0.946 284
B3	0.979 623	1	1	1
C1	1	0.995 310	1	0.992 218
C2	0.998 085	1	0.998 323	0.972 848
C3	0.975 080	0.970 887	0.998 723	1

（2）确定目标权数。目标权数是对目标的重要程度给予定量估价，它将直接影响评价结果，因此确定目标权数是比较关键的，确定目标权数的方法很多，利用

DARE 评分法确定四个指标的目标权数。DARE 评分法需要对评价指标进行排序并比较，本研究通过从驾驶者以及管理者两方面的角度出发，对评价指标进行两种排序。如表 4.25 所示。

表 4.25　指标权数

管理者角度				驾驶者角度			
评价指标	指标评分			评价指标	指标评分		
	暂定分数	修正分数	指标权数		暂定分数	修正分数	指标权数
平均排队长度	1.5	4.5	0.45	平均速度	1.5	4.5	0.45
通过车辆数	2.0	3.0	0.3	平均延误	2.0	3.0	0.3
平均速度	1.5	1.5	0.15	平均排队长度	1.5	1.5	0.15
平均延误	—	1.0	0.10	通过车辆数	—	1.0	0.1
Σ		10.0	1	Σ		10.0	1.00

（3）综合评价与决策。综合评价与决策后，各指标有效用值的加权值及各措施的综合评价值 w_i，如表 4.26 所示：

表 4.26　综合评价

疏导分流措施—管理者角度

限速方案	线评价指标		点评价指标		综合评价值
	平均延误 /s	平均排队长度 /m	通过车辆数 /（v/h）	平均速度 /（km/h）	
A1	0.046 281	0	0.299 888	0.118 920	0.465 089
A2	0.031 818	0	0.299 131	0.112 748	0.443 697
A3	0.1	0.45	0.3	0.15	1
B1	0.1	0.356 052	0.272 967	0.122 06	0.851 079
B2	0.088 149	0.350 081	0.272 851	0.118 542	0.829 623
B3	0.089 588	0.45	0.3	0.15	0.989 588
C1	0.094 825	0.441 692	0.274 096	0.115 088	0.925 701
C2	0.1	0.45	0.274 497	0.123 431	0.947 927
C3	0.096 881	0.448 189	0.3	0.15	0.995 070

疏导分流措施—驾驶者角度

限速方案	线评价指标		点评价指标		综合评价值
	平均延误 /s	平均排队长度 /m	通过车辆数 / (v/h)	平均速度 / (km/h)	
A1	0.138 843	0	0.099 963	0.356 759	0.595 565
A2	0.095 455	0	0.099 710	0.338 244	0.533 409
A3	0.3	0.15	0.1	0.45	1
B1	0.264 446	0.118 684	0.090 989	0.366 181	0.840 300
B2	0.268 765	0.116 694	0.090 950	0.355 627	0.832 036
B3	0.3	0.15	0.1	0.45	1
C1	0.284 475	0.147 231	0.091 365	0.345 265	0.868 337
C2	0.3	0.15	0.091 499	0.370 292	0.911 791
C3	0.290 644	0.149 396	0.1	0.45	0.990 041

内侧车道关闭—管理者角度

限速方案	线评价指标		点评价指标		综合评价值
	平均延误 /s	平均排队长度 /m	通过车辆数 / (v/h)	平均速度 / (km/h)	
A1	0.045 833	0	0.3	0.121 209	0.467 043
A2	0.032 836	0	0.298 646	0.113 457	0.444 938
A3	0.1	0.45	0.299 702	0.15	0.999 702
B1	0.1	0.440 442	0.298 332	0.146 448	0.985 223
B2	0.1	0.435 442	0.298 644	0.141 943	0.976 029
B3	0.099 507	0.45	0.3	0.15	0.999 507
C1	0.1	0.447 890	0.3	0.148 833	0.996 722
C2	0.099 809	0.45	0.299 497	0.145 927	0.995 233
C3	0.097 508	0.436 899	0.299 617	0.15	0.984 024

内侧车道关闭—驾驶者角度

限速方案	线评价指标		点评价指标		综合评价值
	平均延误 /s	平均排队长度 /m	通过车辆数 / (v/h)	平均速度 / (km/h)	
A1	0.137 500	0	0.1	0.363 628	0.601 128
A2	0.098 507	0	0.099 549	0.340 370	0.538 426
A3	0.3	0.15	0.099 901	0.45	0.999 901

续表

限速方案	线评价指标		点评价指标		综合评价值
	平均延误 /s	平均排队长度 /m	通过车辆数 /（v/h）	平均速度 /（km/h）	
B1	0.3	0.146 814	0.099 444	0.439 345	0.985 604
B2	0.298 522	0.145 147	0.099 548	0.425 828	0.969 045
B3	0.293 887	0.15	0.1	0.45	0.993 887
C1	0.3	0.149 297	0.1	0.446 498	0.995 795
C2	0.299 426	0.15	0.099 832	0.437 782	0.987 039
C3	0.292 524	0.145 633	0.099 872	0.45	0.98803

对表 4.26 中每组 9 个方案的综合评价值，$\max \{w_1, w_2, \cdots, w_n\}$ 对应的第 n 种措施就是最优措施，分别找出在不同交通流条件下的三选一限速方案。经过综合评分值的比对，分别从管理者与驾驶者角度得出两种典型处置措施在三级交通流状态下的优选限速组合，如表 4.27 所示。

表 4.27　不同交通流下优选限速组合

交通流状态	疏导分流措施		内侧车道封闭	
	管理者角度	驾驶者角度	管理者角度	驾驶者角度
自由流	A3>A1>A2	A3>A1>A2	A3>A1>A2	A3>A1>A2
稳定流	B3>B1>B2	B3>B1>B2	B3>B1>B2	B3>B1>B2
饱和流	C3>C2>C1	C3>C2>C1	C1>C2>C3	C1>C2>C3

通过对大雾天气时高速公路事件点上游限速措施的仿真研究，得出如下结论：在事件点上游两处渐进限速在综合指标的表现上略好于仅仅设立一处限速；通过使用 DARE 评分法，得出的综合评分来看，高速公路管理者与使用者在限速方案的选择上没有太明显的倾向性。

2.3　典型天气事件下交通管理综合策略研究

通过研究适宜于典型天气事件下公路网交通流组织的各种管理控制方法及相应管理对策，给出详细的公路网交通流组织的各种管理方法/对策的决策准则；在此基础上针对雨、雪、雾等典型天气条件，形成了等级划分准则，并基于该划分准则形成一般路段在恶劣天气条件下的交通管理决策准则；最后重点针对冰雪天气，从安全管理控制和养护作业优化两个方面研究了防除冰交通管理处置策略，最终形成雨、雾、冰、雪等典型天气事件条件下交通管理综合策略。

2.3.1 常用的各种公路交通管控对策

根据管理控制方法的特征，路网交通安全管理对策可划分为以下四大类。

2.3.1.1 分离类对策

分离对策是交通安全管理最基本的对策之一，主要通过对车道使用进行控制，将车辆进行横向空间分离来实现交通安全。

车道使用控制不仅是提高运营安全状态和道路通行能力的紧急交通控制手段，也是向救援车辆提供优先服务的手段。根据实际需要，分离类对策又细分为5种。

（1）车道关闭控制对策。当某车道上发生事故或安排施工时，暂时关闭该车道，措施是在车道上方显示"×"标志，并视需要设置路障等。

（2）专用车道对策。为工程抢险或紧急医疗救援等特殊车辆，在特定时间里从同一方向或相反方向的车道中辟出一条车道作为专用车道。该时间段后，可恢复为正常使用。

（3）对向车道变向使用对策。当高速公路的半幅发生严重的恶劣天气事件或交通事故等导致交通拥堵或瘫痪，而另外半幅有足够的通行能力剩余或者借出部分车道后影响不大时，采用部分或全部可逆车道来疏导受阻的交通。根据事件所在路段车道数及交通需求情况，有如下3种对向车道变向使用方式，见图4.34~图4.36。

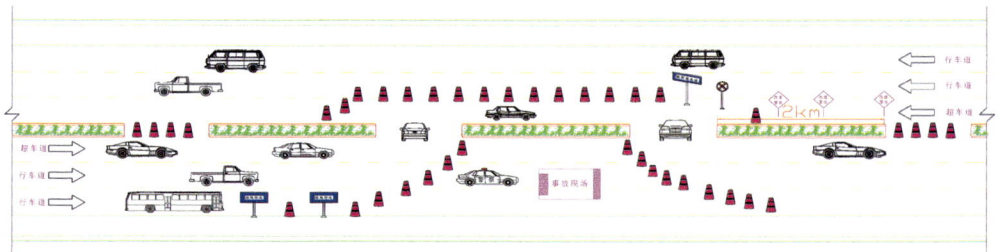

图 4.34　单进单出交通组织方式

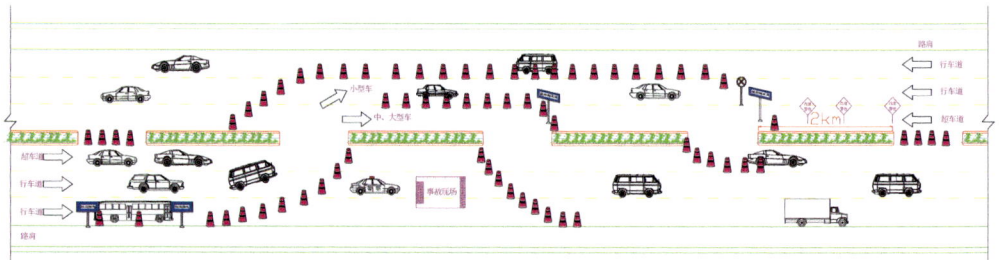

图 4.35　单进双出交通组织方式

（4）同向车道变向使用对策。当恶劣天气事件导致单向隧道、大型立交匝道或长大桥梁的交通完全中断时，可根据实际情况将个别同向车道临时变向，并通过现场交警指挥和交通标志发出车道变向信息，及时疏导被困车辆退出事发路段单元。

（5）出口管理对策。出口管理对策的目的在于解决恶劣天气条件下高速公路立

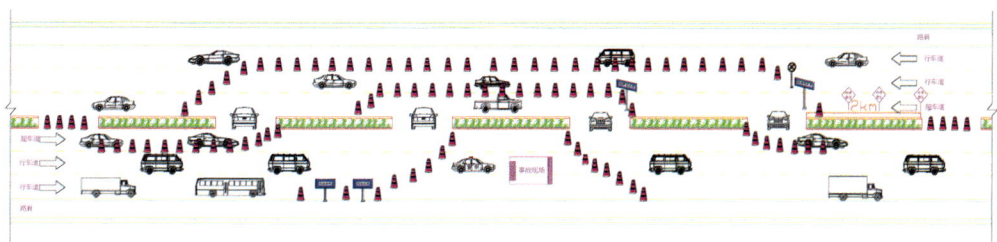

图 4.36　双进双出交通组织方式

交匝道出口处交汇交通的安全问题。根据恶劣天气事件的类型、主干高速路和匝道的交通流状况可采取调节师道出口交通量、封闭主干高速路部分车道等措施。

2.3.1.2　车辆行驶限制类对策

（1）限速对策。限速对策也是交通安全管理中最基本的对策。运行车速和车速离散性是影响交通安全的两个重要因素，对车辆进行限速可有效降低运行车速和车速离散性，实现交通流平稳、均匀和安全运行。常态交通下的限速规定既限制最高运行车速（上限），也限制最低运营车速（下限），但恶劣天气下的车速控制对策通常只限制最高运行车速。

①车速控制对策。限速值依据不同恶劣天气类型、等级以及道路环境条件而定，大风特别强横风条件下还应进一步分车型（小汽车、轻型客车、大中型客车和集装箱半挂车）进行不同的限速。车速度控制主要通过设置可变限速标志等来动态限制交通流的行车速度。恶劣天气条件下，当管理路段单元较多且交通、环境等状态差异较大时，采用统一的车速控制标准是不合理的，此时，应采取分级限速对策进行交通控制。分级限速对策的采用与否一般根据控制路段的交通密度、控制路段与其紧邻的上游路段间的限速差值等因素而定。分级限速相邻路段的具体速度限制值相差不应太大，以免对交通造成新的不安全因素。

②建议避免急刹车、突然减速或转向对策。当路面有结冰、积雪或路面水膜达到一定厚度时，急刹车或突然减速极易造成追尾或连环追尾交通事故，而突然转向会造成车辆滑移失控，因此，除非紧急需要，一般情况下应尽量避免急刹车、突然减速和突然转向等行为。

（2）车距控制对策。车距控制是对车辆进行合理的纵向空间分离，目的是预防前车在紧急情况下急刹车时后车有足够的安全距离进行刹车以避免追尾事故，对保证行车安全有重要作用，因此，对道路上行驶车辆的最小安全间距进行限制是必要的。恶劣天气事件下具体车距控制标准需考虑跟驰风险、变换车道风险来确定。

（3）禁止超车对策。恶劣天气事件下为了尽量保持交通流的平稳、有序，一定条件下需要规定车辆严格按车道分离行使，超车行为既背离了"分车道有序行驶"的分离基本原则，也给其他车辆的行驶安全造成危害，需要加以禁止。禁止超车对策的实施条件根据事件类型和等级来确定。

（4）车型控制对策。恶劣天气对不同类型车辆安全行驶的影响不同，例如：大风天气对迎风面大的集装箱卡车与迎风面小的轿车在行车稳定性方面的影响是不同的；由于恶劣天气下车辆事故风险相对较高，一旦发生事故，不同类型车辆的后果不同，例如：在能见度降低到一定程度时，管理部门会采取限制特定类型车辆进入高速公路的措施。另外，道路在进行施工养护作业时，处于结构安全考虑，也可能会限制特定类型的车辆，例如载重量大的车辆。根据事件类型的不同，车型控制对策细分为以下 2 种：

①恶劣天气下的分车型管理对策。

a. 低能见度天气。在能见度低于 100 m 时，管制路段禁止危险品运输车辆、超载超限车辆、大型客货车辆、后雾灯不齐全或故障的车辆驶入高速公路，管制路段同时采取临时限速、禁止超车等交通管控措施。

b. 大风天气。大风天气下的分车型管理对策主要包括分车型限车道行驶对策和分车型限速对策。分车型限车道行驶对策主要是针对长大桥梁和隧道口的侧风危害造成倾覆稳定性问题而制定的，分车型限速对策主要是针对高速行驶车辆的漂移及倾覆稳定性而制定的。

②计划事件下的分车型管理对策。当对桥梁、隧道或枢纽立交匝道等进行维修作业时，往往需要对过往车辆的最大载重、最大高度进行限制，以保证维修期间工程结构的安全。计划事件下具体的车型管理对策由计划事件的作业要求确定。

（5）前车引导对策。前车引导对策是指在高速公路受恶劣天气影响严重，特别是在大雾天气条件下，不具备车辆安全行驶的条件下，将高速公路入口排队车辆积累到一定数量后，将其编队有前车引导通行，引导车辆通常是高速交警或高速路政车辆，引导车辆起到压速带道的作用。

前车引导对策在应用时需要注意以下几方面：引导车辆不得少于 2 辆，避免车辆从引导车辆旁边的车道超车；引导车辆自身需要配备良好的安全保护和警示设施，如雾灯、警灯、警笛、高音喇叭、警示牌，甚至红外视觉增强等高科技设备，以确保自身行车安全；采取前车引导对策时，需要注意控制车辆编队间的距离，引导车辆的速度一般不应高于 40 km/h，适当控制编队的规模；前车引导策略通常更适合于在主线站前方采用，主线站具有良好的条件来控制车辆流入和车辆排队与编队；在主线站实施前车引导策略比在匝道站效率高，在主线站实施前车引导策略时，特别注意控制匝道站的车辆驶入。

实施前车引导、编队慢速通行措施时要制定周密方案，谨慎实施、确保安全，引导车辆不得少于 2 辆；此外，由于措施的实施需要大量警力的配合，以及排队时间过长会产生大量的路面丢弃物，因此，在实施该对策前必须认真分析实施该对策的必要性及其可行性。

2.3.1.3 限流类对策

通过对高速公路或其关联路网的入口进行交通流量控制，是应用较广的一种交通需求管理方法，其目的是调节进入路网的车辆数，使得路网内交通流的流量、密度、速度以及安全状态等参数处于良好状态，以保障恶劣天气条件下高速公路及其关联路网的安全运营。

（1）入口流量限制对策。入口流量限制对策主要通过在各入口匝道控制流入车辆数来对目标控制路段上的交通流量进行限制，具体有 3 种控制方式。

①匝道定时限流方式。通过匝道上安装定时交通信号，调节控制交通量在正常交通量和某个合理最小交通量之间，定时驶入主线。

②匝道感应式限流方式。通过在匝道上安装感应式限流装置，动态调节控制交通量在正常交通量和某个合理最小交通量之间，其限流率根据整个系统的交通量与通行能力之差确定，根据交通量变化需求使整个系统的车流保持最佳化。

③匝道系统协调控制限流方式。将一系列匝道集中起来作为一个整体统一考虑交通控制的系统。其限流率根据整个系统的交通量与通行能力之差确定，根据交通量变化需求使整个系统的车流保持最佳化。

具体采取哪种匝道控制方式由设施条件确定。

（2）封闭入口对策。封闭入口对策是一种极端限流对策。当高速公路、大型桥梁、隧道等重大基础设施因恶劣天气事件导致交通中断时，需直接关闭其入口，以避免交通状况进一步恶化或为紧急救援车辆通行提供足够的空间。可通过人工设置栅栏，自动弹起式栅栏，设置带有"×××因故关闭"等信息的临时标志或通过情报板发布此类信息来实现。当重大基础设施所在路网遭遇大面积灾害事件而瘫痪时，还需要对重大基础设施所在关联路网的入口进行封闭。

2.3.1.4　诱导类对策

根据诱导对策实施地点的不同，诱导类对策分网内分流路径诱导、网外交通流入网诱导两种。考虑到极端条件下对枢纽立交匝道流向进行重组时需要对车辆的行驶进行合理的引导，故也将枢纽立交匝道流向重组对策一并归入诱导类对策。

（1）网内分流路径诱导对策。当恶劣天气事件下通过重大基础设施的交通需求大于设施通行能力时，为了降低交通运营风险，保证重大基础设施的正常运营，就需要对已进入路网的交通流进行适当的交通诱导、绕行分流，使交通流在路网内的时间和空间分布有利于管理路网的安全运营。分流路径诱导主要通过设置在路侧的 VMS 或车载导航设备来实现。对于持续的雨雪低温天气，由于分流点的匝道容易结冰，加上匝道坡度大、路幅窄（单车道）等因素，造成车辆（特别是大型货车）爬坡难、匝道通行能力低等现象；高速附近出口跨线桥同样存在因结冰上坡难问题。这些不利条件严重削弱了分流诱导对策实施的可能性。因此，需要在充分了解分流点匝道坡度及其结冰情况下，采用"迂回"战术，避开"爬坡"难题，进而避免了分流引发的严重的主线排队或堵塞的现象。

（2）网外交通流入网诱导对策。恶劣天气事件影响期间，进入管理路网的网外交通流既可能影响到管理路网内受阻交通流的及时疏散，也可能给道路用户自身带来极大的不便，因此，应对恶劣天气事件持续影响时间范围内入网的网外交通流进行合理入网引导，以尽量消除两方面的不利影响。对于高速公路网络发达的地区，在管理路网外的相邻管理路网发布入网诱导信息，以指导必须管理路网内基础设施的交通流以适当的方式行驶。

（3）枢纽立交匝道流向重组对策。枢纽立交匝道流向重组对策是在极端条件下，如大雪灾引起的大区域范围交通瘫痪的特殊情况下，为了尽快疏导交通，经现场充分调研论证可行的情况下，对枢纽立交的匝道交通流向进行合理的重组，以满足应急交通疏导或紧急物资输送的需要。因此，枢纽立交流向重组对策是一种很特殊的极端条件对策，有严格的实施条件。

2.3.2 典型天气事件下公路设施安全管理决策准则

各种公路网交通管理决策准则或实施条件，是恶劣气象条件下的路网交通组织管理的决策依据。针对雨雪雾等典型天气条件，列出了等级的划分准则，见表4.28，基于该划分准则给出一般路段在典型天气条件下的交通管理决策准则，参见表4.29。

表 4.28 恶劣气象条件等级划分准则

气象因素	雾	雨	雪	冰
等级	能见度/m	水膜厚度/cm	积雪厚度/cm	路面结冰状态
一级	≤50	≥10	≥10	大部分路段明显结冰
二级	50~100	5~10	5~10	大部分路段出现结冰
三级	100~200	2.5~5	2~5	个别路段出现明显结冰
四级	200~500	<2.5	<2	个别点段偶有结冰现象

表 4.29 恶劣天气条件下一般路段/长大桥梁的安全管理决策准则

对策类型	对策代码	对策名称	一级恶劣天气条件				二级恶劣天气条件				三级恶劣天气条件				四级恶劣天气条件			
			雾	雨	雪	冰	雾	雨	雪	冰	雾	雨	雪	冰	雾	雨	雪	冰
分离对策	FL-GB	车道关闭	●	●	●	●	×	×	×	×	×	×	×	×	×	×	×	×
	FL-ZY	专用车道	N	N	N	N	N	N	N	N	N	N	N	N	×	×	×	×
	FL-DX	对向车道变向使用	D	D	D	D	×	×	×	×	×	×	×	×	×	×	×	×
车辆行驶控制对策	XK-CS	车速控制	×	×	×	×	40	30	20	15	75	60	30	20	90	80	50	30
	XK-BM	建议避免急刹车或突然减速	×	×	×	×	●	●	●	●	●	●	●	●	●	●	●	●
	XK-CJ	车距控制	×	×	×	×	50	50	25	50	100	70	40	60	150	90	60	80
	XK-JC	禁止超车	×	×	×	×	●	●	●	●	×	●	●	×	×	●	●	●
	XK-CX	车型控制	×	×	×	×	×	×	×	×	×	×	×	×	×	×	×	×

续表

对策类型	对策代码	对策名称	一级恶劣天气条件				二级恶劣天气条件				三级恶劣天气条件				四级恶劣天气条件			
			雾	雨	雪	冰	雾	雨	雪	冰	雾	雨	雪	冰	雾	雨	雪	冰
限流对策	XL-LX	入口限流	×	×	×	×	Q	Q	Q	Q	Q	Q	Q	Q	Q	Q	Q	Q
	XL-FB	封闭入口	●	●	●	●	×	×	×	×	×	×	×	×	×	×	×	×
诱导对策	YD-WN	网内分流路径诱导	●	●	●	●	●	●	●	●	Q	Q	Q	Q	Q	Q	Q	Q
	YD-WW	网外交通流入网诱导	×	×	×	×	●	●	●	●	Q	Q	Q	Q	Q	Q	Q	Q

说明：①●表示必须采用该类对策；×表示不采用该对策；N表示视情况需要时采用；D表示需要且对向路借出车道后通行能力满足时；Q表示通过设施的交通需求大于灾变事件下设施的实际通行能力。②C1：客车：禁行；集卡：XS：20，CJ：20，CX：R；小汽：XS：50，CJ：60。③C2：客车：禁行；集卡：XS：40，CJ：50，CX：R；小汽：XS：85，CJ：110。④C3：客车：XS：40，CJ：50，CX：R；集卡：XS：60，CJ：75，CX：RM。

2.3.3 冰雪天气安全行车策略

若要使高速公路真正发挥高速、经济、舒适、安全、方便等优点，必须要有科学的管理。冬季结冰湿滑路面状态严重限制了高速公路发挥其独特的优势，甚至使高速公路瘫痪，因此更需要有科学的现代化管理，以改善高速公路运行的安全和效率。加强多雨、冰雪天气的交通管理，最大程度地减少因路面湿滑造成的交通事故是降低高速公路交通事故发生率的重要途径，也是高速公路管理部门所必须解决的问题。

安全管理控制就是对高速公路交通流进行的调节、诱导和警告。当高速公路沿线出现影响行车安全的恶劣天气但未达到实施封闭交通管制措施的标准时，管理部门会通过可变情报板（CMS）、可变限速标志（CSLS）发布警示信息及限速指令，在一定程度上改善道路的行车安全环境，保证车辆安全通行。查表4.30得到当前冰雪条件下管理分级。不同级别在安全管理控制方面的应用最终体现在为驾驶员提供安全行车策略，如表4.30所示。表中将交通流状态分为正常、临界、阻塞3种，分别表示实际密度小于临界密度、实际密度达到临界密度、实际密度大于临界密度。根据《公路通行能力手册》，各设计速度的临界密度均为35辆/km。

表4.30 冬季冰雪天气不同管理级别条件下安全行车策略

管理分级	交通流状态	行车策略	推荐限速
1级	正常	正常行驶	由于路面实际抗滑性能正常或良好，一般可不考虑实施限速，当出现交通事故、大交通流的情况，必要时可考虑实施可变限速控制
	临界	正常行驶，保持车距	
	阻塞	前方阻塞，保持车距	

续表

管理分级	交通流状态	行车策略	推荐限速	
2级	正常	减速慢行，谨慎驾驶	根据道路交通安全法或国家标准进行限速	100
	临界	减速慢行，保持车距		90
	阻塞	前方阻塞，减速慢行，保持车距		70
3级	正常	注意防滑，减速慢行，保持车距	根据道路交通安全法或国家标准进行限速	80
	临界	注意防滑，保持车距，不要争道抢行		70
	阻塞	注意防滑，前方阻塞，保持车距，不要争道抢行		50
4级	正常	注意防滑，减速慢行，保持车距	由于道路非常湿滑，基本不具备通车条件，需要关闭高速公路，通行车辆按照 20~30 km/h 的限速将车流分流出高速公路	
	临界	注意防滑，保持车距，不要争道抢行		
	阻塞	注意防滑，前方阻塞，保持车距，不要争道抢行		

3 结 论

（1）分析雨、雪、雾等典型天气事件对交通安全的影响，并收集了辽宁、湖北等省多条高速公路近 3 a 的气象、车检器和交通事故数据，提取有效数据，进行数据关联匹配，对典型天气事件对交通运行和安全的影响进行了定性和定量分析，结果表明恶劣天气条件对交通安全状况有很大影响，必须采取相应的管理策略和技术，从根本上提高恶劣天气条件下的交通安全水平。

（2）通过研究适宜于典型天气事件下的建议、控制和处置交通管理策略，重点研究了路段级和路网级的信息联动发布策略，并分别对路网级的群体和个体诱导流程进行了细化，最终形成了信息联动发布模板。

（3）研究在典型天气事件下的适合限制速度的确定方法，并针对大雾、路面冰雪等典型天气事件给出速度控制标准，利用 VISSIM 仿真软件模拟大雾典型事件条件下疏导分流和内侧车道封闭两种典型处置措施的情形，研究并给出这两种典型措施下的速度缓冲区的推荐限速组合。

（4）通过研究适宜于典型天气事件下公路网交通流组织的各种管理控制方法及相应管理对策，给出详细的公路网交通流组织的各种管理方法/对策的决策准则；在此基础上针对雨雪雾等典型天气条件，形成了等级划分准则，并基于该划分准则形成一般路段在恶劣天气条件下的交通管理决策准则。

（5）研究成果"恶劣天气条件下一般路段安全管理决策准则"已纳入建立的道路管理决策气象响应系统。

第五篇　全国道路交通气象信息服务平台设计与研制

1　全国道路交通气象信息服务平台的设计背景

天气状况对道路通行有着直接影响，这一点已被大量事实以及交通事故统计数据所证实。很多研究已表明，恶劣天气条件是造成道路湿滑、冰冻、积雪、高温、横风、低能见度等不利于道路安全畅通的因素，同时，持续强降水等剧烈天气，容易诱发滑坡、泥石流、坍塌、洪水等次生灾害，直接毁坏公路、桥梁等基础设施，影响道路通行安全。因此，可以说气象条件直接影响道路运营、交通管理与维护。2009 年 12 月 11 日，时任国务院总理的温家宝同志视察中国气象局时指出：要做好交通气象服务，为运输安全提供气象保障与实时服务。目前，我国的公路运输体系发展快速，截至 2009 年年底，全国道路（包括国道、省道、县道、乡道）总里程共 373 万 km，做好道路天气预警服务，保障恶劣天气条件下交通气象安全是目前开展气象服务面临的一项重要工作。

交通运输部和中国气象局在此领域进行了很多合作，2005 年 7 月 27 日，交通部、中国气象局在北京签署了《共同开展公路交通气象预报工作备忘录》。双方将通过共同努力，向社会发布更为及时、准确的公路交通气象信息，以减少恶劣天气造成的交通延误和交通事故，节省出行时间，创造更安全、更畅通、更便捷的公路出行条件。2006 年，交通运输部路况信息管理系统正式运行，并印发关于《公路交通出行信息服务工作规定》和《交通部公路交通阻断信息报送制度》的通知，采用信息化的手段及时获取全国路网运行状态。同时，交通运输部建设的全国公路交通出行信息服务网，将路网基础设施、实时路况、交通出行气象、出行指南等信息通过统一平台集成在一起，为公众出行信息参考提供"一站式"服务。2008 年，交通运输部设立了国家路网监测与协调处置中心，作为国家级公路交通运营监测管理的应急、日常办事机构，为公路网重大突发事件应急管理提供决策支持。同年，李盛霖部长赴中国气象局，进一步加强沟通交流，探讨两部门更深入更广泛的合作。2010 年，交通运输部与中国气象局联合发布了《关于进一步加强公路交通气象服务工作的通知》，开通了交通运输部与中国气象局的数据信息专线，制定了《公路交通气象观测站网建设技术要求》。同时，交通运输部还将气象检测器纳入收费公路沿线设施调查范围，作为收费公路年度统计重要工作之一。中国气象事业发展战略研究也将交通气象纳入发展目标，到 2020 年，建立和完善现代化的交通气象监测、警报、预警、预报综合系统，为交通运输的畅通和安全提供国际水平的气象保障服务。

为了实现以上目标，在以上研究基础上，整合制定一套包括道路监测分析产品、天气实况与预报、道路状况预报与预警的客观道路气象服务方法，建立面向公众的全国道路交通气象信息与灾害预警示范平台，实现道路天气预警服务气象信息全程发布；建立一套道路管理决策气象响应系统，系统的定位是面向不利气象条件交通管理的交通气象辅助决策支持，系统具备以下功能：交通气象监测与预报预警；交通气象精细化预报产品获取；基于数据资源整合的道路运营管理与控制策略的制定、生成和实施。

2　平台开发语言

道路交通气象信息服务平台是由前台的网站、后端的数据处理模块和数据库等结构组成的。前台的网站采用 ASP 脚本与 J2EE、XML 技术结合的编程方法实现，其中交通地图版面采用了 Google Maps API 编程接口实现，而后台数据库主要采用 SQL 数据查询语言进行数据的更新和维护。平台的数据处理模块位于 Linux 和 Windows 两种服务器操作系统下，分别采用 Fortran 和 VB 开发完成。具体使用的开发语言技术如下。

J2EE（Java 2 Platform Enterprise Edition）：J2EE 是由 SUN 公司开发的一套企业级应用规范，是一种利用 Java 2 平台来简化企业解决方案的开发、部署和管理相关的复杂问题的体系结构，J2EE 技术的基础就是核心 Java 平台或 Java 2 平台的标准版。J2EE 平台由一整套服务（Services）、应用程序接口（APIs）和协议构成。J2EE 基于 JAVA 技术，平台无关性表现突出；开放的标准，许多大型公司已经实现了对该规范支持的应用服务器。如 BEA，IBM，ORACLE 等；提供相当专业的通用软件服务；提供了一个优秀的企业级应用程序框架，对快速高质量开发打下基础。

SQL（Structured Query Language）：是一种数据库查询和程序设计语言，用于存取数据以及查询、更新和管理关系数据库系统。同时也是数据库脚本文件的扩展名。

XML（Extensible Markup Language）：即可扩展标记语言，它与 HTML 一样，都是 SGML（Standard Generalized Markup Language，标准通用标记语言）。XML 是 Internet 环境中跨平台的，依赖于内容的技术，是当前处理结构化文档信息的有力工具。扩展标记语言 XML 是一种简单的数据存储语言，使用一系列简单的标记描述数据，而这些标记可以用方便的方式建立，虽然 XML 占用的空间比二进制数据要占用更多的空间，但 XML 极其简单，易于掌握和使用。

Google Maps API：Google Maps API 基于 Google Maps，能够使用 JavaScript 将 Google Maps 嵌入网页中。API 提供了大量实用工具用以处理地图，并通过各种服务向地图添加内容，从而使用户能够在自己的网站上创建功能强大的地图应用程序。Google Maps API 支持交通地图和卫星地图，有中文语言版本，其地标文件 KML 格式已经成为在线地图的标准格式，Google Earth 和 Google Maps 都支持 KML。

ASP：ASP 是 Active Server Page 的缩写，意为"动态服务器页面"。ASP 是微软公司开发的代替 CGI 脚本程序的一种应用，它可以与数据库和其他程序进行交互，是一种简单、方便的编程工具。ASP 的网页文件的格式是 .asp。现在常用于各种动态网站中。

VB：VB 是 Visual Basic 的缩写，Visual Basic 是一种由微软公司开发的包含协助开发环境的事件驱动编程语言。它源自 BASIC 编程语言。VB 拥有图形用户界面（GUI）和快速应用程序开发（RAD）系统，可以轻易地使用 DAO、RDO、ADO 连接数据库，或者轻松地创建 ActiveX 控件。程序员可以轻松地使用 VB 提供的组件快速建立一个应用程序。

Fortran：Fortran 源自"公式翻译"（英语：Formula Translation）的缩写，是一种编程语言。1957 年由 IBM 开发出，是世界上第一个被正式采用并流传至今的高级编程语言。Fortran 语言是为了满足数值计算的需求而发展出来的。1957 年，IBM 公司开发出第一套 FORTRAN 语言。1991 年发布的 Fortran 90 大幅改进了旧版 Fortran 的形式，加入了对象导向的观念与提供指针，并同时加强数组的功能。

3　道路交通服务平台的基础框架——地图应用接口技术

"全国道路交通气象信息服务平台"是采用"服务器/浏览器"架构建设的，平台的主体是基于互联网地图应用程序接口"Google Maps API V3.0"开发的，代码主要采用 JavaScript 编写。针对道路交通的主要气象影响因素，采集国内主要公路的沿线经纬度信息，并在此基础上制作了精确到公路沿线的道路专业气象预报。基于高分辨率数值预报技术的覆盖全国范围的道路专业气象预报以格点场的形式保存在数据库中，并在数据库技术的支持下，实现全国任意经纬度位置的道路专业预报实时插值显示。互联网地图应用程序接口"Google Maps API V3.0"是全国道路交通气象信息服务平台的基础框架。

3.1　Google Maps API 简介

Google Maps 是以矢量地图、卫星影像、混合 3 种服务模式向全球提供地图搜索和逐级缩放功能的地图服务，让全球用户体验到新的地图服务模式。为了使 Google 地图服务得到更广泛的应用，Google 公司对外提供了便于二次开发的开放式地图服务应用程序接口（Google Maps API）允许开发者在程序中嵌入 Google Maps 强大功能，从而让全世界对 Google Maps 有兴趣的人能够自行开发 Google Maps 服务，开发者们只需使用 JavaScript 脚本语言就可以轻轻松松将 Google Maps 服务衔接到自己的网站中。此外，还可以自主地在地图上制作标记或者信息窗口，包括图标和黄页等类型的信息框。

Google Maps 具有以下特点：①地图操作简单。作为地图应用，地图操作的方便性在很大程度上左右用户的喜好。Google Maps 的地图操作简单，主要有移动（鼠标拖拽）、自由缩放。自由缩放支持鼠标滚动，而且可以以当前鼠标位置放大，十分方便。②地图预生成。地图并不是根据用户的请求动态生成，而是预先处理成图片金字塔，切块后做四叉树编码，存放在服务器端。当地图窗口发生移动、缩放时，只需要下载新的图片来填充新的区域，在此充分利用了浏览器的多线程同时下载的功能。另外，下载过的图片无须再次访问服务器重新下载。③开发成本低。目前 Google Maps 提供的 API 为免费资源，只要申请一个 Key 就能使用 Google Maps，从地图服务和开发两个层面降低了二次开发门槛，提升了地图服务水平，对于延伸地图服务有重要意义。④数据动态更新。Google Maps 以矢量地图和高分辨率卫星影像两种数据源提供地图服务，并且由 Google 不定期进行地图更新，用户可以同步享受最新的地图信息服务。正是基于以上特点，最终采用 Google Maps API 作为平台地图版面的设计基础。

3.1.1 在页面中加入 Google Map 服务

在网页中使用谷歌地图，需要在页面的代码中加入 Google Map 服务。Google Maps API 提供了基于 JavaScript 脚本语言的编程接口，将其嵌入网页的代码中，就可以使用 API 函数进行地图的创建和操作了。

<script type = " text/javascript" src = " http：//maps. google. com/maps/api/js? sensor=false" ></script>

网址指向包含使用 Google 地图 API 所需所有符号和定义的 JavaScript 文件的位置。

其中 sensor 参数用于指明此应用程序是否使用传感器确定用户的位置，取值为 true 或 false。

3.1.2 加载地图 DOM 元素

要让地图在网页上显示，必须为其留出一个位置。通常，我们通过创建名为 div 的元素并在浏览器的文档对象模型（DOM）中获取此元素的引用执行此操作。

<div class=" index_gmap" id=" map_canvas" ></div>

在上述示例中，我们定义名为 "map_canvas" 的 div，并使用样式属性设置其尺寸。地图会自动使用容器尺寸调整自身的尺寸。

3.1.3 加载地图并初始化

加载地图并对地图进行初始化是在网页中构建 Google Map 的实例对象。初始化工作包括对地图中心经纬度、地图类型的确定，以及添加地图缩放等控件。初始化函数 initialize 通常是添加在<body>元素的 onload 事件中。

```
function initialize ( ) {
    var latlng = new google. maps. LatLng（41. 772，123. 436）；
    var myOptions = {
        zoom：6，
        maxZoom：9，
        minZoom：4，
        center：latlng，
    navigationControl：true，
    disableDoubleClickZoom：true，
    draggableCursor：" pointer"，
    navigationControlOptions：                                         {style：
```

google. maps. NavigationControlStyle. ZOOM_PAN ｝,

　　mapTypeId：google. maps. MapTypeId. ROADMAP ｝;

　map = new google. maps. Map（document. getElementById（" map_canvas"）, myOptions）;｝

构造函数 Map（mapDiv：Node, opts?：MapOptions）在指定的 HTML 容器中创建新的地图, 该容器通常是一个 DIV 元素。

在 myOption 结构体中定义了地图对象的初始化参数。

zoom 定义初始的地图缩放级别。

maxZoom, minZoom 定义地图的最大缩放级别和最小缩放级别。

center 定义地图的中心位置, 以 LatIng 格式定义的经纬度数据表示。

navigationControl 导航控件的初始启用/停用状态。

disableDoubleClickZoom 启用/停用在双击时缩放并居中。默认情况下处于启用状态。

draggableCursor 要在可拖动对象上显示的光标的名称或网址。

navigationControlOptions 导航控件的初始显示选项。

NavigationControlStyle 类

导航控件常见类型的标识符见表 5.1。

表 5.1　导航控件常见类型的标识符

常数	说明
ANDROID	这是一种小型缩放控件, 与 Android 上的本机地图应用程序所用的控件相似
DEFAULT	默认的导航控件。地图默认使用的控件会因窗口大小和其他因素而有所不同。该控件可能在该 API 以后的版本中有所更改
SMALL	只具有缩放功能的小型控件
ZOOM_PAN	较大控件, 具有缩放滑块和平移方向柄

mapTypeId 初始的地图 mapTypeId

MapTypeId 类

常见 MapTypes 的标识符见表 5.2。

表 5.2　常见 **MapTypes** 的标识符

常数	说明
HYBRID	该地图类型显示卫星图像上的主要街道透明层
ROADMAP	该地图类型显示普通的街道地图
SATELLITE	该地图类型显示卫星图像
TERRAIN	该地图类型显示带有自然特征（如地形和植被）的地图 P

　　具体在网页中添加地图并对其初始化的代码可参见图 5.1 中的网页源代码。在网页加载完成时进行地图对象的初始化。图 5.1 的网页代码在浏览器中显示的结果参见图 5.2 的示例图。

```
1  <html>
2  <head>
3  <meta name="viewport" content="initial-scale=1.0, user-scalable=no" />
4  <script type="text/javascript" src="http://maps.google.com/maps/api/js?sensor=false"></script>
5  <script type="text/javascript">
6    function initialize() {
7      var latlng = new google.maps.LatLng(39.4755,122.0734);
8      var myOptions = {
9        zoom: 9,
10       center: latlng,
11     navigationControl: true,
12     navigationControlOptions: {style: google.maps.NavigationControlStyle.ZOOM_PAN },
13       mapTypeId: google.maps.MapTypeId.TERRAIN
14     };
15     map = new google.maps.Map(document.getElementById("map_canvas"), myOptions);
16     var chhaPos = new google.maps.LatLng(39.2667,122.5833);
17     var chha = new google.maps.Marker({
18       map:map,
19       position: chhaPos,
20       title:"长海GPS"
21     });
22     var chxdPos = new google.maps.LatLng(39.41165,121.46959);
23     var chxd = new google.maps.Marker({
24       map:map,
25       position: chxdPos,
26       title:"长兴岛GPS"
27     });
28     var kfquPos = new google.maps.LatLng(39.065,121.758);
29     var kfqu = new google.maps.Marker({
30       map:map,
31       position: kfquPos,
32       title:"开发区GPS"
33     });
```

图 5.1　Google Map 示例网页源代码

图 5.2　Google Map 示例网页显示效果

3.1.4　在地图中添加标记

使用 Marker 表示地图上单个位置的对象。Marker 有时可显示自定义的图标，这时 Marker 又被称之为 icon。Marker 和 icon 我们都称之为 marker 对象。

mymark = new google. maps. Marker（{position：latlng，map：map}）；

每个标记都是一个 google. maps. Marker 对象，在实例化时需要给定一定的配置信息，如标记的位置。

通过 icon 可以设定自己想显示的图标，不设置则显示 Google map 默认的图标。title 表示鼠标放到 marker 上要显示的值。

3.1.5　在地图标记上添加信息窗口

信息窗口（InfoWindow）也是特殊类型的 Overlay，用于在地图特定位置上的弹出式提示框里显示信息（通常是文字或图片）。

var info1 = new google. maps. InfoWindow（{content：'<div class ="font1" >'+ mydata+'</div>'}）；

info1. open（map，mymark）；

google. maps. event. addListener（info1,'closeclick', function（event）{mymark. setMap（null）;}）；

每个信息窗口都是一个 google. maps. InfoWindow 对象，在实例化时需要给定一定的配置信息，如窗口中的内容，标记的位置。

其中需要说明的是，配置信息中的 content 既可以是 html 字符串，也可以是一个 dom 节点。要让一个信息窗口显示出来，可以调用它的 open 方法，并制定显示在那个 Map 实例对象中。注意，如果在信息窗口构造时的配置中已经制定了位置（通过 position 字段），那么直接使用 infoWindow. open（map），就可以显示在地图的指定位置上。当然，我们也可以将信息窗口的显示绑定在已经在地图中的标记对象中，只需在 open 的第二个参数中制定标记对象，即可 infoWindow. open（map，marker）。

3.1.6　在地图中绘制折线

Polyline 构造函数采用一组 Polyline options（用于指定线的 LatLng 坐标）和一组样式（用于调整折线的可视行为）。

Polyline 就是在地图上绘制的一系列直线段。您可以在构造线时所用的 Polyline options 对象内指定线的笔触的自定义颜色、粗细和不透明度，或在构造之后更改这些属性。折线支持以下笔触样式：

strokeColor 指定"#FFFFFF" 格式的十六进制 HTML 颜色。Polyline 类不支持颜色名称。

strokeOpacity 指定线的颜色不透明度，为 0.0 到 1.0（默认值）之间的小数值。

strokeWeight 指定线的笔触粗细（以像素为单位）。

PolylineOptions 对象规范见表 5.3。

表 5.3　PodylineOptions 对象规范

属性	类型	说明
clickable	boolean	指示此 Polyline 是否处理 click 事件。默认值为 true
geodesic	boolean	将每条边渲染为测地线（"大圆"的一段），测地线是沿地球表面的两点之间的最短路径
map	Map	要在其上显示折线的地图
path	MVCArray.<LatLng> | Array.<LatLng>	折线坐标的有序序列，可以使用一个简单的 LatLng 数组或者 LatLng 的 MVCArray 指定此路径；如果传递简单的数组，则它会转换为 MVCArray，在 MVCArray 中插入或删除 LatLng 将自动更新地图上的折线
strokeColor	string	采用 HTML 十六进制样式的笔触颜色，即 "#FFAA00"
strokeOpacity	number	介于 0.0 和 1.0 之间的笔触不透明度
strokeWeight	number	笔触宽度（以像素为单位）
zIndex	number	相对于其他折线的 zIndex

3.1.7　事件绑定

使用 google. maps. event. addListener () 方法来进行事件的监听。该方法接受 3 个参数：一个对象、一个待侦听事件以及一个在指定事件发生时调用的函数。

（1）监听地图的缩放：

google. maps. event. addListener (map,'zoom_changed', function () {

});

（2）标记的点击：

google. maps. event. addListener (marker,'click', function (event) {

// 点击事件后要实现的函数；

});

（3）监听 dom 事件：

google. maps. event. addDomListener (window,'load', initialize)。

3.2　使用叠加层（Overlay）叠加显示气象信息

在全国道路交通气象信息服务平台中，各类道路沿线预报图形与信息以叠加层（Overlay）的形式叠加在地图版面。

Overlay 是地图上有经纬坐标的对象集合，因此 Overlay 会随地图拖拽或缩放而移动。Overlay 表示的是"添加"到地图上具有明确位置的点、线、面或者三者集合的对象。

Google Maps API 有以下几种类型的 Overlay：

使用 Marker 表示地图上单个位置的对象。Marker 有时可显示自定义的图标，这时 Marker 又被称之为 icon。Marker 和 icon 我们都称之为 marker 对象。

使用折线（Polyline）（一系列顺序排列的位置点集合）表示地图上的线段。线段就是一种类型的 Polyline。

信息窗口（InfoWindow）也是特殊类型的 Overlay，用于在地图特定位置上的弹出式提示框里显示信息（通常是文字或图片）。

平台的灾害性天气预警信息就是以标准的天气预警信号图形作为自定义图标，使用 Marker 对象叠加在地图中的。Marker 对象的经纬度位置从预警信息具体的市县、乡镇解析而来，使预警信号图标可以随整个地图的漫游、缩放而实时改变其相对位置（见图 5.3）。

图 5.3　天气预警信号在平台中的显示

道路沿线的重要影响天气、路面状况、道路安全等级、降水、雾等分析和预报结果以折线（Polyline）对象的方式叠加在地图中。线段的路径采用国道和高速公路沿线的经纬度序列，按照预报要素的等级分别选用不同的颜色进行绘制，使各类要素在道路沿线的分布情况更加直观。

图 5.4 所示，将全国主要国道线路按每条国道沿线的经纬度信息分别作为折线的经纬度坐标，根据雾的格点预报数据计算出沿线各连接点的预报值，并赋以预先定义的颜色值，将各种不同颜色的线段连接起来就构成这条国道沿线的雾的预报。

按浓雾对应的颜色值可以直观地看到将出现浓雾的路段。

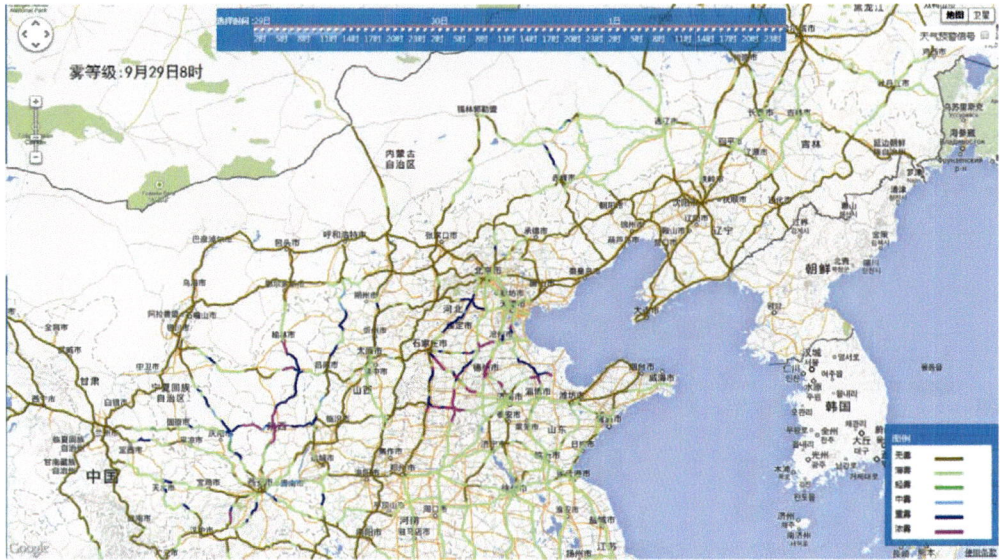

图5.4 道路沿线雾的分布在平台中的显示

在地图版面上，使用鼠标双击任意位置，即可根据 Google Map 返回的经纬度信息从道路交通气象数据库中的数值预报格点场中实时插值生成该经纬度位置的各项要素值，并以信息窗口（InfoWindow）对象的方式标注在地图的对应位置上（图5.5）。

图5.5 单点预报在平台中的显示

4　道路交通气象信息服务平台的构成和主要功能

全国道路交通气象信息与灾害预警示范平台以精细化数值预报为基础，通过本项目的道路专业天气预报数据转换系统制作面向全国范围的未来 72 h 主要气象要素和道路专业气象要素的预报产品。

数值预报系统的主模式目前采用全国范围水平分辨率 27 km 的区域数值预报模式，东北区域的细网格水平分辨率为 9 km，预报产品的时间间隔为 1 h。

平台的设计是基于开放性的地图系统 Google Maps API V3 环境，产品的表现形式分为道路预报和单点预报两种形式，系统的内容见图 5.6。

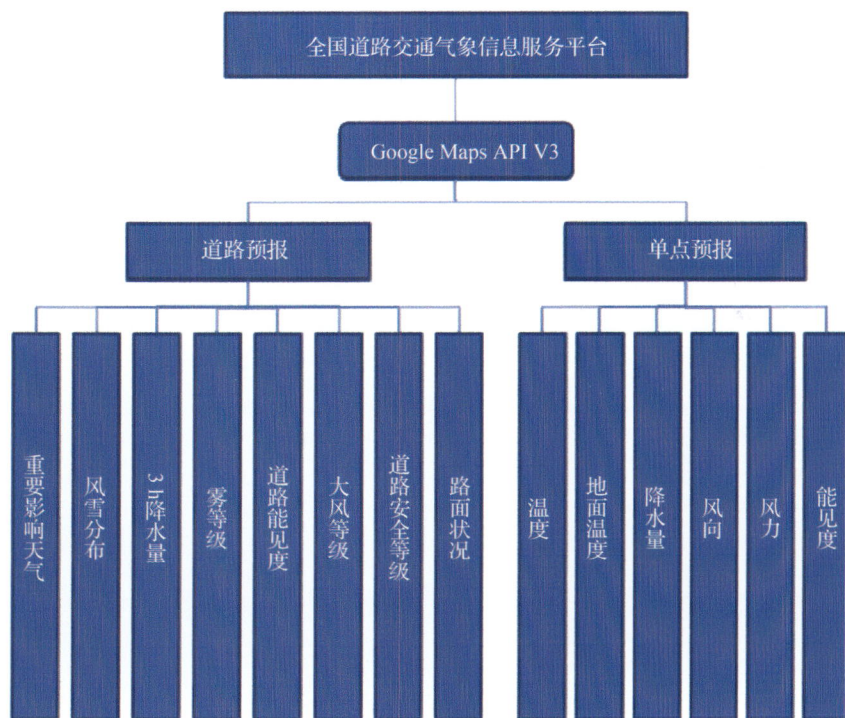

图 5.6　全国道路交通气象信息服务平台结构

平台以 B/S 结构搭建，主页面嵌入 Google 地图元素，并在地图中提供道路预报和单点预报信息的显示。其中道路预报以彩色线段的形式表现主要道路上的预报信息，单点预报信息主要以弹出信息窗口的形式显示，同时在地图版面下方提供未来 72 h 的预报时间序列图（图 5.7）。

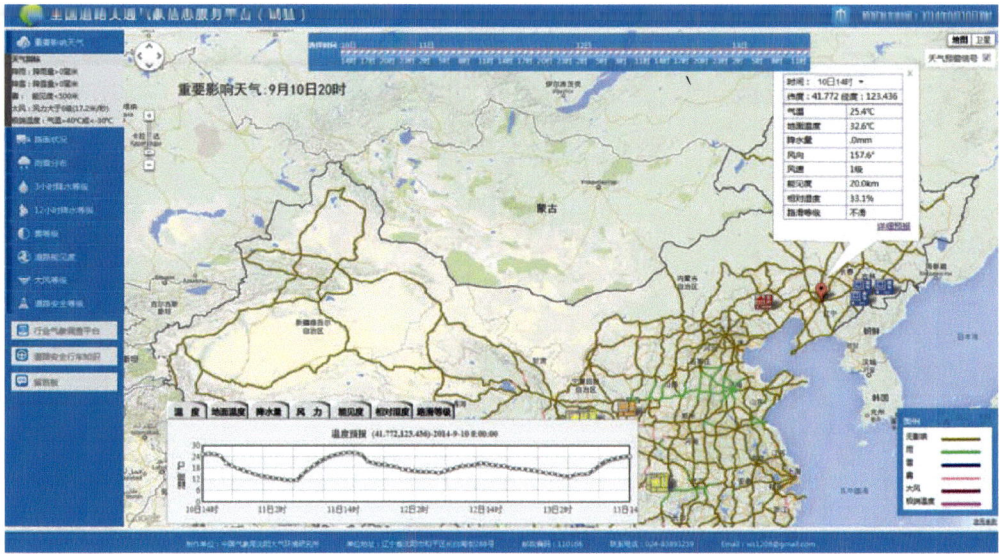

图 5.7　全国道路交通气象信息服务平台主页

4.1　平台网络框架结构设计

本平台总体结构分为硬件部分与软件部分组成，除交通气象展示平台同时部署于内外网外，其余硬件与软件部分都部署于气象内部网络，已保障系统安全，系统总体框架结构缩略图如图 5.8 所示。

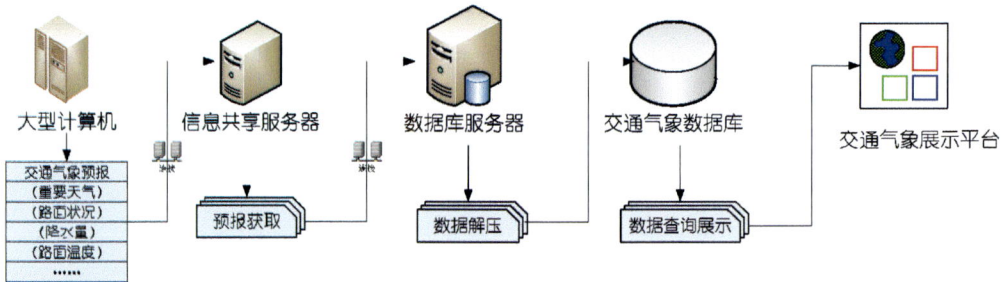

图 5.8　全国道路交通气象信息服务平台网络框架结构

4.2　全国道路交通气象信息服务平台的数据流程设计

系统整个数据业务流程分为 3 个部分。高速公路交通气象数值预报模式，运行在高性能集群计算机系统中，在传统数值天气预报系统的基础上增加了后端数据模块获取数值预报数据并解压存储之数据库，前端预报显示模块查询显示交通气象数值预报，整个系统业务流程如图 5.9 所示。

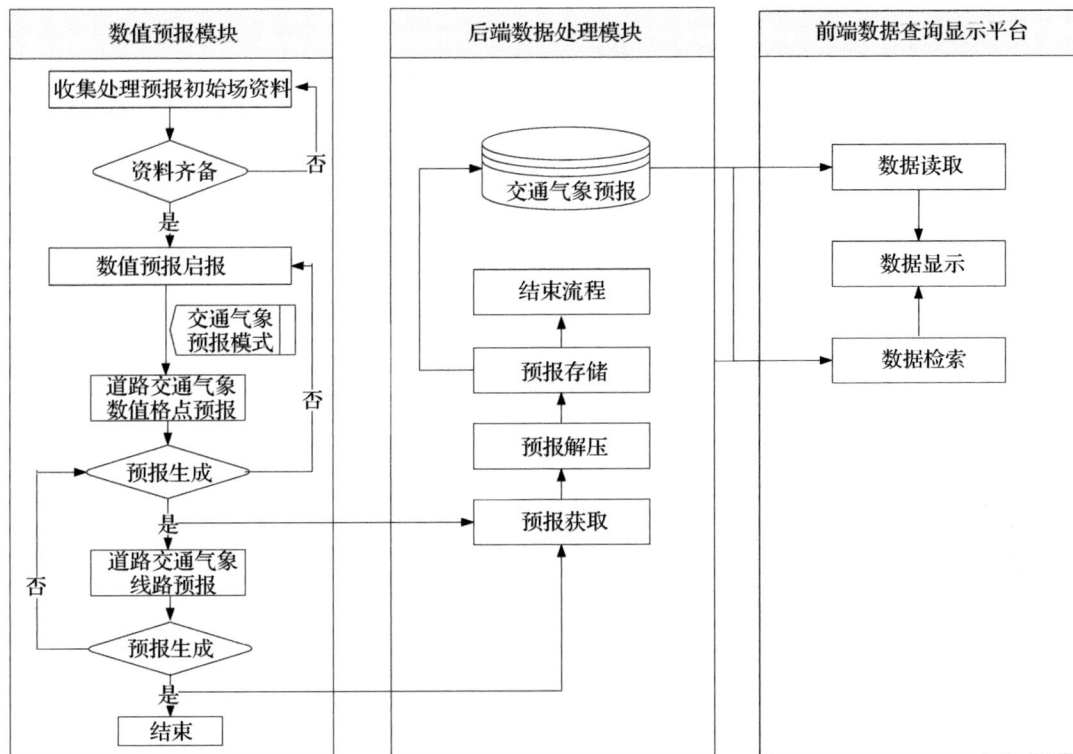

图 5.9　业务数据流程设计

4.3　国内主要道路地理信息的处理

全国道路交通气象信息服务平台的道路沿线预报服务产品的制作需要道路沿线的经纬度等地理信息。通过沿线的逐点经纬度，才能从道路专业气象预报格点场中获得逐点的专业气象预报结果，从而形成沿线的道路专业气象预报产品。

本项工作道路沿线经纬度地理信息采用了从互联网中获得的非官方的全国主要国道和高速公路沿线经纬度数据。为了保证地理信息的相对准确性，将采集自互联网的国道经纬度预先绘制到 Google 地图上，与地图中的道路进行逐条比对订正，确保相对误差在数值预报模式精度的范围内。在条件允许的情况下，可以用道路交通管理部门或国家测绘部门提供的准确地理信息替换本项目自行采集的道路地理信息。

采集的国道信息包括 G101～G112，G201～G227，G301～G330，共计 68 条国道（G313 国道起点为甘肃瓜州县（原名安西县），终点为新疆若羌县，全程 821 km，后撤销，故 3 字头国道共 29 条），沿线共 98 万点的经纬度坐标值（图 5.10）。

高速公路信息采集自 2007 年互联网中收集的全国高速公路路网信息，包括 257

图 5.10　全国 68 条国道分布

段国家级、省级等各级高速公路，共 40 万点的经纬度坐标值（图 5.11）。

图 5.11　全国高速公路分布（2007 年）

国道和高速公路原始数据格式为 KML，是 Keyhole 标记语言（Keyhole Markup

Language）的缩写，最初由 Keyhole 公司开发，是一种基于 XML 语法与格式的、用于描述和保存地理信息（如点、线、图像、多边形和模型等）的编码规范，可以被 Google Earth 和 Google Maps 识别并显示。Google Earth 和 Google Maps 处理 KML 文件的方式与网页浏览器处理 HTML 和 XML 文件的方式类似。像 HTML 一样，WKML 使用包含名称、属性的标签（tag）来确定显示方式。

　　利用 Google Earth 软件可以直接将采集的国道信息绘制到地图上，并和 Google Earth 软件本身提供的路线进行叠加对比，见图 5.12。由于国道信息是个人通过使用导航设备在实际路线上行驶过程中采集获得，当遇到修路等各类路况下存在偏离国道主线的情况，所以对 KML 数据文件绘制的国道与 Google Earth 软件中的国道线路存在不完全重合的现象。对此进行手工的数据订正，直至与软件的国道线路基本重合为止。对高速公路的数据文件也进行了订正工作。

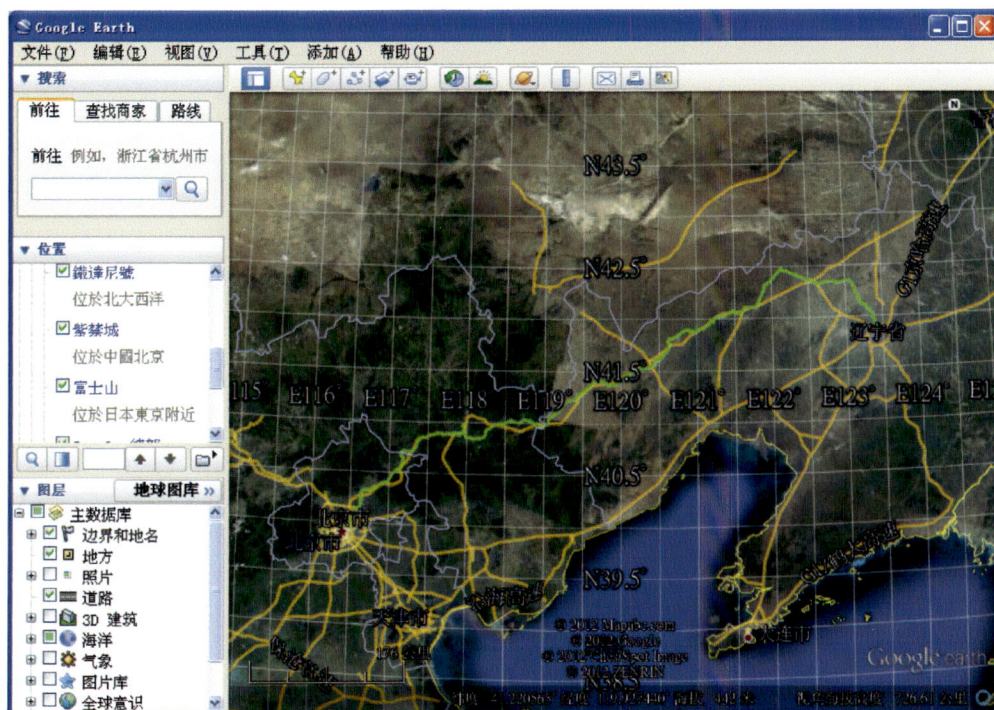

图 5.12　在 Google Earth 软件上绘制的 G101 国道

　　在全国道路交通气象信息服务平台中，国道和高速公路沿线预报是以折线（Polyline 对象）的方式绘制在 Google 地图上。国道 98 万个点按照预报要素值生成的线段超过 1 万段，在客户端平台实时绘制到地图上造成地图的响应效率低下，用户体验不良。因为道路交通专业预报系统的基础数值预报模式分辨率目前在 10 km 尺度范围，在不影响系统应用的情况下，将平台的缩放级别限制在 4 级（约 1∶50 000 000）到 11 级（约 1∶400 000），国道沿线的点筛选至点距 0.1 个经纬度，在平台的地图缩放级别范围内保证预报线段与国道线路基本重叠。筛选后的国道总点数为 9 370，地图的绘制效率大大提高。高速公路的线路也做了相应的筛选，总点数也减少至 6 212。

4.4 道路沿线专业预报产品的制作

道路交通专业气象预报是在数值天气预报的基础上制作的。本项工作采用数值天气预报系统预报的各类气象要素值等纵横间距的二维网格点上。全国范围的预报场格点间距为 27 km，东北区域范围的预报场格点间距为 9 km，京津区域范围的预报场格点间距为 5 km，华东区域范围的预报场格点间距为 3 km。

由于各个数值预报格点场数据文件中格点的顺序是固定的，即各个格点在数据文件中的偏移量是固定的，为了提高数据处理的效率，本项工作中用到的国道、高速公路沿线所有点在数据文件中的偏移量都预先计算并记录到参数文件中。

在生成道路沿线预报产品时，按照格点场分辨率从高到低的优先级顺序，从格点场的数据文件中对应偏移量位置读出预报值，并根据表 5.4 中定义的色标，形成自定义线段颜色的线段数据。最后将每个要素的每个时次预报统一形成一个 XML 格式的数据文件。

表 5.4 线路预报预报色标

预报类别	预报等级	色标样式	颜色代码	
重要影响天气	无影响		#7F6B00	R127 G107 B0
	雨		#3DBA3D	R61 G186 B61
	雪		#0000E1	R0 G0 B225
	雾		#FF7F27	R255 G127 B39
	大风		#800050	R128 G0 B80
	极端温度		#FA00FA	R250 G0 B250
路面状况	干燥		#7F6B00	R127 G107 B0
	潮湿		#A6F28F	R166 G242 B143
	积水		#3DBA3D R61 G186 B61	
	冰		#FF7F27	R255 G127 B39
	雪		#0000E1	R0 G0 B225
	冰雪混合		#61B8FF	R97 G184 B255
	高温		#FA00FA	R250 G0 B250
雨雪分布	无降水		#7F6B00	R127 G107 B0
	雨		#3DBA3D	R61 G186 B61
	雨夹雪		#FA00FA	R250 G0 B250
	雪		#0000E1	R0 G0 B225

续表

预报类别	预报等级	色标样式	颜色代码	
3 h 降水	无降水		#7F6B00	R127 G107 B0
	0.05~1 mm		#A6F28F	R166 G242 B143
	1~3 mm		#3DBA3D	R61 G186 B61
	3~10 mm		#61B8FF	R97 G184 B255
	10~20 mm		#0000E1	R0 G0 B225
	20~40 mm		#FF7F27	R255 G127 B39
	40~75 mm		#FF0000	R255 G0 B0
	>75 mm		#9F0000	R159 G0 B0
12 h 降水	无降水		#7F6B00	R127 G107 B0
	小雨		#A6F28F	R166 G242 B143
	中雨		#3DBA3D	R61 G186 B61
	大雨		#FF7F27	R255 G127 B39
	暴雨		#FF0000	R255 G0 B
	大暴雨		#9F0000	R159 G0 B0
	小雪		#61B8FF	R97 G184 B255
	中雪		#0000E1	R0 G0 B225
	大雪		#FA00FA	R250 G0 B250
	暴雪		#800050	R128 G0 B80
雾等级	无雾		#7F6B00	R127 G107 B0
	薄雾		#A6F28F	R166 G242 B143
	轻雾		#3DBA3D	R61 G186 B61
	中雾		#61B8FF	R97 G184 B255
	重雾		#0000E1	R0 G0 B225
	浓雾		#FA00FA	R250 G0 B250
能见度等级	大于 10 km		#7F6B00	R127 G107 B0
	小于 10 km		#A6F28F	R166 G242 B143
	小于 1.5 km		#3DBA3D	R61 G186 B61
	小于 0.5 km		#61B8FF	R97 G184 B255
	小于 0.2 km		#0000E1	R0 G0 B225
	小于 0.05 km		#FA00FA	R250 G0 B250
大风等级	无影响		#7F6B00	R127 G107 B0
	稍有影响		#3DBA3D	R61 G186 B61
	有一定影响		#0000E1	R0 G0 B225
	较大影响		#FA00FA	R250 G0 B250
	严重影响		#800050	R128 G0 B80

续表

预报类别	预报等级	色标样式	颜色代码	
	安全		#7F6B00	R127 G107 B0
	较安全		#3DBA3D	R61 G186 B61
道路安全等级	基本安全		#0000E1	R0 G0 B225
	不太安全		#FA00FA	R250 G0 B250
	不安全		#800050	R128 G0 B80

道路沿线专业气象预报在服务平台中的表现形式是绘制在 Google 地图上的一系列彩色折线，而 Google Maps API 定义的折线对象（Polyline）只能指定一种绘制颜色，所以每条国道线路实际是一组首尾相接的单色折线组成的。由于国道线路曲折复杂，沿线气象条件的差异更造成折线数量的增加。在 Google 地图上使用 API 函数逐一绘制要消耗很多时间。只有将所有的折线数据预先保存在 XML 格式的数据文件中，在绘制到地图时作为折线数组集中处理，才能使绘制时间减少到 1 s 以内，并且在地图缩放和漫游时的重绘没有明显的延迟。

用于全国道路交通气象信息服务平台线路预报的 XML 数据格式如下：

```
<markers>
    <polyline color='colorcode' width='linewidth'>
    <point lat='Latitude' lon='Longitude'/>
    ………
    </polyline>
    ………
    </markers>
注：其中 colorcode 代表当前线段的颜色，linewidth 代表当前线段的宽度，Latitude 代表线段上点的纬度，Longitude 代表线段上点的经度。
```

在每个<polyline>标记内定义该段折线的绘制颜色，以 RGB 颜色代码表示。线段的绘制宽度统一定义为 3 像素。在<polyline>和</polyline>之间是该段折线包含的所有点。在<point>标签内定义了该点的纬度和经度，数值以度为单位，用十进制小数的形式表示。

根据道路交通气象线路预报的内容不同数据可分为 17 个类别，详见表 5.5。

表 5.5　全国道路交通气象分线路预报数据命名

数据内容	数据命名（**代表时效）	时间间隔
重要影响天气	Phnn**.xml	逐 3 h
路面状况	Rsi**.xml	逐 3 h

续表

数据内容	数据命名（**代表时效）	时间间隔
雨雪分布	Mix**.xml	逐 3 h
3 h 降水量	R3_**.xml	逐 3 h
12 h 降水量	R12_**.xml	逐 12 h
雾等级	Fog**.xml	逐 3 h
道路能见度	Vis**.xml	逐 3 h
大风等级	Mxu**.xml	逐 3 h
道路安全等级	Dsc**.xml	逐 3 h
恶劣天气等级	Gs_sevr**.xml	逐 3 h
车道关闭策略	Gs_lctr1**.xml	逐 3 h
主线关闭策略	Gs_lctr2**.xml	逐 3 h
专用车道策略	Gs_lctr3**.xml	逐 3 h
车道变向策略	Gs_lctr4**.xml	逐 3 h
避免急刹策略	Gs_lctr6**.xml	逐 3 h
禁止超车策略	Gs_lctr8**.xml	逐 3 h
强制分流策略	Gs_lctr9**.xml	逐 3 h

4.5　任意单点专业预报产品的制作

单点的道路交通专业气象预报产品是在专业气象要素预报格点场的基础上制作的。数值天气预报系统生成的天气预报结果通过常规气象要素到道路专业气象要素的转换器生成道路交通专业气象要素格点场，在格点场的范围内可以通过二维插值的方式得到任意点的要素预报（图 5.13）。

插值的过程是在数据库条件下完成的。在 Google 地图上，响应用户的鼠标双击事件（dblclick event），通过 Google Maps API 得到当前鼠标位置的经纬度，在道路交通专业气象数据库中以该点经纬度坐标为圆心，检索出所有在指定半径范围内的格点，按要素分别计算出算术平均值，作为各要素在该点的插值结果。数值预报系统每次制作 84 h 的预报结果，根据预报结果生成的时间和时效性要求，截取其中 6~78 h 的预报结果按时间保存在要素的数组中，用以制作单点的预报表格和时间序列图。

在 Google 地图中，单点预报的文本信息是以 HTML 表格的形式通过 Google Maps API V3 提供的信息窗口对象（InfoWindow）附加在用户鼠标双击位置新建的标记对象（Marker）上。标记对象注明了预报对应的地点，标记和信息窗口都可以随地图漫游或缩放。

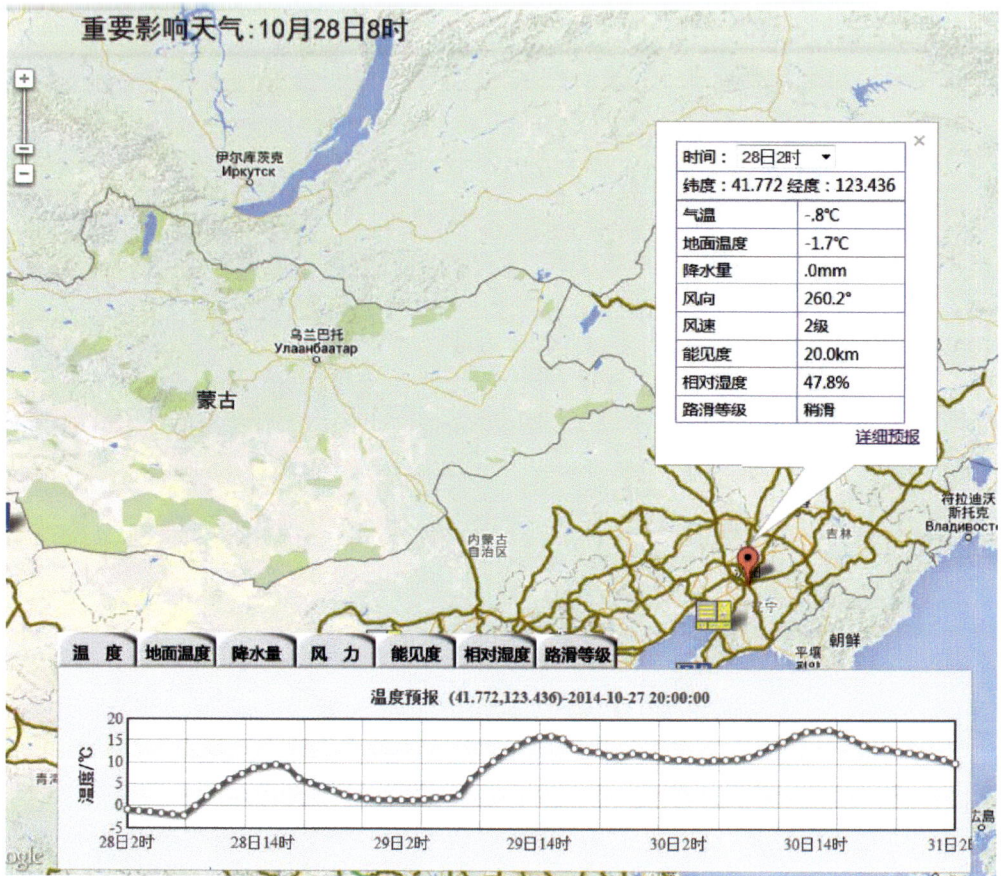

图 5.13　单点预报在平台地图版面上的显示

　　单点预报的时间序列图可以使各种要素未来一段时间里的变化趋势更加直观，有很好的实用价值。在网页中叠加时间序列图的方法很多，有很多开放代码可以免费提供。本项目采用的是 FusionCharts，是一种跨平台的 Flash 图表组件，使用 XML 作为其数据接口，有丰富的图标类型和美观的动画效果，实现代码短小高效，其性能指标满足本项目平台的要求（图 5.4）。

　　FusionCharts 图表的基本数据形式采用 XML 格式，在 \<graph\> 标签内定义图表标题，X、Y 坐标名称，刻度间距，刻度网格线等参数，数据序列用 \<set\> 标签定义。以下是一个 XML 数据块的样例：

　　　　\<graph caption = ′温度预报（29. 432，108. 381）－2014－10－27 20：00：00′ yaxisname = ′温度 ℃ ′ . . .\>

　　　　　\<set name = ′28 日 2 时′ value = ′14. 6′\>\</set\>

　　　　　\<set name = ′28 日 3 时′ value = ′14. 5′ showname = ′0′\>\</set\>

　　　　　\<set name = ′28 日 4 时′ value = ′14. 3′ showname = ′0′\>\</set\>

　　　　　\<set name = ′28 日 5 时′ value = ′14. 0′ showname = ′0′\>\</set\>

　　　　　\<set name = ′28 日 6 时′ value = ′13. 7′ showname = ′0′\>\</set\>

```
<set name='28 日 7 时' value='13.4' showname='0'></set>
<set name='28 日 8 时' value='13.1' showname='0'></set>
<set name='28 日 9 时' value='12.8' showname='0'></set>
<set name='28 日 10 时' value='12.7' showname='0'></set>
<set name='28 日 11 时' value='12.7' showname='0'></set>
<set name='28 日 12 时' value='13.0' showname='0'></set>
<set name='28 日 13 时' value='13.1' showname='0'></set>
<set name='28 日 14 时' value='13.2'></set>
…
<set name='31 日 2 时' value='14.7'></set>
</graph>
```

在全国道路交通气象信息服务平台的网页代码中，将数据库中实时插值获得的一系列要素值的序列分别转换成 XML 数据块，就可以提交给 FusionCharts 组件，生成对应的 Flash 图表。

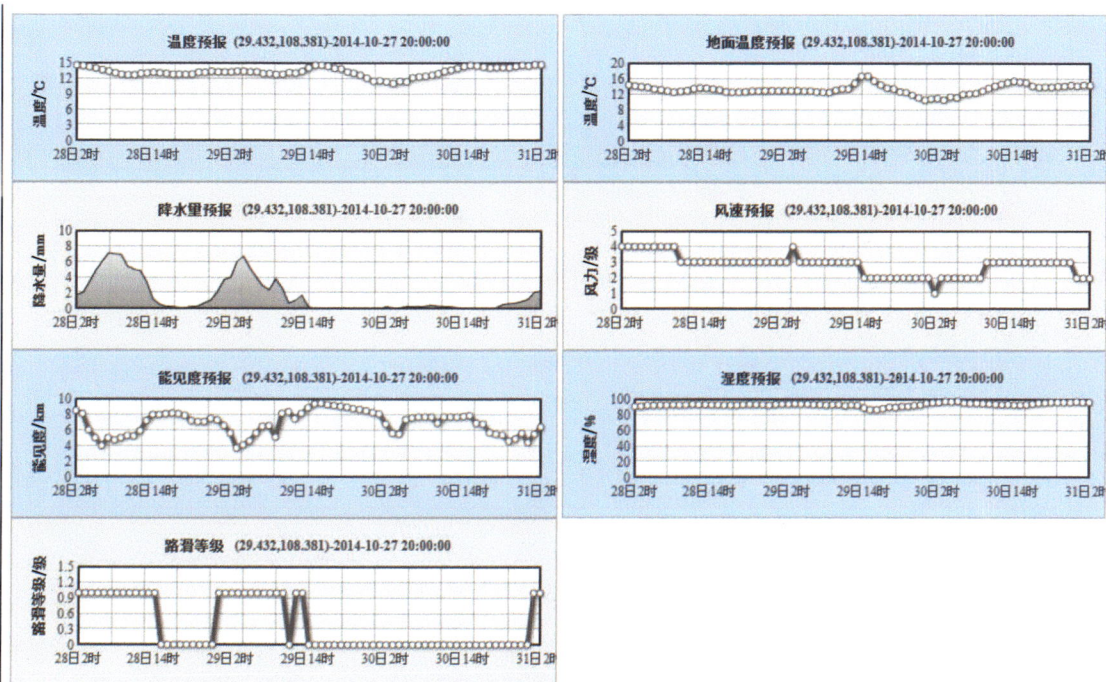

图 5.14　单点预报要素时间序列

在 JavaScript 代码环境下，定义 FusionCharts 图表，并导入 XML 数据的代码如下：

```
chart1 = new FusionCharts ('./FusionCharts/Line. swf',' chart1id','500','150');
```

chart1. chartBottomMargin = '1'；

chart1. setDataXML（ch1. innerHTML）；

在此段代码中，XML 格式的数据保存在"ch1"容器中，调用 FusionCharts 对象的 setDataXML 方法就可以根据所提供的 XML 数据更新图表的内容。

4.6 灾害性天气预警信号的显示

对道路交通有严重影响的灾害性天气的预警信息包括灾害性天气可能发生的区域、起止时间、灾害性天气的种类、级别和预警信号应对措施等文字说明。暴雨类天气预警信号的区域范围精确到乡镇级别，其他种类的天气预警信号的区域范围精确到县级。

在全国道路交通气象信息服务平台中，灾害性天气预警信号是以中国气象局颁布的《气象灾害预警信号发布与传播办法》和《气象灾害预警信号及防御指南》中规定的图标作为 Marker 标记的图标，在预警信号对应的经纬度坐标位置进行标记。灾害性预警信号的具体信息以文本框的方式在图标上浮动显示，即当用户鼠标光标移动到预警信号图标上时进行显示，当鼠标光标移出图标时隐藏文本框（图 5.15）。

图 5.15　天气预警信号在全国道路交通气象信息服务平台上的显示

灾害性天气预警信号的信息来源是中国气象局授权的中国天气网提供的全国气象灾害预警信息，根据预警信息的内容，由语义分析程序解析出预警信号的种类、地理位置、起止时间等信息，并存入灾害预警信息数据库。

灾害预警信息的数据库结构见后文交通气象数据库中 traffic_alart 的说明。

在全国道路交通气象信息服务平台中，打开"天气预警信号"开关（地图版面右上角），则系统将在灾害预警信息中检索有效的预警信息，即当前时刻在预警信息的起止时间以内的信息，根据每条预警信息的经纬度位置，在地图中以 Marker 标记对象标注。

4.7　道路交通气象知识库

根据道路专业气象服务部门和道路交通管理部门多年的管理经验，以及对道路专业气象的研究成果，总结出有关道路交通专业气象科学的知识库，如图 5.16 所示，包括常见的气象名词、道路安全行车知识和道路专业气象预报等级划分标准等内容。

图 5.16　道路专业气象知识库

4.7.1　道路安全行车

4.7.1.1　雾天

（1）注意气象信息，适当降低车速，加大行车间距，视能见度情况开启防雾灯、防眩目近光灯、示廓灯和前后位灯；能见度持续下降，还应开启危险警告灯，必要时可用断续喇叭提醒前后车辆进行信息交流。

（2）不要猛踩或快松加速踏板，也不要紧急制动或猛打方向。

（3）关注公路运行管理措施，服从交警指挥，尽量不要进入有雾的路段。

（4）已在有雾公路上的车辆，要在保证安全的原则下，驶离雾区，或者就近驶入紧急停车带或者路肩停车，并按规定开启危险报警闪光灯和设置故障车警告标志。

（5）停车以后，车上人员应立即下车到右侧防护栏外的土路肩上休息等候，以防不测。

（6）如前方车辆发生交通事故，不要在车旁或者两车之间停留议论或察看情况，以防不测。

4.7.1.2 雪天和路面结冰

（1）关注气象信息，降低车速，有利于防止车辆侧滑，缩短制动的距离。

（2）加大行车间距，雪天行车间距应为干燥路面的 2 倍以上。

（3）沿着前车的车辙行驶，一般情况下不要超车、急转弯和紧急制动。需要停车时，要提前采取措施，多用换挡，少用制动，并可以利用发动机的制动作用来控制车速，力求防止各种原因制造成的侧滑。

（4）在冰雪弯道或坡道上行驶时，提前减速，一气通过。避免途中变速、停车或熄火。

（5）积雪路面上行车，如有条件可安装防滑措施。必要时可使用雨刷器，雪后天气寒冷，积雪压湿后较滑，此时行车就必须参照冰路上原则进行。

（6）路面结冰时，应将车辆立即驶到服务区或停车场。及时安装轮胎防滑链或换用雪地轮胎。在高速公路上使用防滑设置一定要严格遵守高速公路的有关规定，因为防滑装置不是绝对的安全装置。

（7）如遇前轮滑溜，应及时松开刹车。修正方向盘；如遇后轮滑溜，就向滑溜一方纠正方向盘；如遇动力滑溜应及时抬起加速踏板；如遇横向滑溜，汽车进入旋转状态，不要慌乱采取措施，等汽车停稳后重新起步。

4.7.1.3 雨天

（1）出车前要注意气象预报和天气变化，雨刷器要保持完好有效，做好点火系统的防潮工作。

（2）减速行驶，要把车速降低 20% 左右，控制好行车速度。

（3）增加行车间距，应为干燥路面地车间距的 2 倍以上。

（4）不要紧急制动或猛打方向盘。减少变更车道的次数，一般不要超车。

（5）降雨初期，因路面上的灰尘与水刚刚混合形成泥泞，使得汽车特别容易打滑，事故也多集中于此时发生，所以要特别注意。

（6）在高速公路下坡道的最低点附近，是路面最易积水的地方，汽车高速通过该路段时，容易产生"水滑"现象，要特别注意。

（7）小型客车通过积水路段时，如果感觉到方向盘发漂，可能就是了发生"水滑"现象的前兆，此时要注意减速行驶。

（8）遇特大暴雨或冰雹应停驶。最好驶入服务区躲避，让驾驶员乘车人得到充分的休息，待雨停再上路。来不及驶入服务区时，应选择安全处把车停好，并开启危险报警闪光灯、示宽灯，引起来车注意。

（9）大暴雨或连续降雨天气，山区公路可能会出现路肩疏散和堤坡坍塌现象，行车时应选择道路中间坚实的路面，避免靠近路边行驶。还要注意山区落石。

4.7.1.4　大风

（1）注意气象预报，掌握风力风向信息，如收听广播电台气象预报，注意信息板显示的风力风向信息。高速公路上如设有风标，可以通过风标得知该路段的风向风力。

（2）适当降低车速，双手紧握方向盘。

（3）如突遇狂风，发现车辆产生偏移时，应微量地转动方向盘，将车辆行驶方向回正，切忌猛打方向盘。

（4）得知高速公路某一路段刮7级以上大风时，可驶入服务区或将车停在应急停车带。

4.7.1.5　路面高温

（1）注意气象预报，驾驶员保证充足睡眠和良好精神状态，备足夏令防暑药品。

（2）一次行车时间不能过长，在服务区休息和检查车。

（3）要选择正规品牌新轮胎作为导向轮，平时勤检查、保养。

（4）行驶途中注意发动机油温、水温，如果发现爆胎，应立即靠边停车。

4.7.2　道路气象等级（主要参照《高速公路交通气象条件等级》QX/T 111—2010）

4.7.2.1　道路气象术语和定义

（1）强降水。指1 h内雨量≥15 mm的降水。

（2）路面高温（低温）、路面温度。均指公路路面贴地最高、最低温度。

（3）强风。指平均风力≥7级或阵风≥8级的风力。

（4）低能见度。指水平能见度≤200 m。

（5）浓雾。指使能见度下降至200 m以下的雾。

（6）路面冰冻。指公路路面结冰。

4.7.2.2　浓雾（低能见度）等级划分

浓雾（低能见度）等级划分是依据水平能见度（L）来划分的。

0级：$L>500$ m，对交通运行基本没有影响。

1级：200 m$<L\leqslant500$ m，对交通运行有影响。

2级：100 m$<L\leqslant200$ m，对交通运行有较大影响。

3级：50 m$<L\leqslant100$ m，对交通运行有很大影响。

4级：$L\leqslant50$ m，对交通运行有严重影响。

4.7.2.3 强降水等级划分

0 级：无降水，对交通运行没有影响。

1 级：1 h 降水量≥15 mm，对交通运行有影响，能见度降至 200 m 左右。

2 级：1 h 降水量≥30 mm，对交通运行有很大影响，能见度可降至 150m，最低可降至 100 m 以下。

3 级：1 h 降水量≥50 mm，对交通运行有严重影响，能见度可降至 100 m 或以下，最低可降至 50 m。

4.7.2.4 高温（路面高温）等级划分

高温（路面高温）等级划分是依据路面最高温度（T）来划分的。

0 级：$T<55$ ℃，对交通运行基本没有影响。

1 级：55 ℃$\leqslant T<62$ ℃，对交通运行有影响。

2 级：62 ℃$\leqslant T<65$ ℃，对交通运行有很大影响。

3 级：$T\geqslant 65$ ℃，对交通运行有严重影响。

4.7.2.5 区域性强风（除台风、雷雨大风外）等级划分

区域性强风（除台风、雷雨大风外）等级划分是依据平均风速（V）和阵风风速来划分的。

0 级：平均风和阵风均< 7 级（$V<14$ m/s）。

1 级：平均风$\geqslant 7$ 级（$V\geqslant 14$ m/s）以上或阵风 8 级（$V\geqslant 17.2$ m/s），对交通运行有影响。

2 级：平均风$\geqslant 8$ 级或阵风 9 级（$V\geqslant 20.8$ m/s），对交通运行有较大影响。

3 级：平均风 10 级（$V\geqslant 24.5$ m/s）以上或阵风 11 级（$V\geqslant 28.5$ m/s），对交通运行有很大影响。

4 级：平均风$\geqslant 12$ 级（$V\geqslant 32.7$ m/s）以上或阵风$\geqslant 13$ 级（$V\geqslant 37$ m/s），对交通运行有严重影响。

4.7.2.6 路面低温、冰冻等级划分

0 级：路面温度在-1 ℃以上，对交通运行基本没有影响。

1 级：路面温度（包括最高温度）降至-2 ℃（气温降至-2 ℃或以下）路面有结冰，对交通运行有影响。

2 级：路面最低温度在$-3\sim -5$ ℃（气温在$-4\sim -8$ ℃）路面有严重结冰，对交通运行有很大影响。

3 级：路面最低温度低于-10 ℃（气温低于-10 ℃）路面有严重结冰，对交通运行有严重影响。

4.7.2.7 降雪、积雪等级划分

0 级：无雪

1 级：有小雪且路面温度<-2 ℃有结冰或有中等以上连续性降雪，对交通运行有影响。

2 级：有连续性大雪，路面有积雪，对交通运行有很大影响。

3 级：有连续性大雪，路面有 5 cm 或以上积雪，对交通运行有严重影响。

4.7.2.8　沙尘暴（低能见度）等级划分

沙尘暴（低能见度）等级划分是依据发生扬沙或沙尘暴时的水平能见度（L）来划分的。

0 级：扬沙~沙尘暴，$500\ \text{m}\leqslant L<1\,000\ \text{m}$。

1 级：强沙尘暴，$L<500\ \text{m}$，对交通运行有影响。

2 级：特强沙尘暴，$L<50\ \text{m}$，对交通运行有严重影响。

4.7.2.9　路滑等级

路滑等级是根据路面摩擦系数值（F）来划分的。

1 级：$F\geqslant 0.5$，路面干燥清洁，路面抗滑性能正常。

2 级：$0.35\leqslant F<0.5$，路面潮湿或因降水天气有积水，路面抗滑性能稍差。

3 级：$0.2\leqslant F<0.35$，路面覆盖有松散的雪或斑驳冰或霜，路面抗滑性能较差。

4.7.3　气象名词

4.7.3.1　气温

气象学上把表示空气冷热程度的物理量称为空气温度，简称气温，国际上标准的气温度量单位是℃。公众天气预报中所说的气温，是在植有草皮的观测场中离地面 1.5 m 高的百叶箱中的温度表上测得的，由于温度表保持了良好的通风性，并避免了阳光直接照射，因而具有较好的代表性，在夏日炎炎的午后，在交通繁忙的水泥路面，在空无遮挡的阳台上等小环境的气温要比百叶箱气温高得多，这就是为什么部分人感觉到实际气温与播报气温不相符的原因。

4.7.3.2　气压

气压即大气压强，空气是有质量的，气压是指大气施加于单位面积上的力，气象上常用 hPa 作为气压的度量单位。气压的高低与空气的密度、温度和温度都有关，空气的密度越大，温度和湿度越低，气压就越大，反之亦然，这些不同的气压构成了一个气压场，分析气压场及其随时间变化的情况是制作天气预报的重要依据。

4.7.3.3　空气湿度

空气湿度是表示空气中水汽含量的多少或大气潮湿程度的标志，其大小可用水汽压、绝对湿度、相对湿度和露点湿度来表示，公众天气预报中最常用的是相对湿度。相对湿度是空气中实际水汽与同温度下的饱和水汽压的百分比值，它只是个相对数字，表明空气湿度距离饱和的程度。

4.7.3.4　降水

降水是云中的水分以液态或固态的形式降落到地面的现象。它包括雨、雪、雨夹雪、米雪、霜、冰雹、冰粒和冰针等降水形式，形成降水的条件有 3 个：一是要有充足的水汽，二是使气块能够抬升并冷却凝结；三是有较多的凝结核。降雨强度可划分为小雨、中雨、大雨、暴雨、大暴雨和特大暴雨，同样，降雪的强度也可按每 12 h 或 24 h 的降水量划分为小雪（包括阵雪）、中雪、大雪和暴雪几个等级。

4.7.3.5　气团

气团是温度、湿度和其他许多物理性质基本相同的大范围空气团，气团所占的空间很大，一般地它的水平范围在几百到数千公里，垂直厚度可达几公里至十几公里。气团是由于大量的空气长时间地停在某一地区而形成的，因此它的物理性质主要是由发源地的地理环境和地表性质所决定的，当气团长时间停在冰天雪地的极地寒冷地区，就会形成干而冷的气团；当气团长期地停留在水汽充沛的热带海洋上就会形成暖而湿的气团。但并不是任何地区都可以形成气团，气团的形成要具备两个条件，一是风要小，二是地表的性质要均一，据此只有在广大的洋面、平原、沙漠地区才能形成气团，通常对气团的划分是按其温度的高低来进行的，即温度较高的气团称为暖气团，反之则称为冷气团，影响我国的气团，在冬季主要是来自西伯利亚的冷气团，在夏季主要是受热带海洋性气团的影响。

4.7.3.6　锋

大气中不同属性的气团（如冷气团和暖气团）之间会形成一个狭窄的过渡带，这就是锋，锋的水平长度为数百公里至数千公里，水平宽度却很窄，在近地层仅有数十公里，因此可以将它看成一个面，称为锋面，锋面与地面的交线，叫作锋线。锋面在空间呈倾斜状态，它的下面是冷气团，上面是暖气团，在锋附近，空气运动异常活跃，天气变化剧烈，气象要素差别明显，根据锋两侧冷、暖气团的移动情况可将锋分为冷锋、暖锋和静止锋等几种类型。

4.7.3.7　低压

又称气旋、低涡，是指同一水平面上中心气压比周围地区低的大气涡旋。在北半球，低压区域内空气做反时针方向流动，在南半球则相反，由于低压区域内有上升气流，水汽上升冷却，成云致雨，所以它常造成彤云密布、雨、雪或大风等天气，若低压中有锋面，天气则更恶劣，此时的低压更确切地称为锋面气旋或温带气旋，影响我国的温带气旋主要有江淮气旋、黄河气旋和蒙古气旋。

4.7.3.8　高压

也叫反气旋，与低压不同的是，指同一水平面上中心气压比四周高的大气涡旋，活动于我国的高压，夏季主要是太平洋高压或称副热带高压，冬季则主要是蒙古冷高压。副热带高压是介于热带与温带之间高气压这种高压是控制热带、副热带地区的持久的大型天气系统，其位置和强度随季节而有变动，在高压中心控制地区，因气流下沉，一般云雨少见，在其边缘则多降水天气系统活动，副热带高压因受海陆分布的影响而分裂成若干单体，其中西太平洋副热带高压的强弱和位置变化，对我国天气和气候影响较大，历史上罕见的 1998 年长江特大洪水与副热带高压的异常活动关系密切。

4.7.3.9　寒潮

高纬度地区的寒冷空气，在特定的天气条件下会向中低纬度暴发，其所经之处会造成大范围的雨雪、大风和降温天气，冷空气在南侵的过程中达到一定的强度，才称为寒潮。按我国规定，一次冷空气能使长江中下游及以北地区 48 h 内降温 10 ℃以上，长江中下游地区的最低气温在 4 ℃或以下（春秋季节以江淮地区最低温度达到 4 ℃以下为准，陆地上有相当于 3 个大行政区出现 5~7 级大风，沿海有 3 个海区出现 7 级以上大风，称为寒潮。

4.7.3.10　暴雨

泛指降水强度的很大的雨，我国气象部门规定，1 h 内的雨量为 16 mm 或以上的雨；24 h 内的雨量为 50 mm 或以上的雨。暴雨具有集中性和强度大的特征，出现时雨势倾盆，短时内造成洼地积水、径流陡增、河水猛涨等现象，是一种严重的灾害性天气。我国是一个多暴雨国家，除西北个别省区以外，各地几乎都有暴雨发生，而且主要集中在夏半年，同时由于我国季风明显，全年雨量多集中在 5—9 月，因此这期间被定为汛期，汛期是气象部门预报服务工作中最紧张、最关键的时期。

4.7.3.11　热带气旋

简单地说，就是在热带或副热带海洋上发生的气旋性涡旋。这是一种强烈的天气系统，除大西洋南部以外，全世界热带海洋的西面都会发生。尤以北太平洋西部的洋面发生的次数最多，平均每年出现 20 次左右。强烈的热带气旋伴有狂风、暴雨、巨浪和风暴潮，活动范围很大，具有强大的破坏力，是最强烈的灾害性天气系统，热带气旋在全球的不同的海域有不同的分类和名称，我国自 1989 年起采用了国际分类标准，将热带气旋分为热带低压（风力小于 8 级）、热带风暴（风力 8~9 级）、强热带风暴（风力为 10~11 级）和台风（风力达到 12 级）。此间，对于热带气旋，我国只有编号而没有命名，从 2000 年 1 月 1 日起，我国与亚太地区的许多国家一同启用一套新的这一区域的热带气旋命名法，保留原来的热带气旋编号法以配合使用。

4.7.3.12　干旱

干旱是一种长期无雨或少雨，使土壤水分不足，作物水分平衡遭到破坏而减产的农业气象灾害，也是我国最严重的气象灾害。如果说干旱还伴随着破坏性的人类活动，则会引起一系列更为严重的环境恶化问题，在我国主要表现为 3 个方面：一是干旱引起水资源持续减少，水危机日益突出；二是湖泊水位因干旱而降低，水面缩小甚至干涸；三是干旱导致沙漠化土地明显扩展。

4.7.3.13　雷暴

积雨云中剧烈放电造成闪电、雷声的一种天气现象。属强对流天气系统，通常伴有雷阵雨。

4.7.3.14　龙卷和龙卷气旋

龙卷或龙卷气旋是一种与强烈对流云相伴出现的具有垂直轴的小范围涡旋，总有一个如同象鼻子一样的漏斗云柱（呈圆锥形或绳索形）挂自对流云底，盘旋而下。云柱不着地的叫漏斗云，云彩柱下垂到陆地上的叫"陆龙卷"，到海面或水上的称"水龙卷"。

4.7.3.15 天气预报

天气预报是根据大气科学的基本理论和技术对某一地区未来的天气作出分析和预测，这是大气科学为国民经济建设和人民生活服务的重要手段，准确及时的天气预报对于经济建设、国防建设的趋利避害、保障人民生命财产安全等方面有极大的社会和经济效益。天气预报的时限分：1~2 d 为短期天气预报，3~15 d 为中期天气预报，月、季为长期天气预报，1~6 h 之内则为短临预报（临近预报）。天气预报的主要方法，目前有天气学方法以天气图为主，配合气象卫星云图、雷达等资料；数值天气预报以计算机为工具，通过解流体力学、热力学、动力气象学组成的预报方程，来制作天气预报；统计预报，以概率论数理统计为手段作天气预报。以上各种有时互相配合、综合应用，并广泛采用计算机作为。

4.7.3.16 气候

气候是指一个地区多年的大气状况，包括平均状态和极端状。古时五日为候、三候为气，一年二十四节气、七十二候合称气候。

4.7.3.17 气候资源

气候资源是有利于人类经济活动的气候条件、是自然资源的一部分。包括太阳辐射、热量、水分、空气，风能等。它是一种取之不尽，又是不可替代的。主要是指农业气候资源和气候能源。

4.7.3.18 气候带

是采用各种指标把地球上气候特征相近的地区划分为若干带状的地带（区域）。气候带是多种因素（太阳辐射、地理纬度、海陆分布、海拔高度）影响下形成的，而最主要的则是大的辐射，在地球表面的分布规律。因此气候带实质是热量带。目前有热带、亚热带（南亚热带、北亚热带）湿带、寒带等划分。

4.7.3.19 气候类型

是根据地理特点所划分的具有一定特色的气候类别，如海洋性气候、大陆性气候、高原性气候、季风气候、地中海气候等。

4.7.3.20 厄尔尼诺

厄尔尼诺（ELNINO）在西班牙语中是"孩子"之意，厄尔尼诺现象是指南美洲西海岸冷洋流区的海水表层温度在圣诞节前后异常升高的现象，它就像一口"暖池"，通过表层温度的变化对大气加热场产生变化进而给各地的天气带来变化，使原来干旱少雨的地方产生洪涝，而通常多雨的地方易出现长时间的干旱少雨。从我国 6—8 月主要雨带位置来看，在 75% 的厄尔尼诺年内，夏季雨带位置在江、淮流域，形象一点说，热带地区大气环流的低频振荡可比作是热带地区的心脏跳动，厄尔尼诺事件的发生就好像是热带地区得了一种心脏病，使得规律性的低频振荡出现了异常现象。

4.7.3.21　气温日变化和年变化

大气的温度在一昼夜内有一个最高值（日最高气温）和一个最低值（日最低气温）。1 d 内，最高气温与最低气温的差值，称为气温日较差。最高气温一般出现在 14 时（地方时，不同）左右，最低气温一般出现在凌晨。气温在 1 a 中也有一个最高值和一个最低值。在中、高纬度地区，最高值一般出现在 7 月（沿海 8 月），最低值出现在 1 月。如果某地 1 d 之中，最高气温与最低气温的差值大，即日较差大，说明该地气温的日变化大；如果某地 1 a 之中的最高气温与最低气温的差值大，即气温年较差大，说明该地气温的年变化大。

5 全国高速公路交通气象决策响应系统的构成和主要功能

系统总体设计分为后端数据处理模块和前端查询展示平台，其中后端数据处理模块主要负责交通气象预报的下载解压、数据入库与预警信号的处理等操作，前端查询展示平台主要用于交通气象预报的查询、展示等功能。系统平台主要功能设计模块如图5.17所示。

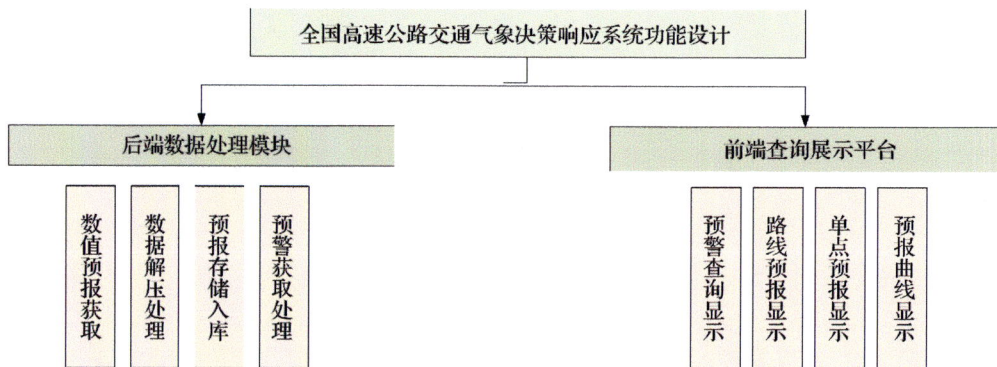

图 5.17　全国高速公路交通气象决策响应系统功能设计

5.1　系统的网络框架结构设计和业务流程设计

全国高速公路交通气象决策响应系统与全国道路交通气象信息服务平台是集成在统一的系统结构中的，其网络框架结构与数据处理流程是公用的，内容参见本篇4.1节和4.2节。

5.2　系统页面布局设计

系统页面总体设计采用左右布局方式，左侧为选择性菜单，右侧为道路交通气象预报显示框，通过地理信息系统叠加XML数据方式显示全国各主要道路沿线交通气象预报，同时通过上部时间轴方式对不同预报时效的预报进行切换，系统页面框架设计图见图5.18。

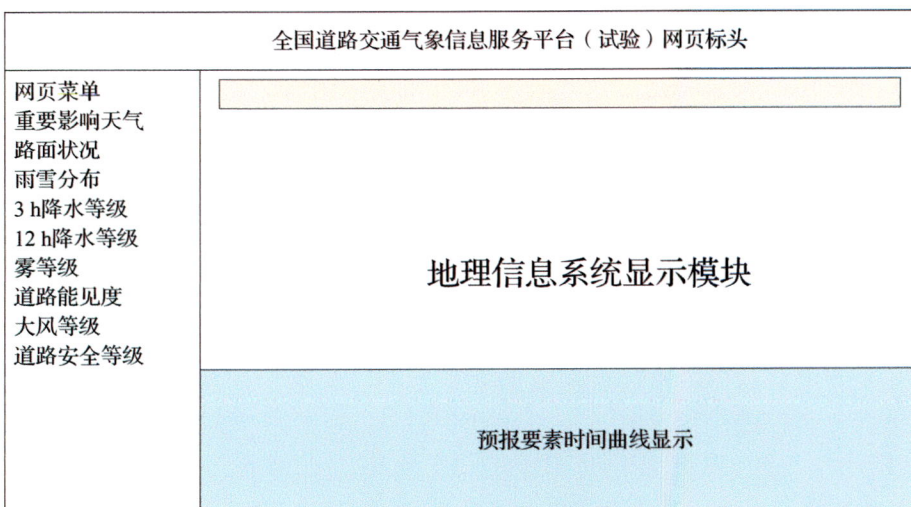

图 5.18　系统页面布局设计

5.3　用户接口

根据全国道路交通气象信息服务平台数据查询显示特点，设计符合用户需求、查询简单、美观大方的用户界面，见图 5.19，查询结果所见即所得。

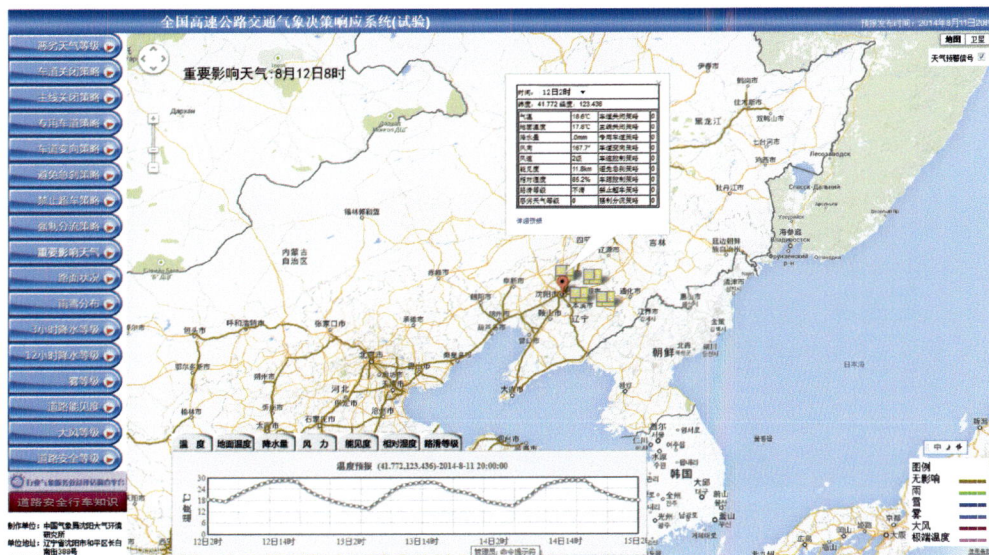

图 5.19　用户界面接口

5.4 外部接口

用户外部接口主要为外部输入设备（I/O、鼠标、键盘）与前端查询展示平台之间接口及相应操作响应。

5.5 内部接口

系统平台内部接口主要为后端数据处理模块、前端数据查询显示模块与数据库之间的接口，数据库采用 SQL Server 2005 及以上数据库管理系统，系统平台通过 ADO 或者 ODBC（数据源）和数据库沟通，每个功能模块中采用 Recordset、Command、Connection 对象，因此在模块中对三者的对象进行定义（分别为 Rs、Cmd、Cn），并且将 cn 连接数据库的语句写好并打开连接，在其他的模块中共同调用这 3 个对象来对数据库进行操作。系统数据库接口设计如图 5.20。

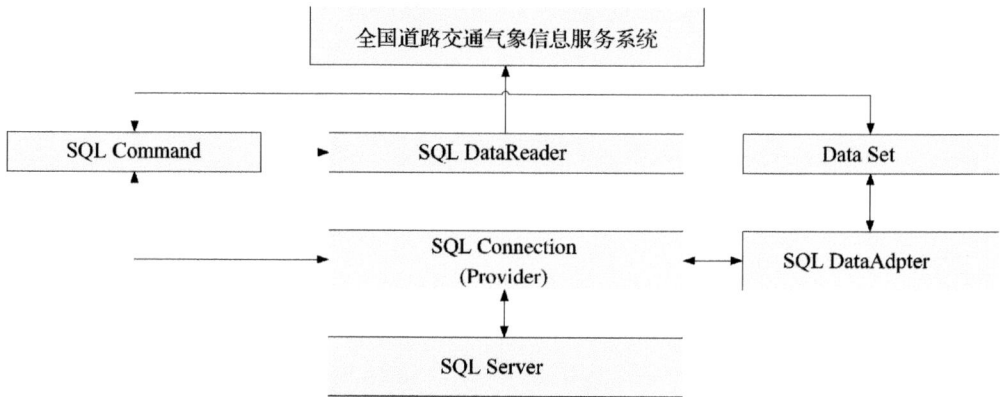

图 5.20 系统数据接口设计

5.6 运行模块组合

5.6.1 高速公路安全管理决策服务数据转换

转换后的主线控制方案数据，分别以 elie_A1 至 elie_A9 和 clic_A55 十组数据名进行存储。对应关系在表 5.6 中列出。

表 5.6　主线控制对策名称与对应变量名表

对策名称	对应变量名	对策名称	对应变量名
车道关闭	elie_A1	建议避免急刹车或突然减速	elie_A6
主线关闭	elie_A2	车距控制	elie_A7
专用车道	elie_A3	禁止超车	elie_A8
对向车道变向使用	elie_A4	出口强制分流	elie_A9
车速控制	elie_A5	车速控制表	elie_A55

变量的值为查表所得，收费站决策的变量值也是查表所得。

5.6.2　收费站安全管理决策服务数据转换

收费站控制的决策名称包括入口封闭和入口限流两种，以 elie_B1 和 elie_B2 对应表示。

5.6.3　数据说明

（1）rank_elie 数据为 0~4 共 5 个数据，0 表示无恶劣天气，1~4 表示 1~4 级恶劣气象等级。

（2）主线控制方案中数据分为两类：一类是决策表单，如 elie_A55 数据；其他属于另一类，直接给出决策方案数据。

（3）elie_A55 数据还要根据当时具体道路流率确定最终决策方案，

如：因雾引起的 rank_elie 值为 4 时，能见度为 170 m，elie_A55 值为 1 时，可查"决策"表得到如表 5.7 信息。

表 5.7　车速控制简化示意表

流率	200	600	1 200	……
速度上限	100	90	80	……

如现流率为 1 200，则该路段车速应控制在 80 km/h 以下。

（4）elie_A7 数据给出的是车距控制数值，

如：因降雨引起的 rank_elie 值为 3 时，elie_A7 值为 70，表明两车应至少保持 70 m 车距。

（5）其他数据中 0~4 表示结果如表 5.8 所示。

表 5.8　输出数值与决策方案对应关系表

数值	0	1	2	3	4
决策方案	×	●	N	D	Q

符号代表意义见网上公路管理所"决策准则"表。

5.6.4 相应代码

```
            do j=1, ny
            do i=1, nx
#计算恶劣等级
            shuimo (i, j) = 0.
            nank_elie (i, j) = 0
            if (rr (i, j) .gt. crit) then
              if (snf (i, j) .ge. .85) then
                if (snowh (i, j) .ge. 0.1) then
                  nank_elie (i, j) = 1
                else if (snowh (i, j) .ge. crit) then
                  nank_elie (i, j) = 2
                else if (snowh (i, j) .ge. 0.02) then
                  nank_elie (i, j) = 3
                else
                  nank_elie (i, j) = 4
                endif
              else
                shuimo (i, j) = 0.3 * sqrt (rr (i, j) /10.)
                if (shuimo (i, j) .ge. 10.) then
                  nank_elie (i, j) = 1
                else if (shuimo (i, j) .ge. 5.) then
                  nank_elie (i, j) = 2
                else if (shuimo (i, j) .ge. 2.5) then
                  nank_elie (i, j) = 3
                else
                  nank_elie (i, j) = 4
                  endif
                endif
              else if (vis (i, j) .le. 50.) then
                nank_elie (i, j) = 1
              else if (vis (i, j) .le. 100.) then
                nank_elie (i, j) = 2
              else if (vis (i, j) .le. 200.) then
```

```
                    nank_elie (i, j) = 3
              else if (vis (i, j) .le. 500.) then
                    nank_elie (i, j) = 4
              endif
```

#计算主线控制-车道关闭

```
        if (nank_elie (i, j) .eq. 1) then
          elie_A1 (i, j) = 1
        else
          elie_A1 (i, j) = 0
        cndif
```

#计算主线控制-主线关闭

```
        if (nank_elie (i, j) .eq. 1) then
          elie_A2 (i, j) = 2
        else
          elie_A2 (i, j) = 0
        endif
```

#计算主线控制-专用车道

```
          if (nank_elie (i, j) .ge. 1. and. nank_elie (i, j) .le.
3) then
            elie_A3 (i, j) = 2
        else
          elie_A3 (i, j) = 0
        endif
```

#计算主线控制-对向车道变向使用

```
        if (nank_elie (i, j) .eq. 1) then
          elie_A4 (i, j) = 3
        else
          elie_A4 (i, j) = 0
        endif
```

#计算主线控制-车速控制（略）

#计算主线控制-建议避免急刹车或突然减速

```
          if (nank_elie (i, j) .ge. 2. and. nank_elie (i, j) .le.
4) then
            if (rr (i, j) .gt. crit. and. snf (i, j) .ge. .85) then
              elie_A6 (i, j) = 1
            endif
```

```
          else
              elie_A6 (i, j) = 0
          endif
#计算主线控制-车距控制
              if (nank_elie (i, j) .eq. 2) then
                if (rr (i, j) .gt. crit. and. snf (i, j) .ge. .85) then
                  elie_A7 (i, j) = 25
                else
                  elie_A7 (i, j) = 50
                endif
              else if (nank_elie (i, j) .eq. 3) then
              if (rr (i, j) .gt. .5. and. snf (i, j) .ge. .85) then
                  elie_A7 (i, j) = 40
              else if (rr (i, j) .gt. crit. and. snf (i, j) .lt. .85) then
                  elie_A7 (i, j) = 70
                else
                  elie_A7 (i, j) = 100
              endif
              else if (nank_elie (i, j) .eq. 4) then
              if (rr (i, j) .gt. crit. and. snf (i, j) .ge. .85) then
                  elie_A7 (i, j) = 60
              else if (rr (i, j) .gt. crit. and. snf (i, j) .lt. .85) then
                  elie_A7 (i, j) = 90
                else
                  elie_A7 (i, j) = 150
              endif
              else
                  elie_A7 (i, j) = 0
              endif
#计算主线控制-禁止超车
              if (nank_elie (i, j) .eq. 2) then
                elie_A8 (i, j) = 1
               else if (nank_elie (i, j) .eq. 3. or. nank_elie (i, j)
.eq. 4) then
                  if (rr (i, j) .gt. crit. and. snf (i, j) .ge. .85) then
                  elie_A8 (i, j) = 1
```

```
                        endif
                    else
                        elie_A8 (i, j) = 0
                    endif
#计算主线控制-出口强制分流
                    if (nank_elie (i, j) .eq. 1) then
                        elie_A9 (i, j) = 1
                     else if (nank _ elie (i, j) .eq. 2. or. nank _ elie (i, j)
.eq. 3) then
                        elie_A9 (i, j) = 4
                    else
                        elie_A9 (i, j) = 0
                    endif
#计算收费站控制-入口封闭
                    if (nank_elie (i, j) .eq. 1) then
                        elie_B1 (i, j) = 1
                    else
                        elie_B1 (i, j) = 0
                    endif
#计算收费站控制-入口限流
                     if (nank_elie (i, j) .ge. 2. and. nank_elie (i, j) .le.
4) then
                        elie_B2 (i, j) = 4
                    else
                        elie_B2 (i, j) = 0
                    endif
                enddo
            enddo
```

6 数值预报系统接口

6.1 道路交通气象预报格点数据的处理

道路交通气象预报格点数据的接口程序负责数值预报系统与道路气象数据库、道路交通气象信息服务平台之间的数据接口，如图 5.21 所示。从道路交通精细化数值预报系统输出的道路交通气象预报产品的数据是水平间隔 9 km 或 27 km 的格点形式，一方面以文本的方式提供给平台的后台数据库，另一方面还要按照道路预报的内容预生成一组 XML 形式的数据文件，供平台直接调用。

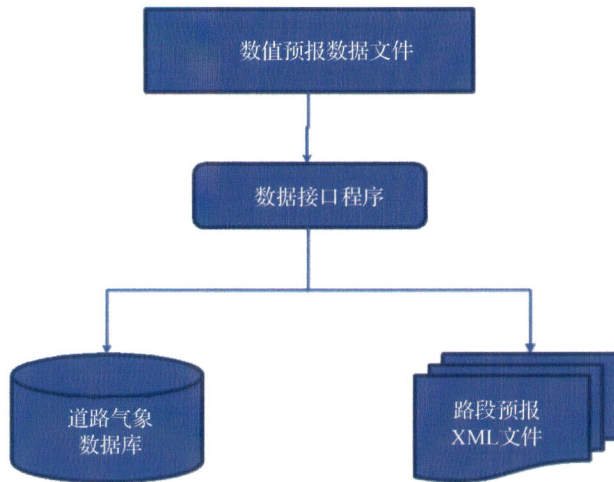

图 5.21　数值预报系统数据接口

数值预报数据文件定义为每个要素作为 1 个数据文件，文件内容详见表 5.9。文件的数据格式是 ASCII 码文本格式，按格点顺序输出为 1 列。

表 5.9　道路数据说明

文件名	代表量	数值代表意义
latlon	经纬度	模式网格点经纬度
r	1 h 降水量	模式逐小时降水量
r12	12 h 降水量	模式 12 h 降水量
rain	1 h 降雨量	模式逐小时降雨量

续表

文件名	代表量	数值代表意义
sn12	12 h 降雪量	模式 12 h 降雪量
snow	有无积雪	有积雪标 1，无积雪标 0
snowh	积雪深度	模式输出积雪深度
mix	降水性质	依 snf 判断：雪（3），雨夹雪（2），雨（1）
mxu	横风风速	风速大于 15 m/s 标 1，其他标 0
uv	12 级风分类	按风力等级标准分为 12 类（1~12）
tht	风向	0~360°
rh2	湿度	%
t2	气温	2 m 温度
tsk	路面温度	路面温度
thigh	路面高温分类	0（<55），1（<62），2（<68），3（<72），4（>72）
tcc	云量	晴（1），少云（2），多云（3），阴（4）
vis	能见度	0~20 km
phnn	显注天气现象	雨（1），雪（2），雾（3），大风（4），极端温度（5）
rad	辐射	辐射
rank_f	雾分级	薄雾（1），轻雾（2），中雾（3），重雾（4），浓雾（5）
rank_r	1 h 降水分级	1（<2.5），2（<8），3（<16），4（>16）
rank_r3	3 h 降水分级	1（<3），2（<10），3（<20），4（<40），5（<75），6（>75）
rnak_r12	12 h 降水分级	1（<5），2（<15），3（<30），4（<70），5（<140），6（>140）
rank_s	1 h 降雪分级	X
rank_s12	12 h 降雪分级	1（<1），2（<3），3（<6），4（>6）
rank_v	能见度分级	0（>10），1（>1.5），2（>0.5），3（>0.2），4（>0.05），5（<0.05）
rank_dsc	安全行车等级	5. 不安全（大雪、暴雨、浓雾、强沙尘暴、8 级以上风） 4. 不太安全（中到大雨雪、雨夹雪、大雾、沙尘暴、7~8 级风，能见度 0.05~0.5） 3. 基本安全（小雨雪，能见度 0.5~1，高温，5~6 级风） 2. 较安全（能见度 1~10，有极端温度，3~4 级风） 1. 安全（能见度>10，小风，无极端温度）
rank_rsi	路面状况分类	干燥（0），潮湿（1），积水（2），冰（3），雪（4），冰雪混合（5）
rank_uv	风速影响分级	0（4 级以下），1（5~6 级风），2（7 级），3（8 级），4（8 级以上）

数据接口程序从原始数据文件进行入库，同时按照道路的经纬度信息生成道路预报线段信息 XML 文件，提供给 Google 地图版块。

6.2 XML 数据存储设计

6.2.1 XML 数据命名规则

可扩展标记语言（Extensible Markup Language，XML）用于全国道路交通气象分线路预报数据标记存储与传递，根据道路交通气象线路预报的内容不同数据可分为表 5.10 所示类别。

表 5.10 全国道路交通气象分线路预报数据命名

数据内容	数据命名（**代表时效）	时间间隔
恶劣天气等级	Gs_sevr**.xml	逐 3 h
车道关闭策略	Gs_lctr1**.xml	逐 3 h
主线关闭策略	Gs_lctr2**.xml	逐 3 h
专用车道策略	Gs_lctr3**.xml	逐 3 h
车道变向策略	Gs_lctr4**.xml	逐 3 h
避免急刹策略	Gs_lctr6**.xml	逐 3 h
禁止超车策略	Gs_lctr8**.xml	逐 3 h
强制分流策略	Gs_lctr9**.xml	逐 3 h
重要影响天气	Phnn**.xml	逐 3 h
路面状况	Rsi**.xml	逐 3 h
雨雪分布	Mix**.xml	逐 3 h
3 h 降水量	R3_**.xml	逐 3 h
12 h 降水量	R12_**.xml	逐 12 h
雾等级	Fog**.xml	逐 3 h
道路能见度	Vis**.xml	逐 3 h
大风等级	Mxu**.xml	逐 3 h
道路安全等级	Dsc**.xml	逐 3 h

6.2.2 XML 数据格式

XML 通过标记电子文件使其具有结构性的标记语言，用于全国道路交通气象信息服务平台线路预报的 XML 数据格式如下：

```
<markers>
<polyline color='colorcode' width='linewidth'>
<point lat-'Latitude' lon-'Longitude'/>
………
</polyline>
………
</markers>
```
注：其中 colorcode 代表当前线段的颜色，linewidth 代表当前线段的宽度，Latitude 代表线段上点的纬度，Longitude 代表线段上点的经度。

路段预报 XML 文件格式：

```
<markers> //Google Maps API 地标集合
<polyline color='#FFD700' width='3'> //折线颜色对应不同的预报值
<point lat='39.96' lon='116.45'/> //沿公路的折线点集
<point lat='39.98' lon='116.48'/>
……
</polyline>
……
</markers>
```

一个时次的预报信息作为一个图层在 Google 地图中载入并叠加显示。

7 交通气象数据库

交通气象数据库是全国道路交通气象信息服务平台的数据基础，主要内容包括全国高速公路和国道的经纬度信息、当日的全国道路专业气象预报要素格点数据以及各地加密网格的要素格点数据。

7.1 数据库设计原则

7.1.1 逻辑结构设计

按照需求分析设计数据库中的字段，建立一个逻辑上的数据库的结构。

7.1.2 物理结构设计

在数据库软件（SQL Server2000 及以上数据库管理系统）中建立数据库，并要保证数据库最低要符合第二范式。

7.1.3 静态数值需求

支持并行操作的用户；处理多条记录数据；表或文件的最小为 2048 字节，最大无限制。

7.1.4 精度需求

在进行提取数据库数据时，要求数据记录定位准确，在向数据库中添加数据时，要求输入数据准确，主要的精度适应系统要求，不接受违规操作。

7.1.5 时间特性需求

响应时间应在人的感觉和视觉事件范围内，更新处理时间，随着应用软件的版本升级，以及网络的定期维护更新。

7.1.6 数据表需求设计

需将数据库设计成关系模式最低符合第二范式的标准，按照需求分析，确定系统的实体，根据实体分析的结果，在数据库中应建立独立数据表，数据表名称及内容如下：

数据日志 Data Log。

管理员可以查询系统数据日志获取有用的信息。

7.2　数据表设计

根据全国高速公路交通气象决策响应系统业务需求，设计道路交通气象信息服务数据库（库名：highway），包含数据表：数据更新标志（表名：new_date），道路预警信号数据表（表名：traffic_alert），全国道路交通预报格点数据（表名：wrf_27 km），东北区域道路交通预报格点数据（表名：wrf_9 km），详见表 5.11。各数据表的字段定义见表 5.12～表 5.14。

表 5.11　全国高速公路交通气象决策响应系统数据表名

数据库	数据表名	存取数据内容
全国道路交通气象信息 服务平台（highway）	new_date	数据更新时间
	traffic_alert	全国道路交通预警信号
	wrf_27 km	全国区域道路交通预报（27 km 分辨率）
	wrf_9 km	东北区域道路交通预报（9 km 分辨率）

每个数据表根据需求设计不同的数据字段以存储相关数据，具体数据表字段如下：

表 5.12　数据更新时间（new_date）

字段名	字段意义
ID	序号
new_date	数据更新时间

表 5.13　全国道路交通预警信号（traffic_alert）

字段名	字段意义
id	序号
title	预警信号标题
text	预警信号内容
logo	预警信号图标
Btime	预警信号开始时间
station	预警信号站点
lat	预警信号经度
Lng	预警信号纬度
Etime	预警结束时间

表 5.14　全国（东北）区域道路交通预报（wrf_27 km、wrf_9 km）

字段名	字段意义
id	序号
rno	序号
lat	经度
lon	纬度
hour	预报时次
r	降水量
rn	降雨量
sn	降雪量
rnr	降雨等级
snr	降雪等级
snh	雪深
mix	降水性质
t2	2 m 温度
tsk	陆面温度
troad	道路高温
rh	湿度
fric	路滑分类
vis	能见度
visr	能见度等级
fog	雾等级
cld	云量
ws	风速等级
mw	大风等级
wd	风向
wacr	最大横风
rad	辐射
phnn	天气现象
dsc	行车安全等级
sevr	恶劣天气等级
lctr1	主线控制对策 1
lctr2	主线控制对策 2

续表

字段名	字段意义
lctr3	主缆控制对象 3
lctr4	主缆控制对象 4
lctr5	主缆控制对象 5
lctr6	主缆控制对象 6
lctr7	主缆控制对象 7
lctr8	主缆控制对象 8
lctr9	主缆控制对象 9
gctr1	收费站控制对象 1
gctr2	收费站控制对象 2